高等学校"十二五"规划教材
电子信息与通信工程系列

电磁场与电磁波

Electromagnetic Field and Wave

（第2版）

主　编　边　莉
副主编　贺训军　杨广学　题　原　张起晶
主　审　周喜权

哈爾濱工業大學出版社

内容简介

本书是根据电子信息与通信工程专业发展对本课程的新要求，以及对学生能力培养、加强基础和拓宽专业的要求而编写。内容包括矢量分析，静电场，静态场问题的解，恒定电流的电场和磁场，时变电磁场，平面电磁波，平面电磁波的反射和透射，导行电磁波以及电磁波的辐射。本书在阐述基本理论的基础上，增加了 MATLAB 语言在静态场问题的解的应用及电磁场 EDA 仿真设计等工程应用方面的内容。

本书可作为普通高等学校电子信息、通信工程专业本科生教材，也可供其他讲授或学习电磁场与电磁波基础的教师、学生及专业技术人员参考。

图书在版编目(CIP)数据

电磁场与电磁波/边莉主编.—2 版.—哈尔滨：哈尔滨工业大学出版社，2012.3

ISBN 978-7-5603-2794-5

Ⅰ.①电… Ⅱ.①边… Ⅲ.①电磁场-高等学校-教材 ②电磁波-高等学校-教材 Ⅳ.①O441.4

中国版本图书馆 CIP 数据核字(2012)第 028592 号

责任编辑 许雅莹
封面设计 刘长友
出版发行 哈尔滨工业大学出版社
社　　址 哈尔滨市南岗区复华四道街 10 号　邮编 150006
传　　真 0451-86414749
网　　址 http://hitpress.hit.edu.cn
印　　刷 黑龙江省地质测绘印制中心印刷厂
开　　本 787mm×1092mm　1/16　印张 15.5　字数 360 千字
版　　次 2009 年 2 月第 1 版　2012 年 5 月第 2 版
　　　　 2012 年 5 月第 2 次印刷
书　　号 ISBN 978-7-5603-2794-5
定　　价 27.80 元

高等学校“十二五”规划教材

电子信息与通信工程系列

编委会

主 任 吴 群

编 委 （按姓氏笔画排序）

于晓洋 王艳春 史庆军 齐怀琴 刘 梅

孔道孔 邹 斌 何 鹏 宋立新 杨明极

周 成 宗成阁 孟维晓 胡 文 姜成志

姚仲敏 赵志杰 赵金宪 童子权 冀振元

魏凯丰

总　序

电子信息与通信工程是当今世界发展最快的领域，该技术领域的新概念、新理论、新技术不断涌现，其知识更新速度也令人吃惊。这就使得从事电子信息与通信工程技术的科技人员要不断学习，把握前沿动态，吸收最新知识。近年来，各高校通过教学改革，在引导学生将最新知识应用于社会实践和市场需求环境，解决实际问题，培养学生实践动手能力、探索性学习能力和创新思维能力等方面取得了可喜成就。

为了培养国家和社会急需的电子信息与通信工程领域的高级科技人才，配合高等院校电子信息与通信工程专业的教学改革和教材建设，哈尔滨工业大学出版社组织哈尔滨工业大学、哈尔滨理工大学、齐齐哈尔大学、佳木斯大学、黑龙江科技学院等多所高校，通过共同研讨和合作，相互取长补短、发挥各自的优势和特色，联合编写了这套面向普通高等院校"电子信息与通信工程系列"教材。

本系列教材的编写目标：结合新的专业规范，融合先进的教学思想、方法和手段，体现科学性、先进性和实用性，强调对学生实践能力的培养，以适应新世纪对通信、电子人才培养的需求。

本系列教材编写要求：专业基础课教材概念清晰、理论准确、深度合理、内容精炼，并注意与专业课教学的衔接；专业课教材覆盖面广、深度适中，体现相关领域的新发展和新成果，注重理论联系实际。

本系列教材的编委会阵容强大，编者都是在教学工作第一线的骨干教师。他们具有多年丰富的教学和科研经历，掌握最新的理论知识，具有丰富的实践经验，是一支高水平的教材编写队伍。

本系列教材理论性与工程实践性紧密结合，旨在引导读者将电子信息与通信工程的理论、技术与应用有机结合，适合于高等学校电子、信息、通信和自动控制等专业的教材选取。我深信：这套教材的出版，对于推动电子信息与通信工程领域的教学改革、提高人才培养质量必将起到积极的推动作用，并以其内容的先进性、实用性和系统性为特色而获得成功。

吴群

哈尔滨工业大学教授

2010 年 4 月

第2版前言

本书第1版于2008年由哈尔滨工业大学出版社出版发行以来，在全省普通高等院校中广泛使用。很多教学一线的老师对本书给予了肯定，也提出了一些好的意见和建议。鉴于电磁场与电磁波教学的迅速发展，为了更好地适应当前教学及教改的需要，在哈尔滨工业大学的支持帮助下，对本书进行了修订。

在修订过程中，为了不打乱已建立的教材体系，保持教学的连续性，基本保持了本书第1版的结构。在此基础上，力求使本书第1版"重点突出，难点分散"的原有特点更为突出；在内容上则吸收和采纳了一些兄弟院校的建议和好的意见，并在总结以往教学经验的基础上，融进了一些新成果和新成就，以反映出本学科的最新发展水平，并且修订了部分习题，更好地适应当前教学的需要。

修订后全书共9章，编写分工如下：第1、2章：边莉（黑龙江科技学院）；第3、4、5章：贺训军（哈尔滨理工大学）；第6、7章：杨广学（哈尔滨理工大学）；第8章：题原（齐齐哈尔大学）；第9章：张起晶（黑龙江科技学院）。全书由边莉统稿、定稿。

编者怀着敬意，对参加本书第1版编写工作的关雪梅老师、周喜权老师、孟繁义老师给予修订工作的支持和帮助表示深切的感谢。

本书虽然几经修改，但由于编者水平所限，书中难免存在缺点，恳切希望同行和读者指正。

编　者

2012年4月

第1版前言

电磁场与电磁波是多个学科的交叉点,它不仅是微波、天线、电磁兼容的理论基础,而且各种现代通信方式,如光纤通信、移动通信、卫星通信以及电视、雷达等各种专门学科,都是以电磁波携带信息的方式来实现的。广泛应用超小超薄的大规模集成电路更是充满了电磁场的问题。

基于上述认识,在教材的编写上,综合考虑它作为专业基础课的特点以及与其他相关课程的衔接问题,坚持明确教材定位,以人才培养为根本目标,力求编写思想性、先进性、针对性、实践性较强的“精品”教材。在对国内近期同类书籍进行比较取舍,并以此为基础,形成贯穿编写过程的原则与全书的特色。

1. 编写原则

(1) **起点适当、少而精的原则**。电磁场与电磁波内容繁多,理论性强,适合的范围宽,针对这门课对于工科电子与通信类开设,应弱化理论,尽量使内容精炼,突出专业特点,不导入过深的理论,使学生陷入理论之中,偏离学科特点。

(2) **突出重点、分散难点的原则**。凡数学上繁难之处则例题多;凡概念上晦涩之处则叙述多。尽量用通俗的语言进一步阐释难点,突出专业特点的同时,极利于自学。

(3) **强调实践应用能力培养的原则**。随着计算机技术的发展,大量复杂的电磁场问题都是在软件仿真和设计中进行,所以为学生介绍一些新的仿真软件,使学生能尽快接受现代电磁问题解决方法,对学生的实践能力提高和科学兴趣的培养都极其重要。编者改变已有书籍中语言多而图较少的缺点,使学生能够看到既有严密的理论,又有直观图示,减弱电磁场内容的枯燥性。

2. 本书特色

(1) **强调数学推导与物理概念相结合**。教材中由浅入深、循序渐进,强调思路清晰和分析方法的多样性,注重重要概念的多侧面理解,注重教学内容的基础性。

(2) **强调理论与实践相结合**。在教材中配备相应素质教育的内容,以加深学生对场与波概念的理解,培养学生实际动手和实验能力,体现教学内容的实践性。

(3) **强调基础理论与最新的工程应用相结合**。注意理论联系实际,引导学生将场和波的理论与现代通信中信息的传输相联系,保持教学内容的先进性。

(4) **强调教学内容与科研实践相结合**。教材部分例题来自于科研项目。科研和教学的结合保证了教学内容的前沿性和时代性。

（5）**强调复杂运算与计算机设计相结合**。随着计算机的不断发展，计算电磁学和计算机辅助设计已经成为目前不断发展的新技术。为了适应应用型人才培养模式，在编写静态场问题的解法时，搜集了部分典型算法的计算机程序，结合 MATLAB 语言，同时融合了现代电磁场仿真工具（CST）电磁场三维动态图形。

全书共分 9 章。第 1 章首先复习矢量分析的基本知识，力求简明实用。第 2、3 章讨论静电场，论述静电场的基本概念及静电场边值问题的基本解法。第 4 章将恒定电流产生的电场和磁场结合在一起论述。第 5 章研究时变电磁场。第 6、7 章研究电磁波的基本理论和有关应用。第 8 章讨论导行电磁波的基本理论，特别为学生提供了典型波导空间电磁场分布图形，为其在微波技术中的应用奠定了基础。第 9 章讨论了电磁波的辐射特性及其应用，本章结合现代电磁仿真软件（CST）对典型的天线进行设计，为学生进一步学习天线知识奠定了基础。

本书编者都是教学的一线教师，有着多年丰富的教学和实践经验。本书由黑龙江科技学院边莉、齐齐哈尔大学周喜权任主编，哈尔滨理工大学杨广学、黑龙江科技学院关雪梅、哈尔滨工业大学孟繁义、齐齐哈尔大学题原任副主编。具体分工为，关雪梅编写第 1 章，周喜权编写第 2、5 章，边莉编写第 3、9 章，孟繁义和题原编写第 4、8 章，杨广学编写第 6、7 章。全书由边莉统稿。

本书在编写工程中，得到了许多同志的大力支持和帮助，哈尔滨商业大学贺平博士、哈尔滨工业大学杨中华博士提供了部分习题，并对全部习题答案进行了校验。

本书由哈尔滨工业大学吴群教授主审，并提出了一些宝贵的修改意见和建议，在此表示衷心的感谢。

由于编者水平有限，书中疏漏和不足在所难免，衷心希望读者批评指正。

编　者

2008 年 12 月

目录

CONTENTS

第 1 章

矢量分析

为了在大学物理电磁学的基础上跨进电磁场理论的殿堂，必须掌握矢量分析这一利器。发表在《电磁学通论》中的麦克斯韦方程多达十几个，外表相似，难以理解。本书利用矢量分析这一利器把这些方程压缩为 4 个，以便理解和记忆。可见，矢量分析这一数学工具功能的强大。

本章从电磁场理论中常用的坐标系入手，在学习矢量的表示和运算的基础上，分析描述标量场矢量和场分布及变化规律的物理量。这些物理量包括标量场的等值面、方向导数、梯度以及矢量场的通量、散度、环量、旋度。学习这些物理量的定义和物理意义的同时，引入高斯定理、斯托克斯定理和亥姆霍兹定理，为后续章节的学习奠定基础。

1.1　三种常用坐标系

直角坐标系(Rectangular Coordinate System)、**圆柱坐标系**(Cylinder Coordinate System)和**球坐标系**(Sphere Coordinate System)是三种最常用的正交曲线坐标系，是分析场在空间中分布和变化规律的基础。可以根据被研究对象的几何形状不同采用不同的坐标系，使问题得到简化，三维正交曲线坐标系见附录Ⅰ。

1.1.1　坐标系构成

1. 直角坐标系

如图 1.1 所示，直角坐标系的三个坐标变量是 x,y,z。它们的变化范围是

$$-\infty < x < +\infty,\ -\infty < y < +\infty,\ -\infty < z < +\infty$$

点 $M(x_1,y_1,z_1)$ 是 $x=x_1, y=y_1, z=z_1$ 这三个平面的交点。在直角坐标系中，可以通过 x,y,z 的值寻找到空间中任意点 M 的位置。

2. 圆柱坐标系

圆柱坐标系的三个坐标变量是 ρ,φ,z。它们的变化范围是

$$0 \leqslant \rho < +\infty,\ 0 \leqslant \varphi < 2\pi,\ -\infty < z < +\infty$$

圆柱坐标系有时简称柱坐标系，φ 坐标称为方位角，z 坐标与直角坐标系中 z 的名称、定义和值完全相同。

如图 1.2 所示，任意一点 M 的位置用 ρ_1、φ_1、z_1 三个量来确定，其中，ρ_1 表示 M 到 Oz 轴

的距离；φ_1 表示过 M 且以 Oz 轴为界的半平面与 xOz 平面之间的夹角；z_1 表示直角坐标系 z 的坐标。

当 ρ = 常数，φ、z 任意变化时，表示以 Oz 为轴的圆柱；φ = 常数，ρ、z 任意变化时，表示以 Oz 轴为界的半平面；z = 常数，ρ、φ 任意变化时，表示平行于 xOy 面的平面。

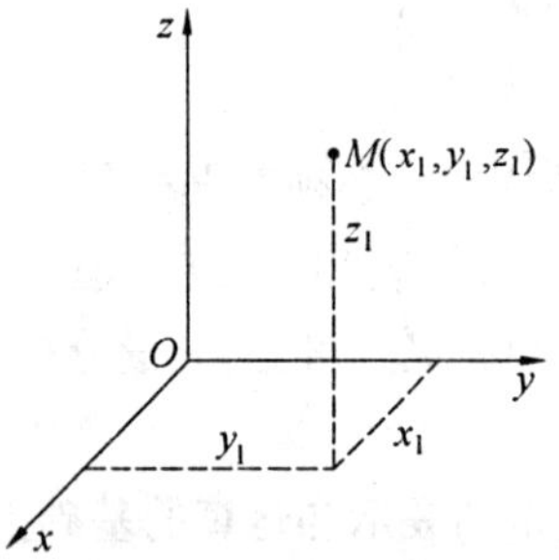

图 1.1　直角坐标系

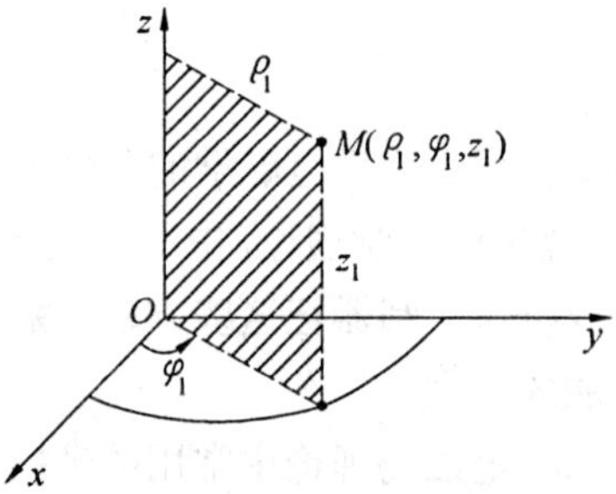

图 1.2　圆柱坐标系

3. 球坐标系

球坐标系的三个坐标变量是 r,θ,φ。它们的变化范围是

$$0 \leqslant r < +\infty, 0 \leqslant \theta \leqslant \pi, 0 \leqslant \varphi \leqslant 2\pi$$

如图 1.3 所示，任意一点 M 的位置用 r_1、θ_1、φ_1 三个量来确定，其中 r_1 表示 M 到原点 O 的距离，称为矢径长度；θ_1 表示矢径与 z 轴的夹角，称为高低角；φ_1 与对应的圆柱坐标变量 φ_1 名称、定义和值完全相同，称为方位角。

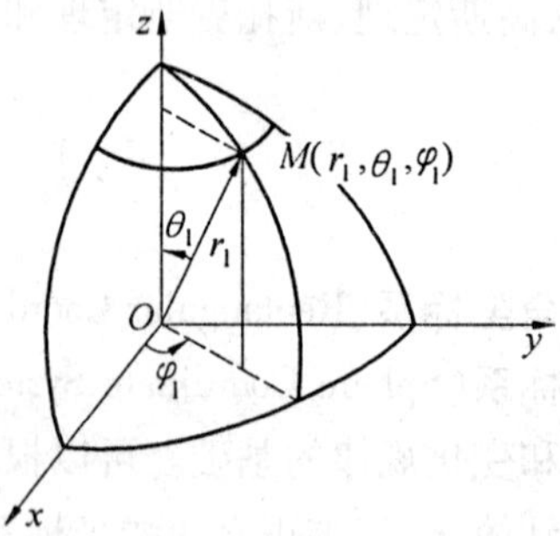

图 1.3　球坐标系

1.1.2　坐标变量代换

根据三种坐标系的图，可得三种坐标系的坐标变量之间的关系。

1. 直角坐标系与圆柱坐标系的关系

(1) 圆柱坐标 → 直角坐标

$$\left.\begin{aligned} x &= \rho\cos\varphi \\ y &= \rho\sin\varphi \\ z &= z \end{aligned}\right\} \tag{1.1}$$

(2) 直角坐标 → 圆柱坐标

$$\left.\begin{aligned} \rho &= \sqrt{x^2 + y^2} \\ \varphi &= \arctan\frac{y}{x} = \arcsin\frac{y}{\sqrt{x^2 + y^2}} = \arccos\frac{x}{\sqrt{x^2 + y^2}} \\ z &= z \end{aligned}\right\} \tag{1.2}$$

2. 直角坐标系与球坐标系的关系

(1) 球坐标 → 直角坐标

$$\left.\begin{aligned} x &= r\sin\theta\cos\varphi \\ y &= r\sin\theta\sin\varphi \\ z &= r\cos\theta \end{aligned}\right\} \tag{1.3}$$

(2) 直角坐标 → 球坐标

$$\left.\begin{aligned} r &= \sqrt{x^2+y^2+z^2} \\ \theta &= \arccos\frac{z}{\sqrt{x^2+y^2+z^2}} = \arcsin\frac{\sqrt{x^2+y^2}}{\sqrt{x^2+y^2+z^2}} \\ \varphi &= \arctan\frac{y}{x} = \arcsin\frac{y}{\sqrt{x^2+y^2}} = \arccos\frac{x}{\sqrt{x^2+y^2}} \end{aligned}\right\} \tag{1.4}$$

3. 柱坐标系与球坐标系的关系

(1) 球坐标 → 柱坐标

$$\left.\begin{aligned} \rho &= r\sin\theta \\ \varphi &= \varphi \\ z &= r\cos\theta \end{aligned}\right\} \tag{1.5}$$

(2) 柱坐标 → 球坐标

$$\left.\begin{aligned} r &= \sqrt{\rho^2+z^2} \\ \theta &= \arcsin\frac{\rho}{\sqrt{\rho^2+z^2}} = \arccos\frac{z}{\sqrt{\rho^2+z^2}} \\ \varphi &= \varphi \end{aligned}\right\} \tag{1.6}$$

利用坐标变量关系可以解决:已知点 M 的圆柱坐标或球坐标,求该点的直角坐标;已知点 M 的直角坐标,求该点的圆柱坐标或球坐标;同一点 M 的圆柱坐标与球坐标的相互换算等问题。

1.2　标量场与矢量场

在某一时刻,如果在某一空间区域 Ω 内的每一点,都对应着某个物理量 A 的一个确定的值,则称此区域内确定了该物理量 A 的一个场(Field)。可以用更数学化的语言来描述场,即场是某个物理量 A 关于空间区域 Ω 和时间 t 的函数。场是物质的存在形态,它有别于实物粒子。在空间同一点上,允许同时存在多种场,或者一种场的多种模式,与实物粒子的不可入性和排他性有着天壤之别。

1.2.1　标量场

只有大小而没有方向的物理量是标量(Scalar),如质量 M、体积 V、功 W、功率 P、能量 E、电压 U、电流强度 I、电量 q 等。一部分标量是算术量,如质量 M、体积 V 均大于等于零;

另一部分标量是代数量，如电量 q 等可正可负。在研究问题中，如果只存在两种对立的广义方向，可以使用标量进行描述。

根据场的定义，如果物理量 A 是标量，则说明空间区域 Ω 上存在**标量场**(Scalar Field)。标量场的运算为算术运算和代数运算。

1.2.2 矢量场

矢量(Vector)是既有大小又有方向的物理量，例如电场强度 $\boldsymbol{E}$、磁场强度 $\boldsymbol{H}$ 等。在本书中用黑体字母表示一个矢量。

1. 单位矢量

单位矢量是长度为 1 的矢量，在本书中以右上方带有“°”符号的黑体字母表示，如 $\boldsymbol{r}^{\circ}$ 表示位置单位矢量。在直角坐标系中，坐标单位矢量用 $\boldsymbol{e}_x,\boldsymbol{e}_y,\boldsymbol{e}_z$ 表示；在圆柱坐标系中，坐标单位矢量用 $\boldsymbol{e}_\rho,\boldsymbol{e}_\varphi,\boldsymbol{e}_z$ 表示；在球坐标系中，坐标单位矢量用 $\boldsymbol{e}_r,\boldsymbol{e}_\theta,\boldsymbol{e}_\varphi$ 表示。

2. 矢量坐标分量表示法

在直角坐标系中，若沿三个相互垂直的坐标单位矢量方向的三个分量为 A_x,A_y,A_z。矢量 $\boldsymbol{A}$ 可表示为

$$\boldsymbol{A} = A_x\boldsymbol{e}_x + A_y\boldsymbol{e}_y + A_z\boldsymbol{e}_z \tag{1.7}$$

3. 矢量的模

矢量 $\boldsymbol{A}$ 的大小(即模)用符号 $|\boldsymbol{A}|$ 或 A 表示。在直角坐标系中，A 表示为

$$A = \sqrt{A_x^2 + A_y^2 + A_z^2} \tag{1.8}$$

4. 方向余弦

如果矢量 $\boldsymbol{A}$ 与坐标轴 Ox,Oy,Oz 的正向之间的夹角(方向角)分别为 α,β,γ，则 $\cos\alpha,\cos\beta,\cos\gamma$ 称为矢量 $\boldsymbol{A}$ 的方向余弦，那么

$$A_x = A\cos\alpha, A_y = A\cos\beta, A_z = A\cos\gamma \tag{1.9}$$

所以式(1.7)又可写为

$$\boldsymbol{A} = A\cos\alpha\boldsymbol{e}_x + A\cos\beta\boldsymbol{e}_y + A\cos\gamma\boldsymbol{e}_z \tag{1.10}$$

5. 矢量的加减法

矢量 $\boldsymbol{A}$ 加矢量 $\boldsymbol{B}$，其和 $\boldsymbol{A}+\boldsymbol{B}$ 仍为矢量，不妨记作 $\boldsymbol{S}$。矢量和 $\boldsymbol{S}$ 的几何作图法有三角形法和平行四边形法两种，如图 1.4 所示。

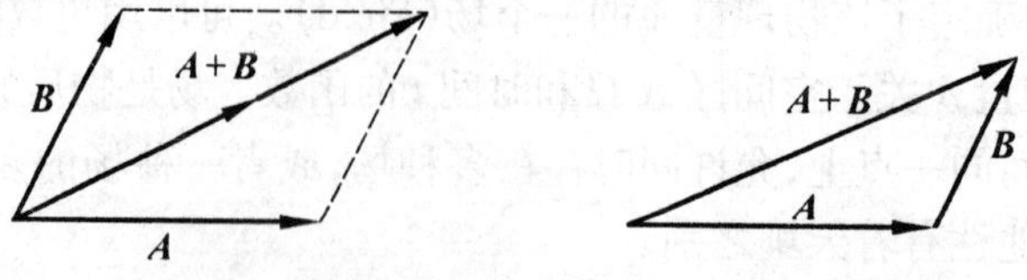

(a)平行四边形法 (b)三角形法

图 1.4 矢量和的几何作图法

矢量的减法可定义为

$$A - B = A + (-B)$$

矢量差的几何作图法如图1.5所示。平行四边形法中的另一个对角线矢量就是矢量差。

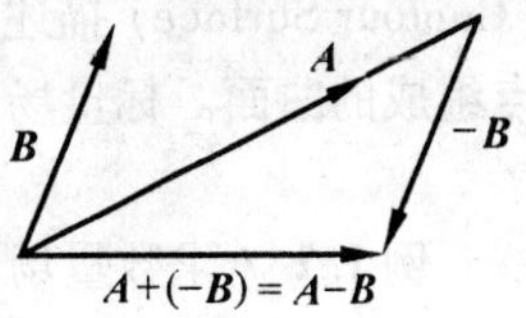

图1.5 矢量差的几何作图法

6. 矢量的三种乘法运算

若已知矢量 $\boldsymbol{A} = A_x\boldsymbol{e}_x + A_y\boldsymbol{e}_y + A_z\boldsymbol{e}_z$,矢量 $\boldsymbol{B} = B_x\boldsymbol{e}_x + B_y\boldsymbol{e}_y + B_z\boldsymbol{e}_z$ 以及标量 u。

(1) 标乘

矢量 $\boldsymbol{A}$ 与标量 u 之间的乘法称为矢量的标乘,即

$$u\boldsymbol{A} = \boldsymbol{A}u = uA_x\boldsymbol{e}_x + uA_y\boldsymbol{e}_y + uA_z\boldsymbol{e}_z$$

(2) 点乘

矢量 $\boldsymbol{A}$ 点乘矢量 $\boldsymbol{B}$ 的结果是标量,又称标量积,即

$$\boldsymbol{A} \cdot \boldsymbol{B} = A_xB_x + A_yB_y + A_zB_z \tag{1.11}$$

从上式可以看出,点乘满足交换律,即

$$\boldsymbol{A} \cdot \boldsymbol{B} = \boldsymbol{B} \cdot \boldsymbol{A}$$

点乘的几何意义为

$$\boldsymbol{A} \cdot \boldsymbol{B} = |\boldsymbol{A}||\boldsymbol{B}|\cos(\boldsymbol{A},\boldsymbol{B})$$

其中,$\cos(\boldsymbol{A},\boldsymbol{B})$ 表示矢量 $\boldsymbol{A}$ 矢量和 $\boldsymbol{B}$ 的夹角余弦。若矢量 $\boldsymbol{A}$ 矢量和 $\boldsymbol{B}$ 夹角为90°,则 $\boldsymbol{A} \cdot \boldsymbol{B} = 0$,两矢量是否正交,常用此式判断。

(3) 叉乘

矢量 $\boldsymbol{A}$ 叉乘矢量 $\boldsymbol{B}$ 的结果仍然是矢量,称为矢量积,即

$$\boldsymbol{A} \times \boldsymbol{B} = \begin{vmatrix} \boldsymbol{e}_x & \boldsymbol{e}_y & \boldsymbol{e}_z \\ A_x & A_y & A_z \\ B_x & B_y & B_z \end{vmatrix} \tag{1.12}$$

由行列式的性质得知,叉乘不满足交换律,即

$$\boldsymbol{A} \times \boldsymbol{B} = -\boldsymbol{B} \times \boldsymbol{A}$$

矢量积的几何意义为

$$|\boldsymbol{A} \times \boldsymbol{B}| = AB\sin(\boldsymbol{A},\boldsymbol{B})$$

$\boldsymbol{A}$ 叉乘 $\boldsymbol{B}$ 的积是一矢量,模等于 $\boldsymbol{A}$、$\boldsymbol{B}$ 模的乘积再乘上矢量 $\boldsymbol{A}$ 矢量和 $\boldsymbol{B}$ 的夹角正弦;矢量积的方向用右手螺旋法则确定。若 $\boldsymbol{A}$、$\boldsymbol{B}$ 相互平行,则 $\boldsymbol{A} \times \boldsymbol{B} = \boldsymbol{0}$,反之亦然;矢量积 $\boldsymbol{A} \times \boldsymbol{B}$ 既与 $\boldsymbol{A}$ 矢量正交,也与 $\boldsymbol{B}$ 矢量正交。

1.3 描述标量场分布和变化规律的物理量

1.3.1 等值面

研究场的特性时,以场图表示场变量在空间逐点分布的情况有很大意义。对于标量场而言,二维空间用**等值线**(Contour Line) 描述,如地图上的等高线。三维空间用**等值面**

(Contour Surface) 描述,等值面是指标量场 $\varphi(x,y,z)$ 中,使其函数 φ 取相同数值的所有点组成的曲面。标量场 $\varphi(x,y,z)$ 的等值面方程为

$$\varphi(x,y,z)=\text{const} \tag{1.13}$$

例 1.1 求数量场 $\varphi=\ln(x^2+y^2-z)$ 通过点 $M(1,2,3)$ 的等值面方程。

解 由于点 M 的坐标是 $x_1=1, y_1=2, z_1=3$,则该点的数量场值为

$$\varphi=\ln(x_1^2+y_1^2-z_1)=\ln 2$$

其等值面方程为

$$\ln(x^2+y^2-z)=\ln 2$$

即

$$x^2+y^2-z=2$$

1.3.2 方向导数

标量场中,标量 $\varphi=\varphi(M)$ 的分布情况可由等值面或等值线来描述,但等值面只能了解标量场的整体分布情况。若要对标量场的局部状态深入分析,就要考察标量 φ 在场中各点处的邻域内沿每一方向的变化情况。为此,引入方向导数的概念。

设 M_0 是标量场 $\varphi=\varphi(M)$ 中的一个已知点,从 M_0 出发沿某一方向引一条射线 l,在 l 上 M_0 的邻近取一点 M,$\overline{MM_0}=\rho$,如图 1.6 所示。当 M 趋于 M_0 时(即 ρ 趋于零时),若

$$\frac{\Delta\varphi}{\rho}=\frac{\varphi(M)-\varphi(M_0)}{\rho}$$

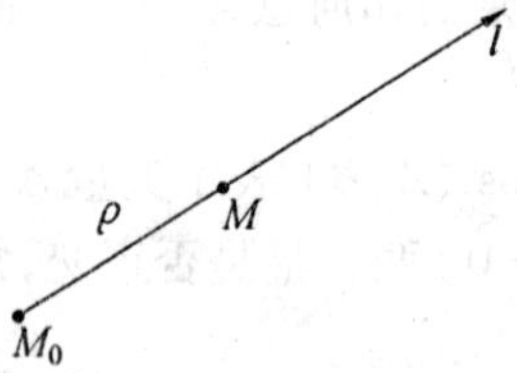

图 1.6 方向导数的定义

的极限存在,称此极限为函数 $\varphi(M)$ 在点 M_0 处沿 $\boldsymbol{l}$ 方向的**方向导数**(Directional Derivative),记为

$$\left.\frac{\partial\varphi}{\partial l}\right|_{M_0}=\lim_{M\to M_0}\frac{\varphi(M)-\varphi(M_0)}{\rho} \tag{1.14}$$

可见,方向导数是函数 φ 在点 M_0 沿 $\boldsymbol{l}$ 方向对距离的变化率。当 $\left.\frac{\partial\varphi}{\partial l}\right|_{M_0}>0$ 时,表示在 M_0 处函数 φ 沿 $\boldsymbol{l}$ 方向是增加的,反之减小。

直角坐标系中,方向导数可按下述公式计算。

若函数 $\varphi=\varphi(x,y,z)$ 在点 $M_0(x_0,y_0,z_0)$ 处可微,$\cos\alpha$、$\cos\beta$、$\cos\gamma$ 为 $\boldsymbol{l}$ 方向的方向余弦,则函数 φ 在点 M_0 处沿 $\boldsymbol{l}$ 方向的方向导数必定存在,且为

$$\left.\frac{\partial\varphi}{\partial l}\right|_{M_0}=\frac{\partial\varphi}{\partial x}\cos\alpha+\frac{\partial\varphi}{\partial y}\cos\beta+\frac{\partial\varphi}{\partial z}\cos\gamma \tag{1.15}$$

证明过程,请读者自行查阅相关资料。

例 1.2 求数量场 $\varphi=3x^2y-y^3z^2$ 在点 $M(1,-2,-1)$ 处沿 $\boldsymbol{l}=yz\boldsymbol{e}_x+xz\boldsymbol{e}_y+xy\boldsymbol{e}_z$ 方向的方向导数。

解 矢量 $\boldsymbol{l}$ 在 M 处的值为

$$\boldsymbol{l}|_M=2\boldsymbol{e}_x-\boldsymbol{e}_y-2\boldsymbol{e}_z$$

其方向余弦为

$$\cos\alpha=\frac{2}{3},\cos\beta=-\frac{1}{3},\cos\gamma=-\frac{2}{3}$$

在点 $M(1,-2,-1)$ 处有

$$\left.\frac{\partial\varphi}{\partial x}\right|_M=6xy|_M=-12$$

$$\left.\frac{\partial\varphi}{\partial y}\right|_M=(3x^2-3y^2z^2)|_M=-9$$

$$\left.\frac{\partial\varphi}{\partial z}\right|_M=-2y^3z|_M=-16$$

则数量场 φ 在 $\boldsymbol{l}$ 方向的方向导数为

$$\left.\frac{\partial\varphi}{\partial l}\right|_M=\left.\left(\frac{\partial\varphi}{\partial x}\cos\alpha+\frac{\partial\varphi}{\partial y}\cos\beta+\frac{\partial\varphi}{\partial z}\cos\gamma\right)\right|_M=\frac{17}{3}$$

1.3.3　梯度

方向导数描述标量场中某点处标量沿某方向的变化率。但从标量场中沿任一点出发有无穷多个方向,不可能研究所有方向的变化率,只是研究沿哪一个方向变化率最大,此变化率是多少?梯度可以回答这两个问题。

标量场 $\varphi(x,y,z)$ 在 $\boldsymbol{l}$ 方向上的方向导数为

$$\frac{\partial\varphi}{\partial l}=\frac{\partial\varphi}{\partial x}\cos\alpha+\frac{\partial\varphi}{\partial y}\cos\beta+\frac{\partial\varphi}{\partial z}\cos\gamma$$

在直角坐标系中,令

$$\boldsymbol{l}^\circ=\cos\alpha\boldsymbol{e}_x+\cos\beta\boldsymbol{e}_y+\cos\gamma\boldsymbol{e}_z$$

$$\boldsymbol{G}=\frac{\partial\varphi}{\partial x}\boldsymbol{e}_x+\frac{\partial\varphi}{\partial y}\boldsymbol{e}_y+\frac{\partial\varphi}{\partial z}\boldsymbol{e}_z$$

则

$$\frac{\partial\varphi}{\partial l}=\boldsymbol{G}\cdot\boldsymbol{l}^\circ=|\boldsymbol{G}|\cos(\boldsymbol{G},\boldsymbol{l}^\circ)\tag{1.16}$$

矢量 $\boldsymbol{l}^\circ$ 是 $\boldsymbol{l}$ 方向的单位矢量,矢量 $\boldsymbol{G}$ 是在给定点处的一常矢量。由式(1.16)可见,当 $\boldsymbol{l}$ 与 $\boldsymbol{G}$ 的方向一致时,即 $\cos(\boldsymbol{G},\boldsymbol{l}^\circ)=1$ 时,标量场在点 M 处的方向导数最大,也就是说沿矢量 $\boldsymbol{G}$ 方向的方向导数最大,此最大值为

$$\left.\frac{\partial\varphi}{\partial l}\right|_{\max}=|\boldsymbol{G}|\tag{1.17}$$

所以矢量 $\boldsymbol{G}$ 的方向是标量场在 M 点处变化率最大的方向,其模即为最大的变化率。

在标量场 $\varphi(M)$ 中的一点 M 处,其方向为函数 $\varphi(M)$ 在 M 点处变化率最大的方向,其模又恰好等于最大变化率的矢量 $\boldsymbol{G}$,称为标量场 $\varphi(M)$ 在 M 点处的**梯度**(Gradient),用 $\mathrm{grad}\,\varphi(M)$ 表示。在直角坐标系中,梯度的表达式为

$$\mathrm{grad}\,\varphi=\frac{\partial\varphi}{\partial x}\boldsymbol{e}_x+\frac{\partial\varphi}{\partial y}\boldsymbol{e}_y+\frac{\partial\varphi}{\partial z}\boldsymbol{e}_z\tag{1.18}$$

梯度用**哈密顿**(Hamiton)微分算子 ∇ 的表达式为

$$\nabla\varphi=\mathrm{grad}\,\varphi\tag{1.19}$$

在直角坐标系中,哈密顿微分算子为

$$\nabla = \frac{\partial}{\partial x}\boldsymbol{e}_x + \frac{\partial}{\partial y}\boldsymbol{e}_y + \frac{\partial}{\partial z}\boldsymbol{e}_z \tag{1.20}$$

哈密顿微分算子必须与某些函数或其他标识符配合使用才有实际意义。运算过程中,哈密顿微分算子通常表现出矢量和微分的性质。圆柱坐标系和球坐标系中哈密顿微分算子的表达式见附录Ⅱ。

由分析可知:在 M 点处沿任意方向的方向导数等于该点处的梯度在此方向上的投影;标量场 $\varphi(x,y,z)$ 中每一点 M 处的梯度垂直于过该点的等值面,且指向函数 $\varphi(M)$ 增大的方向。因为 M 处梯度的坐标 $\frac{\partial\varphi}{\partial x},\frac{\partial\varphi}{\partial y},\frac{\partial\varphi}{\partial z}$ 恰好是过 M 点的等值面 $\varphi(x,y,z)=c$ 的法线方向导数,即梯度为其法向矢量,因此梯度垂直于该等值面。

设 c 为一常数,$u(M)$ 和 $v(M)$ 为数量场,梯度运算法则为

$$\text{grad}\ c = 0 \text{ 或 } \nabla c = 0 \tag{1.21}$$

$$\text{grad}\ (cu) = c\text{grad}\ u \text{ 或 } \nabla(cu) = c\nabla u \tag{1.22}$$

$$\text{grad}\ (u \pm v) = \text{grad}\ u \pm \text{grad}\ v \text{ 或 } \nabla(u \pm v) = \nabla u \pm \nabla v \tag{1.23}$$

$$\text{grad}\ (uv) = v\text{grad}\ u + u\text{grad}\ v \text{ 或 } \nabla(uv) = v\nabla u + u\nabla v \tag{1.24}$$

$$\text{grad}\left(\frac{u}{v}\right) = \frac{1}{v^2}(v\text{grad}\ u - u\text{grad}\ v) \text{ 或 } \nabla\left(\frac{u}{v}\right) = \frac{1}{v^2}(v\nabla u - u\nabla v) \tag{1.25}$$

$$\text{grad}\ [f(u)] = f'(u)\text{grad}\ u \text{ 或 } \nabla[f(u)] = f'(u)\nabla u \tag{1.26}$$

例1.3 产生场的源所在空间位置点称为**源点**,记为 (x',y',z') 或 $\boldsymbol{r}'$;场所在空间位置点称为**场点**,记为 (x,y,z) 或 $\boldsymbol{r}$。从源点指向场点的矢量记为 $\boldsymbol{R}=\boldsymbol{r}-\boldsymbol{r}'$,源点到场点的距离记为 $R=|\boldsymbol{r}-\boldsymbol{r}'|$。求 $\nabla\frac{1}{R}$ 及 $\nabla'\frac{1}{R}$,∇ 表示对 (x,y,z) 运算,∇' 表示对 (x',y',z') 运算。

解 根据已知条件

$$\boldsymbol{r} = x\boldsymbol{e}_x + y\boldsymbol{e}_y + z\boldsymbol{e}_z,\ \boldsymbol{r}' = x'\boldsymbol{e}_x + y'\boldsymbol{e}_y + z'\boldsymbol{e}_z$$

$$\boldsymbol{R} = (x-x')\boldsymbol{e}_x + (y-y')\boldsymbol{e}_y + (z-z')\boldsymbol{e}_z$$

$$R = \sqrt{(x-x')^2 + (y-y')^2 + (z-z')^2}$$

由于

$$\nabla\frac{1}{R} = \frac{\partial}{\partial x}\left(\frac{1}{R}\right)\boldsymbol{e}_x + \frac{\partial}{\partial y}\left(\frac{1}{R}\right)\boldsymbol{e}_y + \frac{\partial}{\partial z}\left(\frac{1}{R}\right)\boldsymbol{e}_z$$

其中

$$\frac{\partial}{\partial x}\left(\frac{1}{R}\right) = \frac{\partial}{\partial x}\left(\frac{1}{\sqrt{(x-x')^2+(y-y')^2+(z-z')^2}}\right) = -\frac{x-x'}{R^3}$$

$$\frac{\partial}{\partial y}\left(\frac{1}{R}\right) = \frac{\partial}{\partial y}\left(\frac{1}{\sqrt{(x-x')^2+(y-y')^2+(z-z')^2}}\right) = -\frac{y-y'}{R^3}$$

$$\frac{\partial}{\partial z}\left(\frac{1}{R}\right) = \frac{\partial}{\partial z}\left(\frac{1}{\sqrt{(x-x')^2+(y-y')^2+(z-z')^2}}\right) = -\frac{z-z'}{R^3}$$

则

$$\nabla\frac{1}{R} = -\frac{x-x'}{R^3}\boldsymbol{e}_x - \frac{y-y'}{R^3}\boldsymbol{e}_y - \frac{z-z'}{R^3}\boldsymbol{e}_z = -\frac{\boldsymbol{R}}{R^3}$$

同理得
$$\nabla'\frac{1}{R}=\frac{\boldsymbol{R}}{R^3}$$

从而，$\nabla\frac{1}{R}=-\nabla'\frac{1}{R}$，这个关系在以后的矢量证明中，将直接引用。

矢量距离如图1.7所示。

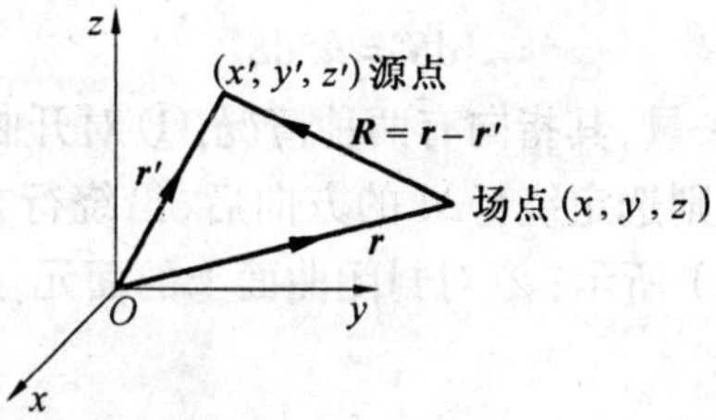

图1.7　矢量距离

1.4　描述矢量场分布和变化规律的物理量

1.4.1　矢量线

用一些有向曲线表示矢量场 $\boldsymbol{A}(x,y,z)$ 在空间的分布，称为**矢量线**(Vector Line)。如图1.8所示，矢量线上任一点的切线方向必定与该点的矢量 $\boldsymbol{A}$ 的方向相同。直角坐标系中，矢量线方程为

$$\frac{dx}{A_x}=\frac{dy}{A_y}=\frac{dz}{A_z}\tag{1.27}$$

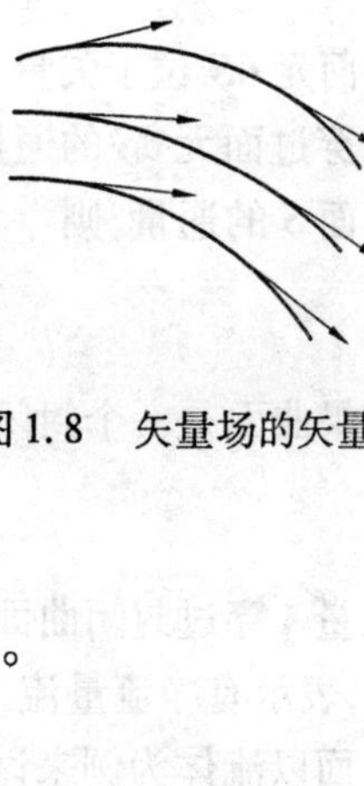

图1.8　矢量场的矢量线

根据矢量线可确定矢量场中各点矢量的方向，根据矢量线的疏密程度，可判别场中各点矢量的大小和变化趋势。

例1.4　求矢量场 $\boldsymbol{A}=xy^2\boldsymbol{e}_x+x^2y\boldsymbol{e}_y+zy^2\boldsymbol{e}_z$ 的矢量线方程。

解　矢量线应满足的微分方程为
$$\frac{dx}{xy^2}=\frac{dy}{x^2y}=\frac{dz}{y^2z}$$

从而有
$$\frac{dx}{xy^2}=\frac{dy}{x^2y}$$
$$\frac{dx}{xy^2}=\frac{dz}{y^2z}$$

解之
$$\begin{cases}z=c_1x\\x^2-y^2=c_2\end{cases}\qquad(c_1,c_2\text{ 为积分常数})$$

1.4.2 通量和散度

1. 矢量场的通量

在分析矢量场的特性时,矢量穿过一个曲面的通量是个重要概念。

将曲面的一个面元用矢量 d$\boldsymbol{S}$ 表示,其方向取为面元的法线方向,其大小为 dS,即

$$\mathrm{d}\boldsymbol{S} = \boldsymbol{n}^\circ \mathrm{d}S \tag{1.28}$$

$\boldsymbol{n}^\circ$ 是面元法线方向的单位矢量,其指向有两种情况:① 对开曲面上的面元,设这个开曲面是由封闭曲线Δl 所围成的,则选定绕行Δl 的方向后,沿绕行方向按右手螺旋的拇指方向就是 $\boldsymbol{n}^\circ$ 的方向,如图 1.9(a) 所示;② 对封闭曲面上的面元,外法线方向就是 $\boldsymbol{n}^\circ$ 的方向,如图 1.9(b) 所示。

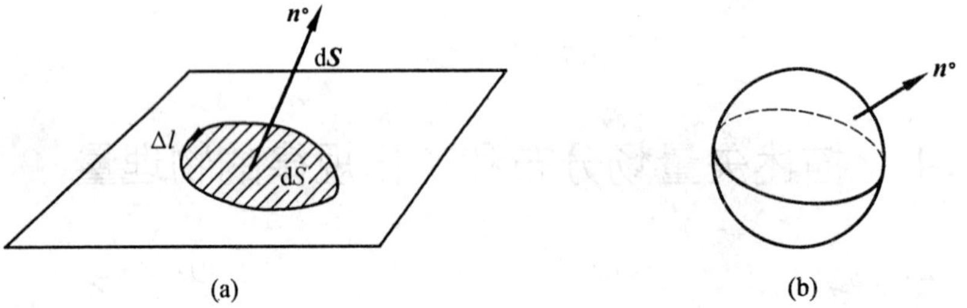

图 1.9 法线方向的取法

若面元 d$\boldsymbol{S}$ 位于矢量场$\boldsymbol{A}$ 中,由于 d$\boldsymbol{S}$ 很小,各点$\boldsymbol{A}$ 值认为相同,则$\boldsymbol{A} \cdot \mathrm{d}\boldsymbol{S}$(点乘) 称为矢量$\boldsymbol{A}$ 穿过面元 d$\boldsymbol{S}$ 的**通量**(Flux)。将曲面 S 各面元上的$\boldsymbol{A} \cdot \mathrm{d}\boldsymbol{S}$ 相加,表示矢量场$\boldsymbol{A}$ 穿过整个曲面 S 的通量,则

$$\Phi = \int_S \boldsymbol{A} \cdot \mathrm{d}\boldsymbol{S} = \int_S \boldsymbol{A} \cdot \boldsymbol{n}^\circ \mathrm{d}S \tag{1.29}$$

如果曲面是一个封闭曲面,则

$$\Phi = \oint_S \boldsymbol{A} \cdot \mathrm{d}\boldsymbol{S} \tag{1.30}$$

表示矢量$\boldsymbol{A}$ 穿过封闭曲面的通量。若$\Phi > 0$,表示有净流量流出,封闭曲面 S 内必有源;若$\Phi < 0$,表示有净流量流入,封闭曲面 S 内必有洞(负的源)。

下面以流体为例来讨论矢量场通量的物理意义。在流体中,设流体的流速$\boldsymbol{v}$ 构成一个矢量场,则$\boldsymbol{v} \cdot \mathrm{d}\boldsymbol{S}$ 是流体每秒穿过面元 d$\boldsymbol{S}$ 的流量,$\oint_S \boldsymbol{v} \cdot \mathrm{d}\boldsymbol{S}$ 是流体每秒从闭合面 S 流出的净流量。如果穿过闭合面的通量不等于 0,则表示闭合面包围的体积内有净的流量流出或流入。$\oint_S \boldsymbol{v} \cdot \mathrm{d}\boldsymbol{S} > 0$ 表示每秒有净流量流出,这说明体积内必定存在着流体的源;$\oint_S \boldsymbol{v} \cdot \mathrm{d}\boldsymbol{S} < 0$ 表示每秒有净流量流入,说明体积内必定存在着流体的负源。前者体积内也可能存在负源,但体积内正源肯定大于负源,所以流体有净流量从闭合面内流出;而后者体积内总是负源大于正源,故流体有净流量从闭合面流入。如果$\oint_S \boldsymbol{v} \cdot \mathrm{d}\boldsymbol{S} = 0$,则没有流体穿过闭合面,或流入和流出体积的流量相等,此时说明体积内无流体的源,或流体的正源和负源相等。

2. 矢量场的散度

上述通量是一个大范围面积上的积分量，反映了某一空间内场源总的特性，但没有反应出场源分布特性。为了研究矢量场 $\boldsymbol{A}$ 在某一点附近的通量特性，把包围某点的封闭曲面向该点无限收缩，使包含这个点在内的体积元 $\Delta V \to 0$，取如下极限

$$\lim_{\Delta V \to 0} \frac{\oint_S \boldsymbol{A} \cdot \mathrm{d}\boldsymbol{S}}{\Delta V}$$

称此极限为矢量场 $\boldsymbol{A}$ 在某点的**散度**(Divergence)，记为 $\mathrm{div}\boldsymbol{A}$，即散度的定义式为

$$\mathrm{div}\boldsymbol{A} = \lim_{\Delta V \to 0} \frac{\oint_S \boldsymbol{A} \cdot \mathrm{d}\boldsymbol{S}}{\Delta V} \tag{1.31}$$

此式表明：$\boldsymbol{A}$ 的散度是标量，表示从该点单位体积内散发出来的 $\boldsymbol{A}$ 的通量（通量密度），反映出 $\boldsymbol{A}$ 在该点通量源的强度。$\mathrm{div}\boldsymbol{A} > 0$，该点是流出的源，其值表示源的强度；$\mathrm{div}\boldsymbol{A} < 0$，该点是吸收的洞，值表示洞的强度，若在某区域中各点的 $\mathrm{div}\boldsymbol{A} = 0$，称矢量场为**无源场**。

矢量场 $\boldsymbol{A}$ 的散度可表示为哈密顿微分算子 ∇ 与矢量 $\boldsymbol{A}$ 的标量积，即

$$\mathrm{div}\boldsymbol{A} = \nabla \cdot \boldsymbol{A}$$

$$\nabla \cdot \boldsymbol{A} = \left(\frac{\partial}{\partial x}\boldsymbol{e}_x + \frac{\partial}{\partial y}\boldsymbol{e}_y + \frac{\partial}{\partial z}\boldsymbol{e}_z\right) \cdot (A_x\boldsymbol{e}_x + A_y\boldsymbol{e}_y + A_z\boldsymbol{e}_z) = \frac{\partial A_x}{\partial x} + \frac{\partial A_y}{\partial y} + \frac{\partial A_z}{\partial z} \tag{1.32}$$

散度运算符合以下规则：

$$\nabla \cdot (\boldsymbol{A} \pm \boldsymbol{B}) = \nabla \cdot \boldsymbol{A} \pm \nabla \cdot \boldsymbol{B}$$

$$\nabla \cdot (\varphi \boldsymbol{A}) = \varphi \nabla \cdot \boldsymbol{A} + \boldsymbol{A} \cdot \nabla \varphi \quad (\varphi\text{ 是标量})$$

例 1.5　求标量场 $\nabla \varphi$ 的散度。

解

$$\nabla \varphi = \frac{\partial \varphi}{\partial x}\boldsymbol{e}_x + \frac{\partial \varphi}{\partial y}\boldsymbol{e}_y + \frac{\partial \varphi}{\partial z}\boldsymbol{e}_z$$

$$\nabla \cdot \nabla \varphi = \frac{\partial}{\partial x}\frac{\partial \varphi}{\partial x} + \frac{\partial}{\partial y}\frac{\partial \varphi}{\partial y} + \frac{\partial}{\partial z}\frac{\partial \varphi}{\partial z} = \frac{\partial^2 \varphi}{\partial x^2} + \frac{\partial^2 \varphi}{\partial y^2} + \frac{\partial^2 \varphi}{\partial z^2}$$

记运算 $\nabla \cdot \nabla$ 为 ∇^2，称为**拉普拉斯**(Laplace)**算子**，即

$$\nabla^2 = \frac{\partial^2}{\partial x^2} + \frac{\partial^2}{\partial y^2} + \frac{\partial^2}{\partial z^2} \tag{1.33}$$

运算过程中，拉普拉斯算子通常表现出微分的性质。圆柱坐标系和球坐标系中拉普拉斯算子的表达式见附录 Ⅱ。

3. 散度定理

矢量 $\boldsymbol{A}$ 的散度是通量的体密度，所以 $\boldsymbol{A}$ 的散度的体积分等于矢量 $\boldsymbol{A}$ 穿过包围该体积的封闭曲面的总通量，即

$$\int_V \nabla \cdot \boldsymbol{A} \mathrm{d}V = \oint_S \boldsymbol{A} \cdot \mathrm{d}\boldsymbol{S} \tag{1.34}$$

式(1.34)就是**高斯散度定理**。

证明：将曲面 S 包围的体积 V 分成许多体积元 $\Delta V_i (i = 1 \sim n)$，每个体积元的小封闭曲

面 S_i 上穿过的通量为

$$\oint_{S_i} \boldsymbol{A} \cdot \mathrm{d}\boldsymbol{S}_i = (\nabla \cdot \boldsymbol{A})\Delta V_i \quad (i = 1 \sim n)$$

由于：

(1) 相邻两体积元有一个公共表面，公共表面上的通量对这两个体积元来说恰好是等值异号，求和是互相抵消。

(2) 除了临近 S 面的体积元外，所有体积元都是由几个相邻体积元间的公共表面包围而成的，体积元的通量总和为 0。

(3) 临近 S 面的体积元，有部分面积是在 S 面上的面元 $\mathrm{d}S$，这部分表面的通量没有被抵消，其总和等于从封闭曲面 S 穿出的通量。

因此，上式可化简为

$$\sum_{i=1}^{n} \oint_{S_i} \boldsymbol{A} \cdot \mathrm{d}\boldsymbol{S} = \oint_{S} \boldsymbol{A} \cdot \mathrm{d}\boldsymbol{S}$$

故得到

$$\oint_{S} \boldsymbol{A} \cdot \mathrm{d}\boldsymbol{S} = \sum_{i=1}^{n} (\nabla \cdot \boldsymbol{A})\Delta V_i = \int_V \nabla \cdot \boldsymbol{A}\mathrm{d}V$$

例 1.6 已知矢径 $\boldsymbol{r} = x\boldsymbol{e}_x + y\boldsymbol{e}_y + z\boldsymbol{e}_z$，设 S 为由柱面 $x^2 + y^2 = a^2$ 及平面 $z = 0$ 和 $z = h$ 围成的封闭曲面，求矢径 $\boldsymbol{r}$ 穿出 S 的柱面部分的通量。

解 设 S_1 和 S_2 为封闭曲面 S 的顶部与底部的圆面，则所求的通量可用穿出封闭曲面 S 的总通量减去穿出 S_1 和 S_2 面的通量求得，即

$$\Phi = \oint_S \boldsymbol{r} \cdot \mathrm{d}\boldsymbol{S} - \int_{S_1+S_2} \boldsymbol{r} \cdot \mathrm{d}\boldsymbol{S} = \int_V \nabla \cdot \boldsymbol{r}\mathrm{d}V - \int_{S_1} h\mathrm{d}x\mathrm{d}y - \int_{S_2} 0 \cdot \mathrm{d}x\mathrm{d}y =$$

$$\int_V 3\mathrm{d}V - \pi a^2 h + 0 = 3\pi a^2 h - \pi a^2 h = 2\pi a^2 h$$

1.4.3 环量和旋度

1. 矢量场的环量

在分析矢量场的性质时，除了通量以外，另一个重要的概念就是矢量场沿闭合曲线的环量。在力场中，某一质点沿着指定的曲线 c 运动时，力场所做的功可表示为力场 $\boldsymbol{F}$ 沿曲线 c 的线积分，即

$$W = \int_c \boldsymbol{F} \cdot \mathrm{d}\boldsymbol{l} = \int F\cos\theta\mathrm{d}l \tag{1.35}$$

其中，$\mathrm{d}\boldsymbol{l}$ 是曲线 c 的线元矢量，方向是该线元的切线方向；θ 角为力场 $\boldsymbol{F}$ 与线元 $\mathrm{d}\boldsymbol{l}$ 矢量的夹角。

在矢量场 $\boldsymbol{A}$ 中，若曲线 c 是闭合曲线，其矢量场 $\boldsymbol{A}$ 沿闭合曲线 c 的线积分可表示为

$$\oint_c \boldsymbol{A} \cdot \mathrm{d}\boldsymbol{l} = \oint_c A\cos\theta\mathrm{d}l \tag{1.36}$$

此线积分称为矢量场 $\boldsymbol{A}$ 的环量(Circulation)，如图 1.10 所示。

若矢量场沿闭合曲线的环量不为 0，表示闭合曲线内有漩涡源。若矢量场沿闭合曲

线的环量等于0,表示闭合曲线内无漩涡源,如闭合电流(漩涡源)产生磁场。

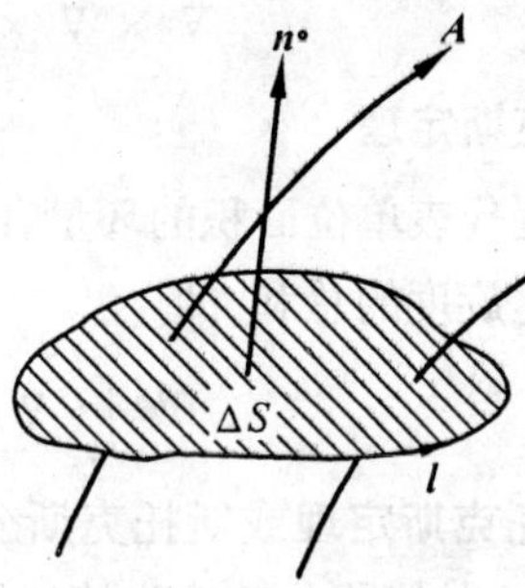

图1.10　矢量场的环量

2. 矢量场的旋度

从式(1.36)中可以看出,环量是矢量A在大范围闭合曲线上的线积分,反映了闭合曲线内漩涡源分布的情况,而从矢量场分析的要求来看,希望知道每个点附近的漩涡源分布的情况。为此,我们把闭合曲线收缩,使它包围的面积元$\Delta S \to 0$,并求其极限值:

$$\lim_{\Delta S\to 0}\frac{\oint_c \boldsymbol{A}\cdot \mathrm{d}\boldsymbol{l}}{\Delta S} \tag{1.37}$$

此极限值具有环量面密度(环量强度)的意义。由于面元有方向,与闭合曲线c的绕行方向用右手螺旋定则确定。因此在给定点上,上述极限值对于不同的面元是不同的,因此

$$\mathrm{rot}\,\boldsymbol{A} = \boldsymbol{n}^\circ \lim_{\Delta S\to 0}\frac{[\oint_c \boldsymbol{A}\cdot \mathrm{d}\boldsymbol{l}]_{\max}}{\Delta S} \tag{1.38}$$

称为矢量场A的**旋度**(Rotation)。从中可见:旋度是矢量,其大小是矢量A在给定处的最大环量面密度,方向就是当面元的取向使环量面密度最大时,面元方向为$\boldsymbol{n}^\circ$。rot A描述了矢量A在该点的漩涡源强度。若在某区域中各点的rot $\boldsymbol{A}=\boldsymbol{0}$,则称矢量场为**无旋场或保守场**。

矢量场A的旋度可表示为哈密顿微分算子∇与矢量A的矢量积,即

$$\mathrm{rot}\,\boldsymbol{A} = \nabla\times\boldsymbol{A} \tag{1.39}$$

直角坐标系中

$$\nabla\times\boldsymbol{A} = \left(\frac{\partial}{\partial x}\boldsymbol{e}_x + \frac{\partial}{\partial y}\boldsymbol{e}_y + \frac{\partial}{\partial z}\boldsymbol{e}_z\right)\times(A_x\boldsymbol{e}_x + A_y\boldsymbol{e}_y + A_z\boldsymbol{e}_z) =$$

$$\left(\frac{\partial A_z}{\partial y}-\frac{\partial A_y}{\partial z}\right)\boldsymbol{e}_x + \left(\frac{\partial A_x}{\partial z}-\frac{\partial A_z}{\partial x}\right)\boldsymbol{e}_y + \left(\frac{\partial A_y}{\partial x}-\frac{\partial A_x}{\partial y}\right)\boldsymbol{e}_z \tag{1.40}$$

即

$$\nabla\times\boldsymbol{A} = \begin{vmatrix} \boldsymbol{e}_x & \boldsymbol{e}_y & \boldsymbol{e}_z \\ \frac{\partial}{\partial x} & \frac{\partial}{\partial y} & \frac{\partial}{\partial z} \\ A_x & A_y & A_z \end{vmatrix}$$

旋度运算符合以下规则:

$$\nabla\times(\boldsymbol{A}\pm\boldsymbol{B}) = \nabla\times\boldsymbol{A}\pm\nabla\times\boldsymbol{B} \tag{1.41}$$

$$\nabla\times(\varphi\boldsymbol{A}) = \varphi\nabla\times\boldsymbol{A} + \nabla\varphi\times\boldsymbol{A}\quad(\varphi\text{是标量}) \tag{1.42}$$

$$\nabla\cdot(\boldsymbol{A}\times\boldsymbol{B}) = \boldsymbol{B}\cdot\nabla\times\boldsymbol{A} - \boldsymbol{A}\cdot\nabla\times\boldsymbol{B} \tag{1.43}$$

$$\nabla\times(\nabla\varphi) = 0 \tag{1.44}$$

$$\nabla \times \nabla \times \boldsymbol{A} = \nabla(\nabla \cdot \boldsymbol{A}) - \nabla^2 \boldsymbol{A} \tag{1.45}$$

3. 斯托克斯定理

因为旋度代表单位面积的环量,因此矢量场在闭合曲线 c 上的环量等于闭合曲线 c 所包围曲面 S 上旋度的总和,即

$$\int_S (\nabla \times \boldsymbol{A}) \cdot \mathrm{d}\boldsymbol{S} = \oint_c \boldsymbol{A} \cdot \mathrm{d}\boldsymbol{l} \tag{1.46}$$

此式称为**斯托克斯定理**或斯托克斯公式。它将矢量旋度的面积分变换成该矢量的线积分,或将矢量 $\boldsymbol{A}$ 的线积分转换为该矢量旋度的面积分。式中 $\mathrm{d}\boldsymbol{S}$ 的方向与 $\mathrm{d}\boldsymbol{l}$ 的方向成右手螺旋关系。

例 1.7 已知 $\varphi = 3x^2y, \boldsymbol{A} = x^3yz\boldsymbol{e}_y + 3xy^2\boldsymbol{e}_z$,求 $\mathrm{rot}(\varphi\boldsymbol{A})$。

解 $\mathrm{rot}(\varphi\boldsymbol{A}) = \nabla \times (\varphi\boldsymbol{A}) = \varphi\nabla \times \boldsymbol{A} + \nabla\varphi \times \boldsymbol{A}$

而
$$\nabla \times \boldsymbol{A} = \begin{vmatrix} \boldsymbol{e}_x & \boldsymbol{e}_y & \boldsymbol{e}_z \\ \dfrac{\partial}{\partial x} & \dfrac{\partial}{\partial y} & \dfrac{\partial}{\partial z} \\ 0 & x^3yz & 3xy^2 \end{vmatrix} = (6xy - x^3y)\boldsymbol{e}_x - 3y^2\boldsymbol{e}_y + 3x^2yz\boldsymbol{e}_z$$

$$\nabla\varphi = \frac{\partial\varphi}{\partial x}\boldsymbol{e}_x + \frac{\partial\varphi}{\partial y}\boldsymbol{e}_y + \frac{\partial\varphi}{\partial z}\boldsymbol{e}_z = 6xy\boldsymbol{e}_x + 3x^2\boldsymbol{e}_y$$

则
$$\nabla\varphi \times \boldsymbol{A} = \begin{vmatrix} \boldsymbol{e}_x & \boldsymbol{e}_y & \boldsymbol{e}_z \\ 6xy & 3x^2 & 0 \\ 0 & x^3yz & 3xy^2 \end{vmatrix} = 9x^3y^2\boldsymbol{e}_x - 18x^2y^3\boldsymbol{e}_y + 6x^4y^2z\boldsymbol{e}_z$$

所以
$$\mathrm{rot}(\varphi\boldsymbol{A}) = \nabla \times (\varphi\boldsymbol{A}) = 3x^2y^2[(9x - x^3)\boldsymbol{e}_x - 9y\boldsymbol{e}_y + 5x^2z\boldsymbol{e}_z]$$

例 1.8 求矢量场 $\boldsymbol{A} = x(z-y)\boldsymbol{e}_x + y(x-z)\boldsymbol{e}_y + z(y-x)\boldsymbol{e}_z$ 在点 $M(1,0,1)$ 处的旋度以及沿 $\boldsymbol{n} = 2\boldsymbol{e}_x + 6\boldsymbol{e}_y + 3\boldsymbol{e}_z$ 方向的环量面密度 μ。

解 矢量场 $\boldsymbol{A}$ 的旋度

$$\mathrm{rot}\,\boldsymbol{A} = \nabla \times \boldsymbol{A} = \begin{vmatrix} \boldsymbol{e}_x & \boldsymbol{e}_y & \boldsymbol{e}_z \\ \dfrac{\partial}{\partial x} & \dfrac{\partial}{\partial y} & \dfrac{\partial}{\partial z} \\ x(z-y) & y(x-z) & z(y-x) \end{vmatrix} =$$

$$(z+y)\boldsymbol{e}_x + (x+z)\boldsymbol{e}_y + (y+x)\boldsymbol{e}_z$$

在点 $M(1,0,1)$ 处的旋度

$$\nabla \times \boldsymbol{A}|_M = \boldsymbol{e}_x + 2\boldsymbol{e}_y + \boldsymbol{e}_z$$

$\boldsymbol{n}$ 方向的单位矢量

$$\boldsymbol{n}^\circ = \frac{1}{\sqrt{2^2 + 6^2 + 3^2}}(2\boldsymbol{e}_x + 6\boldsymbol{e}_y + 3\boldsymbol{e}_z) = \frac{2}{7}\boldsymbol{e}_x + \frac{6}{7}\boldsymbol{e}_y + \frac{3}{7}\boldsymbol{e}_z$$

在点 $M(1,0,1)$ 处沿 $\boldsymbol{n}$ 方向的环量面密度

$$\mu = \nabla \times \boldsymbol{A}|_M \cdot \boldsymbol{n}^\circ = \frac{2}{7} + \frac{6}{7} \cdot 2 + \frac{3}{7} = \frac{17}{7}$$

1.5　亥姆霍兹定理

任何一个物理场都必须有源,场和源一起出现,把源看成是产生场的起因。以上从矢量场的散度和旋度两方面对其进行了讨论。那么,散度和旋度已知时,能否唯一地确定这个矢量场呢?亥姆霍兹定理回答了这个问题。为了从概念上理解这一定理,我们先将矢量场的散度和旋度的意义作一简要的归纳和比较。

(1) 矢量场的散度是一个标量函数,而矢量场的旋度是一个矢量函数。

(2) 散度表示场中某点的通量体密度,它是通量源强度的量度;旋度表示场中某点的最大环量面密度,它是旋度源强度的量度。

(3) 从散度的计算公式可知,散度取决于场矢量的各个分量沿各自方向上的变化率;而由旋度的计算公式可以看出,旋度由场矢量的各个分量在与之正交方向上的变化率来决定。

可见,散度表示矢量场在各点处的通量源,旋度表示矢量场在各点处的旋涡源。因此,矢量场的散度和旋度一旦给定,就意味着产生矢量场的通量源和旋涡源都确定了,而场总是由源激发的,通量源和旋涡源的确定就意味着场也就确定了。

在以上概念的基础上,下面介绍**亥姆霍兹定理**(Helmholtz Theory)。

亥姆霍兹定理的简单表达是:若矢量场 $\boldsymbol{F}$ 在无限空间中处处单值,且其导数连续有界,而源分布在有限空间区域中,则矢量场由其散度、旋度和边界条件唯一确定,并且可以表示为梯度场 $\boldsymbol{F}_1$ 和旋度场 $\boldsymbol{F}_2$ 之和,即

$$\boldsymbol{F}=\boldsymbol{F}_1+\boldsymbol{F}_2 \tag{1.47}$$

其中,梯度场 $\boldsymbol{F}_1$ 可以用一个标量函数的负梯度表示,即 $\boldsymbol{F}_1=-\nabla\varphi$;旋度场 $\boldsymbol{F}_2$ 用一个矢量函数 $\boldsymbol{A}$ 的旋度表示,即 $\boldsymbol{F}_2=\nabla\times\boldsymbol{A}$。同时,分别把 φ 和 $\boldsymbol{A}$ 称为标量位矢量和位。从而亥姆霍兹定理数学表达式为

$$\boldsymbol{F}=-\nabla\varphi+\nabla\times\boldsymbol{A} \tag{1.48}$$

亥姆霍兹定理证明请参阅毕德显著《电磁场理论》。

亥姆霍兹定理为本课程今后的研究指明了方向:研究一个矢量场,无论是静态场还是时变场,都要研究它的散度、旋度和边界条件。矢量场的散度和旋度,决定了矢量场的基本性质,所以矢量场的散度和旋度所满足的关系式称为矢量场基本方程的微分形式,矢量场的通量和环量所满足的关系式称为矢量场基本方程的积分形式。矢量场的基本性质由矢量场的基本方程确定。

本章小结

(1) 在电磁场问题中,常用直角坐标系、柱坐标系和球坐标系来分析场在空间中的分布和变化规律。

(2) 标量函数所确定的场称为标量场,矢量函数所确定的场称为矢量场。考察标量场在空间的分布和变化规律的物理量有等值面、方向导数和梯度。

标量场 $\varphi(x,y,z)$ 的等值面方程为

$$\varphi(x,y,z) = \text{const}$$

标量函数 φ 在某点处沿 $\boldsymbol{l}$ 方向的变化率$\dfrac{\partial\varphi}{\partial l}$,称为标量场 φ 沿该方向的方向导数。

标量函数 φ 的梯度是一个矢量,其方向为函数 φ 在该点处变化率最大的方向,其模等于最大变化率,用 grad φ 表示。在直角坐标系中,梯度的表达式为

$$\text{grad}\,\varphi = \nabla\varphi = \frac{\partial\varphi}{\partial x}\boldsymbol{e}_x + \frac{\partial\varphi}{\partial y}\boldsymbol{e}_y + \frac{\partial\varphi}{\partial z}\boldsymbol{e}_z$$

标量函数 φ 在该点的梯度与方向导数的关系为

$$\frac{\partial\varphi}{\partial l} = \nabla\varphi\cdot\boldsymbol{l}$$

(3) 矢量场中用一些有向曲线表示矢量 $\boldsymbol{A}$ 在空间的分布,称为矢量线。直角坐标系中,矢量线方程为

$$\frac{\mathrm{d}x}{A_x} = \frac{\mathrm{d}y}{A_y} = \frac{\mathrm{d}z}{A_z}$$

矢量场 $\boldsymbol{A}$ 穿过曲面 S 的通量为 $\Phi = \int_S \boldsymbol{A}\cdot\mathrm{d}\boldsymbol{S}$。

矢量 $\boldsymbol{A}$ 在某点的散度定义式为

$$\text{div}\,\boldsymbol{A} = \nabla\cdot\boldsymbol{A} = \lim_{\Delta V\to 0}\frac{\oint_S \boldsymbol{A}\cdot\mathrm{d}\boldsymbol{S}}{\Delta V}$$

散度是标量,表示从该点散发出来通量密度,反映出 $\boldsymbol{A}$ 在该点通量源的强度。其散度定理为

$$\int_V \nabla\cdot\boldsymbol{A}\mathrm{d}V = \oint_S \boldsymbol{A}\cdot\mathrm{d}\boldsymbol{S}$$

矢量 $\boldsymbol{A}$ 沿闭合曲线 c 的线积分$\oint_c \boldsymbol{A}\cdot\mathrm{d}\boldsymbol{l}$,称为矢量 $\boldsymbol{A}$ 沿该曲线的环量。

矢量 $\boldsymbol{A}$ 在某点的旋度定义为

$$\text{rot}\,\boldsymbol{A} = \boldsymbol{n}^\circ \lim_{\Delta S\to 0}\frac{[\oint_c \boldsymbol{A}\cdot\mathrm{d}\boldsymbol{l}]_{\max}}{\Delta S}$$

斯托克斯定理为

$$\int_S(\nabla\times\boldsymbol{A})\cdot\mathrm{d}\boldsymbol{S} = \oint_c \boldsymbol{A}\cdot\mathrm{d}\boldsymbol{l}$$

(4) 亥姆霍兹定理告诉我们,在无限空间中的矢量场由它的散度和旋度唯一地确定。因此,研究一个矢量场,无论是静态场还是时变场,都要研究它的散度和旋度。

习 题

1.1 已知 $\boldsymbol{A} = 2\boldsymbol{e}_x + 3\boldsymbol{e}_y - \boldsymbol{e}_z$,$\boldsymbol{B} = \boldsymbol{e}_x + \boldsymbol{e}_y - 2\boldsymbol{e}_z$,$\boldsymbol{C} = 3\boldsymbol{e}_x - \boldsymbol{e}_y + \boldsymbol{e}_z$,求:

(1)A; (2)$\boldsymbol{B}^\circ$; (3)$\boldsymbol{A}\cdot\boldsymbol{B}$; (4)$\boldsymbol{B}\times\boldsymbol{C}$; (5)$(\boldsymbol{A}\times\boldsymbol{B})\times\boldsymbol{C}$; (6)$(\boldsymbol{A}\times\boldsymbol{B})\cdot\boldsymbol{C}$。

1.2 已知 $\boldsymbol{A} = 2\boldsymbol{e}_\rho + \pi\boldsymbol{e}_\varphi + \boldsymbol{e}_z$,$\boldsymbol{B} = -\boldsymbol{e}_\rho + 3\boldsymbol{e}_\varphi - 2\boldsymbol{e}_z$,求:

(1)A;(2)$\boldsymbol{B}^\circ$;(3)$\boldsymbol{A}\cdot\boldsymbol{B}$;(4)$\boldsymbol{B}\times\boldsymbol{A}$;(5)$\boldsymbol{A}+\boldsymbol{B}$。

1.3 已知 $\boldsymbol{A} = \boldsymbol{e}_x + 2\boldsymbol{e}_y - \boldsymbol{e}_z$,$\boldsymbol{B} = \alpha\boldsymbol{e}_x + \boldsymbol{e}_y - 3\boldsymbol{e}_z$,当 $\boldsymbol{A}\perp\boldsymbol{B}$ 时,求 α。

1.4 将直角坐标系中的矢量场 $\boldsymbol{F}_1(x,y,z) = \boldsymbol{e}_x$,$\boldsymbol{F}_2(x,y,z) = \boldsymbol{e}_y$ 分别用圆柱和圆球坐标系中的坐标分量表示。

1.5 将圆柱坐标系中的矢量场 $\boldsymbol{F}_1(\rho,\varphi,z) = 2\boldsymbol{e}_\rho$,$\boldsymbol{F}_2(\rho,\varphi,z) = 3\boldsymbol{e}_\varphi$ 用直角坐标系中的坐标分量表示。

1.6　将圆球坐标系中的矢量场$\boldsymbol{F}_1(r,\theta,\varphi)=5\boldsymbol{e}_r$，$\boldsymbol{F}_2(r,\theta,\varphi)=5\boldsymbol{e}_\theta$用直角坐标系中的坐标分量表示。

1.7　求函数$\varphi=xy+z-xyz$在点$(1,1,2)$处沿方向角$\alpha=\dfrac{\pi}{3}$，$\beta=\dfrac{\pi}{4}$，$\gamma=\dfrac{\pi}{3}$方向的方向导数。

1.8　求函数$\varphi=xyz$在点$(5,1,2)$处沿着点$(5,1,2)$到点$(9,4,19)$的方向的方向导数。

1.9　已知$\varphi=x^2+2y^2+3z^2+xy+3x-2y-6z$，求在点$(0,0,0)$和点$(1,1,1)$处的梯度。

1.10　求以下函数的梯度：

(1)$f(x,y,z)=5x+10xy-xz+6$；　(2)$f(\rho,\varphi,z)=2\sin\varphi-\rho z+4$；

(3)$f(r,\theta,\varphi)=2r\cos\theta-5\varphi+2$。

1.11　u、v都是x、y、z的函数，u、v各偏导数都存在且连续，证明：

(1)$\mathrm{grad}(u+v)=\mathrm{grad}\,u+\mathrm{grad}\,v$；　(2)$\mathrm{grad}\,(uv)=v\mathrm{grad}\,u+u\mathrm{grad}\,v$；

(3)$\mathrm{grad}\,(u^2)=2u\mathrm{grad}\,u$。

1.12　证明：

(1)$\nabla\cdot(\boldsymbol{A}+\boldsymbol{B})=\nabla\cdot\boldsymbol{A}+\nabla\cdot\boldsymbol{B}$；　(2)$\nabla\cdot(\varphi\boldsymbol{A})=\varphi\nabla\cdot\boldsymbol{A}+\boldsymbol{A}\cdot\nabla\varphi$。

1.13　计算下列矢量场的散度：

(1)$\boldsymbol{A}=yz\boldsymbol{e}_x+zy\boldsymbol{e}_y+xz\boldsymbol{e}_z$；　(2)$\boldsymbol{A}=\rho\boldsymbol{e}_\rho+z\sin\varphi\boldsymbol{e}_\varphi+2\boldsymbol{e}_z$；

(3)$\boldsymbol{A}=2\boldsymbol{e}_r+r\cos\theta\boldsymbol{e}_\theta+r\boldsymbol{e}_\varphi$。

1.14　求矢量场$\boldsymbol{A}=\rho\boldsymbol{e}_\rho+\boldsymbol{e}_\varphi+z\boldsymbol{e}_z$穿过由$\rho\leqslant1$，$0\leqslant\varphi\leqslant\pi$，$0\leqslant z\leqslant1$确定区域的封闭面的通量。

1.15　运用散度定理计算下列积分：

$$I=\oint_S[xz^2\boldsymbol{e}_x+(x^2y-z^3)\boldsymbol{e}_y+(2xy+y^2z)\boldsymbol{e}_z]\cdot\mathrm{d}\boldsymbol{S}$$

S是$z=0$和$z=(a^2-x^2-y^2)^{1/2}$所围成的半球区域的外表面。

1.16　计算下列矢量场的旋度：

(1)$\boldsymbol{A}=xy\boldsymbol{e}_x+2yz\boldsymbol{e}_y-\boldsymbol{e}_z$；　(2)$\boldsymbol{A}=2\boldsymbol{e}_\rho+\sin\varphi\boldsymbol{e}_\varphi$；

(3)$\boldsymbol{A}=r\boldsymbol{e}_r+\boldsymbol{e}_\theta+\sin\theta\boldsymbol{e}_\varphi$。

1.17　已知$\boldsymbol{A}=y\boldsymbol{e}_x-x\boldsymbol{e}_y$，计算$\boldsymbol{A}\cdot(\nabla\times\boldsymbol{A})$。

1.18　试求$\nabla\cdot\boldsymbol{A}$和$\nabla\times\boldsymbol{A}$：

(1)$\boldsymbol{A}=xy^2z^3\boldsymbol{e}_x+x^3z\boldsymbol{e}_y+x^2y^2\boldsymbol{e}_z$；　(2)$\boldsymbol{A}(\rho,\varphi,z)=\rho^2\cos\varphi\boldsymbol{e}_\rho+\rho^2\sin\varphi\boldsymbol{e}_z$；

(3)$\boldsymbol{A}(r,\theta,\varphi)=r\sin\theta\boldsymbol{e}_r+\dfrac{1}{r}\sin\theta\boldsymbol{e}_\theta+\dfrac{1}{r^2}\cos\theta\boldsymbol{e}_\varphi$。

1.19　在球坐标中，矢量场$\boldsymbol{F}(\boldsymbol{r})$为

$$\boldsymbol{F}(\boldsymbol{r})=\frac{k}{r^2}\boldsymbol{e}_r$$

其中k为常数，证明矢量场$\boldsymbol{F}(\boldsymbol{r})$对任意闭合曲线$l$的环量积分为零，即

$$\oint_l\boldsymbol{F}\cdot\mathrm{d}\boldsymbol{l}=0$$

1.20　已知矢量场$\boldsymbol{A}=(axz+x^2)\boldsymbol{e}_x+(by+xy^2)\boldsymbol{e}_y+(z-z^2+cxz-2xyz)\boldsymbol{e}_z$，试确定$a$，$b$，$c$，使得$\boldsymbol{A}$成为一无源场。

1.21　给定矢量函数$\boldsymbol{E}=\boldsymbol{e}_xy+\boldsymbol{e}_yx$，试求从点$P_1(2,1,-1)$到点$P_2(8,2,-1)$的线积分$\int_c\boldsymbol{E}\mathrm{d}\boldsymbol{l}$；

(1) 沿抛物线$x=2y^2$；

(2) 沿连接两点间的直线；

这个矢量场$\boldsymbol{E}$是保守场吗？

第2章

静电场

相对于观察者保持静止且量值不随时间变化的电荷称为**静电荷**(Electrostatic Charge),静电荷激发的电场称为**静电场**(Electrostatic Field)。空间区域中静电场的分布与变化取决于电荷的分布以及周围物质环境。本章以库仑定律为基础,详细研究静电场在真空与介质中所满足的基本方程及介质分界面的边界条件;讨论为简化电场的计算而引入的辅助位函数及其方程。

2.1 电场强度

2.1.1 电荷密度

自然界中存在**正电荷**(Positive Charge)和**负电荷**(Negative Charge)。物体所带电荷的多少,称为电荷量。实验表明,带电体的电荷量总是质子或电子所带电量的整数倍。目前人们所知的电荷的最小度量是单个电子的电量,用 e 表示,$e = 1.60 \times 10^{-19}\,\mathrm{C}$。从物质的结构理论上说,电荷的分布是不连续的,但在研究宏观的电磁现象时,能观察的多为大量微观粒子的平均效应,而且观察的范围远大于带电粒子本身的大小,故常将带电体所带电荷视为连续分布,忽略电荷分布的离散性。

根据宏观电荷的分布形式可将电荷的分布分为体电荷、面电荷、线电荷和点电荷。

1. 体电荷

连续但不一定均匀分布在一个体积 V 内的电荷称为体电荷。设 P 为体积 V 内任意一点,取一小体积 ΔV 包围点 P,其中所含的电荷量 Δq 和 ΔV 之比的极限,即

$$\rho = \lim_{\Delta V \to 0} \frac{\Delta q}{\Delta V} = \frac{\mathrm{d}q}{\mathrm{d}V} \tag{2.1}$$

称为该点的**电荷密度**,也称**体电荷密度**,单位为库仑/米^3($\mathrm{C/m^3}$)。

2. 面电荷

如果电荷分布在宏观尺度 h 很小的薄层内,可认为电荷分布在一个几何曲面上,用面密度描述其分布。设 P 为曲面 S 内任意一点,取一小面元 ΔS 包围 P 点,其中所含的电荷量 Δq 和 ΔS 之比的极限,即

$$\rho_S = \lim_{\Delta S \to 0} \frac{\Delta q}{\Delta S} = \frac{\mathrm{d}q}{\mathrm{d}S} \tag{2.2}$$

称为**面电荷密度**,单位为库仑/米^2($\mathrm{C/m^2}$)。

3. 线电荷

对于分布在一条细线上的电荷用线密度描述其分布情况。设P为线l上任意一点，取一小线元Δl包含点P，其中所含的电荷量为Δq和Δl之比的极限，即

$$\rho_l = \lim_{\Delta l \to 0} \frac{\Delta q}{\Delta l} = \frac{dq}{dl} \tag{2.3}$$

称为**线电荷密度**，单位为库仑／米(C/m)。

4. 点电荷

点电荷是电荷分布的极限情况，可以视为一个体积很小而密度很大的带电球体的极限，如果能够以函数的形式表示其密度，那么可以把它视为分布电荷，这样会给我们的研究带来方便。

设有一个中心在原点而半径为a的带有单位电荷电量的小球体。在$|\boldsymbol{r}| > a$的球外区域电荷密度为零，而在$|\boldsymbol{r}| < a$的球体内区域密度具有很大的值。当$a \to 0$(即小球体积趋于零)时，在$|\boldsymbol{r}| < a$的范围内，电荷密度$\rho(\boldsymbol{r}) \to +\infty$，但总电荷仍保持一个单位。因此，我们可以借助数学上的δ函数来描述点电荷的这种密度分布。对于处于原点的单位点电荷，其电荷密度可表示为

$$\delta(\boldsymbol{r}) = \delta(x,y,z) = \begin{cases} 0 & (\boldsymbol{r} \neq 0) \\ +\infty & (\boldsymbol{r} = 0) \end{cases} \tag{2.4}$$

$$\int_V \delta(\boldsymbol{r}) dV = \int_V \delta(x,y,z) dV = \begin{cases} 0 & (V\text{区域不含原点}) \\ 1 & (V\text{区域含原点}) \end{cases} \tag{2.5}$$

如果单位点电荷不在坐标原点而在(x',y',z')处，用δ函数表示的电荷密度为

$$\delta(\boldsymbol{r} - \boldsymbol{r}') = \delta(x - x', y - y', z - z') = \begin{cases} 0 & (\boldsymbol{r} \neq \boldsymbol{r}') \\ +\infty & (\boldsymbol{r} = \boldsymbol{r}') \end{cases} \tag{2.6}$$

$$\int_V \delta(\boldsymbol{r} - \boldsymbol{r}') dV = \int_V \delta(x - x', y - y', z - z')\, dV = \begin{cases} 0 & (V\text{内不含}\boldsymbol{r} = \boldsymbol{r}'\text{点}) \\ 1 & (V\text{内含}\boldsymbol{r} = \boldsymbol{r}'\text{点}) \end{cases} \tag{2.7}$$

电荷量为q的点电荷若在$\boldsymbol{r}'$点，即(x',y',z')处，则电荷密度分布可表示为

$$\rho(\boldsymbol{r}) = q\delta(\boldsymbol{r} - \boldsymbol{r}') \tag{2.8}$$

对于分立的N个点电荷构成的点电荷系统，电荷密度分布可表示为

$$\rho(\boldsymbol{r}) = \sum_{i=1}^{N} q_i \delta(\boldsymbol{r} - \boldsymbol{r}') \tag{2.9}$$

点电荷实际并不存在，只是为了宏观计算引入的理想模型，但在电磁理论中，点电荷的概念占有重要地位。不仅可将带电粒子及限度很小的带电体视为点电荷，而且也可以将连续分布的体、面、线电荷分割为无限多个点电荷，这样就可以用数学上的微积分来描述宏观的连续带电体。

2.1.2 库仑定律

1785年，法国物理学家库仑发表了关于两个静止的点电荷之间相互作用力规律的实验结果——库仑定律。库仑定律指出，**在真空中，两个相对静止的点电荷之间相互作用**

力的大小与它们电量之积成正比,与距离平方成反比,其方向在它们的连线上。

设点电荷 q 与 q' 分别位于 $\boldsymbol{r}$ 和 $\boldsymbol{r}'$,如图 2.1 所示,其数学表示式为

$$\boldsymbol{F} = \frac{q'q}{4\pi\varepsilon_0 R^2}\boldsymbol{R}^\circ = \frac{q'q}{4\pi\varepsilon_0}\frac{\boldsymbol{R}}{R^3} \quad (2.10)$$

式中,$\boldsymbol{F}$ 为点电荷 q' 对 q 的作用力;$\boldsymbol{R} = \boldsymbol{r} - \boldsymbol{r}'$ 表示从 $\boldsymbol{r}'$ 终点到 $\boldsymbol{r}$ 终点的矢量;$R = |\boldsymbol{r} - \boldsymbol{r}'|$ 是 $\boldsymbol{r}'$ 终点到 $\boldsymbol{r}$ 终点的距离;$\boldsymbol{R}^\circ$ 是 $\boldsymbol{R}$ 的单位矢量;ε_0 是表征真空电性质的物理量,称为真空**介电常数**(Dielectric Constant),其值为

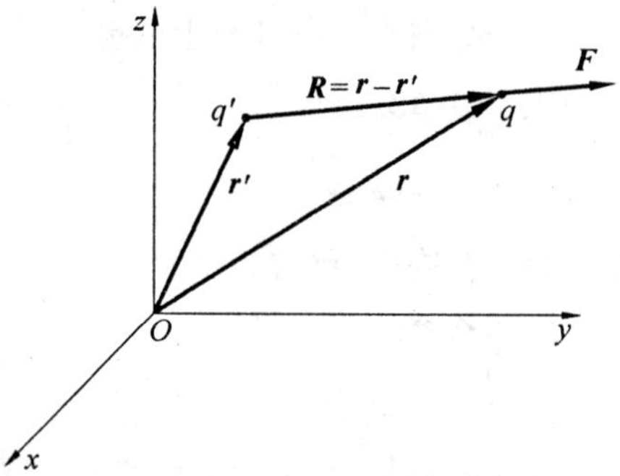

图 2.1 库仑定律

$$\varepsilon_0 \approx 8.854 \times 10^{-12} \approx \frac{1}{36\pi} \times 10^{-9}(\text{F/m})$$

2.1.3 电场强度

1. 点电荷电场强度

点电荷 q' 对点电荷 q 的作用力,不是相互接触产生的力,而是由于 q' 在空间产生电场,电场对处于其中的其他电荷都有作用力,称为**电场力**。用电场强度来描述电场,空间一点 $\boldsymbol{r}$ 处的电场强度定义为该点的单位正试验电荷所受到的力,即

$$\boldsymbol{E}(\boldsymbol{r}) = \frac{\boldsymbol{F}(\boldsymbol{r})}{q_0} \quad (2.11)$$

式中,q_0 为试验电荷,是指带电量趋于零的点电荷,即它的引入不影响场源电荷分布状态。电场强度的单位为伏特/米(V/m)或牛顿/库仑(N/C)。

根据库仑定律和电场强度的定义可以得到点电荷在空间任意点所产生的电场强度为

$$\boldsymbol{E}(\boldsymbol{r}) = \frac{q'}{4\pi\varepsilon_0}\frac{\boldsymbol{R}}{R^3} = \frac{q'}{4\pi\varepsilon_0}\frac{\boldsymbol{r} - \boldsymbol{r}'}{|\boldsymbol{r} - \boldsymbol{r}'|^3} \quad (2.12)$$

式中,$R = |\boldsymbol{r} - \boldsymbol{r}'| = [(x - x')^2 + (y - y')^2 + (z - z')^2]^{\frac{1}{2}}$;$\boldsymbol{r}$ 是观察点(称作场点)的位置矢量;$\boldsymbol{r}'$ 是点电荷 q' 所在点(称作源点)的位置矢量。

N 个点电荷组成的点电荷系统在空间任意点激发的电场强度应为它们各自产生电场强度的线性叠加,即

$$\boldsymbol{E}(\boldsymbol{r}) = \sum_{i=1}^{N}\frac{q_i}{4\pi\varepsilon_0}\frac{\boldsymbol{r} - \boldsymbol{r}'_i}{|\boldsymbol{r} - \boldsymbol{r}'_i|^3} \quad (2.13)$$

2. 体电荷电场强度

对于电荷密度为 $\rho(\boldsymbol{r}')$ 的体电荷,在其分布的区域 V' 内任取一体积元 $\mathrm{d}V'$,电量为 $\rho(\boldsymbol{r}')\mathrm{d}V'$ 可将其视为一点电荷,而体电荷分布就是由无穷多个这样的点电荷所构成。根据矢量叠加原理,可得体电荷在空间任一点产生的电场强度为

$$\boldsymbol{E}(\boldsymbol{r}) = \frac{1}{4\pi\varepsilon_0}\int_{V'}\frac{\rho(\boldsymbol{r}')(\boldsymbol{r} - \boldsymbol{r}')}{|\boldsymbol{r} - \boldsymbol{r}'|^3}\mathrm{d}V' \quad (2.14)$$

3. 面电荷和线电荷的电场强度

同样的分析方法，可以得到面电荷和线电荷的电场强度分别为

$$\boldsymbol{E}(\boldsymbol{r}) = \frac{1}{4\pi\varepsilon_0}\int_{S'} \frac{\rho_S(\boldsymbol{r}')(\boldsymbol{r} - \boldsymbol{r}')}{|\boldsymbol{r} - \boldsymbol{r}'|^3}\mathrm{d}S' \tag{2.15}$$

$$\boldsymbol{E}(\boldsymbol{r}) = \frac{1}{4\pi\varepsilon_0}\int_{l'} \frac{\rho_l(\boldsymbol{r}')(\boldsymbol{r} - \boldsymbol{r}')}{|\boldsymbol{r} - \boldsymbol{r}'|^3}\mathrm{d}l' \tag{2.16}$$

例 2.1 一个半径为 a 的均匀带电圆环，设电荷线密度为 ρ_l，求轴线上的电场强度。

解 取坐标系如图 2.2 所示，圆环位于 xOy 平面，圆环中心与坐标原点重合，电荷以线电荷分布。由线电荷电场计算公式

$$\boldsymbol{E}(\boldsymbol{r}) = \frac{1}{4\pi\varepsilon_0}\int_{l'} \frac{\rho_l(\boldsymbol{r}')(\boldsymbol{r} - \boldsymbol{r}')}{|\boldsymbol{r} - \boldsymbol{r}'|^3}\mathrm{d}l'$$

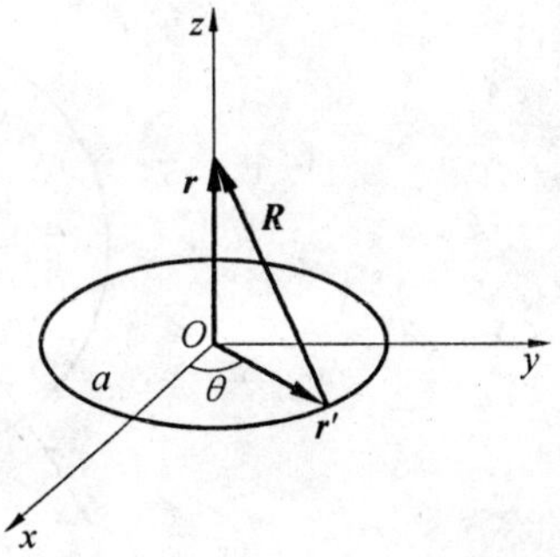

图 2.2 均匀带电圆环

由于

$$\boldsymbol{r} = z\boldsymbol{e}_z$$

$$\boldsymbol{r}' = \boldsymbol{e}_x a\cos\theta + \boldsymbol{e}_y a\sin\theta$$

$$|\boldsymbol{r} - \boldsymbol{r}'| = (z^2 + a^2)^{\frac{1}{2}}$$

$$\mathrm{d}l' = a\mathrm{d}\theta$$

代入可得

$$\boldsymbol{E}(\boldsymbol{r}) = \frac{\rho_l}{4\pi\varepsilon_0}\int_0^{2\pi} \frac{z\boldsymbol{e}_z - a\cos\theta\boldsymbol{e}_x - a\sin\theta\boldsymbol{e}_y}{(a^2 + z^2)^{3/2}}a\mathrm{d}\theta =$$

$$\frac{a\rho_l}{2\varepsilon_0}\frac{z}{(a^2 + z^2)^{3/2}}\boldsymbol{e}_z$$

（计算已知电荷分布求空间电场分布，必须正确理解公式中的物理量意义，并且注意矢量运算规则，将已知的矢量在坐标系下表示出来，代入相应公式即可得到正确结果。）

2.2 静电场的高斯定理和散度

高斯定理(Gauss Theorem)是解决静电场分布的重要定理之一，尤其静电场具有某种对称分布时，是最佳解决方案之一。

本节主要是应用高斯定理推导静电场微分方程，引出静电场的散度概念，从而给出场分布求解的一般方程，以便后续章节中应用。

2.2.1 真空中的高斯定理和散度

1. 真空中的高斯定理

首先研究由一个点电荷形成的真空中的电场 $\boldsymbol{E}$ 所产生的通量。如图 2.3 所示，q 外取任意曲面的一个面元 dS，它与以 q 为圆心的球面 S' 相交于 O' 点。由通量定义可得

$$\oint_S \boldsymbol{E}\cdot \mathrm{d}\boldsymbol{S}=\oint_S \frac{q}{4\pi\varepsilon_0}\frac{\boldsymbol{R}}{R^3}\cdot \mathrm{d}\boldsymbol{S}=\oint_S \frac{q}{4\pi\varepsilon_0}\frac{\boldsymbol{e}_R}{R^2}\cdot \mathrm{d}\boldsymbol{S}=$$

$$\oint_S \frac{q}{4\pi\varepsilon_0}\frac{\cos\theta}{R^2}\mathrm{d}S=\oint_{S'} \frac{q}{4\pi\varepsilon_0}\frac{1}{R^2}\mathrm{d}S'=\frac{q}{4\pi\varepsilon_0}\oint_{S'}\mathrm{d}\Omega'$$

$\mathrm{d}\Omega'$ 为以 q 为圆心的正球体的立体角，由立体角定义

$$\int_V \mathrm{d}\Omega'=\begin{cases}0 & (q\text{ 不在球体内})\\ 4\pi & (q\text{ 在球体内})\end{cases}$$

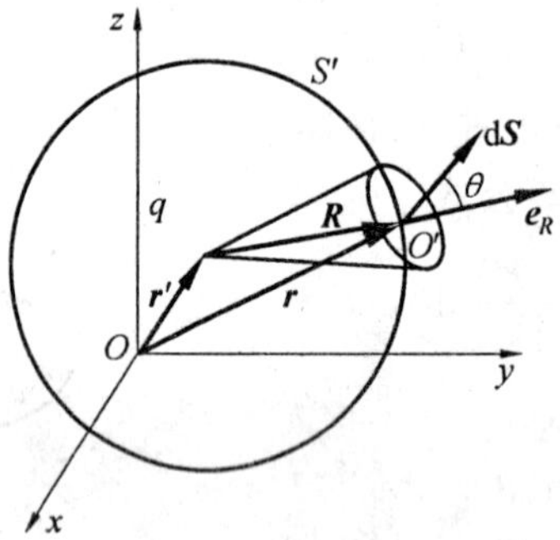

图 2.3　高斯定理

前面的推导过程实际是将 q 对空间任意曲面的通量计算转换为规则球体通量计算，再由通量定义可得单个点电荷的高斯定理为

$$\oint_S \boldsymbol{E}\cdot \mathrm{d}\boldsymbol{S}=\frac{q}{\varepsilon_0} \tag{2.17}$$

若有 N 个点电荷 $q_1,q_2,\cdots,q_N$，则积分形式的高斯定理为

$$\oint_S \boldsymbol{E}\cdot \mathrm{d}\boldsymbol{S}=\oint_S \boldsymbol{E}_1\cdot \mathrm{d}\boldsymbol{S}+\oint_S \boldsymbol{E}_2\cdot \mathrm{d}\boldsymbol{S}+\cdots+\oint_S \boldsymbol{E}_N\cdot \mathrm{d}\boldsymbol{S}=$$

$$\frac{q_1}{\varepsilon_0}+\frac{q_2}{\varepsilon_0}+\cdots+\frac{q_N}{\varepsilon_0}=\frac{\sum_{i=1}^{N}q_i}{\varepsilon_0}$$

$$\oint_S \boldsymbol{E}\cdot \mathrm{d}\boldsymbol{S}=\frac{\sum_{i=1}^{N}q_i}{\varepsilon_0} \tag{2.18}$$

式中，$\sum_{i=1}^{N}q_i$ 为 S 面包围的空间内电荷量总和，当然 S 外围空间的电荷对通量无贡献，但不等于对 $\boldsymbol{E}$ 无贡献，$\boldsymbol{E}$ 大小与整个空间范围内的电荷均有关。

对于连续分布的体电荷形成的电场，高斯定理可写为

$$\oint_S \boldsymbol{E}\cdot \mathrm{d}\boldsymbol{S}=\frac{1}{\varepsilon_0}\int_V \rho\mathrm{d}V \tag{2.19}$$

式中，V 是闭合曲面 S 所包围的体积；S 称为高斯面。

此公式对于空间电荷分布具有对称性的系统，求其场分布有着广泛的应用，下面结合例子说明其应用方法。

例2.2 假设在半径为 a 的球体内均匀分布着密度为 ρ_0 的电荷,如图2.4所示,试求任意点的电场强度。

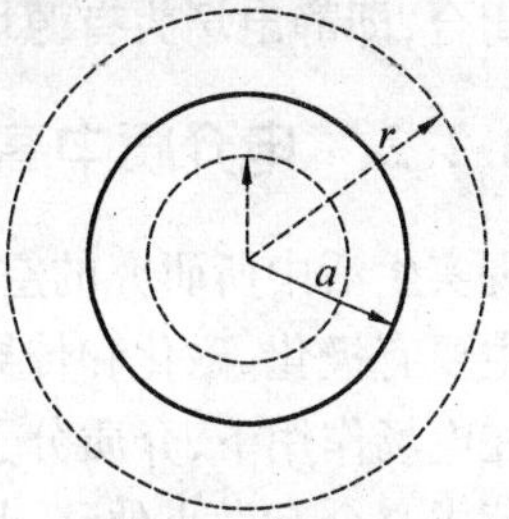

图2.4 均匀带电球体

解 因半径为 a 的球体内电荷均匀分布,故在空间形成的电场均有球对称性,取球坐标系。

在 $r \geqslant a$ 内任取一个半径为 r 的球体,如图2.4所示,即为所要研究的高斯面,高斯面上的各点电场大小均相等,方向均垂直表面指向外侧(即球体矢径方向)。

由式(2.19)高斯定理

$$\oint_S \boldsymbol{E} \cdot \mathrm{d}\boldsymbol{S} = \frac{1}{\varepsilon_0}\int_V \rho \mathrm{d}V$$

其中球体电荷密度 $\rho = \rho_0$

$$\oint_S \boldsymbol{E} \cdot \mathrm{d}\boldsymbol{S} = \frac{1}{\varepsilon_0}\oint_V \rho_0 \mathrm{d}V$$

$$E_r 4\pi r^2 = \frac{\rho_0}{\varepsilon_0}\frac{4}{3}\pi a^3$$

$$E_r = \frac{\rho_0 a^3}{3\varepsilon_0 r^2}$$

得

$$\boldsymbol{E} = \frac{\rho_0 a^3}{3\varepsilon_0 r^2}\boldsymbol{e}_r \quad (r \geqslant a)$$

同理,在 $r < a$ 内取任意一个半径为 r 的高斯面,有

$$\oint_S \boldsymbol{E} \cdot \mathrm{d}\boldsymbol{S} = \frac{1}{\varepsilon_0}\oint_V \rho_0 \mathrm{d}V$$

$$E_r 4\pi r^2 = \frac{\rho_0}{\varepsilon_0}\frac{4}{3}\pi r^3$$

$$E_r = \frac{\rho_0 r}{3\varepsilon_0}$$

得

$$\boldsymbol{E} = \frac{\rho_0 r}{3\varepsilon_0}\boldsymbol{e}_r \quad (r < a)$$

2. 真空中静电场散度

积分形式的高斯定理反映了一个有限范围内场与源之间的关系,并不能给出空间上每一点场与源之间的关系。为了描述空间各点场分布状态必须引入静电场的散度。

由第1章的高斯散度定理和式(2.19),有

$$\oint_V \nabla \cdot \boldsymbol{E} \mathrm{d}V = \frac{1}{\varepsilon_0}\int_V \rho \mathrm{d}V$$

对于任意 V,若上式均成立,必有

$$\nabla \cdot \boldsymbol{E} = \frac{\rho}{\varepsilon_0} \tag{2.20}$$

式(2.20)是静电场的散度表示,也是微分形式的高斯定理。表明电荷是电场的源,电力线从正电荷出发($\rho > 0$, $\nabla \cdot \boldsymbol{E} > 0$)而终止于负电荷($\rho < 0$, $\nabla \cdot \boldsymbol{E} < 0$),其电力

线不闭合,即**静电场为有源场**。

2.2.2 电介质中高斯定理和散度

现实生活中所研究的空间多是充满媒质的空间,媒质在电磁场作用下,其内部电荷的运动主要有极化、磁化和传导三种状态,本章主要研究静电场作用下介质的极化状态。

在电场作用下,介质分子和原子的正负电荷,由于受到方向相反的电场力的作用,正负电荷中心会有微小位移,其宏观效应可用正负电荷间的相对位移表示,相当于产生电偶极矩,这种现象称为**介质极化**(Dielectric Polarization)。

1. 极化强度

极化的介质在空间产生附加电场,该电场削弱原来电场,因此在介质中的电场较真空中的电场要小。为描述介质对电场的影响,引入**极化强度**(Intensity of Polarization)$\boldsymbol{P}_e$

$$\boldsymbol{P}_e = \lim_{\Delta V \to 0} \frac{\sum \boldsymbol{p}_e}{\Delta V} \tag{2.21}$$

其中,$\sum \boldsymbol{p}_e$ 为 ΔV 内各分子的总电偶极矩之和。

极化强度 $\boldsymbol{P}_e$ 也可以定义为该点分子的平均电偶极矩 $\boldsymbol{p}_{0e}$ 与分子密度 N 的乘积,即

$$\boldsymbol{P}_e = N\boldsymbol{p}_{0e} \tag{2.22}$$

$\boldsymbol{P}_e$ 单位为库仑/米^2(C/m^2)。通常,极化强度是空间和时间坐标的函数,如果介质内各处 $\boldsymbol{P}_e$ 均相同,则此介质处于均匀极化状态。

2. 极化电荷

由于介质极化时,体积 V 内的正、负电荷可能不完全抵消,从而在空间区域出现净的正电荷或负电荷,即出现介质本身产生的宏观电荷分布,称为**极化电荷**(Polarization Charge)或束缚电荷。而介质极化对电场的影响就取决于这些极化电荷的分布。

在介质内任取一闭合曲面 S,其包围体积为 V,如图2.5所示。只需考察移出 S 面的电荷量,即可确定 V 内的净余电荷。为简化问题,以无极分子为例加以分析,并假定介质极化时,每个分子的负电荷中心固定不动,正电荷中心相对于负电荷中心发生一个小的位移 $\boldsymbol{l}$,其分子的电偶极矩为 $\boldsymbol{p}_e = q\boldsymbol{l}$。可见,当介质极化时,远离 S 面的介质分子对极化电荷没有贡献,只有靠近 S 面处的介质分子的正电荷才有可能穿出或穿进 S 面。当穿出与穿进 S 面的电荷不等时,在 V 内就出现净余电荷,即出现极化电荷。

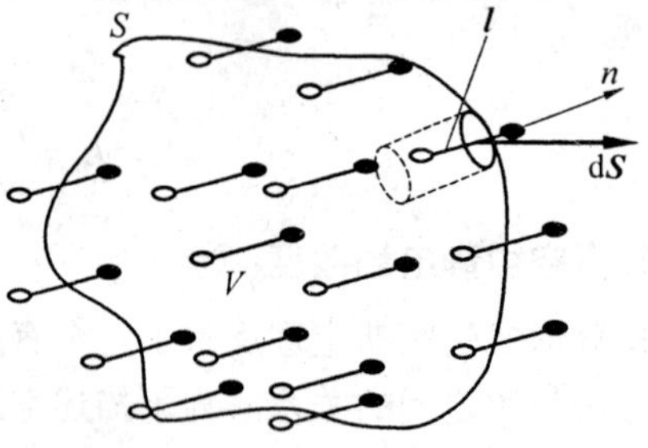

图2.5 介质的极化

如图2.5所示,在 S 面上取一面元 $\mathrm{d}\boldsymbol{S}$,并设在 $\mathrm{d}\boldsymbol{S}$ 附近的介质是均匀极化的,则在以 $\mathrm{d}\boldsymbol{S}$ 为底,$\boldsymbol{l}$ 为斜高的体积 $\mathrm{d}V = \boldsymbol{l} \cdot \mathrm{d}\boldsymbol{S}$ 内的分子电偶极矩中,正电荷 q 都要穿出 $\mathrm{d}\boldsymbol{S}$ 面,同一分子的电偶极子的负电荷 $-q$ 就留在 $\mathrm{d}V$ 内,因此穿过 $\mathrm{d}\boldsymbol{S}$ 的正电荷量 $\mathrm{d}Q$ 就等于没有外电场作用时体积元 $\mathrm{d}V$ 内的正电荷,即

$$dQ = Nq\mathrm{d}V = Nq\boldsymbol{l} \cdot \mathrm{d}\boldsymbol{S} = \boldsymbol{P}_e \cdot \mathrm{d}\boldsymbol{S}$$

则通过 V 的界面 S 穿出去的电荷量为$\int_S \boldsymbol{P}_e \cdot \mathrm{d}\boldsymbol{S}$，由于极化前介质是电中性的，因此，$V$ 内的净余电荷量 Q_p 应与穿出 S 面的电荷量$\int_S \boldsymbol{P}_e \cdot \mathrm{d}\boldsymbol{S}$ 等值异号，即 S 面内极化电荷（或束缚电荷）为

$$Q_p = \int_V \rho_p \mathrm{d}V = -\int_S \boldsymbol{P}_e \cdot \mathrm{d}\boldsymbol{S} \tag{2.23}$$

式中的 Q_p 是体积 V 内产生的体极化电荷；ρ_p 为体极化电荷密度。

利用高斯散度定理，式(2.23)可简化为

$$\rho_p = -\nabla \cdot \boldsymbol{P}_e \tag{2.24}$$

介质均匀极化时，$\boldsymbol{P}_e$ 为常矢，这时 S 面包围的体积内穿出与穿进 S 面的极化电荷相等，V 内总的极化电荷代数和为零，即 $Q_p = 0$，介质内不存在体极化电荷，极化电荷只能出现在介质的分界面上，称为**面极化电荷**。

设两种介质内的极化强度分别为 $\boldsymbol{P}_{e1}$ 和 $\boldsymbol{P}_{e2}$，在介质分界面上取一个上、下底面积均为 $\mathrm{d}S$ 的扁平圆柱形盒子，高度为 h，如图 2.6 所示，$\boldsymbol{n}^\circ$ 为分界面上由介质 2 指向介质 1 的法向单位矢量。当 $h \to 0$ 时，圆柱面内总的极化电荷与 $\mathrm{d}S$ 之比，称为分界面上极化电荷面密度，记为 ρ_{Sp}。由于 $\mathrm{d}S$ 很小，可认为每一底面上极化强度是均匀的，将式(2.24)应用到此圆柱盒内，由于 $h \to 0$ 而 $\boldsymbol{P}_{e1}$、$\boldsymbol{P}_{e2}$ 为有限值，因此，圆柱盒侧面的积分量为零，则盒内出现的净余电荷量为

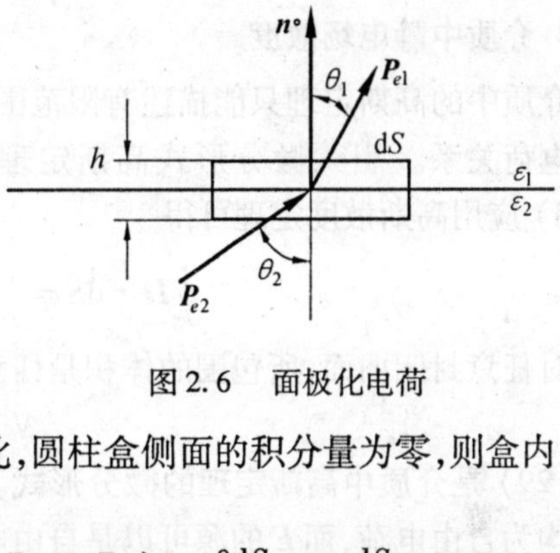

图 2.6　面极化电荷

$$-(\boldsymbol{P}_{e1} \cdot \boldsymbol{n}^\circ \mathrm{d}S - \boldsymbol{P}_{e2} \cdot \boldsymbol{n}^\circ \mathrm{d}S) = -(\boldsymbol{P}_{e1} - \boldsymbol{P}_{e2}) \cdot \boldsymbol{n}^\circ \mathrm{d}S = \rho_{Sp} \mathrm{d}S$$

由此得

$$\rho_{Sp} = -\boldsymbol{n}^\circ \cdot (\boldsymbol{P}_{e1} - \boldsymbol{P}_{e2})$$

若介质 1 为真空，即 $\boldsymbol{P}_{e1} = 0$，则上式变为

$$\rho_{Sp} = \boldsymbol{n}^\circ \cdot \boldsymbol{P}_{e2} \tag{2.25}$$

3. 介质中静电场高斯定理

外加电场使介质极化产生极化电荷分布，这些极化电荷又激发电场，因而会改变原来电场的分布。因此，介质对电场的影响可归结为极化电荷所产生的影响。换句话说，在计算电场时，如果考虑了介质表面或体内的极化电荷，原来介质所占的空间可视为真空。介质中的电场就由两部分叠加而成：极化电荷 ρ_p 产生的电场及自由电荷 ρ_f 产生的外电场。所以只需将真空中的高斯定理式(2.19)中的 ρ 换成 $\rho_p + \rho_f$，便可得到介质中的高斯定理的积分形式，即

$$\oint_S \boldsymbol{E} \cdot \mathrm{d}\boldsymbol{S} = \frac{1}{\varepsilon_0}\int_V (\rho_f + \rho_p)\mathrm{d}V = \frac{1}{\varepsilon_0}\int_V \rho_f \mathrm{d}V + \frac{1}{\varepsilon_0}\int_V \rho_p \mathrm{d}V$$

将式(2.23)代入上式可得

$$\oint_S \boldsymbol{E} \cdot \mathrm{d}\boldsymbol{S} = \frac{1}{\varepsilon_0}\int_V \rho_f \mathrm{d}V - \frac{1}{\varepsilon_0}\oint_S \boldsymbol{P}_e \cdot \mathrm{d}\boldsymbol{S}$$

即

$$\oint_S (\varepsilon_0 \boldsymbol{E} + \boldsymbol{P}_e) \cdot \mathrm{d}\boldsymbol{S} = \int_V \rho_f \mathrm{d}V \tag{2.26}$$

定义**电位移矢量**

$$\boldsymbol{D} = \varepsilon_0 \boldsymbol{E} + \boldsymbol{P}_e \tag{2.27}$$

式(2.26)变为

$$\oint_S \boldsymbol{D} \cdot \mathrm{d}\boldsymbol{S} = \int_V \rho_f \mathrm{d}V \tag{2.28}$$

式(2.28)是**介质中高斯定理的积分形式**。它表明 $\boldsymbol{D}$ 穿过任一闭合面的通量等于所包围的自由电荷的代数和。电位移矢量 $\boldsymbol{D}$ 是为计算方便而引入的一个辅助量,并不代表介质中的场强。但引入它可使介质中场强计算避开极化电荷问题,因为极化电荷不容易确定,而自由电荷往往是已知分布的,故通过此式首先能将 $\boldsymbol{D}$ 求得,然后通过其他公式间接求得电场 $\boldsymbol{E}$。$\boldsymbol{D}$ 的单位为库仑/米^2($\mathrm{C/m^2}$)。

4. 介质中静电场散度

介质中的高斯定理只能描述有限范围内 $\boldsymbol{D}$ 与该区域电荷间关系,不能反映空间各点 $\boldsymbol{D}$ 与电荷关系。引入微分形式高斯定理,可清楚描述空间各点场与源的关系。对式(2.28)应用高斯散度定理可得

$$\oint_S \boldsymbol{D} \cdot \mathrm{d}\boldsymbol{S} = \int_V \nabla \cdot \boldsymbol{D} \mathrm{d}V = \int_V \rho_f \mathrm{d}V$$

对任意封闭曲面,所包围的体积是任意的,要使上式成立必有

$$\nabla \cdot \boldsymbol{D} = \rho_f \tag{2.29}$$

式(2.29)是**介质中高斯定理的微分形式**。可见,$\boldsymbol{D}$ 的源是自由电荷,$\boldsymbol{D}$ 的力线的起点和终点均为自由电荷,而 $\boldsymbol{E}$ 的源可以是自由电荷或极化电荷,其力线的起点和终点可以是自由电荷,也可以是极化电荷。

5. 电位移矢量 $\boldsymbol{D}$ 与电场强度 $\boldsymbol{E}$ 的关系

实验表明,各种介质材料有不同的电磁特性,$\boldsymbol{D}$ 与 $\boldsymbol{E}$ 之间的关系也有多种形式。对于线性各向同性介质(实际遇到的大多是这种介质),极化强度 $\boldsymbol{P}_e$ 和电场强度 $\boldsymbol{E}$ 之间存在简单的线性关系

$$\boldsymbol{P}_e = \varepsilon_0 X_e \boldsymbol{E} \tag{2.30}$$

式中,X_e 为介质的极化率,是一个无量纲的纯数。

将式(2.30)代入式(2.27)得

$$\boldsymbol{D} = \varepsilon_0 (1 + X_e) \boldsymbol{E} = \varepsilon_r \varepsilon_0 \boldsymbol{E} = \varepsilon \boldsymbol{E} \tag{2.31}$$

式中 $\varepsilon_r = 1 + X_e$,$\varepsilon = \varepsilon_r \varepsilon_0$;其中 ε_r 和 ε 称为介质的**相对介电常数**(Relative Dielectric Constant)和**介电常数**,是表示介质性质的物理量。ε_r 是无量纲纯数,ε 和 ε_0 的单位相同。

不同的电介质具有不同的介电常数,表2.1给出了部分电介质材料的相对介电常数。

对于各向异性介质，$\boldsymbol{D}$ 与 $\boldsymbol{E}$ 的方向不同，介电常数是一个二阶张量。

表 2.1　部分电介质材料的相对介电常数(室温下)

材料名称	相对介电常数 ε_r	材料名称	相对介电常数 ε_r
空气	1.000 537	变压器油	2.28
水	79.63	尼龙	5.0 ±0.7
聚乙烯	2.6 ±0.2	云母	6.2 ±0.7
沥青	2.7 ±0.1	纸	2.2 ±0.2
石蜡	2.0 ~ 2.5	木材	3.0 ±0.5
乙醇	24.25	硬橡胶	2.5 ~ 2.8

例 2.3　一个半径为 a 的导体球，带电量为 Q，在导体球外套有外半径为 b 的同心介质球壳，壳外是空气，如图 2.7 所示。求空间任一点的 $\boldsymbol{D}$、$\boldsymbol{E}$、$\boldsymbol{P}_e$ 以及极化电荷密度。

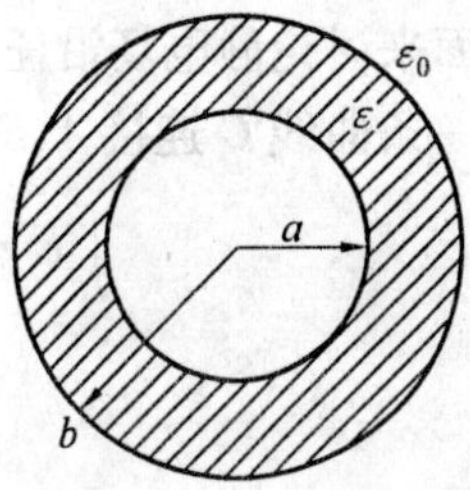

图 2.7　带电球壳

解　选球坐标系，因电荷在球体上均匀分布，其产生的电场均沿球坐标矢径方向，且具有球对称分布性。

(1) 在真空内($r > b$)取一高斯面，由高斯定理

$$\oint_S \boldsymbol{D}\cdot \mathrm{d}\boldsymbol{S} = \int_V \rho_f \mathrm{d}V$$

得

$$\boldsymbol{D} = \frac{Q}{4\pi r^2}\boldsymbol{e}_r$$

由 $\boldsymbol{D}$ 与 $\boldsymbol{E}$ 关系有

$$\boldsymbol{E} = \frac{\boldsymbol{D}}{\varepsilon_0} = \frac{Q}{4\pi\varepsilon_0 r^2}\boldsymbol{e}_r$$

因真空中无介质，故 $\boldsymbol{P}_e = 0$，$\rho_p = 0$。

(2) 在介质内($a < r < b$)取一高斯面，由高斯定理

$$\oint_S \boldsymbol{D}\cdot \mathrm{d}\boldsymbol{S} = \int_V \rho_f \mathrm{d}V$$

得

$$\boldsymbol{D} = \frac{Q}{4\pi r^2}\boldsymbol{e}_r$$

因为

$$\boldsymbol{E} = \frac{\boldsymbol{D}}{\varepsilon} = \frac{Q}{4\pi\varepsilon r^2}\boldsymbol{e}_r$$

所以

$$\boldsymbol{P}_e = \boldsymbol{D} - \varepsilon_0\boldsymbol{E} = \left(1 - \frac{\varepsilon_0}{\varepsilon}\right)\frac{Q}{4\pi r^2}\boldsymbol{e}_r$$

$$\rho_p = -\nabla\cdot\boldsymbol{P}_e = -\frac{1}{r^2}\frac{\partial}{\partial r}\left[r^2\left(1 - \frac{\varepsilon_0}{\varepsilon}\right)\frac{Q}{4\pi r^2}\right] = 0$$

(3) 导体球内($r < a$)取一高斯面，因处于静电平衡状态，有

$$\boldsymbol{D} = \boldsymbol{0}, \boldsymbol{E} = \boldsymbol{0}, \boldsymbol{P}_e = \boldsymbol{0}, \rho_p = 0$$

(4) $r = a$ 界面，设 $\boldsymbol{n}^{\circ}$ 的方向由介质指向内导体球，极化面电荷密度为

$$\rho_{Sp} = \boldsymbol{n}^\circ \cdot \boldsymbol{P}_e = -\boldsymbol{e}_r \cdot \boldsymbol{P}_e = \left(\frac{\varepsilon_0}{\varepsilon} - 1\right)\frac{Q}{4\pi a^2}$$

$r = b$ 界面，设 $\boldsymbol{n}^\circ$ 的方向由介质指向真空，极化面电荷密度为

$$\rho_{Sp} = \boldsymbol{n}^\circ \cdot \boldsymbol{P}_e = \boldsymbol{e}_r \cdot \boldsymbol{P}_e = \left(1 - \frac{\varepsilon_0}{\varepsilon}\right)\frac{Q}{4\pi b^2}$$

2.3　静电场的环路定理、旋度和电位

静电场的物理意义除利用其散度描述外，还要研究静电场的涡旋性，即旋度。旋度是描述矢量场的又一重要物理量。

1. 静电场环路定理

下面来讨论静电场沿任一闭合曲线的环流，首先考虑点电荷的情况，在点电荷 q 的场中任取一条曲线 C 连接 A、B 两点，如图 2.8 所示，$\boldsymbol{E}$ 沿此曲线的线积分为

$$\int_C \boldsymbol{E} \cdot \mathrm{d}\boldsymbol{l} = \frac{q}{4\pi\varepsilon_0}\int_{R_A}^{R_B} \frac{\boldsymbol{R}^\circ}{R^2} \cdot \mathrm{d}\boldsymbol{l} = \frac{q}{4\pi\varepsilon_0}\int_{R_A}^{R_B} \frac{\mathrm{d}R}{R^2} = $$

$$-\frac{q}{4\pi\varepsilon_0}\left(\frac{1}{R}\right)\Bigg|_{R_A}^{R_B} = \frac{q}{4\pi\varepsilon_0}\left(\frac{1}{R_A} - \frac{1}{R_B}\right)$$

当积分路径是闭合时，即当 A、B 两点重合时（$R_A = R_B$），由上式可得

$$\oint_C \boldsymbol{E} \cdot \mathrm{d}\boldsymbol{l} = 0 \tag{2.32}$$

式(2.32) 称为**静电场环路定理的积分形式**，它表明一个单位点电荷在静电场 $\boldsymbol{E}$ 中沿任一闭合回路 C 移动一周时，电场力所做的功为零。式(2.32) 是由点电荷得出的结论，利用场的叠加原理，很容易推导空间任意分布电荷情形，即在静电场中，上式普遍成立。

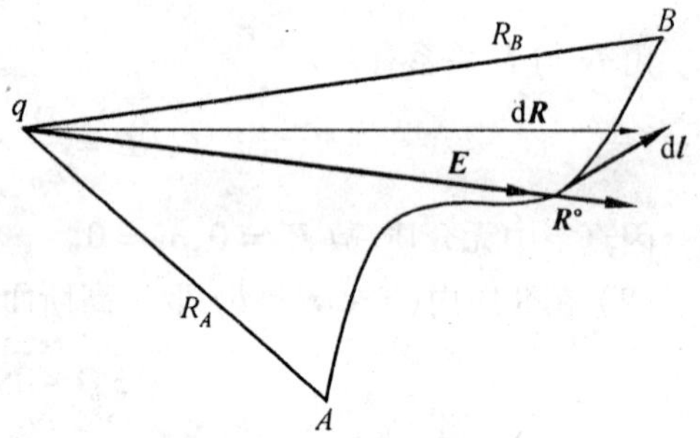

图 2.8　点电荷线积分

2. 静电场旋度

由斯托克斯定理式(2.32) 可得

$$\oint_C \boldsymbol{E} \cdot \mathrm{d}\boldsymbol{l} = \int_S (\nabla \times \boldsymbol{E}) \cdot \mathrm{d}\boldsymbol{S} = 0$$

由于回路 C 是任意的，若对任意曲面 S 上式均成立，必有

$$\nabla \times \boldsymbol{E} = 0 \tag{2.33}$$

式(2.33) 是**静电场环路定理的微分形式**，它表明静电场是一种**无旋场**，即保守场。

3. 电位函数

由式(2.14)

$$\boldsymbol{E}(\boldsymbol{r}) = \frac{1}{4\pi\varepsilon_0}\int_{V'} \frac{\rho(\boldsymbol{r}')(\boldsymbol{r} - \boldsymbol{r}')}{|\boldsymbol{r} - \boldsymbol{r}'|^3}\mathrm{d}V' = \frac{1}{4\pi\varepsilon_0}\int_{V'} \frac{\rho(\boldsymbol{r}')\boldsymbol{R}}{R^3}\mathrm{d}V'$$

应用 $\nabla\left(\frac{1}{R}\right)=-\frac{\boldsymbol{R}}{R^3}$,代入上式得

$$\boldsymbol{E}(\boldsymbol{r})=\frac{1}{4\pi\varepsilon_0}\int_{V'}-\rho(\boldsymbol{r}')\nabla\left(\frac{1}{R}\right)\mathrm{d}V'=-\nabla\left[\frac{1}{4\pi\varepsilon_0}\int_{V'}\frac{\rho(\boldsymbol{r}')}{R}\mathrm{d}V'\right]$$

令

$$\varphi=\frac{1}{4\pi\varepsilon_0}\int_{V'}\frac{\rho(\boldsymbol{r}')}{R}\mathrm{d}V' \tag{2.34}$$

则有

$$\boldsymbol{E}(\boldsymbol{r})=-\nabla\varphi \tag{2.35}$$

其中,φ 为静电场的**电位函数**(Electric Potential),它表明电位函数的负梯度为静电场的场强,或者说电位变化最快的方向(即梯度)是电场方向。

通过式(2.34)、(2.35)可以间接求电场分布,这就是将原来用矢量公式计算问题转换为通过标量来计算,给计算场强带来方便。

同理,可推得其他电荷分布时,电位函数的计算公式

$$\varphi=\frac{1}{4\pi\varepsilon_0}\int_{S'}\frac{\rho_S(\boldsymbol{r}')}{R}\mathrm{d}S' \quad \text{用于面电荷分布的电位计算} \tag{2.36}$$

$$\varphi=\frac{1}{4\pi\varepsilon_0}\int_{l'}\frac{\rho_l(\boldsymbol{r}')}{R}\mathrm{d}l' \quad \text{用于线电荷分布的电位计算} \tag{2.37}$$

$$\varphi=\frac{1}{4\pi\varepsilon_0}\sum_i\frac{q_i}{R_i} \quad \text{用于点电荷分布的电位计算} \tag{2.38}$$

其中,$R=|\boldsymbol{r}-\boldsymbol{r}'|=[(x-x')^2+(y-y')^2+(z-z')^2]^{\frac{1}{2}}$。

上面我们得到了已知空间电荷分布求电位函数方法,它们只适合真空情况下求解,在介质中需将真空介电常数 ε_0 变为介质中介电常数 ε。

下面再研究已知电场分布求电位函数,从而引出电势差和电势概念。

如图2.9所示,求 P_0 和 P 两点间场强线积分

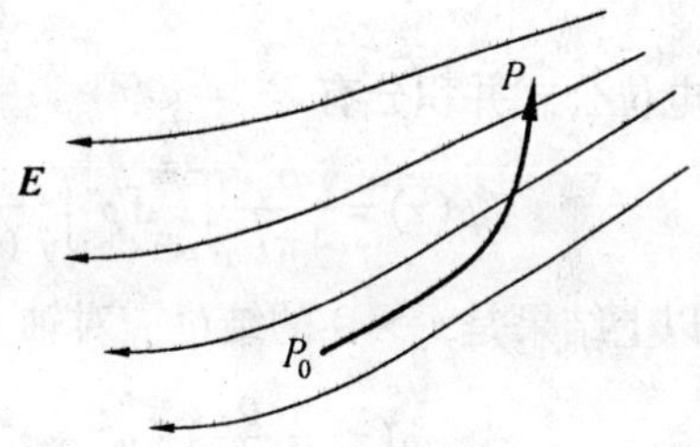

图2.9 电势差

$$\int_{P_0}^{P}\boldsymbol{E}\cdot\mathrm{d}\boldsymbol{l}=\int_{P_0}^{P}-\nabla\varphi\cdot\mathrm{d}\boldsymbol{l}$$

由函数微分公式有

$$\mathrm{d}\varphi=\frac{\partial\varphi}{\partial x}\mathrm{d}x+\frac{\partial\varphi}{\partial y}\mathrm{d}y+\frac{\partial\varphi}{\partial z}\mathrm{d}z=\nabla\varphi\cdot\mathrm{d}\boldsymbol{l}$$

故有

$$\int_{P_0}^{P}\boldsymbol{E}\cdot\mathrm{d}\boldsymbol{l}=\int_{P}^{P_0}\mathrm{d}\varphi=\varphi(P_0)-\varphi(P) \tag{2.39}$$

式(2.39)是静电场电势差计算公式,表明沿静电场任一两点场强的线积分为两点间电势差。若规定某点电势为零电势,则可得到空间场强各点对应的电势大小。

若电荷分布在有限区域,一般将无穷远点视为电势零点,即 $\varphi(P_0)=0$,这样空间任一点 P 的电势大小为

$$\varphi(P)=\int_P^{+\infty}\boldsymbol{E}\cdot \mathrm{d}\boldsymbol{l} \tag{2.40}$$

例 2.4 位于 xOy 平面上的半径为 a、圆心在坐标原点的带电圆盘，面电荷密度为 ρ_S，如图 2.10 所示，求 z 轴上的电位。

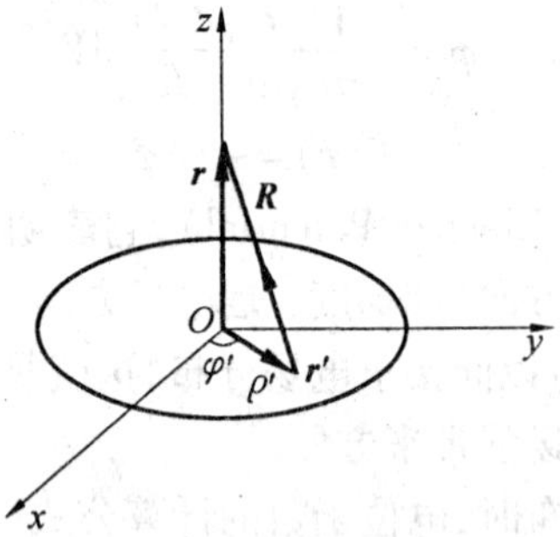

图 2.10 带电圆盘

解 由面电荷分布电位公式

$$\varphi(\boldsymbol{r})=\frac{1}{4\pi\varepsilon_0}\int_{S'}\frac{\rho_S(\boldsymbol{r}')}{R}\mathrm{d}S'=\frac{1}{4\pi\varepsilon_0}\int_{S'}\frac{\rho_S(\boldsymbol{r}')}{|\boldsymbol{r}-\boldsymbol{r}'|}\mathrm{d}S'$$

且有

$$\boldsymbol{r}=z\boldsymbol{e}_z$$

$$\boldsymbol{r}'=\rho'\cos\varphi'\boldsymbol{e}_x+\rho'\sin\varphi'\boldsymbol{e}_y$$

$$|\boldsymbol{r}-\boldsymbol{r}'|=(z^2+\rho'^2)^{1/2}$$

$$\mathrm{d}S'=\rho'\mathrm{d}\varphi'\mathrm{d}\rho'$$

代入电位公式并积分有

$$\varphi(z)=\frac{\rho_S}{4\pi\varepsilon_0}\int_0^{2\pi}\mathrm{d}\varphi'\int_0^a\frac{\rho'\mathrm{d}\rho'}{(z^2+\rho'^2)^{1/2}}=\frac{\rho_S}{2\varepsilon_0}[(a^2+z^2)^{1/2}-z]$$

以上结果是 $z>0$ 的结论。对轴上的任意点，电位为

$$\varphi(z)=\frac{\rho_S}{2\varepsilon_0}[(a^2+z^2)^{1/2}-|z|]\quad(-\infty<z<+\infty)$$

例 2.5 求半径为 a 的均匀带电球体产生的电位(设球体分布的体电荷密度为 ρ_0)。

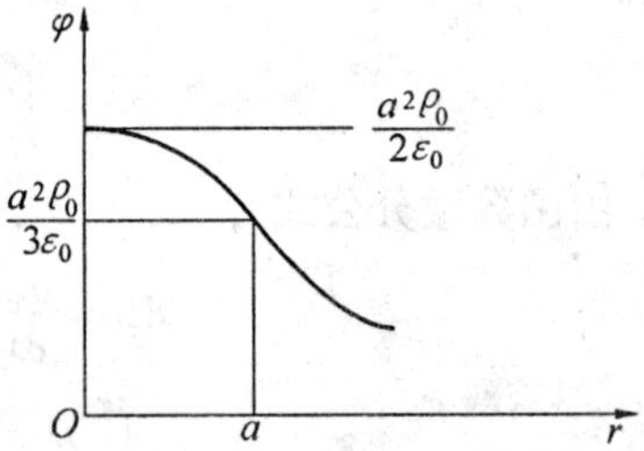

图 2.11 电位变化曲线

解 在球坐标系下，由高斯定理，可得球体内外场强分布

$$E_r=\frac{\rho_0a^3}{3\varepsilon_0r^2}\quad(r\geqslant a)$$

$$E_r=\frac{\rho_0r}{3\varepsilon_0}\quad(r<a)$$

由式(2.40)电场与电位关系求得，当 $r\geqslant a$ 时

$$\varphi=\int_r^{+\infty}E_r\mathrm{d}r=\int_r^{+\infty}\frac{\rho_0a^3}{3\varepsilon_0r^2}\mathrm{d}r=\frac{\rho_0a^3}{3\varepsilon_0r}$$

当 $r<a$ 时

$$\varphi=\int_r^{+\infty}E_r\mathrm{d}r=\int_r^a E_r\mathrm{d}r+\int_a^{+\infty}E_r\mathrm{d}r=\frac{\rho_0}{2\varepsilon_0}\left(a^2-\frac{r^2}{3}\right)$$

电位沿 r 的变化如图 2.11 所示。

例2.6　求一个电偶极子在空间产生的电场。

解　**电偶极子**是非常典型的电荷分布模型，是指相距很近的一对异号等量电荷组成的电荷组。在理论研究中广泛应用，所以应掌握空间形成的电场和电势分布。

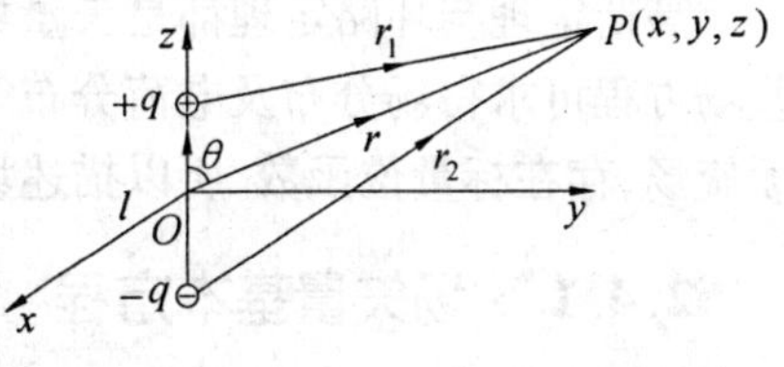

图 2.12　电偶极子

如图 2.12 所示，电偶极子用**电偶极矩** $\boldsymbol{p}_e=q\boldsymbol{l}$ 来描述，q 为一对等量异号电荷的电量，$\boldsymbol{l}$ 为由负电荷指向正电荷的位置矢量。

由于电荷分布具有轴对称性，电位与电场强度也就具有轴对称性。为计算方便，选用圆球坐标系，并取轴线在 z 轴，中点在原点。由电位定义可得空间任一点电位

$$\varphi=\frac{q}{4\pi\varepsilon_0}\left(\frac{1}{r_1}-\frac{1}{r_2}\right)=\frac{q}{4\pi\varepsilon_0}\left(\frac{r_2-r_1}{r_1r_2}\right)$$

其中，r_1 和 r_2 分别表示场点 $P(x,y,z)$ 与 q 和 $-q$ 的距离；r 表示坐标原点到 $P(x,y,z)$ 点的距离。

当 $r\gg l$ 时，r_1，r_2，r 可以近似看成平行，可作如下近似：

$$r_1=r-\frac{l}{2}\cos\theta$$

$$r_2=r+\frac{l}{2}\cos\theta$$

则

$$r_2-r_1=l\cos\theta,\quad \frac{1}{r_1r_2}\approx\frac{1}{r^2}$$

从而电位为

$$\varphi=\frac{ql\cos\theta}{4\pi\varepsilon_0r^2}=\frac{\boldsymbol{P}_e\cdot\boldsymbol{l}}{4\pi\varepsilon_0r^2}\tag{2.41}$$

故由球坐标下梯度公式得电场强度为

$$E=-\nabla\varphi=\frac{\boldsymbol{P}_e}{4\pi\varepsilon_0r^3}(\boldsymbol{e}_r2\cos\theta+\boldsymbol{e}_\theta\sin\theta)\tag{2.42}$$

以上结果表明，电偶极子的电位与距离的平方成反比，电场强度与距离的三次方成反比。此外，电偶极子的电位和电场强度还与方位角有关。这个特点都与点电荷的电场显著不同。图 2.13 给出了电偶极子的电力线和等位面。

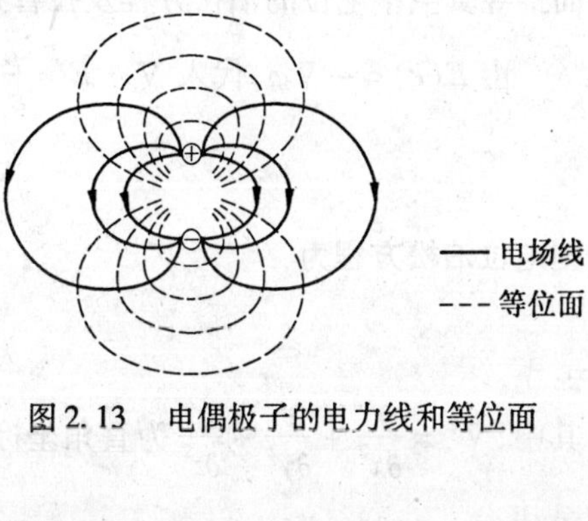

图 2.13　电偶极子的电力线和等位面

2.4 静电场的基本方程

高斯定理与环路定理都是矢量场方程，用这些场方程可求得场分布及电荷分布等问题，但这只是一种描述方法。由于静电场是有源无旋场，存在标量位函数，所以描述场变化的方程也可用电位方程。

2.4.1 场矢量基本方程

1. 积分形式

$$\oint_S \boldsymbol{E}\cdot \mathrm{d}\boldsymbol{S}=\frac{1}{\varepsilon_0}\int_V \rho \mathrm{d}V \quad \text{真空中高斯定理}$$

$$\oint_S \boldsymbol{D}\cdot \mathrm{d}\boldsymbol{S}=\int_V \rho_f \mathrm{d}V \quad \text{介质中高斯定理}$$

$$\oint_C \boldsymbol{E}\cdot \mathrm{d}\boldsymbol{l}=0 \quad \text{任何情况下环路定理}$$

2. 微分形式

$$\nabla\cdot\boldsymbol{E}=\frac{\rho}{\varepsilon_0} \quad \text{真空中高斯定理}$$

$$\nabla\cdot\boldsymbol{D}=\rho_f \quad \text{介质中高斯定理}$$

$$\nabla\times\boldsymbol{E}=0 \quad \text{任何情况下环路定理}$$

积分形式的场方程适合任何线性介质，通过它们可解决具有某种对称性电场问题。微分形式的场方程只适合连续性线性介质，通过解微分方程可解决空间各点场分布问题，但微分方程求解较繁。

从以上方程可以推得静电场是一个有源无旋场，形成的电力线始于正电荷，终于负电荷，电力线本身不构成闭合回路。

2.4.2 电位基本方程

静电场为有源无旋场，存在标量电位函数，所以静电场也可以用电位函数来描述。下面推导真空中电位的泊松方程及拉普拉斯方程。

由 $\boldsymbol{E}(\boldsymbol{r})=-\nabla\varphi$，代入 $\nabla\cdot\boldsymbol{E}=\frac{\rho}{\varepsilon_0}$ 中，得

$$\nabla\cdot\nabla\varphi=-\frac{\rho}{\varepsilon_0}$$

则电位泊松方程为

$$\nabla^2\varphi=-\frac{\rho}{\varepsilon_0} \tag{2.43}$$

其中，$\nabla^2=\frac{\partial^2}{\partial x^2}+\frac{\partial^2}{\partial y^2}+\frac{\partial^2}{\partial z^2}$ 为直角坐标系下的拉普拉斯算子，其他坐标系下的表示参考附录Ⅱ。

若$\rho=0$，将得到**电位拉普拉斯方程**

$$\nabla^2\varphi=0 \tag{2.44}$$

若在线性介质中需将真空介电常数ε_0变为介质中介电常数ε即可得到介质中的对应方程。对于较复杂的静电场分布问题，通过电位方程可容易计算结果。同样电场强度也有对应的泊松方程和拉普拉斯方程，读者可自己推导得出。

例2.7　若半径为a的导体球面的电位为U_0，球外无电荷，求空间的电位。

解　由题意可知所讨论的区域无电荷分布，且所求问题具有球对称性，因此选择球坐标系，由电位拉普拉斯方程

$$\nabla^2\varphi=0$$

$$\frac{1}{r^2}\frac{\mathrm{d}}{\mathrm{d}r}\left(r^2\frac{\mathrm{d}\varphi}{\mathrm{d}r}\right)=0$$

$$r^2\frac{\mathrm{d}\varphi}{\mathrm{d}r}=C_1$$

即

$$\frac{\mathrm{d}\varphi}{\mathrm{d}r}=\frac{C_1}{r^2}$$

再对其积分一次，得

$$\varphi=-\frac{C_1}{r}+C_2$$

在导体球面上，电位为U_0，无穷远处电位为零。分别将$r=a,r=+\infty$对应电位代入上式，解得两个常数为

$$C_1=-aU_0,C_2=0$$

所以

$$\varphi(\boldsymbol{r})=\frac{aU_0}{r}$$

2.5　静电场的边界条件

在实际问题中，经常遇到两种不同媒质分界面的情形。由于在分界面两侧媒质的特性参数发生突变，导致场矢量在分界面两侧也发生突变。描述不同媒质分界面两侧场矢量突变关系的方程，称为**电磁场的边界条件**。

由于在媒质分界面处场矢量不连续，微分形式的静电场方程在分界面上已失去意义，但积分形式的静电场方程仍然适用。因此，从积分形式的静电场方程组出发，可导出静电场的边界条件。

2.5.1　电位移矢量的边界条件

结合图2.14所示推导电位移矢量$\boldsymbol{D}$的边界条件。

在分界面两侧作一上、下底面积均为ΔS、高度为h的扁平圆柱状盒子。ΔS很小，可认为上下面$\boldsymbol{D}$是均匀的。$\boldsymbol{n}^{\circ}$为由媒质2指向媒质1的法向单位矢量。将介质内静电场高斯定理

$$\oint_S \boldsymbol{D}\cdot \mathrm{d}\boldsymbol{S} = \int_V \rho_f \mathrm{d}V$$

应用到此圆柱盒上,可得

$$\boldsymbol{D}_1 \cdot \boldsymbol{n}^\circ \Delta S - \boldsymbol{D}_2 \cdot \boldsymbol{n}^\circ \Delta S + \Delta\varphi = \rho_f h \Delta S$$

式中,ρ_f 为自由电荷密度;$\Delta\varphi$ 为 $\boldsymbol{D}$ 通过柱体侧面的电位移通量。

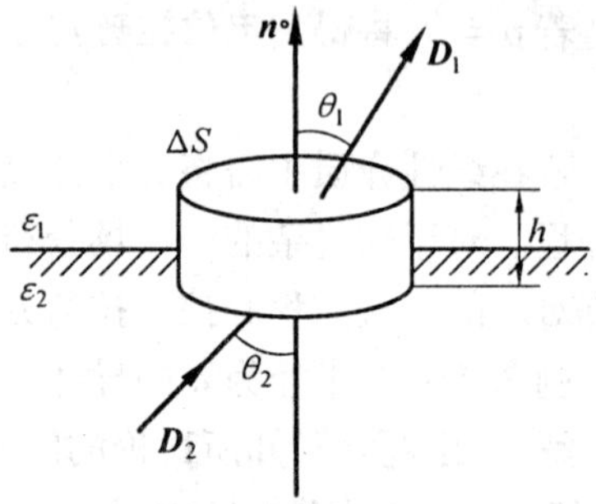

图 2.14 电位移矢量的边界条件

令 $h \to 0$,即过渡到分界面两侧的情形,此时,$\Delta\varphi \to 0$,在分界面上存在自由面电荷的情况下,有

$$\lim_{h\to 0} \rho_f h = \rho_{Sf}$$

ρ_{Sf} 为自由面电荷密度。消去 ΔS,于是有

$$\boldsymbol{n}^\circ \cdot (\boldsymbol{D}_1 - \boldsymbol{D}_2) = \rho_{Sf} \text{ 或 } D_{1n} - D_{2n} = \rho_{Sf} \tag{2.45}$$

式(2.45)表明,在任意带自由电荷的介质分界面上,$\boldsymbol{D}$ 的法向分量不连续,其突变量等于该处的自由电荷面密度 ρ_{Sf}。

若 $\rho_{Sf} = 0$,有

$$\boldsymbol{n}^\circ \cdot (\boldsymbol{D}_1 - \boldsymbol{D}_2) = 0 \text{ 或 } D_{1n} = D_{2n} \tag{2.46}$$

此时 $\boldsymbol{D}$ 的法向分量连续。

2.5.2 电场强度矢量的边界条件

1. 电场强度的法向分量边界条件

在线性介质中,由 $\boldsymbol{D} = \varepsilon \boldsymbol{E}$,将其代入式(2.45)可得电场强度所满足的法向边界条件,即

$$\boldsymbol{n}^\circ \cdot (\varepsilon_1 \boldsymbol{E}_1 - \varepsilon_2 \boldsymbol{E}_2) = \rho_{Sf} \text{ 或 } \varepsilon_1 E_{1n} - \varepsilon_2 E_{2n} = \rho_{Sf} \tag{2.47}$$

若 $\rho_{Sf} = 0$,有

$$\boldsymbol{n}^\circ \cdot (\varepsilon_1 \boldsymbol{E} - \varepsilon_2 \boldsymbol{E}) = 0 \text{ 或 } \varepsilon_1 E_{1n} = \varepsilon_2 E_{2n} \tag{2.48}$$

但

$$E_{1n} \neq E_{2n}$$

可见,在任意介质分界面上,无论是否带自由电荷 ρ_{Sf},$\boldsymbol{E}$ 的法向分量都不连续,即 $\boldsymbol{E}$ 只要通过两种介质分界面就一定有突变。

2. 电场强度的切向分量边界条件

在分界面上作一小的矩形回路 C,长为 Δl 的两条边分别位于分界面两侧且与分界面平行,高度为 h。并设回路所围面积的法向单位矢量为 N°,界面的法向单位矢量为 $\boldsymbol{n}^\circ$,界面上沿 Δl 方向的切向单位矢量为 $\boldsymbol{t}^\circ$,且满足 $N^\circ \times \boldsymbol{n}^\circ = \boldsymbol{t}^\circ$,积分路径如图 2.15 所示。

将静电场环路定理

$$\oint_C \boldsymbol{E} \cdot \mathrm{d}\boldsymbol{l} = 0$$

应用到回路上,且当 $h \to 0$,回路两侧的线积分为零,只有上下边对积分有贡献,则有

$$\boldsymbol{E}_1 \cdot \boldsymbol{t}^\circ \Delta l - \boldsymbol{E}_2 \cdot \boldsymbol{t}^\circ \Delta l = \boldsymbol{0}$$

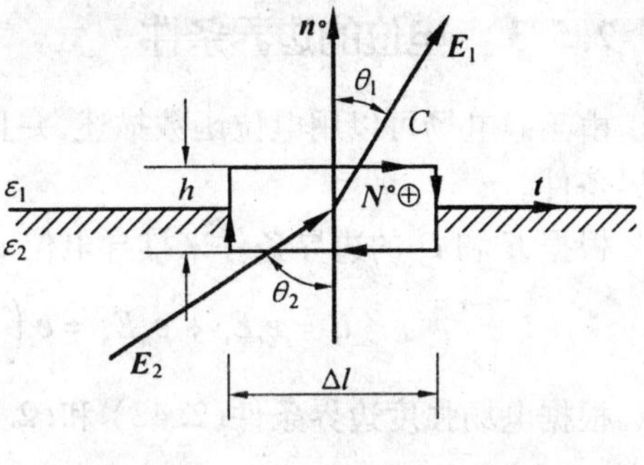

图 2.15　电场强度的边界条件

消去 Δl，并带入 $\boldsymbol{N}^\circ \times \boldsymbol{n}^\circ = \boldsymbol{t}^\circ$，于是有

$$(\boldsymbol{E}_1 - \boldsymbol{E}_2)\cdot(\boldsymbol{N}^\circ \times \boldsymbol{n}^\circ) = \boldsymbol{0}$$

利用矢量恒等式

$$\boldsymbol{A}\cdot(\boldsymbol{B}\times\boldsymbol{C}) = (\boldsymbol{C}\times\boldsymbol{A})\cdot\boldsymbol{B}$$

可得　$[\boldsymbol{n}^\circ \times (\boldsymbol{E}_1 - \boldsymbol{E}_2)]\cdot\boldsymbol{N}^\circ = \boldsymbol{0}$

由于回路 C 任意，所以 N° 也是任意的，因而有

$$\boldsymbol{n}^\circ \times (\boldsymbol{E}_1 - \boldsymbol{E}_2) = \boldsymbol{0} \text{ 或 } E_{1t} = E_{2t} \tag{2.49}$$

上式表明，在任一介质分界面上，$\boldsymbol{E}$ 的切向分量总是连续。

3. 常见介质分界面电场边界条件及静电场折射定律

(1) 两种介质分界面

在电介质分界面上，一般不存在自由电荷，即 $\rho_{Sf} = 0$，由式(2.46)及(2.49)有

$$D_{1n} = D_{2n}$$
$$E_{1t} = E_{2t}$$

即在两种介质分界面上，$\boldsymbol{D}$ 的法向分量连续，$\boldsymbol{E}$ 的切向分量连续。

由于

$$\boldsymbol{D}_1 = \varepsilon_1\boldsymbol{E}_1, \boldsymbol{D}_2 = \varepsilon_2\boldsymbol{E}_2$$

故有

$$\varepsilon_1 E_{1n} = \varepsilon_2 E_{2n}$$
$$\frac{D_{1t}}{\varepsilon_1} = \frac{D_{2t}}{\varepsilon_2}$$

可见，场矢量通过分界面时方向总要发生改变。

由如图 2.16 所示有

$$\frac{D_{1t}}{D_{1n}} = \frac{E_{1t}}{E_{1n}} = \tan\theta_1$$
$$\frac{D_{2t}}{D_{2n}} = \frac{E_{2t}}{E_{2n}} = \tan\theta_2$$

于是有

$$\frac{\tan\theta_1}{\tan\theta_2} = \frac{\varepsilon_1}{\varepsilon_2}$$

该式称为**静电场的折射定律**。

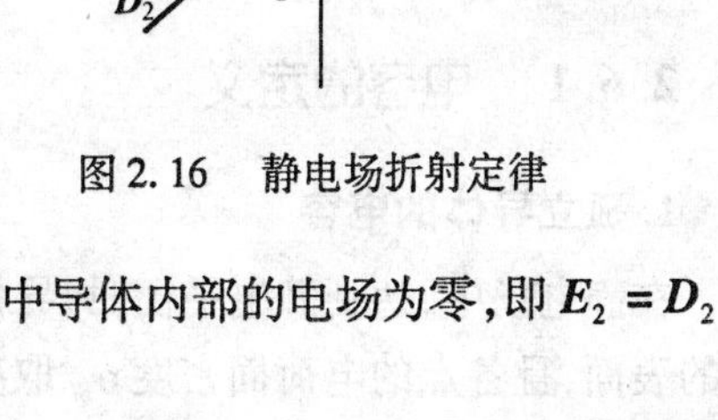

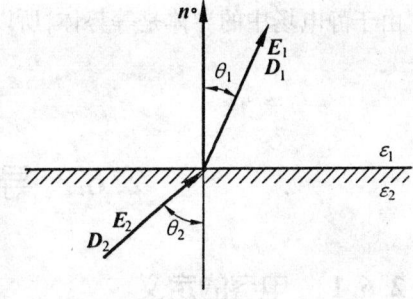

图 2.16　静电场折射定律

(2) 导体与电介质分界面

设媒质 1 是电介质，媒质 2 是导体，由于静电场中导体内部的电场为零，即 $\boldsymbol{E}_2 = \boldsymbol{D}_2 = \boldsymbol{0}$，故得导体表面上的边界条件为

$$E_t = 0 \quad D_n = \rho_{Sf}$$

这时的电场强度和电位移矢量均为介质内物理量，并由此得知处于静电场中的导体其表面的电力线垂直于导体表面，故导体为**等势体**，表面为等势面。

2.5.3 电位的边界条件

由于静电场可以用电位函数描述,并且遵循泊松方程或拉普拉斯方程,所以也有电位边界条件。

根据 $\boldsymbol{E}$ 和 $\boldsymbol{D}$ 的边界条件来推导电位 φ 的边界条件,由

$$\boldsymbol{E}=\boldsymbol{e}_tE_t+\boldsymbol{e}_nE_n=\boldsymbol{e}_t\left(-\frac{\partial\varphi}{\partial t}\right)+\boldsymbol{e}_n\left(-\frac{\partial\varphi}{\partial n}\right)=-\nabla\varphi$$

根据电场强度边界条件(2.48)和(2.49),有

$$-\varepsilon_1\frac{\partial\varphi_1}{\partial n^\circ}+\varepsilon_2\frac{\partial\varphi_2}{\partial n^\circ}=\rho_{Sf} \tag{2.50}$$

$$-\frac{\partial\varphi_1}{\partial t}+\frac{\partial\varphi_2}{\partial t}=0 \tag{2.51}$$

由式(2.51)有

$$\frac{\partial(\varphi_2-\varphi_1)}{\partial t}=0$$

即

$$\varphi_2-\varphi_1=C$$

由于界面两侧相邻两点 P_1 和 P_2 的距离 $|P_1P_2|\to 0$,电场强度值有限,于是把等量正电荷由 P_1 移到 P_2,电场力所作功为零,即 $C=0$,则有

$$\varphi_2=\varphi_1 \tag{2.52}$$

式(2.52)为电位的边界条件,说明在跨过电介质的分界面时,电位连续。

当分界面上无自由电荷(理想介质,$\rho_{Sf}=0$)时

$$\varepsilon_1\frac{\partial\varphi_1}{\partial n^\circ}=\varepsilon_2\frac{\partial\varphi_2}{\partial n^\circ} \tag{2.53}$$

由于静电场中的导体是等势体,所以导体表面的边界条件为

$$\varepsilon\frac{\partial\varphi}{\partial n^\circ}=-\rho_{Sf} \tag{2.54}$$

2.6 导体系统的电容

2.6.1 电容的定义

1. 孤立导体的电容

在静电场中,达到静电平衡时,导体是等位体。导体内没有电荷,电荷只能分布于导体的表面,且各点的电荷面密度 ρ_{Sf} 取决于导体表面的形状。假设一个孤立导体带电荷为 q,所产生的电位为 φ。若将导体上的总电荷增加 k 倍,则电位也成比例增加,也就是说一个孤立导体的电位与它所带的总电荷成正比,把一个孤立导体所带的总电荷 q 与它的电位 φ 之比

$$C=\frac{q}{\varphi} \tag{2.55}$$

称为**孤立导体的电容**。

2. 电容器的电容

电容器是由两个导体构成的导体系统。当两导体之间加电压 U 时,一个导体带电荷为 $+q$,而另一个导体则带电荷 $-q$。电荷量 q 与两导体之间的电压 U 也成正比,把其比值

$$C=\frac{q}{U} \tag{2.56}$$

称为**电容器的电容**。

电容是导体系统的一种物理属性,它只与导体的形状、尺寸、相互位置以及导体周围的介质有关,而与导体的电位和所带的电荷无关。

2.6.2 电容的计算

计算电容器的电容的一般步骤如下:

(1) 假设两导体上分别带电荷 q 和 $-q$;

(2) 计算两导体间的电场强度 $\boldsymbol{E}$;

(3) 由 $U=\int_1^2 \boldsymbol{E}\cdot \mathrm{d}\boldsymbol{l}$ 求出两导体间的电位差;

(4) 求比值 $\frac{q}{U}$,即得到所求的电容。

例 2.7 如图 2.17 所示,计算同轴线单位长度的电容 C_0。已知同轴线内、外导体半径分别为 r_1、r_2;其中填充均匀的介质,介电常数为 ε。

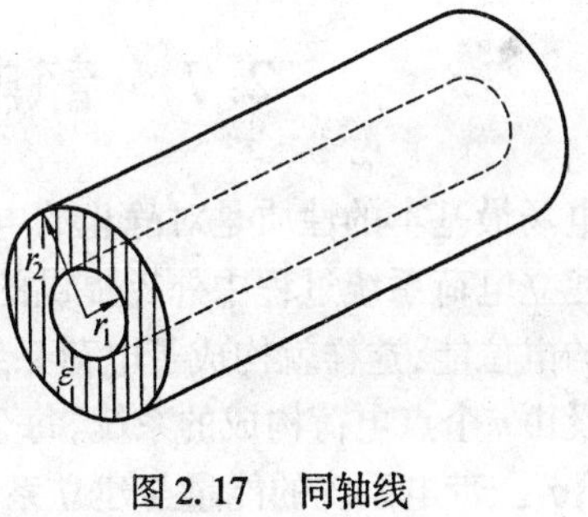

图 2.17 同轴线

解 假设内、外导体分别带电荷 $+q$ 和 $-q$,忽略边缘效应,则介质中的场沿径向分布,且具有轴对称性。由高斯定理可求得介质中的场强为

$$\boldsymbol{E}=\boldsymbol{e}_r E_r=\boldsymbol{e}_r \frac{q}{2\pi\varepsilon r l}$$

两导体间的电压为

$$U=\int_{r_1}^{r_2} \boldsymbol{E}_r\cdot \mathrm{d}\boldsymbol{r}=\frac{q}{2\pi\varepsilon l}\ln\frac{r_2}{r_1}$$

故单位长度的电容为

$$C_0=\frac{C}{l}=\frac{q}{Ul}=\frac{2\pi\varepsilon}{\ln\frac{r_2}{r_1}}$$

例 2.8 如图 2.18 所示,平行双线传输线导线的半径为 a,两导线的轴线相距为 D,且 $D\gg a$。试求传输线单位长度的电容。

解 设两导线单位长度带电量分别为 ρ_l 和 $-\rho_l$。由于 $D\gg a$,计算导线外的电场时,可近似地认为电荷是均匀分布在导线的表面上。取如图坐标系,应用高斯定理和叠加原

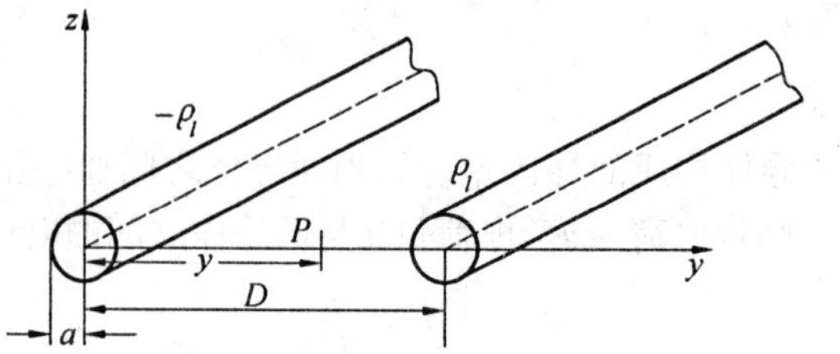

图 2.18 平行双线传输线

理,可得到单位长度两导线间的平面上任一点 P 的电场为

$$\boldsymbol{E}(y)=\frac{\rho_l}{2\pi\varepsilon_0}\left(\frac{1}{y}+\frac{1}{D-y}\right)\boldsymbol{e}_y$$

两导线间的电压为

$$U=\int_a^{D-a}\boldsymbol{E}(y)\cdot\boldsymbol{e}_y\mathrm{d}y=\frac{\rho_l}{2\pi\varepsilon_0}\int_a^{D-a}\left(\frac{1}{y}+\frac{1}{D-y}\right)\mathrm{d}y=\frac{\rho_l}{\pi\varepsilon_0}\ln\frac{D-a}{a}$$

于是得到平行双线传输线单位长度的电容为

$$C_0=\frac{\rho_l}{U}=\frac{\pi\varepsilon_0}{\ln\dfrac{D-a}{a}}\approx\frac{\pi\varepsilon_0}{\ln\dfrac{D}{a}}$$

2.7 静电场能量与能量密度

电场最基本的性质是对静止的电荷有作用力,这也说明电场具有能量。电场能量来源于建立电荷系统过程中外界提供的能量。如给导体充电时外电源要对电荷作功,提高电荷的电位能,这样就构成了电荷系统的能量。

设由 n 个点电荷构成的系统,每个带电体的最终电位为 $\varphi_1,\varphi_2,\cdots,\varphi_n$,最终电荷为 $q_1,q_2,\cdots,q_n$。带电系统的能量与建立系统的过程无关,仅与系统的最终状态有关。假设在建立系统过程中的任一时刻,各个带电体的电量均是各自终值的 a 倍($a<1$),即带电量为 aq_i,电位为 $a\varphi_i$,经过一段时间,带电体 i 的电量增量为 $\mathrm{d}(aq_i)$,外源对它所做的功为 $\mathrm{d}A_i=a\varphi_i\mathrm{d}(aq_i)$。

外源对 n 个带电体做功为

$$\mathrm{d}A=\sum_{i=1}^{n}q_i\varphi_i a\mathrm{d}a$$

因而,电场能量的增量为

$$\mathrm{d}W_e=\sum_{i=1}^{n}q_i\varphi_i a\mathrm{d}a$$

在整个过程中,电场的储能为

$$W_e=\int\mathrm{d}W_e=\sum_{i=1}^{n}q_i\varphi_i\int_0^1 a\mathrm{d}a=\frac{1}{2}\sum_{i=1}^{n}q_i\varphi_i \tag{2.57}$$

同理,对于连续分布的电荷系统的电场能量为

$$W_e = \int_V \frac{1}{2}\rho(r)\varphi(r)\,\mathrm{d}V \tag{2.58a}$$

$$W_e = \int_S \frac{1}{2}\rho_S(r)\varphi(r)\,\mathrm{d}S \tag{2.58b}$$

$$W_e = \int_l \frac{1}{2}\rho_l(r)\varphi(r)\,\mathrm{d}l \tag{2.58c}$$

一般电荷分布在有限的区域内,所以通过这些公式可以得到电场能量的大小。下面研究电场与电场能量的关系。

将$\rho = \nabla \cdot \boldsymbol{D}$代入式(2.58a),应用$\nabla \cdot (\varphi \boldsymbol{D}) = (\nabla \cdot \boldsymbol{D})\varphi + \nabla\varphi \cdot \boldsymbol{D}$和$\boldsymbol{E} = -\nabla\varphi$,得

$$\begin{aligned}W_e &= \int_V \frac{1}{2}\rho(r)\varphi(r)\,\mathrm{d}V = \frac{1}{2}\int_V (\nabla \cdot \boldsymbol{D})\varphi\,\mathrm{d}V = \\ &\frac{1}{2}\int_V [\nabla \cdot (\varphi\boldsymbol{D}) - \nabla\varphi \cdot \boldsymbol{D}]\,\mathrm{d}V = \\ &\frac{1}{2}\oint_S \varphi\boldsymbol{D} \cdot \mathrm{d}\boldsymbol{S} + \frac{1}{2}\int_V \boldsymbol{E} \cdot \boldsymbol{D}\,\mathrm{d}V\end{aligned} \tag{2.59}$$

式(2.59)的积分是对整个空间区域积分,虽然只有电荷存在的空间对积分才有贡献,但我们把积分区域任意扩大并不影响积分结果。当体积扩大时,包围这个体积的表面S也将扩大。只要电荷分布在有限的区域内,当闭合面S无限扩大时,有限区域内的电荷就可近似为一个点电荷,它在很大的闭合面上有$\varphi \propto \frac{1}{R}$和$|\boldsymbol{D}| \propto \frac{1}{R^2}$,有$|\varphi\boldsymbol{D}| \propto \frac{1}{R^3}$,故当闭合面的$R \to +\infty$时,式(2.59)中的闭合面积分必然变为零,即

$$\int_S \varphi\boldsymbol{D} \cdot \mathrm{d}\boldsymbol{S} \sim \frac{1}{R^3} \times R^2 \sim \frac{1}{R}\Big|_{R\to+\infty} \to 0$$

故得到

$$W_e = \frac{1}{2}\int_V \boldsymbol{E} \cdot \boldsymbol{D}\,\mathrm{d}V \tag{2.60}$$

对于各向同性的介质$\boldsymbol{D} = \varepsilon\boldsymbol{E}$,代入上式得

$$W_e = \frac{1}{2}\int_V \varepsilon\boldsymbol{E} \cdot \boldsymbol{E}\,\mathrm{d}V = \int_V \frac{1}{2}\varepsilon E^2\,\mathrm{d}V \tag{2.61}$$

式(2.61)表明$\boldsymbol{E} \neq 0$,则$W_e \neq 0$。说明只有电场存在的区域对积分有贡献,即$\boldsymbol{E} \neq 0$区域才有电场能量,$\boldsymbol{E} = 0$的区域没有电场能量。

场中任一点的能量密度用w_e表示,则

$$w_e = \frac{1}{2}\boldsymbol{D} \cdot \boldsymbol{E} = \frac{1}{2}\varepsilon E^2 \tag{2.62}$$

理解静电场能量应注意以下几点:

(1) 式(2.60)的积分区域存在电场的整个空间,表明静电能量存在于电场中,电场所在空间中任何地方,都具有电场能量,被积函数就是电场的能量密度。

(2) 式(2.58a) ~ (2.58c)是在电荷密度不为零的区域内积分,但不能认为静电场能量仅存在于带电体内,其被积函数并不表示电场能量密度。

(3) 在静电场中式(2.58) 和(2.59) 是一致的,它们都表示静电场的总能量。但式(2.58) 只适合于静电场,而式(2.59) 适用于任意电场。

例 2.8 若真空中电荷 q 均匀分布在半径为 a 的球体内,计算电场能量。

解 用高斯定理可以得到电场为

$$\boldsymbol{E}=\boldsymbol{e}_r\frac{qr}{4\pi\varepsilon_0 a^3}\quad(r\leqslant a)$$

$$\boldsymbol{E}=\boldsymbol{e}_r\frac{q}{4\pi\varepsilon_0 r^2}\quad(r>a)$$

所以 $W_e=\frac{1}{2}\int_V\varepsilon_0E^2\mathrm{d}V=\frac{1}{2}\varepsilon_0\left(\frac{q}{4\pi\varepsilon_0}\right)^2\left[\int_0^a\left(\frac{r}{a^3}\right)^2 4\pi r^2\mathrm{d}r+\int_a^{+\infty}\frac{1}{r^4}4\pi r^2\mathrm{d}r\right]=\frac{3q^2}{20\pi\varepsilon_0 a}$

例 2.9 若一同轴线内导体的半径为 a,外导体的内半径为 b,之间填充介电常数为 ε 的介质,当内、外导体间的电压为 U(外导体的电位为零) 时,求单位长度的电场能量。

解 设内、外导体间电压为 U 时,内导体单位长度带电量为 ρ_l,则导体间的电场强度为

$$\boldsymbol{E}=\boldsymbol{e}_r\frac{\rho_l}{2\pi\varepsilon r}\quad(a<r<b)$$

由

$$U=-\int_a^b\boldsymbol{E}\cdot\mathrm{d}\boldsymbol{l}$$

得两导体间的电压为

$$U=\frac{\rho_l}{2\pi\varepsilon}\ln\frac{b}{a}$$

即

$$\rho_l=\frac{2\pi\varepsilon U}{\ln\frac{b}{a}}$$

$$\boldsymbol{E}=\boldsymbol{e}_r\frac{U}{r\ln\frac{b}{a}}\quad(a<r<b)$$

所以单位长度的电场能量为

$$W_e=\frac{1}{2}\int\varepsilon E^2\mathrm{d}V=\int_a^b\frac{\varepsilon U^2}{2r^2\ln^2\frac{b}{a}}2\pi r\mathrm{d}r=\frac{\pi\varepsilon U^2}{\ln\frac{b}{a}}$$

本章小结

(1) 分析宏观电磁现象时,电荷 q 是按体积分布的,其密度定义为 $\rho=\lim\limits_{\Delta V\to0}\frac{\Delta q}{\Delta V}=\frac{\mathrm{d}q}{\mathrm{d}V}$,$\rho$ 是一个空间位置的连续函数,体积元 ΔV 内的微小电荷 $\mathrm{d}q=\rho\mathrm{d}V$,体积 V 内的电荷量为 $q=\int_V\rho\mathrm{d}V$。

(2) 出于理论分析的需要,电荷有按面积和按曲线分布的概念,其密度定义为 $\rho_S=\lim\limits_{\Delta S\to0}\frac{\Delta q}{\Delta S}=\frac{\mathrm{d}q}{\mathrm{d}S}$ 和 $\rho_l=\lim\limits_{\Delta S\to0}\frac{\Delta q}{\Delta l}=\frac{\mathrm{d}q}{\mathrm{d}l}$,任意面积元 $\mathrm{d}S$ 和线元 $\mathrm{d}l$ 的微分电荷量为 $\mathrm{d}q=\rho_S\mathrm{d}S$ 和 $\mathrm{d}q=\rho_l\mathrm{d}l$。

(3) 由库仑实验定律可得到在无界的真空空间,点电荷、体电荷、面电荷和线电荷的电场强度分别为

$$E(r)=\frac{qR}{4\pi\varepsilon_0 R^3}=\frac{q}{4\pi\varepsilon_0 R^2}e_r \quad \text{（点电荷）}$$

$$E(r)=\frac{1}{4\pi\varepsilon_0}\int_{V'}\frac{\rho R}{R^3}dV'=\frac{1}{4\pi\varepsilon_0}\int_{V'}\frac{\rho dV'}{R^2}e_r \quad \text{（体电荷）}$$

$$E(r)=\frac{1}{4\pi\varepsilon_0}\int_{S'}\frac{\rho_S R}{R^3}dS'=\frac{1}{4\pi\varepsilon_0}\int_{S'}\frac{\rho_S dS'}{R^2}e_r \quad \text{（面电荷）}$$

$$E(r)=\frac{1}{4\pi\varepsilon_0}\int_{l'}\frac{\rho_l R}{R^3}dl'=\frac{1}{4\pi\varepsilon_0}\int_{l'}\frac{\rho_l dl'}{R^2}e_r \quad \text{（线电荷）}$$

其中，$R=|r-r'|=[(x-x')^2+(y-y')^2+(z-z')^2]^{\frac{1}{2}}$。已知电荷分布时，结合选取的坐标系就可以求出电场分布，一般只能对规则分布电荷得到积分结果。

(4) 在场源变量 $\rho_f(r)$ 确定的条件下，建立起来的静电场的基本方程如下：

①D 沿闭合面积分的通量等于闭合面内的自由电荷量（高斯定理）

$$\oint_S D\cdot dS=\int_V \rho_f dV$$

其微分形式为 $\nabla\cdot D=\rho_f$。

②E 沿闭合回路的线积分的环量等于零

$$\oint_C E\cdot dl=0$$

其微分形式为 $\nabla\times E=0$。

对于各向同性的线性介质，基本场变量之间的关系为 $D=\varepsilon E$，通常称它为介质的本构方程。

(5) 真空中的电位函数为：

点电荷系的电位

$$\varphi=\sum_i\frac{1}{4\pi\varepsilon_0}\sum_i\frac{q_i}{R_i}$$

体电荷的电位

$$\varphi=\frac{1}{4\pi\varepsilon_0}\int_{V'}\frac{\rho dV'}{R}$$

面电荷的电位

$$\varphi=\frac{1}{4\pi\varepsilon_0}\int_{S'}\frac{\rho_S dS'}{R}$$

线电荷的电位

$$\varphi=\frac{1}{4\pi\varepsilon_0}\int_{l'}\frac{\rho_l dl'}{R}$$

其中，$R=|r-r'|=[(x-x')^2+(y-y')^2+(z-z')^2]^{\frac{1}{2}}$。

(6) 在均匀电介质中，由 $E=-\nabla\varphi$，$\nabla\cdot E=\frac{\rho}{\varepsilon_0}$ 导出电位的泊松方程和拉普拉斯微分方程为

$$\nabla^2\varphi=-\frac{\rho}{\varepsilon}\text{ 和 }\nabla^2\varphi=0$$

(7) 在不同介质的分界面上，由于存在束缚电荷（或者自由电荷），场量在分界面上是不连续的，由基本方程的积分形式可导出

$$D_{1n}-D_{2n}=\rho_{Sf}\text{ 或 }D_{1n}=D_{2n}\quad(\rho_{Sf}=0)\quad\text{（电位移矢量的边界条件）}$$

$$E_{1t}=E_{2t}\quad\text{（电场强度的边界条件）}$$

$$\varphi_1=\varphi_2\quad\text{（电位的边界条件）}$$

习 题

2.1 两点电荷 $q_1 = 8C$,位于 $z = 4$ 处,$q_2 = -4C$,位于 $y = 4$ 处,求(4,0,0)处的电场强度。

2.2 已知空气填充的平板电容器内的电位分布为 $\varphi = ax^2 + b$,求与其相应的电场及其电荷分布。

2.3 已知空间电场强度 $\boldsymbol{E} = 3\boldsymbol{e}_x + 4\boldsymbol{e}_y - 5\boldsymbol{e}_z$,试求(0,0,0)与(1,1,2)两点间的电位差。

2.4 半径为 a 的圆面上均匀带电,电荷密度为 ρ_S,试求:

(1) 轴上离圆中心为 z 处的场强;

(2) 在保持 ρ_S 不变的情况下,当 $a \to 0$ 和 $a \to +\infty$ 结果又如何?

(3) 在保持总电荷 $q = \pi a^2 \rho_S$ 不变的情况下,当 $a \to 0$ 和 $a \to +\infty$ 结果又如何?

2.5 证明:在均匀电介质内部,极化电荷体密度 ρ_p 总是等于自由电荷体密 ρ_f 的 $\left(\dfrac{\varepsilon_0}{\varepsilon} - 1\right)$ 倍。

2.6 已知半径为 a,介电常数为 ε 的介质球,带电荷量为 q,求下列情况下空间各点的电场、极化电荷分布和总极化电荷:

(1) 电荷 q 均匀分布于球体内;

(2) 电荷 q 集中于球心上。

2.7 已知半径为 a,介电常数为 ε 的无穷长直圆柱,单位长度带电荷量为 q,求下列情况下空间各点的电场、极化电荷分布和总的极化电荷:

(1) 电荷均匀分布于圆柱内;

(2) 电荷均匀分布于轴线上。

2.8 半径为 a 的金属球均匀带电 q,被半径为 r_1 和 $r_2(r_2 > r_1)$、介电常数为 ε_1 和 ε_2 的两同心的均匀介质球层包围,其外是空气。求:

(1) 金属球内、两介质中及空气中的 $\boldsymbol{E}, \boldsymbol{P}_e$;

(2) 各个分界面上的 ρ_{Sf};

(3) 两介质中的 ρ_{P1} 和 ρ_{P2};

(4) 总的束缚电荷。

2.9 如题 2.9 和 2.10 图所示,已知 $\varepsilon_1 = \varepsilon_0$, $\varepsilon_2 = \sqrt{3}\varepsilon_0$, $E_1 = 100$ V/m。求当 $\theta_2 = \dfrac{\pi}{4}$ 时的 θ_1 和 $\boldsymbol{E}_2$。

2.10 如题 2.9 和 2.10 图所示,$\varepsilon_1 = 4\varepsilon_0$, $\varepsilon_2 = 2\varepsilon_0$, $\theta_1 = \dfrac{\pi}{4}$, $E_1 = 100$ V/m,并且在界面上均匀分布着自由电荷,其面密度 $\rho_S = 1.53 \times 10^{-9}$ C/m²,求 θ_1。

2.11 内、外半径分别为 a 和 b 的球形电容器,上半部分填满介电常数为 ε_1 的电介质,下半部分填满介电常数为 ε_2 的另一种电介质。如题 2.11 图所示。在两极板间加电压 U_0,试求:

(1) 电容器的电位和电场分布;

(2) 电容器的电容。

2.12 面积为 S 的平行板电容器中填充有介质,其介电常数作线性变化,从一极板($y = 0$)处的 ε_1 一直变化到另一极板($y = \mathrm{d}$)处的 ε_2。若忽略边缘效应,试求其电容量。

2.13 如题 2.13 图所示,在平行电容器两极板间加电压 U,两极板间充两种有耗媒质(ε_1, σ_1)和(ε_2, σ_2),且第 1 种媒质厚为 d_1,第 2 种媒质厚为 d_2,求:

(1) 每种媒质中的电场;

(2) 媒质分界面上自由电荷和束缚电荷的面密度。

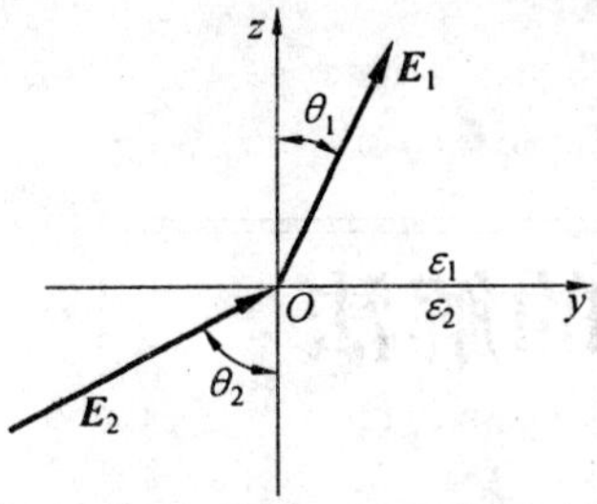

题2.9和2.10图

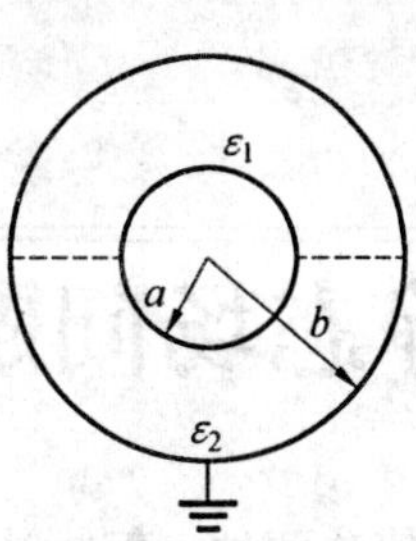

题2.11图

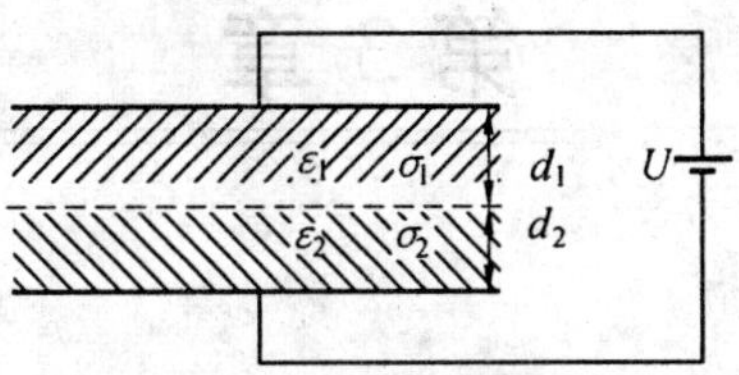

题2.13图

2.14　中心位于原点，边长为L的电介质立方体极化强度矢量$\boldsymbol{P}_e = P_0(x\boldsymbol{e}_x + y\boldsymbol{e}_y + z\boldsymbol{e}_z)$。

(1) 计算面和体束缚电荷密度；

(2) 证明总的束缚电荷为零。

2.15　电场中一半径为a的介质球，已知球内、外的电位函数分别为

$$\varphi_1 = -E_0 r\cos\theta + \frac{\varepsilon - \varepsilon_0}{\varepsilon + 2\varepsilon_0}a^3 E\frac{\cos\theta}{r^2} \quad (r \geqslant a)$$

$$\varphi_2 = -\frac{3\varepsilon_0}{\varepsilon + 2\varepsilon_0}E_0 r\cos\theta \quad (r \leqslant a)$$

试证球表面的边界条件，并计算球表面的束缚电荷密度。

2.16　电场中有一半径为a的圆柱体，已知柱内外的电位函数分别为

$$\varphi = 0 \quad (r \leqslant a)$$

$$\varphi = A\left(r - \frac{a^2}{r}\right)\cos\varphi \quad (r \geqslant a)$$

(1) 求圆柱内、外的电场强度；

(2) 这个圆柱是什么材料制成的？表面有电荷分布吗？试求之。

2.17　在半径为R的球内电荷均匀分布，体电荷密度为ρ_0，试计算它的静电场能量。设球内外的介质为真空。

第 3 章

静态场问题的解法

静态场问题的解法有解析法和数值法两种。解析法又称经典解法，给出的是场量或标位、矢位的函数表达式，这些函数表达式一般是由有限个项构成的闭合解或无穷级数解，通常具有鲜明的物理意义。解析法的缺点是解题范围窄小，尤其是对边界的形状十分挑剔。数值法借助于计算机，给出的是某个具体问题的场量或标位、矢位的一组离散的数据，物理意义深藏数据之中。数值法的优点是解题范围宽广，对边界的形状没有限制。考虑到数值法既重要又实用，还有助于提高用计算机解决问题的能力，本书专门利用 MATLAB 语言对数值解法进行初步的探讨。

3.1 静态场问题的类型

静态场问题划分为分布型问题和边值型问题两大类型。已知场源（电荷分布，电流分布）直接计算空间各点场强和位函数，这类问题称为**分布型问题**。已知空间某给定区域的场源分布和该区域边界面上的位函数（或其法向导数），求场内位函数的分布，这类问题称为**边值型问题**。

3.1.1 分布型问题

分布型问题分为两种情况：

（1）已知场源的电荷密度 ρ 或电流密度 $\boldsymbol{J}$ 分布，求解电场强度 $\boldsymbol{E}$、电位移矢量 $\boldsymbol{D}$ 或磁场强度 $\boldsymbol{H}$、磁感应强度 $\boldsymbol{B}$。

（2）已知电场强度 $\boldsymbol{E}$、磁场强度 $\boldsymbol{H}$，反推场源的电荷密度 ρ 或电流密度 $\boldsymbol{J}$ 分布。

3.1.2 边值型问题

静电场的计算通常是求场内任一点的电位。一旦电位确定，电场强度和其他物理量都可由电位求得。在无界空间中，如果已知分布电荷的体密度，可以通过积分公式计算任意点的电位。但计算有限区域的电位时，必须使用所讨论区域边界上电位的指定值（称为边值）来确定积分常数。此外，当场域中有不同介质时，还要用到电位在边界上的边界条件。这些用来决定常数的条件，统称为边界条件。边值问题可以转化成在相关边界条件下求解电位微分方程（拉普拉斯方程或泊松方程）的过程。

实际上，边界条件（即边值）除了给定电位在边界上的数值以外，也可以是电位在边界上的法向导数。根据不同形式的边界条件,边值问题通常分为三类。

第一类边值问题(狄里赫利问题):给定某区域整个边界上的位函数值 φ,求解该区域内的场分布。

第二类边值问题(诺埃曼问题):给定某区域边界上每一点电位函数的法向导数 $\frac{\partial\varphi}{\partial n}$,求解该区域内的场分布。

第三类边值问题(混合边值问题):给定某区域一部分边界上每一点的电位 φ,同时给定另一部分边界上每一点的电位法向导数 $\frac{\partial\varphi}{\partial n}$,求解该区域内的场分布。

3.2　唯一性定理

要使有界区域内存在一个唯一的、合理的场解,请问适合泊松(或拉普拉斯)方程的边界条件究竟是什么?是不是给定了边界面上的电位 φ,就可以在物理上唯一地确定了该区域电位的解呢?同样,是不是给定了给定边界面上各处电位的法向导数 $\frac{\partial\varphi}{\partial n}$,也可以唯一地确定该区域电位的解呢?按照物理经验我们猜想问题的回答是肯定的。

换言之,我们猜想第一、二类边值问题的解是唯一的。

现在,让我们用格林公式来验证这些猜想的正确性。

3.2.1　格林公式

格林公式是场论中的一个重要公式,可以由散度定理导出。散度定理可以表示为

$$\int_V \nabla\cdot\boldsymbol{F}\mathrm{d}V=\oint_S\boldsymbol{F}\cdot\mathrm{d}\boldsymbol{S}\tag{3.1}$$

在上式中,令 $\boldsymbol{F}=\varphi\nabla\psi$,则

$$\nabla\cdot\boldsymbol{F}=\nabla\cdot(\varphi\nabla\psi)=\varphi\nabla^2\psi+\nabla\varphi\cdot\nabla\psi\tag{3.2}$$

$$\int_V\nabla\cdot\boldsymbol{F}\mathrm{d}V=\int_V(\varphi\nabla^2\psi+\nabla\varphi\cdot\nabla\psi)\mathrm{d}V=$$

$$\oint_S(\varphi\nabla\psi)\cdot\mathrm{d}\boldsymbol{S}=\oint_S\varphi\frac{\partial\psi}{\partial n}\mathrm{d}S$$

即
$$\int_V(\varphi\nabla^2\psi+\nabla\varphi\cdot\nabla\psi)\mathrm{d}V=\oint_S\varphi\frac{\partial\psi}{\partial n}\mathrm{d}S\tag{3.3}$$

式(3.3)是**格林第一恒等式**。n 是面元的正法向,即闭合面的外法向。

将式(3.2)中的 φ 和 ψ 交换,可得

$$\int_V(\psi\nabla^2\varphi+\nabla\psi\cdot\nabla\varphi)\mathrm{d}V=\oint_S\psi\frac{\partial\varphi}{\partial n}\mathrm{d}S\tag{3.4}$$

式(3.3)和式(3.4)相减,可得

$$\int_V(\varphi\nabla^2\psi-\psi\nabla^2\varphi)\mathrm{d}V=\oint_S\left(\varphi\frac{\partial\psi}{\partial n}-\psi\frac{\partial\varphi}{\partial n}\right)\mathrm{d}S\tag{3.5}$$

式(3.5)称为**格林第二恒等式**。

3.2.2 唯一性定理

唯一性定理　静电场第一、二、三类边值问题的解是唯一的。

反证法　假如存在两个满足相同边界条件的不同解 φ_1 和 φ_2,则令

$$U = \varphi_1 - \varphi_2$$

于是在场域 V 内,U 满足拉普拉斯方程

$$\nabla^2 U = 0$$

在边界 S 上,要么 $U \equiv 0$(对于第一类边值问题),要么 $\frac{\partial U}{\partial n} \equiv 0$(对于第二类边值问题)。令格林第一恒等式(3.3)中的 $\varphi = \psi = U$,即

$$\int_V (U\nabla^2 U + \nabla U \cdot \nabla U)\mathrm{d}V = \oint_S U\frac{\partial U}{\partial n}\mathrm{d}S$$

因为 $\nabla^2 U = 0$,并且 U(或 U 的法向导数)沿 S 处处等于0,故上式简化为

$$\int_V |\nabla U|^2 \mathrm{d}V = 0$$

这意味着 U 的梯度等于0,因此在场域 S 内,U = 常数。对于第一类边值问题,因 $U(S)=0$,且电位不可跃变,故在场域 V 内,$U=0$,从而 $\varphi_1 = \varphi_2$。这就证明了:对于第一类边值问题,电位 φ 的解确实是唯一的。

对于第二类边值型问题,U 未必是0,可以是任一常数,但对于电场强度和电位移矢量来说,解仍然是唯一的。

请读者自行证明:对于第三类边值问题,场解也是唯一的。

应当指出,在边界 S 上既要任意地给定电位 $\varphi(S)$ 值,又要任意地给定 $\varphi(S)$ 的法向导数的值行不行呢?不行,这是因为,根据电位在边界 S 的 $\varphi(S)$ 值,存在唯一的 $\varphi_1 \in V$ 解;根据电位在边界 S 上的法向导数 $\frac{\partial \varphi}{\partial n}$,存在另一个唯一解 $\varphi_2 \in V$,解 φ_1 和 φ_2 一般是不一致的。例如,孤立的带电导体体球的电位 φ 给定以后,电位 φ 的法向导数以及球面上的面电荷密度 ρ_s 也就定了,反之亦然。由此可见,对于边界条件的过度规定反倒是错误的。换言之,第一、二、三类边值问题是适定的,因为它们对边界条件提出的要求既是充分的也是必要的。

唯一性定理对某些求解边值问题的方法特别重要。有时可以通过猜测来确定问题的解,只要此解满足拉普拉斯方程以及边界条件,由唯一性定理可知,这个解就是所求的唯一解。

3.3 静态场问题的解析解法

3.3.1 镜像法

无界空间的任意电荷分布产生的电位可以利用式(2.34)求得。然而在现实世界中,无界空间难觅,边界随处可见。例如,带电的雷雨云的下方有大地(可视为良导体)作为

它的边界;水平架设的双导线传输线的大地也是它的边界;电子加速器的球形电极附近存在另一个电极,互为边界;高压输电线的铁塔以及大地都是其边界;电子线路的每个元件都以机壳为边界,有时屏蔽罩成为其边界等。即使是在太空,也仍受到飞行器金属外壳的影响。这些边界对于求解电磁场问题有着很大的影响。因此,研究有界空间的电磁场问题具有现实意义。

镜像法是解静电边值问题的一种特殊方法,它可以有效地处理有界空间静电场或恒定磁场问题,是应用唯一性定理的典型范例。同时,镜像法不仅自身有一定的实用价值,而且提供了一种寻找柏林函数的方法,这就为近一步学习格林函数法做了必要的准备。

1. 平面镜像法

从一个简单的问题入手,求置于无限大接地平面导体上方,距导体面为 h 处的点电荷 $+q$ 的电位 $\varphi(z>0)$。

假设 $+q$ 位于直角坐标 $(0,0,+h)$,$z=0$ 为无限大接地平面导体。由于点电荷 $+q$ 的存在,可以在无限大导体平面上产生感应电荷,根据能量守恒定理,感应电荷的总电量为 $-q$。所以,可以认为上半空间 $(z>0)$ 中的电位是两部分电位之和,即 $\varphi=\varphi_q+\varphi_S$,其中 φ_q、φ_S 分别为点电荷和导体面上的感应电荷产生的电位。φ_q 可以利用式(2.38)求解,如果知道感应电荷的分布情况,φ_S 可以利用公式(2.34)求得。以上这个问题就转变成了分布型问题。但在实际中,感应电荷如图3.1(a)所示,在中间密度大,两边密度越小,整体分布不均匀。我们很难准确地知道感应电荷的分布情况,就没有办法利用解决分布型问题的方法来解决该问题。

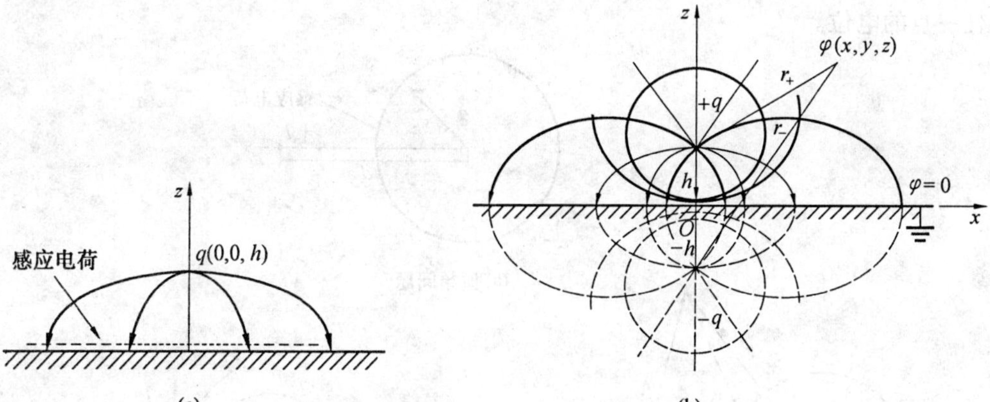

(a)　　　　(b)

图3.1　无限大导体平面上点电荷的镜像

但我们知道,在上半空间仅有点电荷 $+q$,电位 φ 应满足泊松方程。导体表面由所有电荷(包括感应电荷和点电荷 $+q$)产生的总电位为零,且在无穷远处,总电位趋于零。即

当 $z>0$ 时,$\nabla^2\varphi=-\dfrac{p}{\varepsilon}$;

当 $z=0$ 时,$\varphi=0$;

当 $z\to+\infty$、$|x|\to+\infty$、$|y|\to+\infty$ 时,$\varphi\to0$。

以上三个条件,为该问题的边界条件。实际上,该问题就转化成边值问题的求解。

我们考虑图 3.1(b) 所示的电荷分布,容易求得这一组电荷分布的电位为

$$\varphi' = \frac{1}{4\pi\varepsilon}\left(\frac{q}{r_+} - \frac{q}{r_-}\right) \tag{3.6}$$

式中,$r_+ = [x^2 + y^2 + (z-h)^2]^{1/2}$;$r_- = [x^2 + y^2 + (z+h)^2]^{1/2}$。

容易验证,式(3.6) 中 φ' 满足上述三个边界条件。根据唯一性定理,有理由认为 φ' 就是上述边值问题的解。由此可见,**无限大接地导电平面上方 h 处的点电荷 $+q$ 的电位分布等于将该平面撤去但在点电荷 $+q$ 的镜像位置放上镜像电荷 $-q$ 后的电位分布,当然这种等效仅限于真实电荷 $+q$ 所在的那半个空间。**

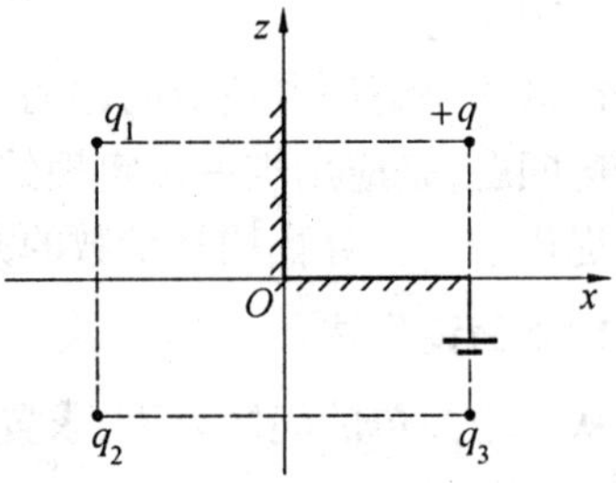

图 3.2　90° 的角形区域镜像

如果一无限大导电平面折成 90° 的角形区域,如图 3.2 所示。显然,为了保证在 0° 和 90° 两段边界上的电位为 0,除了真实电荷 $+q$ 外,需引入 3 个镜像电荷 q_1、q_2、q_3,其中,$q_1 = -q$,$q_2 = +q$,$q_3 = -q$。

请读者自行研究60°或45°角形区域情况下的镜像法,需引进几个镜像电荷?镜像电荷的电量多大?镜像电荷的位置如何?

2. 球面镜像法

如图 3.3(a) 所示,一个半径为 a 的接地导体球,一点电荷 $+q$ 位于距球心 d 处,求球外任一点的电位。

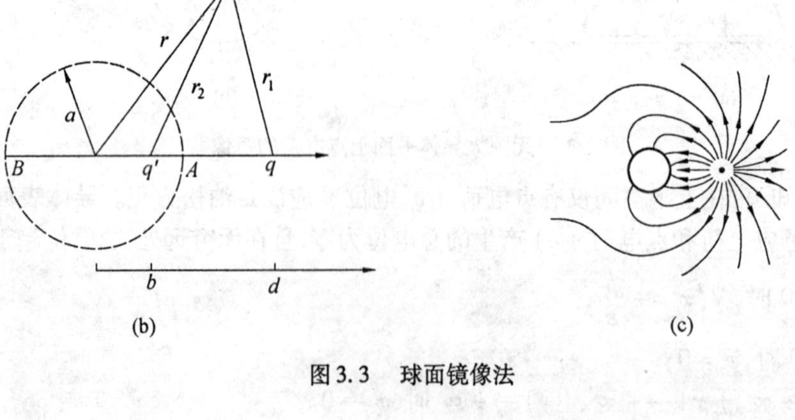

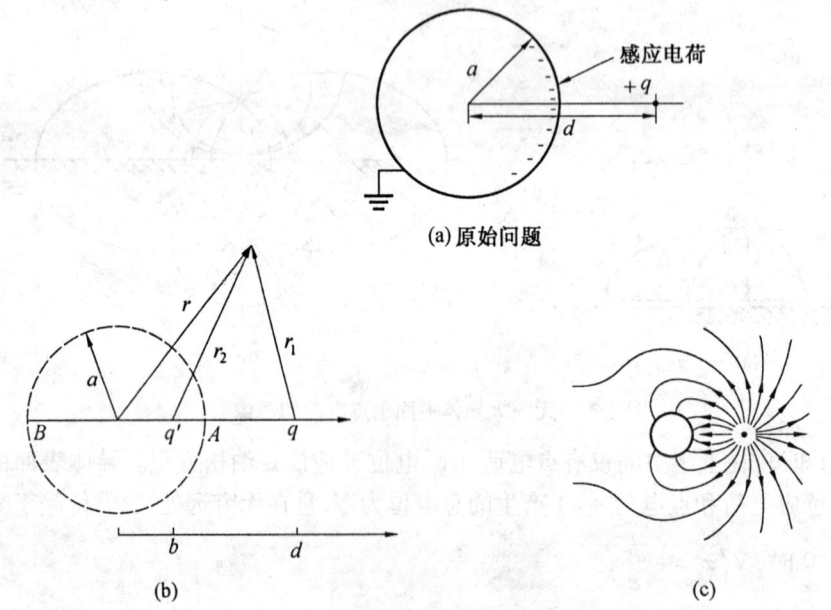

图 3.3　球面镜像法

由于导体球接地，导体球表面是等位面，且电位为零。同时，在导体球表面会感应出不均匀分布的感应电荷，其分布不确定。该问题产生的电场矢量线如图3.3(c)所示。

我们先试探用一个镜像电荷 q' 等效球面上的感应面电荷在球外产生的电位和电场。从对称性考虑，镜像电荷 q' 应置于球心与电荷 $+q$ 的连线上，设 q' 离球心距离为 $b(b < a)$，这样球外任一点的电位是由电荷 $+q$ 与镜像电荷 q' 产生电位的叠加，即

$$\varphi = \frac{q}{4\pi\varepsilon r_1} + \frac{q'}{4\pi\varepsilon r_2} \tag{3.7}$$

考虑导体球上的两个特殊的点 A 和 B，如图3.3(b)所示，这两个点的电位为零。

当球外任一点为 A 点时，$r_1 = d - a, r_2 = a - b$，式(3.7)可简化为

$$\frac{q}{d-a} + \frac{q'}{a-b} = 0 \tag{3.8}$$

当球外任一点为 B 点时，$r_1 = d + a, r_2 = a + b$，式(3.7)可简化为

$$\frac{q}{d+a} + \frac{q'}{a+b} = 0 \tag{3.9}$$

这样由式(3.8)、(3.9)联立方程组，解之得

$$q' = -\frac{a}{d}q \qquad b = \frac{a^2}{d} \tag{3.10}$$

可以验证，当取这样的镜像点电荷时，对球面上的任一点，式(3.7)始终满足电位为零。**也就是说，可以用式(3.10)确定镜像点电荷的大小和位置代替导体球面上的感应面电荷。与平面镜像法相比，镜像电荷仍然与原电荷反号，但数值不等。**

如果导体球不接地且不带电，可用镜像法和叠加原理求球外的电位。此时球面是等位面，且导体球上的总感应电荷为零。应使用两个等效电荷，一个是 q'，其位置和大小由式(3.10)确定，另一个是 q''，$q'' = -q'$，q'' 位于球心。

如果导体球不接地，且带电荷 Q，即 q' 位置和大小同上，q'' 的位置也在原点，但 $q'' = Q - q'$，即 $q'' = Q + \frac{a}{d}q$。

例3.1　真空中一点电荷 $q = 10^{-6}$ C，放在半径为 $a = 5$ cm 的不接地导体球壳外，距球心为 $d = 15$ cm，如图3.4所示，求球面上的电场强度何处最大，其数值为多少？

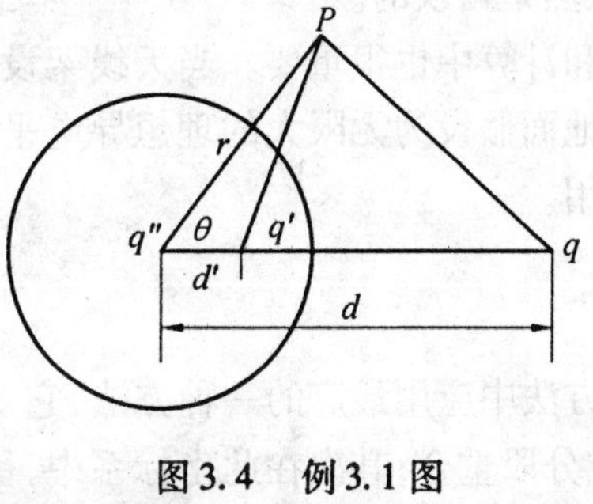

图3.4　例3.1图

解　球壳不接地时，有两个镜像电荷

$q' = -\frac{a}{d}q$，位于 $r = d' = \frac{a^2}{d}$

$q''=\frac{a}{d}q$，位于 $r=0$ 处

则球外任一点的电位为

$$\varphi=\frac{q}{4\pi\varepsilon_0}\left\{\frac{1}{[r^2+d^2-2rd\cos\theta]^{\frac{1}{2}}}-\frac{a}{d}\frac{1}{[r^2+(a^2/d)^2-2r(a^2/d)\cos\theta]^{\frac{1}{2}}}+\frac{a}{dr}\right\}$$

因导体面上的电场与表面垂直，只有 $\boldsymbol{e}_r$ 分量，所以

$$\boldsymbol{E}\big|_{r=a}=-\nabla\varphi\big|_{r=a}=-\boldsymbol{e}_r\frac{\partial\varphi}{\partial r}\bigg|_{r=a}=\boldsymbol{e}_r\frac{q}{4\pi\varepsilon_0 a}\left[\frac{1}{d}-\frac{d^2-a^2}{(a^2+d^2-2ad\cos\theta)^{\frac{3}{2}}}\right]$$

由
$$\frac{\partial E}{\partial\theta}=\frac{3q(d^2-a^2)}{4\pi\varepsilon_0 a}\frac{ad\sin\theta}{(a^2+d^2-2ad\cos\theta)^{\frac{5}{2}}}$$

可知，球面上 $\theta=0$ 或 $\theta=\pi$ 处电场强度最大。

由于 $\theta=0$ 时

$$|\boldsymbol{E}|/(\mathrm{V\cdot m^{-1}})=\frac{q}{4\pi\varepsilon_0 a}\left|\frac{1}{d}-\frac{d+a}{(d-a)^2}\right|=2.4\times10^6$$

$\theta=\pi$ 时

$$|\boldsymbol{E}|/(\mathrm{V\cdot m^{-1}})=\frac{q}{4\pi\varepsilon_0 a}\left|\frac{1}{d}-\frac{d-a}{(d+a)^2}\right|=0.75\times10^6$$

故球面上
$$|\boldsymbol{E}|_{\max}/(\mathrm{V\cdot m^{-1}})=2.4\times10^6$$

3. 镜像法小结

镜像法是用假想的镜像电荷代替导体上感应的电荷。镜像法的关键是确定镜像电荷的个数以及它们的极性、电量和位置。在前面的讨论中，镜像电荷好像全靠凭空猜想，其实是有规律可循的。首先，镜像电荷不能放在要计算电位的区域；其次，电位函数必须满足给定的边界条件。有了这两条，根据唯一性定理，所得到的电位函数才是唯一正确的。

镜像电荷放在要计算电位的区域之所以错误，是因为这样做破坏了泛定方程（没有加入边界条件的方程）。因为泊松方程的右端原本是描述场域中的电荷分布，在场域中每引进一个点电荷，泊松方程的右端就增加一个 δ 函数项。一但泛定方程被改变，哪怕边界条件满足得再好，所得解依然是错误的。

镜像概念在天线的理论和计算中也很重要。当天线架设得比较低时，必须考虑地面对天线参数的影响。通常把地面假设为无限大的理想导电平面，于是地面对天线的影响可等效为某种镜像天线的作用。

3.3.2 分离变量法

分离变量法是数学物理方法中应用最广的一种方法，它要求所给的边界与一个适当的坐标系的坐标面相重合，或分段重合；其次在此坐标系中，待求偏微分方程的解可表示成三个函数的乘积，每一函数仅是一个坐标的函数。这样，通过分离变量法就可以把偏微分方程化为常微分方程进行求解。为了研究方便，本书仅对直角坐标系中的分离变量法进行讲解，对圆柱坐标系、球坐标系中的分离变量法感兴趣的同学可以查阅相关资料。

1. 一维问题

若场量或电位与坐标 y,z 无关，仅是坐标 x 的函数。

拉普拉斯方程 $\nabla^2\varphi=0$ 为

$$\frac{d^2\varphi}{dx^2}=0$$

其解为

$$\varphi=C_1x+C_2$$

泊松方程 $\nabla^2\varphi=-\frac{\rho}{\varepsilon}$ 为

$$\frac{d^2\varphi}{dx^2}=-\frac{\rho}{\varepsilon}$$

其解为

$$\varphi=-\frac{\rho}{2\varepsilon}x^2+C_1x+C_2$$

其中，C_1 和 C_2 为任意常数，由边界条件确定。

例 3.2　已知无限大平板电容器中的电荷体密度 $\rho=kx^2$，k 为常数，填充介质的介电常数为 ε，上板的电位为 V_0，下板接地，板间距离为 d，如图3.5所示。试通过解泊松方程求板间的电位分布函数。

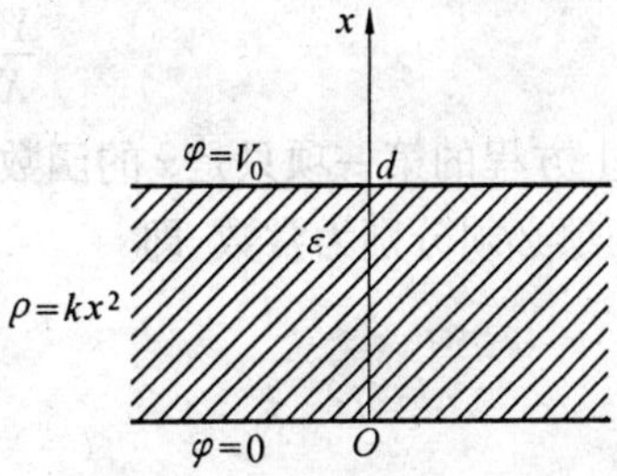

图3.5　例3.2图

解　电位 φ 仅是 x 的函数，满足的微分方程为

$$\frac{d^2\varphi}{dx^2}=-\frac{kx^2}{\varepsilon}\quad(0<x<d)$$

于是解出

$$\varphi(x)=-\frac{k}{12\varepsilon}x^4+C_1x+C_2$$

φ 所满足的边界条件为

$$\varphi(0)=0,\varphi(d)=V_0$$

于是有

$$C_2=0,C_1=\frac{kd^3}{12\varepsilon}+\frac{V_0}{d}$$

因此得到

$$\varphi(x)=-\frac{k}{12\varepsilon}x^4+\left(\frac{V_0}{d}+\frac{kd^3}{12\varepsilon}\right)x$$

2. 二维问题

我们常遇到平行平面场，即场量或电位只随平面上的两个坐标（例如 x,y）变化，而不是第3个坐标（例如 z）的函数。研究这类二维场，既有重要的理论意义，又有一定的实际

意义。通过用分离变量法解剖二维问题，一方面此种方法的细节都涉及了，另一方面又避免了公式过于繁冗。因此通过二维拉普拉斯方程切入正题最为合适。由二维到三维，仅是个量变，不存在实质性的困难。

如图3.6所示的二维直角坐标系，在$a\times b$区域内的φ满足拉普拉斯方程，即

$$\nabla^2\varphi=\frac{\partial^2\varphi}{\partial x^2}+\frac{\partial^2\varphi}{\partial y^2}=0 \tag{3.11}$$

设φ可以表示成两个函数的乘积，即

$$\varphi(x,y)=X(x)Y(y) \tag{3.12}$$

其中，X是x的函数，Y是y的函数。将式(3.12)代入到式(3.11)中，得

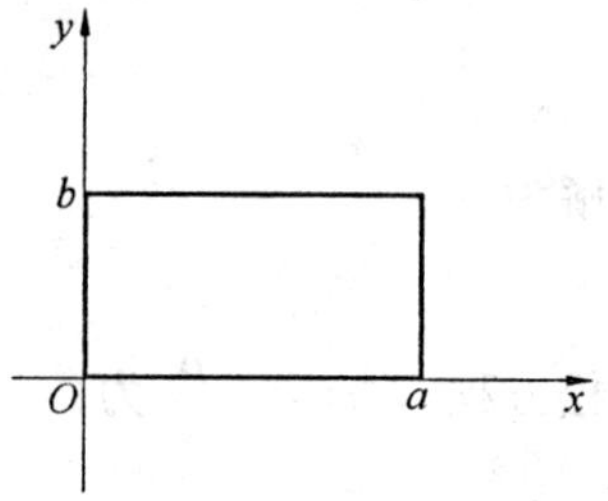

图3.6 二维直角坐标系

$$Y(y)\frac{d^2X(x)}{dx^2}+X(x)\frac{d^2Y(y)}{dy^2}=0 \tag{3.13}$$

由于$X(x)Y(y)\neq 0$（如果$X(x)Y(y)=0$，在求解区域内$\varphi=0$，这样就没有求解的必要了），式(3.13)两边同时除以$X(x)Y(y)$，得

$$\frac{X''(x)}{X(x)}+\frac{Y''(y)}{Y(y)}=0 \tag{3.14}$$

以上方程的第一项只是x的函数，第二项只是y的函数。要使方程对任一组(x,y)成立，这两项必须分别为常数，即

$$\frac{X''(x)}{X(x)}=\alpha^2 \tag{3.15}$$

$$\frac{Y''(y)}{Y(y)}=\beta^2 \tag{3.16}$$

求出$X(x)$和$Y(y)$后代入式(3.12)可以求出$\varphi(x,y)$，其中，α、β是分离常数，都是待定常数，由边界条件确定。它们可以是实数，也可以是虚数，且由方程(3.14)可知

$$\alpha^2+\beta^2=0 \tag{3.17}$$

这样就可以将求解式(3.11)偏微分方程转化成分别求解式(3.15)和式(3.16)常微分方程。

例3.3 求一对接地的半无限平行极板（端部盖有一条电势为V_0的极板）之间的电势。

解 图3.7画出了一对接地的、半无限的、平行的极板，相隔距离为b，在$x=0$处的电极保持着电势V_0。问题是要求出两块板之间任何一点上电势φ。

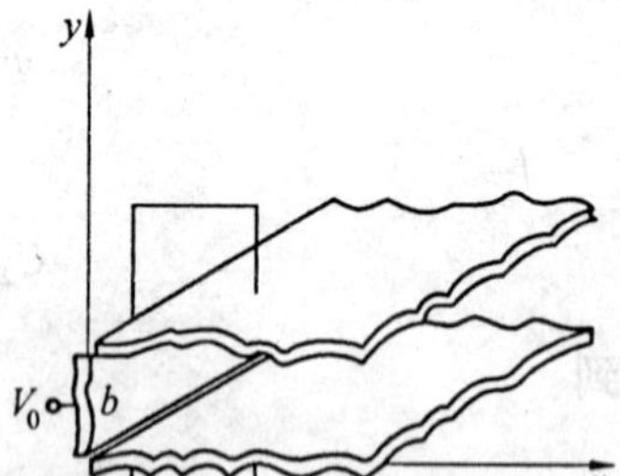

图3.7 半无限平行极板

电势φ必须满足以下边界条件。

①$y=0,\varphi=0$；

②$y=b,\varphi=0$；

③$x=0,\varphi=V_0$；

④$x\to+\infty,\varphi\to0$。

根据给定条件，电势的变化不依赖于z，因而这是一个典型的二维边值问题。现在要解两个微分方程

$$X''(x)-\alpha^2X(x)=0 \tag{3.18}$$

$$Y''(y)+\alpha^2Y(y)=0 \tag{3.19}$$

在分离变量时用α^2和β^2常数，而不是α和β，是为了避免在解题过程中出现根号。

利用数学知识，求解式(3.19)即

$$Y(y)=A\sin\alpha y+B\cos\alpha y \tag{3.20}$$

其中，A和B是任意常数。根据边界条件①和②，为了在$y=0$有$\varphi=0$，必须使$B=0$；为了在$y=b$有$\varphi=0$，必须使

$$\alpha b=n\pi\quad(n=1,2,3\cdots)$$

即

$$\alpha=\frac{n\pi}{b}\quad(n=1,2,3\cdots)$$

因此

$$Y(y)=A\sin\frac{n\pi y}{b}\quad(n=1,2,3\cdots) \tag{3.21}$$

式(3.18)简化为

$$X''(x)-\left(\frac{n\pi}{b}\right)^2X(x)=0 \tag{3.22}$$

解得

$$X(x)=Ce^{\frac{n\pi x}{b}}+De^{\frac{-n\pi x}{b}} \tag{3.23}$$

其中，C和D是任意常数。

根据边界条件④，为了$x\to+\infty$有$\varphi\to0$，要求$C=0$，得

$$X(x)=De^{\frac{-n\pi x}{b}}\quad(n=1,2,3\cdots) \tag{3.24}$$

由式(3.21)和式(3.24)得

$$\varphi(x,y)=X(x)Y(y)=E\sin\frac{n\pi y}{b}e^{\frac{-n\pi x}{b}}\quad(n=1,2,3\cdots) \tag{3.25}$$

其中，$E=AD$是任意常数。

然而式(3.25)并不满足边界条件③，于是我们把这些解写成无穷级数的形式，即

$$\varphi(x,y)=\sum_{n=1}^{+\infty}E_n\sin\frac{n\pi y}{b}e^{\frac{-n\pi x}{b}} \tag{3.26}$$

这时可以利用边界条件③来确定E_n，即

$$\varphi(0,y)=V_0=\sum_{n=1}^{+\infty}E_n\sin\frac{n\pi y}{b} \tag{3.27}$$

右端的表达式为傅里叶级数形式。可以证明，如果把余弦项的级数也包括在内，就构成一个完全的函数族。它的意思是，任意一个边界条件都能被傅里叶无穷级数所满足。

在$x=0$处，级数1项、3项、10项和100项所获得的近似程度如图3.8所示。

将式(3.27)左边V_0在$[0,b]$上按$\left\{\sin\frac{n\pi y}{b}\right\}$展开为傅里叶级数的形式，即

$$V_0 = \sum_{n=1}^{+\infty} f_n \sin\frac{n\pi y}{b}$$

$$f_n = \frac{2}{b}\int_0^b V_0 \sin\frac{n\pi y}{b}\mathrm{d}y = \frac{2V_0}{n\pi}(1-\cos n\pi) = \begin{cases} \dfrac{4V_0}{n\pi} & (n\text{ 为奇数}) \\ 0 & (n\text{ 为偶数}) \end{cases}$$

此时，$E_n = f_n$，从而得到区域内任意点的 φ

$$\varphi(x,y) = \frac{4V_0}{\pi}\sum_{n=0}^{+\infty}\frac{1}{2n+1}\sin\frac{(2n+1)\pi y}{b}\mathrm{e}^{\frac{-(2n+1)\pi x}{b}}$$

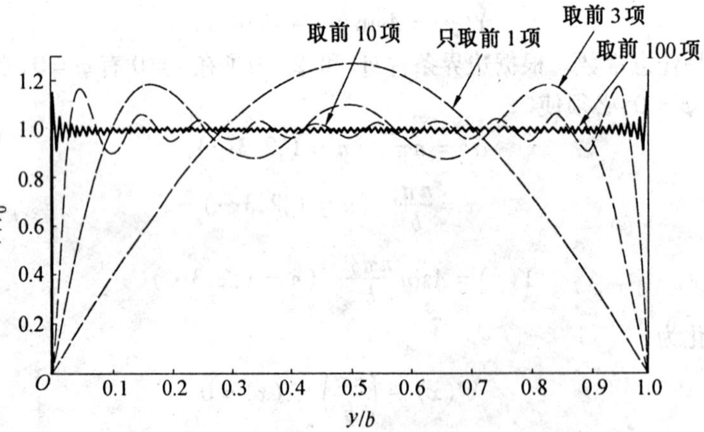

图 3.8　用一个傅里叶级数来逼近边界条件

图 3.9 为例 3.3 模型的等势面。

在用分离变量法求解静态场的边值问题时，常需要根据边界条件来确定分离常数是实数、虚数或零。若在某一个方向（如 x 方向）的边界条件是周期的，则该坐标的分离常数必是实数，其解要选三角函数；若在某一个方向的边界条件是非周期的，则该方向的解要选双曲函数或者指数函数，在有限区域选双曲函数，无限区域选指数衰减函数；若位函数与某一坐标无关，则沿该方向的分离常数为零，其解为常数。

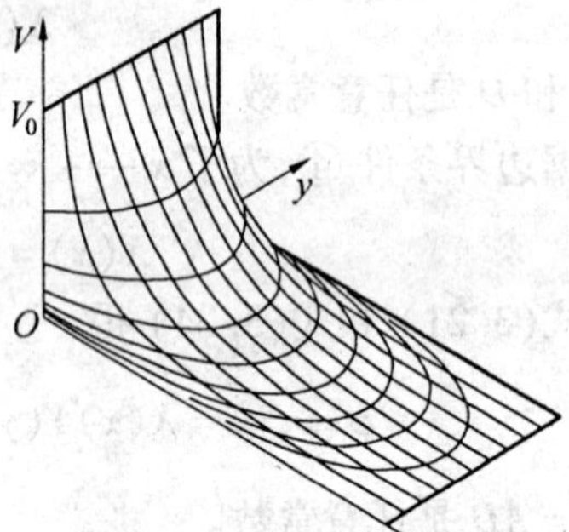

图 3.9　例 3.3 模型的等势面

3.4　基于 MATLAB 的静态场问题的数值解法

从本节开始，介绍计算机在静态电磁场问题中的应用，按照由易到难、循序渐进的原则介绍几种常用的数值方法。因为分布型问题比边值型问题简单，所以我们从静态场的分布型问题入手介绍数值方法，然后，过渡到边值问题的数值解法。由于 MATLAB 语言具有操作简单、功能强大的特性，本节所有数值算法都是利用该语言实现。

3.4.1　分布型问题的数值解法

1. 沿直线积分问题

用计算机进行积分的方法固然很多,但为便于初学者接受,这里只介绍与积分学联系紧密的梯形法。

根据定积分的基本原理,函数 $f(x)$ 在区间 $[a,b]$ 上的积分是

$$\int_a^b f(x)\,\mathrm{d}x = \lim_{N\to+\infty}\sum_{n=1}^{N} f(x_n)\Delta x$$

式中,子区间宽度 $\Delta x = \dfrac{b-a}{N}$;采样点 $x_n = a + (n - \dfrac{1}{2})\Delta x$。

应当指出,上式是充分条件并非必要条件。若按原始定义:子区间宽度不必强求一律,只要子区间的最大宽度随着 $N\to+\infty$ 而趋于0;也不强求采样点在子区间的中点。然而,无穷多项求和只存在于理论思维之中。因此数值积分时,被迫放弃 $N\to+\infty$ 的极限条件。一元函数的数值积分方案如下:

$$\int_a^b f(x)\,\mathrm{d}x \approx \Delta x \cdot \sum_{n=1}^{N} f\left[a + (n - \frac{1}{2})\Delta x\right]$$

例 3.4　长为 $2h$ 的细线均匀带电,线电荷密度为 ρ_l(C/m)。求空气中电场强度的大小与方向。

解　将细线定位在直角坐标 $(0,0,-h)$ 至 $(0,0,h)$ 之间,如图 3.10 所示。空间中场强解析解如下式所示

$$\boldsymbol{E}(x,y,z) = \frac{\rho_l}{4\pi\varepsilon_0}\int_{-h}^{h}\frac{x\boldsymbol{e}_x + y\boldsymbol{e}_y + (z-z')\boldsymbol{e}_z}{[x^2 + y^2 + (z-z')^2]^{\frac{3}{2}}}\mathrm{d}z'$$

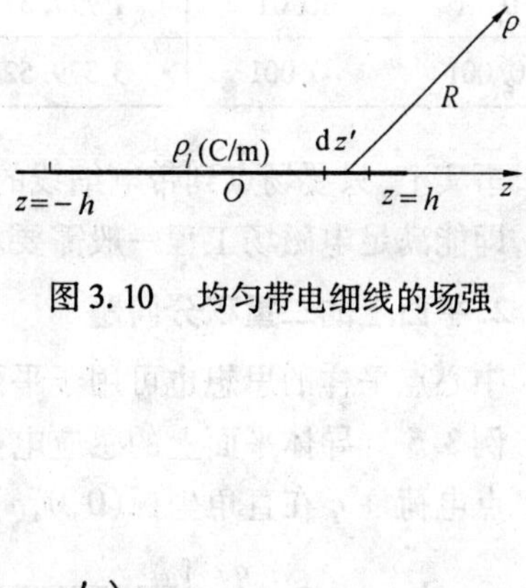

图 3.10　均匀带电细线的场强

在柱坐标系下为

$$\boldsymbol{E}(\rho,z) = \frac{\rho_l}{4\pi\varepsilon_0}\int_{-h}^{h}\frac{\rho\boldsymbol{e}_\rho + (z-z')\boldsymbol{e}_z}{[\rho^2 + (z-z')^2]^{\frac{3}{2}}}\mathrm{d}z' \tag{3.28}$$

按照式(3.28)可以得到数值解

$$\boldsymbol{E}(\rho,z) \approx \frac{\rho_l\Delta z}{4\pi\varepsilon_0}\sum_{n=1}^{N}\frac{\rho\boldsymbol{e}_\rho + (z-z'_n)\boldsymbol{e}_z}{[\rho^2 + (z-z'_n)^2]^{\frac{3}{2}}} \tag{3.29}$$

式中,$\Delta z' = \dfrac{2h}{N}$;$z'_n = -h + (n - \dfrac{1}{2})\Delta z'$。

为了校验数值积分的精度,我们给出式(3.28)的解析解。

① 当 $\rho > 0$ 时

$$\boldsymbol{E} = \frac{\rho_l}{4\pi\varepsilon_0\rho}\{\boldsymbol{e}_\rho(\cos\alpha - \cos\beta) + \boldsymbol{e}_z(\sin\beta - \sin\alpha)\} \tag{3.30a}$$

式中,$\alpha = \arctan\dfrac{\rho}{z+h}$,$\beta = \arctan\dfrac{\rho}{z-h}$($\alpha,\beta$ 在第 Ⅰ、Ⅱ 象限)。

② 当$\rho=0$时

$$E=\frac{\rho_l}{4\pi\varepsilon_0}e_z\frac{2h}{z^2-h^2} \tag{3.30b}$$

根据式(3.29) 和式(3.30) 编写程序见附录 Ⅲ。

请读者调试和运行程序,下面给出部分运行结果(设$\rho_l=10^{-9}$ C/m,$2h=1$ m,$N=100$)。

场点的柱坐标 $\rho(m)$	$z(m)$	$\|E\|$的数值解 $(V\cdot m^{-1})$	$\|E\|$的严格解 $(V\cdot m^{-1})$	误差/%
10	10	0.045 014 04	0.045 014 04	0
10	1	0.089 002 10	0.089 002 09	1E-06
1	10	0.089 326 70	0.089 326 72	2E-06
10	0.1	0.089 878 78	0.089 878 77	1E-06
0.1	10	0.090 216 46	0.090 216 49	3E-06
1	1	4.620 017	4.620 023	6E-04
1	0.1	7.998 595	7.998 532	6.3E-03
0.1	1	11.765 54	11.766 07	0.053
0.1	0.1	176.229 1	176.228 6	0.05
0.01	0.01	1 777.371 806 88	1 799.639 820 08	2 226.8
0.001	0.001	3 379.521 337 87	17 999.963 999 82	14 620 400

事实上,只要场点到带电细线的距离大于等于3个子区间宽度,数值解的误差就小于1%,即能满足电磁场工程一般需要。

2. 平面上的二重积分问题

中心点采样的思想也可用于平面域上的二重积分。

例 3.5 导体平面上的感应电荷与静电力。

点电荷$+q$在直角坐标$(0,0,h)$,电壁位于$z=0$。根据式(3.6),上半空间电位是

$$\varphi=\frac{q}{4\pi\varepsilon_0}\left\{\frac{1}{[x^2+y^2+(z-h)^2]^{\frac{1}{2}}}-\frac{1}{[x^2+y^2+(z+h)^2]^{\frac{1}{2}}}\right\}$$

求:(1) 电壁上的感应电荷密度ρ_S;

(2) 验证面感应电荷总量为$-q$;

(3) 计算电壁对电荷q的静电力。

解 (1) 推导电壁上的感应电荷密度

$$\rho_S=-\varepsilon_0\left.\frac{\partial\varphi}{\partial z}\right|_{z=0}=\frac{-q}{4\pi}\frac{2h}{(x^2+y^2+h^2)^{\frac{3}{2}}}=\frac{-q}{2\pi}\frac{h}{(\rho^2+h^2)^{\frac{3}{2}}} \tag{3.31}$$

(2) 验证面感应电荷总量

① 解析法。

$$q' = \int \rho_S \mathrm{d}S = -\frac{qh}{2\pi}\int_{-\pi}^{\pi}\mathrm{d}\varphi\int_0^{+\infty}\frac{\rho\mathrm{d}\rho}{(\rho^2+h^2)^{\frac{3}{2}}} =$$

$$qh\int_0^{+\infty}\frac{-\rho\mathrm{d}\rho}{(\rho^2+h^2)^{\frac{3}{2}}} = qh\frac{1}{(\rho^2+h^2)^{\frac{1}{2}}}\Bigg|_{\rho=0}^{+\infty} = -q \tag{3.32}$$

② 数值法。以原点为中心，将电壁划分为 N 个宽度相等的环，每个环再等分成 M 个扇形。至于 N 个环以外的区域，因离原点甚远，对 q' 的贡献可忽略。

设每个环的宽度是 $\Delta\rho$，每个扇形的圆心角是 $\Delta\varphi$，第 n 道环平均半径 $\rho_n=(n-0.5)\Delta\rho$，该环上每个扇形的面积 $\Delta S=\rho_n\Delta\rho\Delta\varphi$。任一道环的第 m 个扇形中点的 φ 坐标是 $(m-0.5)\Delta\varphi$。二元函数在圆环上的积分方案为

$$\int f(\rho,\varphi)\mathrm{d}S \approx \Delta\rho\Delta\varphi\sum_{n=1}^{N}\sum_{m=1}^{M}f(\rho_n,\varphi_m)\rho_n \tag{3.33}$$

其中，$\Delta\varphi=2\pi/M$，$\rho_n=(n-0.5)\Delta\rho$，$\varphi_m=(m-0.5)\Delta\varphi$。

(3) 计算电壁对电荷 q 的静电力

在镜像法一节指出，静电力等于镜像电荷对真电荷的库仑力，即

$$F_z = \frac{1}{4\pi\varepsilon_0}\frac{-q^2}{(2h)^2}\quad(\text{试图把电荷 } q \text{ 拉向电壁}) \tag{3.34}$$

现在让我们用数值积分验证这个结论。首先写出力元在 z 方向的投影

$$\mathrm{d}F_z = \frac{q}{4\pi\varepsilon_0}\frac{\rho_S\mathrm{d}S}{\rho^2+h^2}\frac{h}{(\rho^2+h^2)^{\frac{1}{2}}}$$

对上式作面积分，并将式(3.31)代入，得

$$F_z = \frac{-(qh)^2}{8\pi^2\varepsilon_0}\int\frac{\mathrm{d}S}{(\rho^2+h^2)^3} \tag{3.35}$$

(4) 编程验证

因严格解已知，故只需进行验证性的编程。对比式(3.31)、(3.32)和式(3.34)、(3.35)，待验证的公式归纳如下：

$$S_1 = \frac{1}{2\pi}\int\frac{h}{(\rho^2+h^2)^{\frac{3}{2}}}\mathrm{d}S = 1$$

和

$$S_2 = \frac{2h^4}{\pi}\int\frac{\mathrm{d}S}{(\rho^2+h^2)^3} = 1$$

因参数 h 的值与长度单位有关，故不失一般，可取定值 $h=1$。为了考查积分精度，在下面的程序中，把 $\Delta\rho$、N 和 M 作为可调参数，利用式(3.33)编写 MATLAB 程序，见附录Ⅱ。

请读者调试和运行以上程序。给出本程序的部分运行结果(因 φ 方向无变化，故与 M 值无关)。

$\Delta\rho$	$N=100$		$N=1\,000$		$N=10\,000$		$N=100\,000$	
	S_1	S_2	S_1	S_2	S_1	S_2	S_1	S_2
1.0	1.045 9	1.234 4	1.054 9	1.234 4	1.055 8	1.234 4	1.055 9	1.234 4
0.1	0.900 9	1.001 6	0.990 4	1.001 7	0.999 4	1.001 7	1.000 3	1.001 7
0.01	0.292 9	0.750 0	0.900 5	0.999 9	0.990 0	1.000 0	0.999 0	1.000 0

从第一行数据看出：当 $\Delta\rho = 1$，靠增加 N 值并不能提高积分精度。

从第一列数据看出：当 $N = 100$，一味减少环宽 $\Delta\rho$ 精度也未必高。

考查误差小于 1% 的数据，发现：对于 S_1 式，要求 $\Delta\rho \leqslant 0.1$，并且 $N\Delta\rho \geqslant 100$；对于 S_2 式，要求 $\Delta\rho \leqslant 0.1$，并且 $N\Delta\rho \geqslant 10$。这是因为 S_2 式被积函数分母的幂次较高，因而收敛得比较快。另外当 $h \neq 1$ 时，应该要求 $\Delta\rho \leqslant 0.1h$，并且 $N\Delta\rho \geqslant 10h$ 或 $100h$。

当被积函数随 φ 坐标变化时，应慎重选择 M 值：太小了，误差大；太大了，速度慢，费时间。总之，N 值或 M 值的合理选据，一凭经验积累，二靠数字试验。

对于无穷积分，最好事先经过适当的变元代换化为有限域上的积分后再进行数值积分，能找到原函数的尽量不要用数值法。当然，以上两道例题是例外，其目的在于向读者介绍数值积分的方法和测试积分结果的精度。

3.4.2 边值型问题的数值解法

1. 有限差分法

无论对于一维场、二维场、三维场、瞬态场，也无论对于常微分方程、偏微分方程、高阶微分方程、非线性微分方程，都可用离散的、只含有限个未知数的差分方程，去代替连续变量的微分方程，从而可以求得实际电磁场边值问题的数值解。这种求解方法称为**有限差分法**，它是数值微分的经典算法，其基本思想是化（偏）导数为差商，化（偏）微分方程为线性代数方程组。所得到的线性方程组如何快、准、稳地求解，属于矩阵方程的算法问题，原则上与差分法无关。因此，本书所附程序凡涉及代数方程（组）求解的仅列出算法而不展开讨论。同时，由于二维场域的求解比较典型，本书主要以二维场域来进行讨论，起到抛砖引玉的作用。

数学上，微分是作为函数的增量与自变量的增量之比的极限，即

$$f'(x_0) = \lim_{\Delta x \to 0} \frac{f(x_0 + \Delta x) - f(x_0)}{\Delta x}$$

因而在找微分方程的近似解时，可用 $\dfrac{f(x_0 + \Delta x) - f(x_0)}{\Delta x}$ 来代表微商 $f'(x_0)$，即

$$f'(x_0) \approx \frac{f(x_0 + \Delta x) - f(x_0)}{\Delta x} \tag{3.36}$$

式(3.36) 的右边称为 $f(x)$ 在 $x = x_0$ 的一阶差分。

为了计算方便，考虑函数 $f(x)$ 在 $x = x_0$ 邻域上的泰勒展开：

$$f(x_0 + \Delta x) = f(x_0) + f'(x_0)\Delta x + \frac{1}{2}f''(x_0)\Delta x^2 + O^3$$

$$f(x_0 - \Delta x) = f(x_0) - f'(x_0)\Delta x + \frac{1}{2}f''(x_0)\Delta x^2 - O^3$$

式中，O^3 表示 3 阶以上的无穷小量。

以上二式相减、相加后简化得：

$$f'(x_0) \approx \frac{f(x_0 + \Delta x) - f(x_0 - \Delta x)}{2\Delta x} \tag{3.37a}$$

$$f''(x_0) \approx \frac{f(x_0+\Delta x)-2f(x_0)+f(x_0-\Delta x)}{(\Delta x)^2} \tag{3.37b}$$

式(3.37a) 的右边称为$f(x)$ 在 $x=x_0$ 的一阶中心差分。

式(3.37b) 的右边称为$f(x)$ 在 $x=x_0$ 的二阶中心差分。

同样,可以定义三阶差分等。将其推广到多元函数。如二元函数$f(x,y)$ 的两种常用偏导数的差分表达式(小标"0"已略去)为

$$\frac{\partial^2 f}{\partial x^2} \approx \frac{f(x+\Delta x,y)-2f(x,y)+f(x-\Delta x,y)}{(\Delta x)^2} \tag{3.38a}$$

$$\frac{\partial^2 f}{\partial y^2} \approx \frac{f(x,y+\Delta y)-2f(x,y)+f(x,y-\Delta y)}{(\Delta y)^2} \tag{3.38b}$$

可见,无论是一元函数还是多元函数都可以利用差分来代替微分。

(1) 二维拉普拉斯方程的有限差分形式

将式(3.38a) 和(3.38b) 相加,得到直角坐标下的拉普拉斯方程的有限差分形式

$$f(x,y) \approx \frac{1}{4}\{f(x+\Delta x,y)+f(x-\Delta x,y)+f(x,y+\Delta y)+f(x,y-\Delta y)\} \tag{3.39}$$

式(3.39) 的物理意义是:在无电荷分布的二维区域,任一点的电位 φ 等于与该点保持等距离的前后左右四邻的电位 $\varphi_n(n=1,2,3,4)$ 的算术平均值。

(2) 差分网格的划分

取步长 $\Delta x=\Delta y=\Delta$,则式(3.39) 简化得

$$f(x,y) \approx \frac{1}{4}\{f(x+\Delta,y)+f(x-\Delta,y)+f(x,y+\Delta)+f(x,y-\Delta)\} \tag{3.40}$$

上式具有简洁的特点,有利于程序实现。所以,在今后的计算中应尽量做到 y 方向的步长与 x 方向的步长相等。

设二维场域为 $a\times b$ 的矩形区域,以适当的步长 Δ 将 a 边分为 M 个等分。b 边划分为 N 个等分,并把它们连成如图 3.11 所示的网格状,总共形成 MN 个网格。横线竖线的交点称为节点。节点分成边界节点和内节点。对于第一类边值问题,边界节点上的电位是已知的;对于第二类边值问题,边界节点上电位的法向导数是已知的。内节点上的电位全都是待求的。显然,步长 Δ 越小,内节点越多越密,就越逼近拉普拉斯方程的真解,但线性方程组的阶数$(M-1)(N-1)$ 就越高。为了绘制出等电位线,还需要进行插值。

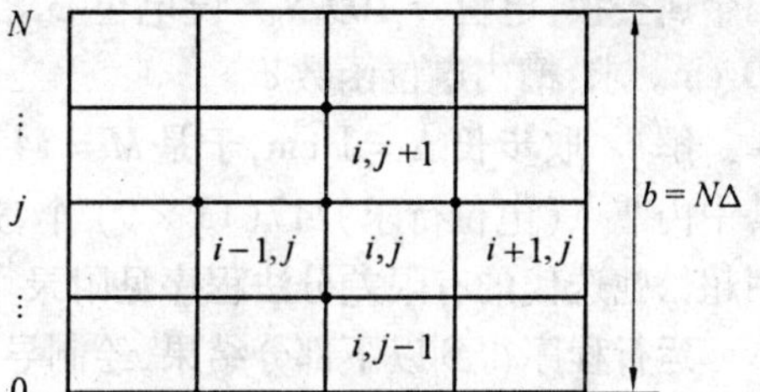

图 3.11　差分网格的划分

我们选择二维数组来表示内节点电位的数据结构。假定数组名为 U,用 $U(i,j)$ 存储第i行第j列节点的电位;同时,边界节点上的电位也是用U数组存储的。如果边界上的电位已知,则在解方程组之前对相应的数组元素赋初值,用上标 n 表示某点电位的第 n 次迭代。至此,拉普拉斯方程的差分格式(3.39) 改为

$$U^{n+1}(i,j)=[U^n(i+1,j)+U^n(i-1,j)+U^n(i,j+1)+U^n(i,j-1)]/4 \quad (3.41)$$

其中，i 和 j 的变化范围是：$0\leqslant i\leqslant M,\ 0\leqslant j\leqslant N$。在利用MATLAB语言进行编写程序时，要注意数组越界问题，实际调试中只要对 i 和 j 进行调整即可。

(3) 迭代方法

式(3.41)称为**简单迭代法**。对简单迭代法要进行改进，每当算出一个节点的高一次的近似值，就立即用它参与其他节点的差分方程迭代，这种迭代法称为**赛德尔(Seidel)迭代法**。赛德尔迭代法的表达式为

$$U^{n+1}(i,j)=[U^n(i+1,j)+U^{n+1}(i-1,j)+U^n(i,j+1)+U^{n+1}(i,j-1)]/4 \quad (3.42)$$

式(3.42)也称为异步迭代法。另外，将某点的新老电位值之差乘以因子 α 以后，再加到该点的老电位值上，作为这一点的新电位值。这种方法称**超松弛迭代法**，其表达式为

$$U^{n+1}(i,j)=U^n(i,j)+\frac{\alpha}{4}[U^n(i+1,j)+U^{n+1}(i-1,j)+U^n(i,j+1)+U^{n+1}(i,j-1)-4U^n(i,j)] \quad (3.43)$$

式中 α 称为松弛因子，其值介于1和2之间。当其值为1时，超松弛迭代法就蜕变为赛德尔迭代法。

因子 α 的选取一般只能依经验进行，但是对矩形区域，当 M、N 都很大时，可以由如下公式计算最佳收敛因子 α_0

$$\alpha_0=2-\pi\sqrt{\frac{2}{M^2}+\frac{2}{N^2}} \quad (3.44)$$

其中，M、N 分别是沿 x,y 两个方向的内节点数。

(4) 应用举例及计算程序

例3.6 如图3.12所示，尺寸为 $a\times b$ 的接地导体槽的上方是一块密实的但与之绝缘的金属盖板，电位 = 100 V。设电位 φ 沿纵深方向 z 无变化，宽边 a = 14 cm，窄边 b = 10 cm。求：槽内电位函数 φ。

解 取步长 Δ = 1 cm，于是 M = 14，N = 10，共有140个网孔，165(15 × 11)个节点，其中内节点(电位待求)117(13 × 9)个，边界节点(电位已知)48(165 − 117)个。本例利用超松弛迭代的有限差分法程序见附录Ⅲ。

运行程序得到以下部分结果，绘制导体槽等电位线如图3.13所示。

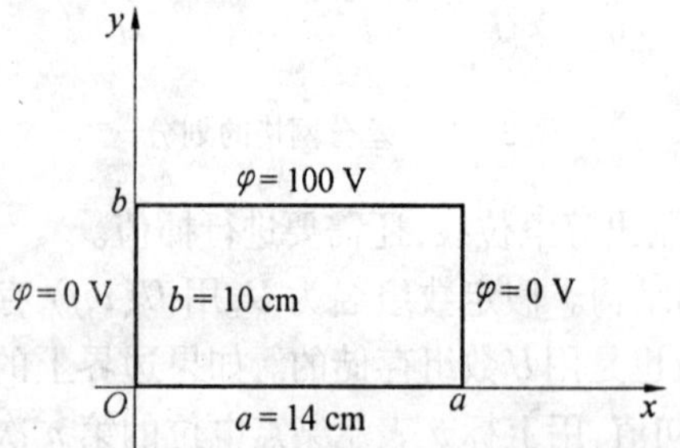

图3.12 接地矩形导体槽

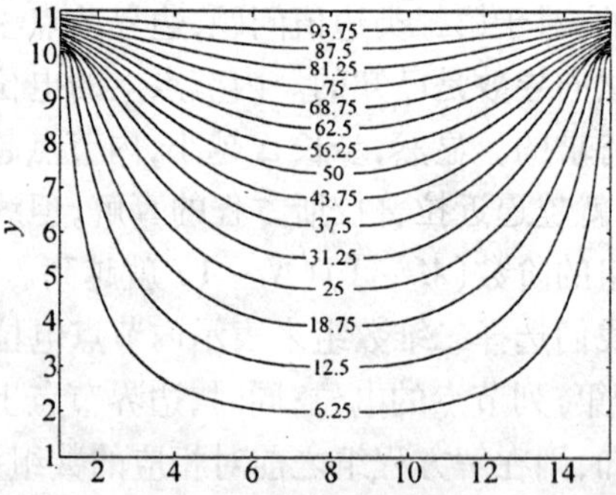

图3.13 导体槽内等电位线

迭代次数 = 26,精度 = 0.001 V,松弛因子 = 1.602 9。接地导体槽内节点电位的数值解:

49.32	68.38	76.96	81.28	83.57	84.71	85.06	84.71	83.57	81.28	76.96	68.38	49.32
28.88	47.26	58.17	64.58	68.29	70.21	70.81	70.21	68.29	64.58	58.17	47.26	28.88
18.93	33.63	43.86	50.60	54.78	57.05	57.77	57.05	54.78	50.60	43.86	33.63	18.93
13.21	24.45	33.06	39.17	43.18	45.43	46.16	45.43	43.18	39.17	33.06	24.45	13.21
9.48	17.91	24.74	29.85	33.34	35.35	36.00	35.35	33.34	29.85	24.74	17.91	9.48
6.78	12.97	18.15	22.16	24.96	26.62	27.16	26.62	24.96	22.16	18.15	12.97	6.78
4.69	9.03	12.73	15.66	17.75	18.99	19.41	18.99	17.75	15.66	12.73	9.03	4.69
2.96	5.71	8.10	10.00	11.38	12.20	12.48	12.20	11.38	10.00	8.10	5.71	2.96
1.43	2.77	3.93	4.87	5.55	5.96	6.10	5.96	5.55	4.87	3.93	2.77	1.43

现在讨论以下几个问题:

① 比较三种迭代的收敛速度。解精度 = 0.001 V 时,三种方法的迭代次数如下:

简单迭代法	赛德尔迭代法	超松弛迭代法
202	109	26

简单迭代法的收敛速度慢,为了保存上一次迭代的数值,在程序设计的时候要利用两个二维数组,存储量较大。由于更新值的提前使用,赛德尔迭代比简单迭代法收敛速度加快一倍左右,由于只利用一个二维数组就可以完成迭代,所以存储量也小。超松弛迭代法可以进一步加快收敛速度。

② 松弛因子对解的影响。解精度 = 0.001 V 时,不同松弛因子的迭代次数如下:

$\alpha = 1.1$	$\alpha = 1.2$	$\alpha = 1.6029$	$\alpha = 1.9$
90	73	26	102

最佳收敛因子的表达式很复杂。实际计算中,往往应用其近似值。通常采用以下几种方法处理。一是将区域等效为近似的矩形区域,再依照式(3.44)计算 α_0;二是编制可以自动选择收敛因子的计算程序,在起始迭代时取收敛因子为 1.5,然后依迭代过程收敛速度的快慢使计算机按程序自动修正收敛因子;第三种方法是,起始迭代取收敛因子为 1,以后逐渐增大,并注意观察迭代过程的收敛速度,当速度减小时,停止增加收敛因子的值,而在以后的迭代中,用最后一个收敛因子的值作为最佳值。

通常在进行实际编程过程中,只要两次迭代所得电位的差值在允许范围内时,就可以结束迭代。对于相邻两次迭代解之间的误差通常有两种取法:一种是取最大绝对误差 $\max\limits_{i,j}|U^k(i,j)-U^{k-1}(i,j)|$;另一种是取算术平均误差 $\frac{1}{N}\sum\limits_{i,j}|U^k(i,j)-U^{k-1}(i,j)|$,其中 N 是节点总数。

查看例 3.6 的数值解容易发现,矩形域上的电位分布呈左右对称,即存在不必要的冗余数据,因而占用了过多存储空间,消除这种不合理现象的办法是学会处理含第二类齐次边界的差分问题。事实上,例 3.6 等价于下述问题。

例 3.7 拉氏方程 $\nabla^2\varphi = 0\ (0 < x < a/2, 0 < y < b)$

边界条件:

$$\varphi = 0 \quad (\text{左边界}: x = 0)$$

$$\varphi = 0 \quad (\text{下边界}: y = 0)$$

$$\varphi = +100 \quad (\text{上边界}: y = b)$$

$$\frac{\partial\varphi}{\partial x} = 0 \quad (\text{右边界}: x = \frac{a}{2})$$

其中,$a = 14$ cm,$b = 10$ cm。

解 差分网格仍沿用例 3.6,但只需要其左半边,即 70(7 × 10) 个网孔。

右边界(第二类齐次边界)上的节点虽然属于边界节点,但电位待求,因此仍应设法为它们建立一组线性无关的方程。由于离该边界 1 个步长 Δ 的两点电位是相等的(见例 3.6 的数值解),所以右边界上的节点方程是:

$$U^{n+1}(i,j) = [\,U^n(i,j-1) + U^n(i,j+1) + 2U^n(i-1,j)\,]/4 \tag{3.45}$$

只要对例 3.6 的程序略作改动就可用于本例,见附录 Ⅲ,运行结果如下:

迭代次数 = 23,精度 = 0.001 V,松弛因子 = 1.575,接地导体槽内节点电位的数值解:

49.32	68.38	76.96	81.28	83.57	84.71	85.06
28.88	47.26	58.16	64.58	68.28	70.21	70.81
18.93	33.63	43.86	50.60	54.78	57.05	57.77
13.21	24.45	33.06	39.17	43.18	45.43	46.16
9.48	17.91	24.74	29.85	33.34	35.35	36.00
6.78	12.97	18.15	22.16	24.96	26.62	27.16
4.69	9.03	12.73	15.66	17.75	18.99	19.41
2.96	5.71	8.09	10.00	11.38	12.20	12.48
1.43	2.77	3.93	4.87	5.55	5.96	6.10

将它与例 3.6 的数值解比较,发现左半空间对应相同。这就是说,确实起到了消除冗余数据、减少内存占用、精度保持不变的效果。

同样的道理,如果观察到边界形状左右(或上下)对称、给定的边界电位左右(或上下)反对称,则可断定左右(或上下)半空间的分界面必为零电位面。于是只需研究原场域的一半。

利用叠加原理,总可以制造出对称和反对称的边界条件,除非边界形状本身缺乏对称性。

与分离变量法不同,式(3.40) 虽然是从直角坐标下的拉普拉斯方程推导出来的,但场域的形状并不局限于矩形,原则上可以是任何平面区域。此外,网格也可以用正三角形(等边三角形)和正六边形,如图 3.14 所示。当然,这时无法沿用式(3.40),而是以均值定理为基础构建差分计算公式。如果采用正三角形网格,因与内节点保持等距离 Δ 的邻点有 6 个,故电位应等于 6 个邻点上电位的算术平均值。在正六边形网格的情况下,电位应取与之相邻的3个邻点上电位的算术平均值。

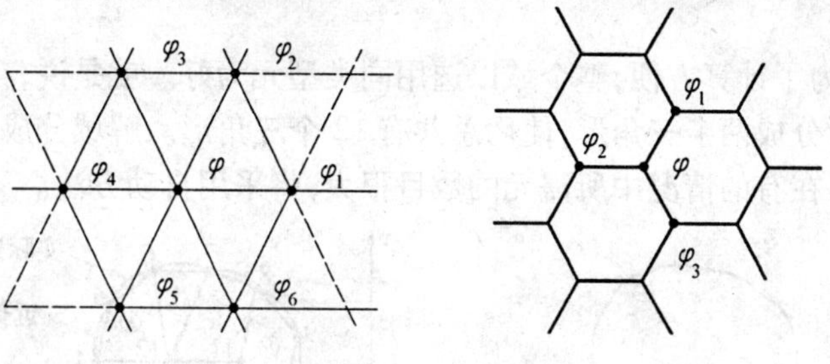

图3.14　正三角形和正六边形网格

2. 有限元法初步

有限元法虽然比有限差分法复杂一些,但适用面更宽。对于处理包含复杂形状和非均匀媒质的问题,显得更强有力和更具通用性。该方法的基本一致性使它有可能构成求解大量问题的通用计算机程序。因此,原先为某一学科开发的程序,只需略加修改或者不加变动,已被成功地用来求解其他领域中的问题。

连续系统的离散化指的是把解划分成子域,称为有限元。一维、二维和三维问题的几种典型的有限元如图3.15所示。

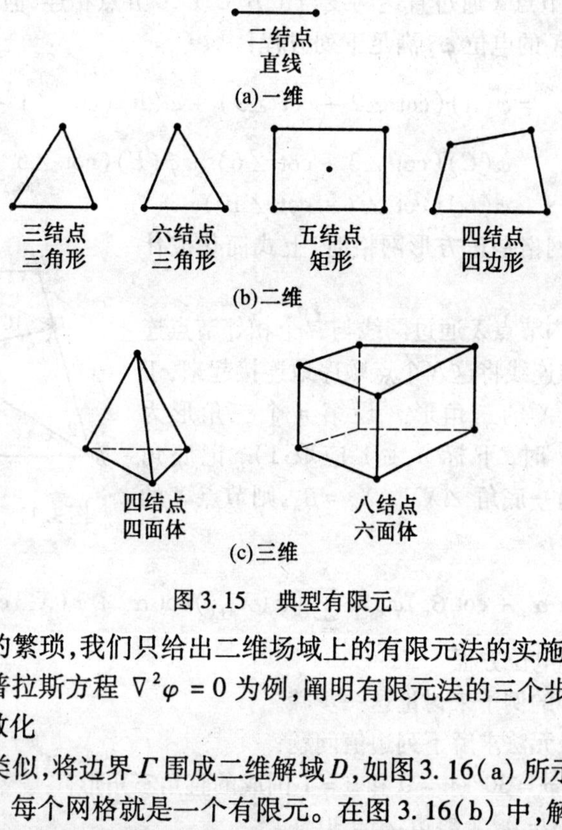

图3.15　典型有限元

为避免数学上的繁琐,我们只给出二维场域上的有限元法的实施细则而不予证明。下面以求解拉普拉斯方程 $\nabla^2\varphi = 0$ 为例,阐明有限元法的三个步骤。

(1) 有限元离散化

与有限差分法类似,将边界 Γ 围成二维解域 D,如图3.16(a)所示。按适当的规则划分为有限多个网格。每个网格就是一个有限元。在图3.16(b)中,解域分成9个不重叠的有限元,元6、8和9是四结点四边形,而其他元是三结点三角形。

与有限差分法不同的是:差分法对网格大小和形状强求统一,致使边界适应性差;而有限元法对网格大小和形状原则上不作任何限制,除了容易适应边界形状外,更可以节省内存和提高精度。

而在实际中,为了计算方便,整个域以选用同类型元为好。就是说,在图3.16(b)中,可以把每个四边形分成两个三角形,使用总共有12个三角形。解域分成元的工作通常用手工来完成,但是,在有的情况中所需元的数目很大,将采用自动方法。

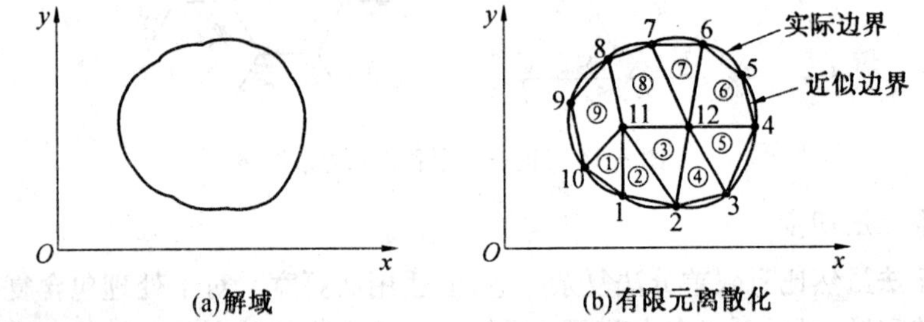

图3.16　二维解域离散为有限元

(2) 建立内节点电位方程

因网格整齐划一,故有限差分的节点电位公式很简单。有限元法的网格如此随心所欲,节点电位公式自然要复杂些。

如图3.17所示,节点X通过直达网线与A、B、C、E、G五点相连,但与D、F、H三点无直接联系。那么,节点X的电位φ_x满足下列方程:

$$\left(\sum_{i=1}^{10}\cot\angle i\right)\varphi_x=\varphi(A)(\cot\angle 2+\cot\angle 9)+\varphi(B)(\cot\angle 1+\cot\angle 4)+\varphi(C)(\cot\angle 3+\cot\angle 6)+\varphi(E)(\cot\angle 5+\cot\angle 8)+\varphi(G)(\cot\angle 7+\cot\angle 10)$$

请读者思考,当网格是正方形网格时,上式简化成什么。

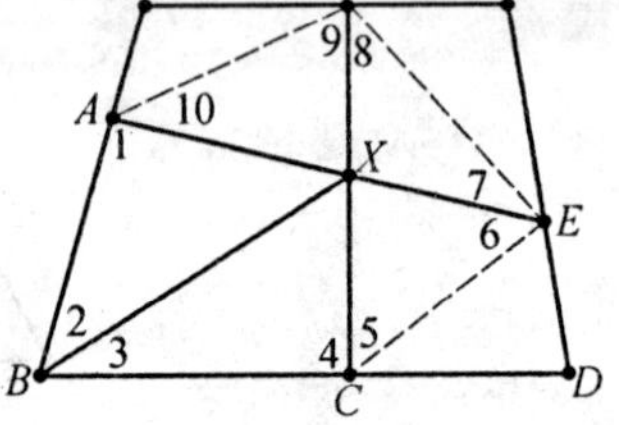

图3.17　节点X及其邻点

不失一般性,设内节点X通过网线与N个相邻节点连接。我们再用假想的连线将这N个点顺序地连接起来,于是得到N个共顶点X的三角形。设第n个三角形为$\triangle XX_nX_{n+1}$(若$n=N$时,下标$n+1$应取1),记底角$\angle XX_nX_{n+1}=\alpha_n$,记另一底角$\angle XX_{n+1}X_n=\beta_n$,则节点$X$的电位满足下列方程:

$$\sum_{n=1}^{N}(\cot\alpha_n+\cot\beta_n)\varphi_x=\sum_{n=1}^{N}[\varphi(X_{n+1})\cot\alpha_n+\varphi(X_n)\cot\beta_n]\qquad(3.46)$$

(3) 用迭代法解电位方程

我们用一个典型的例子来讨论这一步骤。

例3.8　用有限元法求解下列边值问题:

$\nabla^2\varphi=0$(场域:$\varphi=30°$、$y=0$和$x=1$围成的直角三角形)

边界条件　　$\varphi=0$　(斜边:$\varphi=30°$)

　　　　　　$\varphi=1$　(短边:$x=1$)

$$\frac{\partial \varphi}{\partial y}=0 \quad (\text{长边}:y=0)$$

解　尽量按照正三角形进行网格划分，不过，在靠近长边$y=0$的地方，必然出现小直角三角形的有限元。节点及其电位方程出现4种情况。

① 寻常情况。这时包围该节点的是6个全等的正三角形，电位方程为

$$U^{n+1}(i,j)=[U^n(i,j-1)+U^n(i,j+1)+U^n(i-1,j-1)+U^n(i-1,j)+U^n(i+1,j)+U^n(i+1,j+1)]/6$$

② 非常情况。这时包围节点的是4个正三角形外加2个小直角三角形。根据局部偶延拓原理，导出下面的电位公式：

$$U^{n+1}(i,j)=[U^n(i,j-1)+U^n(i-1,j-1)+U^n(i-1,j)+U^n(i+1,j)+U^n(i+1,j+1)]/5$$

③ 长边情况一。考虑到第二类齐次界条件，可对局部实施偶延拓，进而得到如下方程

$$U^{n+1}(i,j)=[U^n(i,j-1)+U^n(i-1,j-1)+U^n(i+1,j)]/3$$

④ 长边情况二。考虑到第二类齐次边界条件，可对局部实施偶延拓，并利用式(3.46)进而得到如下方程

$$U^{n+1}(i,j)=[6U^n(i,j-1)+U^n(i-1,j-1)+U^n(i+1,j)]/8$$

请读者自行编写MATLAB程序，并运行程序，体会有限元法的优越性。

本章小结

(1) 静态场问题一般分为分布型问题和边值问题。对于求解这类问题，可以采用解析解法和数值解法。

(2) 静态场的许多问题可归结为给定边界条件下求解位函数的泊松方程或拉普拉斯方程的问题，也称为边值型问题。满足给定边界条件的泊松方程或拉普拉斯方程的解是唯一的。

(3) 镜像法是一种等效的方法，在待求解区域以外，用一些镜像电荷代替平面、圆柱面或球面上的感应电荷。确定镜像电荷的位置和大小，正确应用镜像法至关重要。

(4) 分离变量法是数学物理方法中应用最广的一种方法，它要求所给的边界与一个适当的坐标系的坐标面相重合，或分段重合；其次在此坐标系中，待求偏微分方程的解可表示成三个函数的乘积，每一函数仅是一个坐标的函数。这样，通过分离变量法就可以把偏微分方程化为常微分方程进行求解。求解过程要注意，先求出通解后，利用边界条件确定常数，而把特解确定下来。

(5) 静态场的数值解法是依靠计算机来求解静态的各种问题，这就需要理解相应算法和计算机语言。以MATLAB语言作为工具做到了可以应用有限差分法、有限元法对静态场基本问题进行求解。

习　题

3.1　两块无限大接地平行板导体相距为d，其间有一与导体板平行的无限大电荷片，其电荷面密度为ρ_S，如题3.1图所示。试通过解拉普拉斯方程求两导体板间的电位分布。

3.2　如题3.2图所示，在均匀外电场$\boldsymbol{E}_0=\boldsymbol{e}_xE_0$中，一正点电荷$q$与接地导体平面相距为$x$。求：

(1) 当点电q所受之力为零时，x的值为多大？

(2) 若点电荷最初置于(1)中所求得x值的$\frac{1}{2}$处，要使该电荷向正x方向运动，所需最小初速度为多大？

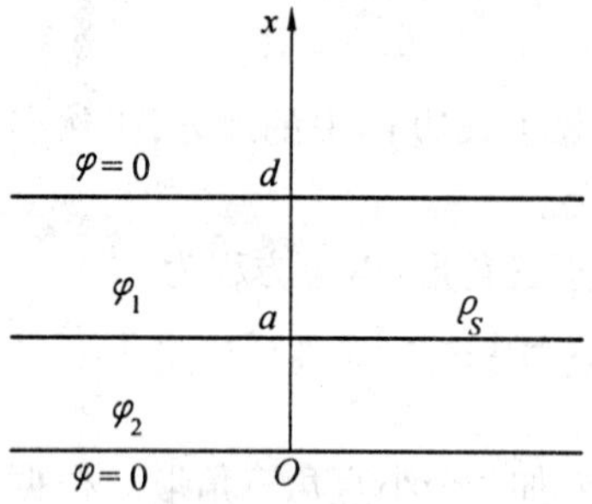

题 3.1 图

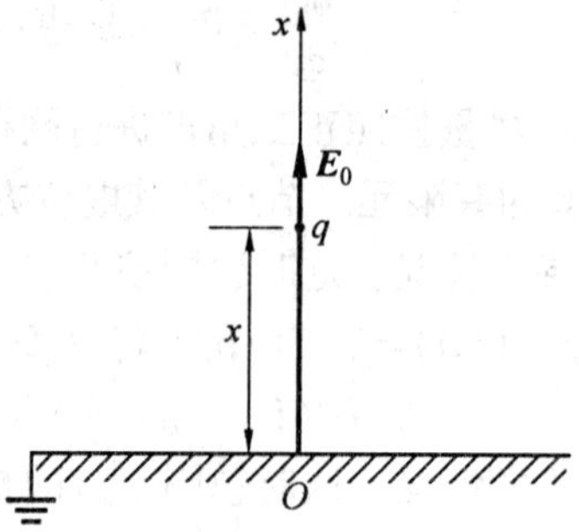

题 3.2 图

3.3　真空中一点电荷 $q = 10^{-6}$ C，放在半径为 $a = 5$ cm 的不接地导体球壳外，距球心为 $d = 15$ cm。求：

(1) 球面上的电场强度何处最大，其数值为多少？

(2) 若将球壳接地，情况如何？

3.4　如题 3.4 图所示，横截面为矩形的长槽由 3 块接地导体板构成，上边盖板的电位 $\varphi = \varphi_m \sin\left(\dfrac{\pi}{a}x\right)$，$\varphi_m$ 为常数。求槽内的电位分布和电场强度。

3.5　求如题 3.5 图所示的二维区域中的电位分布。

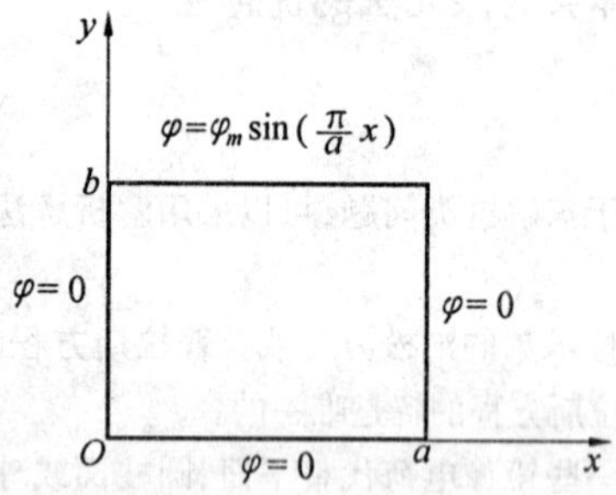

题 3.4 图

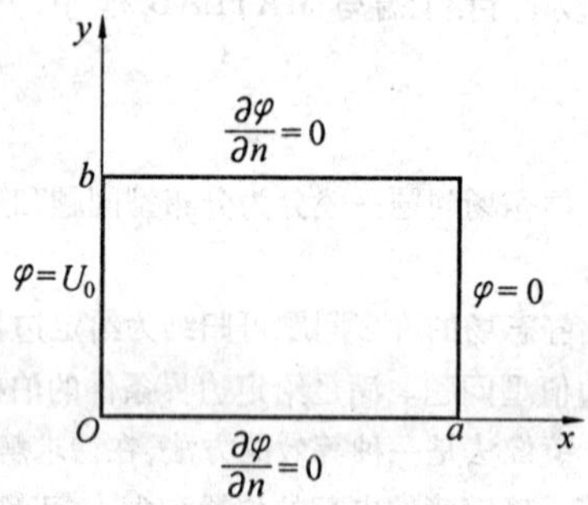

题 3.5 图

第 4 章
恒定电流的电场和磁场

虽然**恒定电流场**中的自由电荷是运动电荷,但由于电流不随时间变化,电荷分布也一定不随时间变化。恒定电流场中的电场是恒定电流中的电荷产生的,也不随时间变化。

运动电荷不但可以产生电场,还可以产生不同于电场的另一种场 —— 磁场。如果电流分布是不随时间变化的,那么它周围产生的磁场也不随时间变化,称为**恒定磁场**。本章讨论恒定电流场和恒定磁场的相关知识。

4.1 恒定电场理论

恒定电流中的电荷产生的电场分为两个区域,一个是运动电荷所在的恒定电流场区,另一个是恒定电流外的场区。在恒定电流场区,电场强度与电流密度有简单、确定的关系,本章仅讨论该区域的电场。

4.1.1 电流及电流密度

1. 电流

电荷的定向移动形成**电流**(Current),规定正电荷运动的方向为电流的方向,其大小一般用电流强度来描述,记为 i,定义式为

$$i(t) = \lim_{\Delta t \to 0} \frac{\Delta q}{\Delta t} = \frac{\mathrm{d}q}{\mathrm{d}t} \tag{4.1}$$

表示单位时间内通过任意横截面的电荷量,单位为安[培](A)。若电荷流动的速度不随时间发生变化,则该电流称为**恒定电流**(Constant Current),记为 I,定义式为

$$\lim_{\Delta t \to 0} \frac{\Delta q}{\Delta t} = \frac{\mathrm{d}q}{\mathrm{d}t} = I(\text{恒定值}) \tag{4.2}$$

电流分为**传导电流**(Conduction Current) 和**运流电流**(Convection Current)。这两种电流都是由真实电荷的运动形成的,在其周围会产生电场和磁场。除此以外,还存在一种非真实电荷的运动而形成的电流,称为**位移电流**(Displacement Current)(详见第 5 章),在其周围也会产生电场和磁场,称为时变电磁场。**传导电流**是指导体中的自由电子或半导体中的自由电荷在电场作用下作定向运动所形成的电流,如金属中的电流、电解液中的电流。运流电流是指带电粒子在真空中或气体中运动时形成的电流,如真空管中的电流。

2. 电流密度

电流强度仅能用来描述一定空间中总电流的强弱，却不能用来描述电荷在空间的流动情况，例如，在导电媒质中，不同位置穿过相同截面的电流可能不同，也就是说，电流的分布具有不均匀性。为此，我们引入了电流密度这个物理量，用来描述电流在空间体积中的流动情况，一般称为体积电流密度，简称**电流密度**(Current Density)，大小等于与正电荷运动方向垂直的单位面积上的电流强度，方向为正电荷运动的方向，单位是安培／米^2(A/m^2)，定义式为

$$J = \lim_{\Delta S_{\perp} \to 0} \frac{\Delta I}{\Delta S_{\perp}} \tag{4.3}$$

式中　$\Delta S_{\perp}$ —— 垂直于电荷流动方向上的面积元；

ΔI—— 流过 $\Delta S_{\perp}$ 的电流；

J—— 电流密度矢量的大小。

当空间体积的厚度无限趋向于零时，可以抽象地理解为电流是在某一表面上流动，为了描述该表面任一点处的电流分布状态，我们引入了面电流密度的概念，大小等于通过垂直于电流方向的单位长度上的电流，方向是该点正电荷运动的方向，单位是安培／米(A/m)，定义式

$$J_S = \lim_{\Delta l_{\perp} \to 0} \frac{\Delta I}{\Delta l_{\perp}} \tag{4.4}$$

式中　$\Delta l_{\perp}$ —— 垂直于面电荷运动方向上的线元；

ΔI—— 穿过线元 $\Delta l_{\perp}$ 的电流；

J_S—— 面电流密度矢量的大小。

电荷流动的空间实际上就是一个电流密度矢量场 $\boldsymbol{J}$，场中任意面积上通过的电流量为

$$I = \int_S \boldsymbol{J} \cdot \mathrm{d}\boldsymbol{S} \text{ 或 } i(t) = \int_S \boldsymbol{J} \cdot \mathrm{d}\boldsymbol{S} \tag{4.5}$$

因此，也可以从另一角度将电流(I或i) 定义为是电荷流动场中电流密度矢量在某一面积上的通量。

4.1.2　欧姆定律和焦耳定律

1. 欧姆定律

在导电媒质中因有自由电子的存在，在外电场的作用下会发生定向移动，也就形成了电流。实验表明，在导电媒质中，任意一点传导电流密度和该点的电场强度成正比

$$\boldsymbol{J} = \sigma \boldsymbol{E} \tag{4.6}$$

式(4.6) 称为微分形式的**欧姆定律**(Ohm's Law)，σ 称为电导率，单位是西门子／米(S/m)。

电导率是衡量金属材料导电能力的一个参数，因此可以通过某种金属电导率的大小来简单的判断该金属的导电性能。一般金属材料的电导率是一个常数，但也随温度发生变化，称 σ 为常量的导体为均匀导电媒质。当电导率在 1×10^7 S/m 以上时，称为良导

体。当材料的电导率$\sigma \to +\infty$时，称这种材料为理想导体。当材料的电导率$\sigma \to 0$时，称该种材料为理想介质。然而实际存在的任何一种材料都不可能完全成为理想导体或理想介质，也就是它们都应该具有一定的电导率和介电常数。对于金属材料，一般分析时，可认为大多数金属材料的介电常数$\varepsilon = \varepsilon_0$。

下面我们来讨论在导电媒质中某区域内电压与电流的关系，设有一个横截面积为S、长度为l、电导率为σ的均匀导电媒质，如图4.1所示。

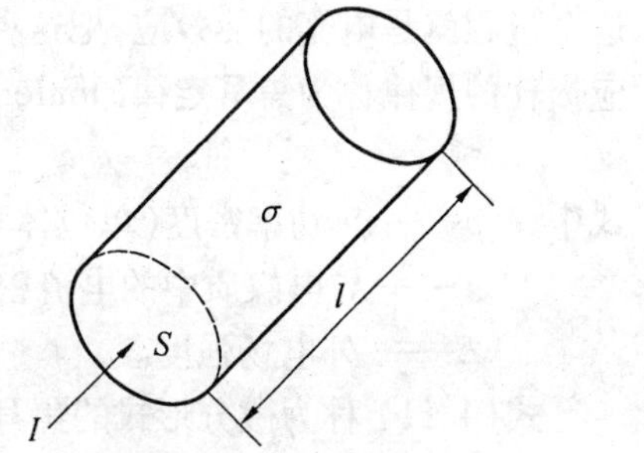

图4.1　横截面为S的均匀导电媒质

该导电媒质内有电流密度$\boldsymbol{J}$分布，且$\boldsymbol{J}$与横截面S相互垂直，将其放在一个电场强度为$\boldsymbol{E}$的均匀电场之中，则通过该导电媒质横截面S的总电流为

$$I = \int_S \boldsymbol{J} \cdot \mathrm{d}\boldsymbol{S} = JS \tag{4.7}$$

电场强度$\boldsymbol{E}$在长度l方向上产生的电压降为

$$U = \int_C \boldsymbol{E} \cdot \mathrm{d}\boldsymbol{l} = El \tag{4.8}$$

将式(4.7)和式(4.8)代入式(4.6)中，可得到导电媒质中电流与电压的关系式为

$$U = \frac{Il}{\sigma S} = IR \tag{4.9}$$

式(4.9)是欧姆定律的表达式，其中$R = \dfrac{l}{\sigma S}$。

式(4.9)与式(4.6)相比该方程式称为积分形式的欧姆定律。

由以上分析可以看出，积分形式的欧姆定律描述的是一段导电媒质上的导电规律，而微分形式的欧姆定律则描述导电媒质内任一点的电流密度与电场强度的关系，所以说微分形式的欧姆定律与积分形式的欧姆定律相比，更能细致地描述导电媒质的导电规律。

但是对于运流电流密度的大小并不正比于电场强度，同时其方向也不一定与电场强度方向一致。如果设运动粒子的电荷密度为ρ，其运动速度为$\boldsymbol{v}$，那么在$\mathrm{d}t$的时间间隔内运动粒子移动$v\mathrm{d}t$距离。我们可以建立一个圆柱体，其横截面积为S，沿着运动粒子移动的方向，长为$v\mathrm{d}t$，如图4.2所示。

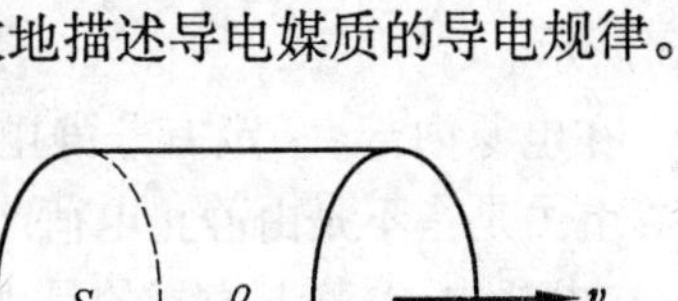

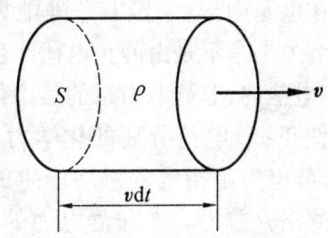

图4.2　运流电流

那么，流过横截面积S的电荷为

$$\mathrm{d}q = \rho S \boldsymbol{v} \mathrm{d}t$$

则$I = \dfrac{\mathrm{d}q}{\mathrm{d}t} = \rho S \boldsymbol{v}$，从而运流电流密度为

$$\boldsymbol{J} = \frac{I}{S} = \rho \boldsymbol{v} \tag{4.10}$$

2. 焦耳定律

导电媒质中的电流是自由电子在电场力的作用下做定向移动而形成的，自由电子在导体中运动的过程中会不断地与原子晶格发生碰撞，并将自身的能量传给原子晶格，造成自由电子的能量损耗，而晶格点阵在碰撞的过程中获得能量使其热振动加剧，温度上升，这个过程就是电流的热效应，把这种由电能转换来的热能称为焦耳热，用来描述电流热效应损耗的规律称为**焦耳定律**(Joule Law)，表达式为

$$p = \boldsymbol{J} \cdot \boldsymbol{E} \tag{4.11}$$

式中 p—— 热功率密度(单位体积内的功率损耗)；

$\boldsymbol{J}$—— 导电媒质中的电流密度；

$\boldsymbol{E}$—— 外电场强度。

式(4.11)称为微分形式的焦耳定律。

一段横截面积为 S，长度为 l 的均匀导电媒质中的功率损耗 P，则

$$P = pSl \tag{4.12}$$

将式(4.7)、(4.8)和(4.11)代入式(4.12)，同时设 $\boldsymbol{J}$、$\boldsymbol{E}$ 垂直于横截面 S，可得

$$P = JESl = IU = I^2R = \frac{U^2}{R} \tag{4.13}$$

式中 I—— 流过面积 S 的总电流；

U—— 长度为 l 上的电压降；

R—— 导电媒质的电阻。

式(4.13)称为积分形式的焦耳定律。

由电流的热效应可知导体中的自由电子在运动过程中一定会将能量以焦耳热的形式进行损耗，而自由电子要想发生定向移动形成电流，就必须源源不断地从外界获取使之进行运动的能量，也就是说，导体中要想保持稳定的电流，就必须给导体接上电源，而电源就是导体中自由电子获取能量的源泉，如图4.3所示。

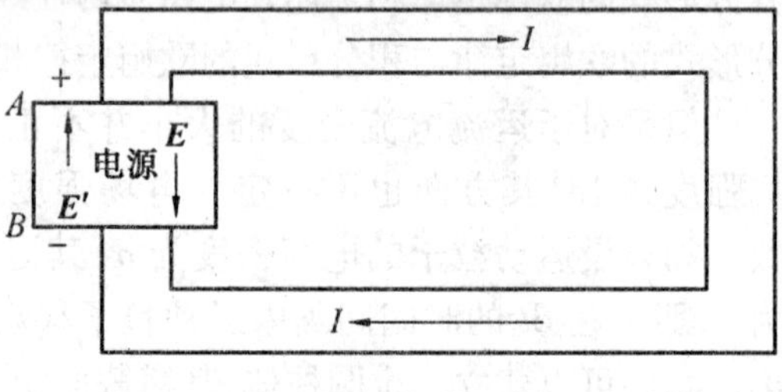

图4.3 导体回路中的电场

在电源内部，一定有非静电力 $\boldsymbol{F}'$ 存在，非静电力是指不是由静止电荷产生的力。例如，在电池内，非静电力指的是由化学反应产生的使正、负电荷分离的化学力；在发电机内，非静电力是指电磁感应产生的作用于电荷上的洛仑兹力。在非静电力的作用下，正电荷从电源的负极向正极运动，不断补充极板上的电荷，从而使得电荷分布保持不变，这样便可以维持恒定电流的存在。

我们将非静电力对电荷的影响等效为一个非库仑场(也称为非保守电场)，其等效的电场强度 $\boldsymbol{E}'$ 只存在于电源内部，另外在电源内部还存在库仑场 $\boldsymbol{E}$，二者方向相反。而在电源外部只存在库仑场 $\boldsymbol{E}$。为了定量的描述电源的特性，引入了电动势的概念，用 ξ 来表示，定义为在电源内部使单位正电荷从负极到正极时非静电力所做的功，其数学表达式为

$$\xi = \int_B^A \boldsymbol{E}' \cdot \mathrm{d}\boldsymbol{l} \tag{4.14}$$

也可以用总电场(库仑场和非库仑场之和)的回路积分表示

$$\xi = \int_B^A \boldsymbol{E}' \cdot \mathrm{d}\boldsymbol{l} = \oint_C (\boldsymbol{E} + \boldsymbol{E}') \cdot \mathrm{d}\boldsymbol{l} \tag{4.15}$$

现证明如下：

由式(4.15)可得

$$\xi = \oint_C \boldsymbol{E} \cdot \mathrm{d}\boldsymbol{l} + \oint_C \boldsymbol{E}' \cdot \mathrm{d}\boldsymbol{l} \tag{4.16}$$

其中回路C是由电源内部和电源外部导体共同组成的，对于恒定电流而言，与之相应的库仑电场$\boldsymbol{E}$是不随时间变化的恒定电场，它是由不随时间变化的电荷产生的，因而，其性质与由静止电荷产生的静电场相同，即满足

$$\oint_C \boldsymbol{E} \cdot \mathrm{d}\boldsymbol{l} = 0$$

而在电源外部根本不存在非库仑电场$\boldsymbol{E}'$，所以有

$$\oint_C \boldsymbol{E}' \cdot \mathrm{d}\boldsymbol{l} = \int_B^A \boldsymbol{E}' \cdot \mathrm{d}\boldsymbol{l} \tag{4.17}$$

由此可知式(4.14)和式(4.15)是等效的。

4.1.3　恒定电场的基本方程

描述恒定电场的两个基本变量是电流密度$\boldsymbol{J}$和电场强度$\boldsymbol{E}$，因此表示恒定电场基本特性的两个方程分别是用来反映电流密度$\boldsymbol{J}$规律的**电荷守恒定律**(或者称为电流连续性方程)和反映电场强度$\boldsymbol{E}$规律的**静电系统守恒定律**。

1. 电荷守恒定律

电荷守恒定律是指自然界中存在的电荷既不可能自动消失也不可能自动生成，其总量应该是保持不变的。因此对于任意一个封闭体积为V的系统而言，若该体积内有电荷量的增加，那么就一定是有等量的电荷从外界流进体积V，反之若该体积内有电荷量的减少，那么就一定是有等量的电荷从体积V中流出。此过程可以用一个物理方程来描述为

$$\oint_S \boldsymbol{J} \cdot \mathrm{d}\boldsymbol{S} = -\frac{\mathrm{d}q}{\mathrm{d}t} = -\frac{\mathrm{d}}{\mathrm{d}t}\int_V \rho \mathrm{d}V \tag{4.18}$$

式中　$\boldsymbol{J}$——体积V空间内的电流密度；

S——体积V空间中任取的一个封闭曲面；

$\mathrm{d}q$——$\mathrm{d}t$时间体积V空间中电荷的变化量；

ρ——体积V空间中的电荷密度；

V——边界S所限定的体积。

因积分是在固定体积内进行的，即积分限与时间无关，因电流密度$\boldsymbol{J}$在通常情况下是空间点$\boldsymbol{r}$和时间t的函数，故而式(4.18)可以写为

$$\oint_S \boldsymbol{J} \cdot \mathrm{d}\boldsymbol{S} = -\int_V \frac{\partial \rho}{\partial t} \mathrm{d}V \tag{4.19}$$

式(4.19)就是电荷守恒定律的数学表达式，也称为积分形式的**电流连续性方程**

(Electric Current Continuity Equation)。对其应用散度定理则有

$$\int_V \left(\nabla \cdot \boldsymbol{J} + \frac{\partial \rho}{\partial t} \right) \mathrm{d}V = 0 \tag{4.20}$$

由于闭合曲面是任取的,它包围的体积可以任意的小,则

$$\nabla \cdot \boldsymbol{J} + \frac{\partial \rho}{\partial t} = 0 \tag{4.21}$$

式(4.21)就是微分形式的电流连续性方程。

对于恒定电场来讲,要维持电流不随时间改变,就要求保证电荷在空间的分布不随时间发生变化,即满足

$$\frac{\partial \rho}{\partial t} = 0$$

因此恒定电场的电流连续性方程表示为

$$\nabla \cdot \boldsymbol{J} = 0 \tag{4.22a}$$

该式也是描述恒定电场的基本方程之一,其积分形式为

$$\oint_S \boldsymbol{J} \cdot \mathrm{d}\boldsymbol{S} = 0 \tag{4.22b}$$

式(4.22)表明,在恒定电流场中,从任一封闭面或任一点流出的总电流为0,或流进的电流等于流出的电流。将式(4.22b)应用于任一电路节点,设 S 为包围电路节点的封闭面,式(4.22b)对该封闭面积分后简化为

$$\sum I = 0$$

式中,$\sum I$ 为流出节点的总电流。这就是电路理论中的**基尔霍夫电流定律**(Kirchhoff's Current Law),它表明,从电路中一个节点流出电路的代数和为0。

2. 静电系统的守恒定律

电流恒定时,电荷分布 ρ 不随时间发生变化,恒定电场 $\boldsymbol{E}$ 必定同静止的电荷产生的静电场具有相同的性质,即它是一种保守场,因此也就遵守相同的规律,其基本方程表示为

$$\nabla \times \boldsymbol{E} = 0 \tag{4.23a}$$

$$\oint_l \boldsymbol{E} \cdot \mathrm{d}\boldsymbol{l} = 0 \tag{4.23b}$$

其中,式(4.23a)是微分方程,式(4.23b)是积分方程。

由以上分析可以将电源外部导电媒质中恒定电场的基本方程归纳如下:

$$\nabla \cdot \boldsymbol{J} = 0$$
$$\nabla \times \boldsymbol{E} = 0$$

与其相应的积分形式为

$$\oint_S \boldsymbol{J} \cdot \mathrm{d}\boldsymbol{S} = 0$$

$$\oint_l \boldsymbol{E} \cdot \mathrm{d}\boldsymbol{l} = 0$$

由于恒定电场的旋度为零,因而可以引入电位 φ,即

$$\boldsymbol{E} = -\nabla \varphi \tag{4.24}$$

将式(4.6)代入式(4.22a),得

$$\nabla \cdot \boldsymbol{J} = \nabla \cdot (\sigma \boldsymbol{E}) = \sigma \nabla \cdot \boldsymbol{E} + \boldsymbol{E} \cdot \nabla \sigma = 0$$

由此得电场强度的散度为

$$\nabla \cdot \boldsymbol{E} = -\frac{\boldsymbol{E} \cdot \nabla \sigma}{\sigma} \tag{4.25}$$

式(4.25)表明,只有在导电媒质不均匀的区域,电场强度的散度才不为零,由于

$$\nabla \cdot \boldsymbol{D} = \nabla \cdot \varepsilon \boldsymbol{E} = \varepsilon \nabla \cdot \boldsymbol{E} + \boldsymbol{E} \cdot \nabla \varepsilon = \rho_f$$

将式(4.25)代入上式,可得到不均匀的导电媒质中自由电荷体密度为

$$\rho_f = \boldsymbol{E} \cdot \left(-\frac{\varepsilon \nabla \sigma}{\sigma} + \nabla \varepsilon \right) \tag{4.26}$$

而在均匀的导电媒质中,由于 $\nabla \sigma = 0$ 和 $\nabla \varepsilon = 0$,因此自由电荷体密度为0,电场强度的散度也为0,即

$$\nabla \cdot \boldsymbol{E} = 0 \tag{4.27}$$

将式(4.24)代入式(4.27)得

$$\nabla^2 \varphi = 0 \tag{4.28}$$

这说明,对于均匀导电媒质中的恒定电流场,其电位满足拉普拉斯方程。

4.1.4　恒定电场的边界条件

恒定电场的边界条件,是要确定分界面两边电流密度和电场所遵循的规律,当恒定电流倾斜地通过不同导电媒质的分界面时,分界面两边电流密度以及电场的大小和方向都会改变。根据恒定电场积分形式基本方程,利用与推导静电场在不同介质交界面的边界条件的方法相似,可导出恒定电场的边界条件为

$$\boldsymbol{n}^{\circ} \times (\boldsymbol{E}_2 - \boldsymbol{E}_1) = 0 \tag{4.29a}$$

$$\boldsymbol{n}^{\circ} \cdot (\boldsymbol{J}_2 - \boldsymbol{J}_1) = 0 \tag{4.29b}$$

或

$$E_{1t} = E_{2t} \tag{4.30a}$$

$$J_{1n} = J_{2n} \tag{4.30b}$$

其中式(4.29a)、(4.29b)为矢量形式,式(4.30a)、(4.30b)为标量形式,方程表明,电流密度 $\boldsymbol{J}$ 在通过界面时其法向分量连续,电场强度 $\boldsymbol{E}$ 的切向分量连续。

将式(4.6)代入式(4.30a)、(4.30b),得

$$\frac{J_{1t}}{\sigma_1} = \frac{J_{2t}}{\sigma_2} \tag{4.31a}$$

$$\sigma_1 E_{1n} = \sigma_2 E_{2n} \tag{4.31b}$$

电场强度的法向分量不连续的原因是由于导电媒质分界面上有自由面电荷分布,其电荷面密度 ρ_{Sf} 和分界面两侧的电场的关系为

$$\rho_{Sf} = \sigma_1 E_{1n} - \sigma_2 E_{2n} \tag{4.32}$$

在上式中,界面的法向方向是从2区指向1区。如果两种导电媒质 $\varepsilon_1 \neq \varepsilon_2$,分界面上也有极化面电荷,导电媒质分界面上的极化电荷面密度和分界面两侧电场的关系与静电场中相同。

根据式(4.30a)、(4.31b) 和式(4.24),可以得到两种导电媒质分界面上电位的边界条件为

$$\varphi_1 = \varphi_2 \tag{4.33a}$$

$$\sigma_1 \frac{\partial \varphi_1}{\partial n^\circ} = \sigma_2 \frac{\partial \varphi_2}{\partial n^\circ} \tag{4.33b}$$

利用边界条件式(4.29a)、(4.29b) 可以确定电流密度量或电场强度在经过分界面时的变化规律,如图4.4 所示。

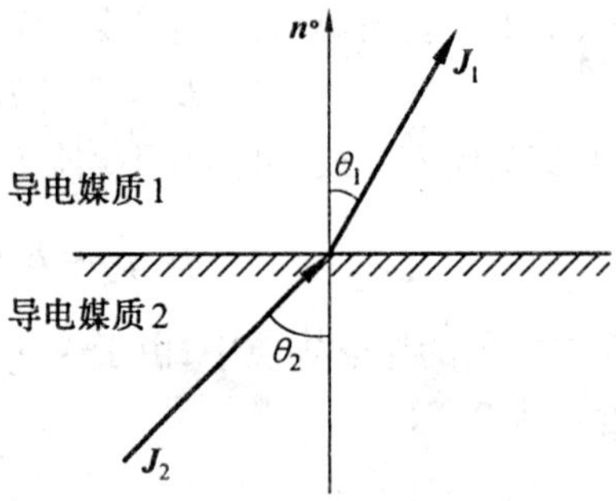

图4.4　两种不同导电媒质的交界面

设在导电媒质1和2中,电场及电流密度方向和分界面法线方向的夹角分别为 θ_1 和 θ_2,则由 $\boldsymbol{J}$ 的法向分量连续可得

$$J_1\cos\theta_1 = J_2\cos\theta_2$$

由 $\boldsymbol{E}$ 的切向分量连续得

$$\sigma_2 J_1\sin\theta_1 = \sigma_1 J_2\sin\theta_2$$

两式相除得

$$\sigma_2\tan\theta_1 = \sigma_1\tan\theta_2 \tag{4.34}$$

可以看出,当 $\sigma_1 \gg \sigma_2$,即第一种媒质为良导体,第二种媒质为不良导体时,只要 $\theta_1 \neq \frac{\pi}{2}$,$\theta_2 \approx 0$,即在不良导体中,电力线近似地与界面垂直,可以将良导体的表面看作等位面。

4.2　恒定电场与静电场比较

无源区域中均匀导电媒质内恒定电流场的基本方程、边界条件和物理量与无源区域中均匀介质内静电场的基本方程、边界条件和物理量的对应关系见表4.1。两者之间具有较好的对应关系,其方程的形式相似,因此我们可以认为恒定电流场和静电场之间具有比拟关系,即在相同的边界条件下,如果已知静电场问题的解,根据比拟关系,只要把相应的对偶物理量进行转换就可以得到恒定电流场的解,反之亦然。两者之间的对偶物理量见表4.2。

在实验中经常会用到静电比拟的理论,因为在恒定电场中进行测量比在静电场中直接测量容易得多。

表4.1　恒定电流场与静电场的比拟

比较项目	恒定电场	静电场
微分形式的基本方程	$\nabla \times \boldsymbol{E} = 0$ $\nabla \cdot \boldsymbol{J} = 0$ $\nabla^2\varphi = 0$	$\nabla \times \boldsymbol{E} = 0$ $\nabla \cdot \boldsymbol{D} = 0$ $\nabla^2\varphi = 0$
介质的特征方程	$\boldsymbol{J} = \sigma\boldsymbol{E}$	$\boldsymbol{D} = \varepsilon\boldsymbol{E}$

续表 4.1

比较项目	恒定电场	静电场
边界条件	$E_{1t}=E_{2t}\quad J_{1n}=J_{2n}$ $\varphi_1=\varphi_2$ $\sigma_1\dfrac{\partial\varphi_1}{\partial n^\circ}=\sigma_2\dfrac{\partial\varphi_2}{\partial n^\circ}$	$E_{1t}=E_{2t}\quad D_{1n}=D_{2n}$ $\varphi_1=\varphi_2$ $\varepsilon_1\dfrac{\partial\varphi_1}{\partial n^\circ}=\varepsilon_2\dfrac{\partial\varphi_2}{\partial n^\circ}$
积分量间的对应关系	$I=\int \boldsymbol{J}\cdot \mathrm{d}\boldsymbol{S}$ $U=\int \boldsymbol{E}\cdot \mathrm{d}\boldsymbol{l}$ $G=\dfrac{I}{U}$	$Q=\int \boldsymbol{D}\cdot \mathrm{d}\boldsymbol{S}$ $U=\int \boldsymbol{E}\cdot \mathrm{d}\boldsymbol{l}$ $C=\dfrac{Q}{U}$

表 4.2 恒定电流场与静电场的对偶物理量

恒定电流场	静电场
电场强度 $\boldsymbol{E}$	电场强度 $\boldsymbol{E}$
电流密度 $\boldsymbol{J}$	电位移矢量 $\boldsymbol{D}$
电位 φ	电位 φ
电导率 σ	电容率(介电常数)ε
电流强度 I	电量 Q
电位差 U	电位差 U
电导 G	电容 C

例 4.1 同轴线的内导体半径为 a,外导体的内半径为 b,内外导体之间填充了介电常数为 ε,电导率为 σ 的非理想介质,如图 4.5 所示。试求解

(1) 用静电场的基本关系式求解同轴线单位长度的电容;

(2) 分别用静电比拟法和恒定电场的基本关系式求解同轴线单位长度的绝缘电阻。

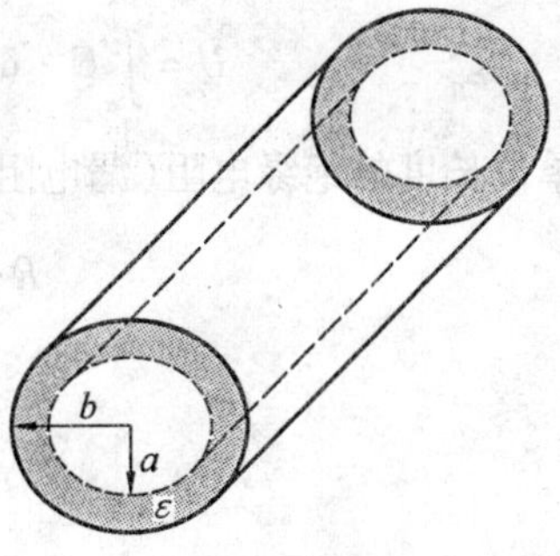

图 4.5 同轴线

解 (1) 设同轴线的内、外导体单位长度的带电量分别为 q 和 $-q$,应用高斯定律求得内、外导体间任意点电场强度为

$$\boldsymbol{E}(\boldsymbol{r})=\boldsymbol{e}_r\frac{q}{2\pi\varepsilon r}$$

内、外导体间的电压为

$$U=\int_a^b \boldsymbol{E}(\boldsymbol{r})\cdot \mathrm{d}\boldsymbol{r}=\frac{q}{2\pi\varepsilon}\int_a^b\frac{1}{r}\mathrm{d}r=\frac{q}{2\pi\varepsilon}\ln\left(\frac{b}{a}\right)$$

同轴线单位长度的电容为

$$C=\frac{q}{U}=\frac{2\pi\varepsilon}{\ln\left(\frac{b}{a}\right)}$$

(2)① 首先用静电比拟法求解同轴线单位长度的绝缘电阻。

假设同轴线内外导体间加恒定电压 U_0，由于填充介质的 $\sigma\neq0$，介质中的漏电流沿径向从内导体流到外导体。

根据静电场与恒定电场的比拟关系，同轴线单位长度的漏电导为

$$G=\frac{I}{U}=\frac{2\pi\sigma}{\ln\left(\frac{b}{a}\right)}$$

则得到同轴线单位长度的绝缘电阻为

$$R=\frac{1}{G}=\frac{1}{2\pi\sigma}\ln\left(\frac{b}{a}\right)$$

② 用恒定电场的基本关系式求解同轴线单位长度的绝缘电阻。

介质中任一点处的漏电流密度为

$$\boldsymbol{J}=\boldsymbol{e}_r\frac{I}{2\pi r}$$

式中，I 是通过半径为 r 的单位长度同轴圆柱面的漏电流。

电场强度为

$$\boldsymbol{E}=\frac{\boldsymbol{J}}{\sigma}=\boldsymbol{e}_r\frac{I}{2\pi\sigma r}$$

内外导体间的电压为

$$U=\int_a^b\boldsymbol{E}\cdot\mathrm{d}\boldsymbol{r}=\int_a^b\frac{I}{2\pi\sigma r}\mathrm{d}r=\frac{I}{2\pi\sigma}\ln\left(\frac{b}{a}\right)$$

同轴线单位长度的绝缘电阻(漏电阻) 为

$$R=\frac{U}{I}=\frac{1}{2\pi\sigma}\ln\left(\frac{b}{a}\right)$$

4.3 恒定磁场理论

4.3.1 恒定磁场的实验定律和磁感应强度

1. 安培力定律

安培力定律是由法国物理学家安培从实验中总结出来的描述恒定电流产生恒定磁场特性规律的一个基本定律，如图 4.6 所示，在真空中存在两个通有恒定电流的回路，根据库仑定律，其中一个直流电流回路一定会受到另一个直流电流回路的库仑力的作用，但大量的实验表明，该直流电流回路除受到另一个直流电流回路的库仑力的作用以外，还受到了另外一种与库仑力的特性完全不同的力的作用，即**安培力**。

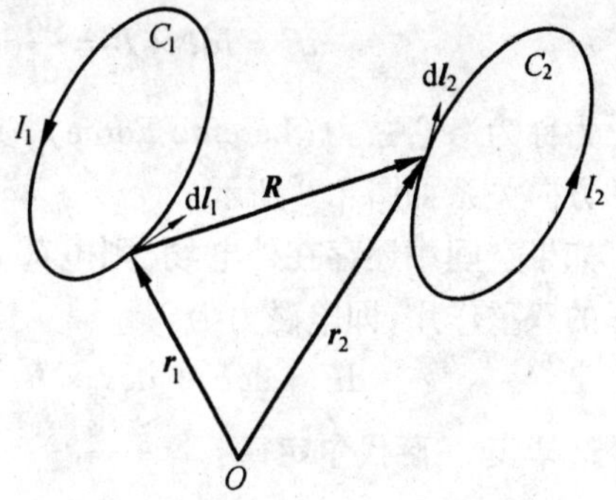

图4.6　回路 C_1 和 C_2 间的安培力

假设电流回路 C_2 是受力者，电流回路 C_1 是施力者，则根据安培力定律电流回路 C_2 将受到电流回路 C_1 的安培力为

$$\boldsymbol{F}_{12} = \frac{\mu_0}{4\pi}\oint_{C_2}\oint_{C_1}\frac{I_2\mathrm{d}\boldsymbol{l}_2 \times (I_1\mathrm{d}\boldsymbol{l}_1 \times \boldsymbol{e}_R)}{R^2} \tag{4.35}$$

式中　μ_0—— 真空中的磁导率，$\mu_0 = 4\pi \times 10^{-7}$ H/m；

I_1—— 电流回路 C_1 所通电流；

I_2—— 电流回路 C_2 所通电流；

R—— 两电流回路间距；

$\boldsymbol{e}_R = \dfrac{\boldsymbol{r}_2 - \boldsymbol{r}_1}{R} = \dfrac{\boldsymbol{R}}{R}$。

反之，若电流回路 C_1 是受力者，电流回路 C_2 是施力者，则电流回路 C_1 将受到电流回路 C_2 的安培力为

$$\boldsymbol{F}_{21} = \frac{\mu_0}{4\pi}\oint_{C_1}\oint_{C_2}\frac{I_1\mathrm{d}\boldsymbol{l}_1 \times (I_2\mathrm{d}\boldsymbol{l}_2 \times \boldsymbol{e}_R)}{R^2} \tag{4.36}$$

可以将式(4.35) 改写为

$$\boldsymbol{F}_{12} = \oint_{C_2}\oint_{C_1}\mathrm{d}\boldsymbol{F}_{12} \tag{4.37}$$

如果用场的理论来解释式(4.35)，力 $\boldsymbol{F}_{12}$ 可以理解为是电流回路 C_1 在空间产生的磁场，电流回路 C_2 在这个场中所受到的力，这样，式(4.35) 可以改写为

$$\boldsymbol{F}_{12} = \oint_{C_2} I_2\mathrm{d}\boldsymbol{l}_2 \times \left(\frac{\mu_0}{4\pi}\oint_{C_1}\frac{I_1\mathrm{d}\boldsymbol{l}_1 \times \boldsymbol{R}}{R^3}\right) \tag{4.38}$$

令

$$\boldsymbol{B} = \frac{\mu_0}{4\pi}\oint_{C_1}\frac{I_1\mathrm{d}\boldsymbol{l}_1 \times \boldsymbol{R}}{R^3} \tag{4.39}$$

$\boldsymbol{B}$ 表示电流回路 C_1 在 $\boldsymbol{r}_2$ 点产生的**磁感应强度**(Magnetic Induction Intensity)，也称磁通密度，单位是特斯拉，简称特(T) 或韦[伯]/ 米^2(Wb/m^2)。

将式(4.37)、(4.39) 代入式(4.38) 整理可得

$$\mathrm{d}\boldsymbol{F}_{12} = I_2\mathrm{d}\boldsymbol{l}_2 \times \boldsymbol{B} \tag{4.40}$$

式(4.40) 可理解为是电流元 $I_2\mathrm{d}\boldsymbol{l}_2$ 在外磁场 $\boldsymbol{B}$ 中受到的安培力。

在实际中，可以将下标省略，即

$$\mathrm{d}\boldsymbol{F} = I\mathrm{d}\boldsymbol{l} \times \boldsymbol{B}$$

可理解为任意电流元在外磁场 $\boldsymbol{B}$ 中受到的安培力，电流元、力及磁场之间的方向关系如图4.7所示。

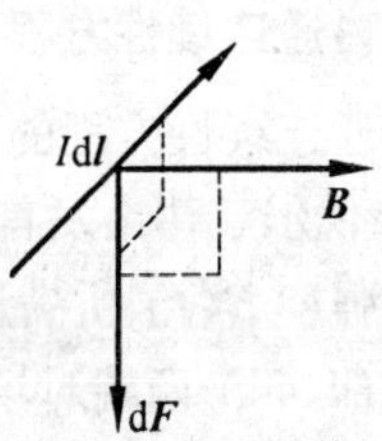

图4.7　电流元在外磁场中受到的力

如果是一个电荷 $\mathrm{d}q$ 在一个磁场 $\boldsymbol{B}$ 中以速度 $\boldsymbol{v}$ 进行运动，那么该电荷 $\mathrm{d}q$ 所受到的安培力为

$$\mathrm{d}\boldsymbol{F} = I\mathrm{d}\boldsymbol{l} \times \boldsymbol{B} = \frac{\mathrm{d}q}{\mathrm{d}t}\mathrm{d}\boldsymbol{l} \times \boldsymbol{B} = \mathrm{d}q\frac{\mathrm{d}\boldsymbol{l}}{\mathrm{d}t} \times \boldsymbol{B} = \mathrm{d}q\boldsymbol{v} \times \boldsymbol{B} \tag{4.41}$$

这个力称为**洛仑兹力**(Lorentz Force),速度、力及磁场之间的方向关系如图4.8所示。

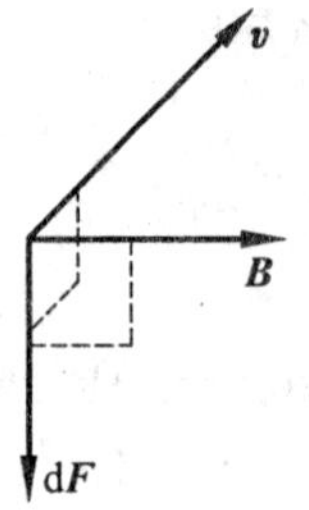

图4.8 洛仑兹力

如果空间中还存在外电场,则电荷 $\mathrm{d}q$ 将受到电场和磁场的双重作用,即电磁力为

$$\mathrm{d}\boldsymbol{F} = \mathrm{d}q\boldsymbol{E} + \mathrm{d}q\boldsymbol{v} \times \boldsymbol{B} \tag{4.42}$$

2. 毕奥 - 萨伐尔定律

式(4.39)又称**毕奥 - 萨伐尔定律**(Boit-Savart Law)。用$\boldsymbol{r}'$表示式中的$\boldsymbol{r}_1$,称其为源点;用$\boldsymbol{r}$表示$\boldsymbol{r}_2$,称其为场点。

这样,式(4.39)可写成

$$\boldsymbol{B}(\boldsymbol{r}) = \frac{\mu_0}{4\pi}\oint_{C'}\frac{I\mathrm{d}\boldsymbol{l}' \times \boldsymbol{R}}{R^3} \tag{4.43}$$

若电流不是线电流,而是有体分布的电流$\boldsymbol{J}$,则式(4.39)为

$$\boldsymbol{B}(\boldsymbol{r}) = \frac{\mu_0}{4\pi}\int_{V'}\frac{\boldsymbol{J}(\boldsymbol{r}') \times \boldsymbol{R}}{R^3}\mathrm{d}V' \tag{4.44}$$

同理,对面电流$\boldsymbol{J}_S$,则式(4.39)为

$$\boldsymbol{B}(\boldsymbol{r}) = \frac{\mu_0}{4\pi}\int_{S'}\frac{\boldsymbol{J}_S(\boldsymbol{r}') \times \boldsymbol{R}}{R^3}\mathrm{d}S' \tag{4.45}$$

4.3.2 恒定磁场的基本方程

与静电场的基本方程相似,在恒定磁场(也称为静磁场)中也要讨论描述静磁场基本规律的基本方程——磁通连续性方程和安培环路方程。而实际上这两个方程所讨论的就是磁感应强度$\boldsymbol{B}(\boldsymbol{r})$对任意闭合面的面积分和对任意闭合回路的线积分所具有的性质(即从$\boldsymbol{B}(\boldsymbol{r})$的散度与旋度两方面考察静磁场)。

在证明静磁场的基本方程之前,首先对"磁通"进行定义,即

$$\Phi = \oint_S \boldsymbol{B}(\boldsymbol{r}) \cdot \mathrm{d}\boldsymbol{S} \tag{4.46}$$

恒定磁场中的磁通定义为磁感应强度穿过曲面S的通量,也被称为**磁通密度**,单位是韦伯(Wb)。

1. 磁通连续性方程

磁通连续性方程的证明过程实际上是求磁感应强度$\boldsymbol{B}$对闭合面的面积分。先从毕奥 - 萨伐尔定律出发首先证明磁感应强度$\boldsymbol{B}(\boldsymbol{r})$的散度值,再利用散度定理可直接得出磁感应强度$\boldsymbol{B}(\boldsymbol{r})$所满足的磁通连续性方程。

式(4.44)两端对场点坐标取散度可得

$$\nabla \cdot \boldsymbol{B}(\boldsymbol{r}) = \frac{\mu_0}{4\pi}\int_{V'}\nabla \cdot \left[\boldsymbol{J}(\boldsymbol{r}') \times \frac{\boldsymbol{R}}{R^3}\right]\mathrm{d}V' = \frac{\mu_0}{4\pi}\int_{V'}\nabla \cdot \left[\nabla\left(\frac{1}{R}\right) \times \boldsymbol{J}(\boldsymbol{r}')\right]\mathrm{d}V' =$$

$$\frac{\mu_0}{4\pi}\int_{V'}\left[\boldsymbol{J}(\boldsymbol{r}')\cdot\nabla\times\nabla\left(\frac{1}{R}\right)-\nabla\left(\frac{1}{R}\right)\cdot\nabla\times\boldsymbol{J}(\boldsymbol{r}')\right]\mathrm{d}V'=0 \tag{4.47}$$

式中，$R=|\boldsymbol{r}-\boldsymbol{r}'|$；$\boldsymbol{R}=\boldsymbol{r}-\boldsymbol{r}'$；$\boldsymbol{r}$ 表示场点矢径；$\boldsymbol{r}'$ 表示源点矢径。

上式中应用的矢量恒等式有$\dfrac{\boldsymbol{R}}{R^3}=-\nabla\left(\dfrac{1}{R}\right)$，$\nabla\cdot(\boldsymbol{A}\times\boldsymbol{B})=\boldsymbol{B}\cdot\nabla\times\boldsymbol{A}-\boldsymbol{A}\cdot\nabla\times\boldsymbol{B}$。同时利用 $\nabla\times\nabla\left(\dfrac{1}{R}\right)=0$ 和 $\nabla\times\boldsymbol{J}(\boldsymbol{r}')=0$ 对式(4.47)进行化简。由此可以得出磁感应强度的散度为

$$\nabla\cdot\boldsymbol{B}=0 \tag{4.48}$$

对上式利用散度定理$\int_V\nabla\cdot\boldsymbol{A}\mathrm{d}V=\oint_S\boldsymbol{A}\cdot\mathrm{d}\boldsymbol{S}=0$，可得

$$\oint_S\boldsymbol{B}\cdot\mathrm{d}\boldsymbol{S}=0 \tag{4.49}$$

式中，S 是体积 V' 区域的边界面。

式(4.48)和(4.49)就是磁通连续性方程的微分形式和积分形式。其物理含义可解释为：**恒定磁场是一个无散场，也可以称为是无源场；恒定磁场通过任意闭合面 S 的磁通量恒等于零，即从闭合面 S 的一侧穿进的 $\boldsymbol{B}$，总有等量的 $\boldsymbol{B}$ 从闭合面的另一侧穿出，即磁感应线总是一些闭合的曲线，$\boldsymbol{B}$ 的通量总是连续的。**

2. 安培环路方程

安培环路方程的证明过程实际上是求磁感应强度 $\boldsymbol{B}(\boldsymbol{r})$ 对闭合回路的线积分。先求 $\boldsymbol{B}$ 的旋度所满足的微分方程，然后利用斯托克斯定理得到 $\boldsymbol{B}$ 的闭合线积分所满足的关系。

式(4.44)可化简得

$$\boldsymbol{B}(\boldsymbol{r})=\frac{\mu_0}{4\pi}\int_{V'}\frac{\boldsymbol{J}(\boldsymbol{r}')\times\boldsymbol{R}}{R^3}\mathrm{d}V'=-\frac{\mu_0}{4\pi}\int_{V'}\left[\boldsymbol{J}(\boldsymbol{r}')\times\nabla\left(\frac{1}{R}\right)\right]\mathrm{d}V' \tag{4.50}$$

利用矢量恒等式 $\nabla\times(\psi\boldsymbol{A})=\nabla\psi\times\boldsymbol{A}+\psi\nabla\times\boldsymbol{A}$，将式(4.50)化简得

$$\boldsymbol{B}(\boldsymbol{r})=\frac{\mu_0}{4\pi}\left[\int_{V'}\nabla\times\frac{\boldsymbol{J}(\boldsymbol{r}')}{R}\mathrm{d}V'-\int_{V'}\frac{\nabla\times\boldsymbol{J}(\boldsymbol{r}')}{R}\mathrm{d}V'\right] \tag{4.51}$$

式(4.51)中，$\nabla\times\boldsymbol{J}(\boldsymbol{r}')=0$（由于 ∇ 是对场点进行运算，$\boldsymbol{J}(\boldsymbol{r}')$ 表示是在源点有一电流密度），则

$$\boldsymbol{B}(\boldsymbol{r})=\frac{\mu_0}{4\pi}\int_{V'}\nabla\times\frac{\boldsymbol{J}(\boldsymbol{r}')}{R}\mathrm{d}V' \tag{4.52}$$

对式(4.52)两端同时取旋度，并利用相应的矢量恒等变换可满足

$$\nabla\times\boldsymbol{B}(\boldsymbol{r})=\frac{\mu_0}{4\pi}\int_{V'}\nabla\times\nabla\times\frac{\boldsymbol{J}(\boldsymbol{r}')}{R}\mathrm{d}V'=$$

$$\frac{\mu_0}{4\pi}\nabla\int_{V'}\nabla\cdot\frac{\boldsymbol{J}(\boldsymbol{r}')}{R}\mathrm{d}V'-\frac{\mu_0}{4\pi}\int_{V'}\boldsymbol{J}(\boldsymbol{r}')\nabla^2\left(\frac{1}{R}\right)\mathrm{d}V'=$$

$$-\frac{\mu_0}{4\pi}\nabla\int_{V'}\nabla'\cdot\left[\frac{\boldsymbol{J}(\boldsymbol{r}')}{R}\right]\mathrm{d}V'+\mu_0\int_{V'}\boldsymbol{J}(\boldsymbol{r}')\,\delta(\boldsymbol{r}-\boldsymbol{r}')\,\mathrm{d}V'=$$

$$-\frac{\mu_0}{4\pi}\nabla\int_{V'}\nabla'\cdot\left[\frac{\boldsymbol{J}(\boldsymbol{r}')}{R}\right]\mathrm{d}V'+\mu_0\boldsymbol{J}(\boldsymbol{r})=\mu_0\boldsymbol{J}(\boldsymbol{r}) \tag{4.53}$$

即

$$\nabla\times\boldsymbol{B}(\boldsymbol{r})=\mu_0\boldsymbol{J}(\boldsymbol{r})$$

可以简写成

$$\nabla\times\boldsymbol{B}=\mu_0\boldsymbol{J} \tag{4.54}$$

式(4.53)的推导变换过程中应用到的矢量恒等式有 $\nabla\times\nabla\times\boldsymbol{A}=\nabla(\nabla\cdot\boldsymbol{A})-\nabla^2\boldsymbol{A}$；

$$\nabla\cdot\left[\frac{\boldsymbol{J}(\boldsymbol{r}')}{R}\right]=\boldsymbol{J}(\boldsymbol{r}')\cdot\nabla\frac{1}{R}=$$

$$-\boldsymbol{J}(\boldsymbol{r}')\cdot\nabla'\frac{1}{R}=-\nabla'\cdot\left(\frac{\boldsymbol{J}(\boldsymbol{r}')}{R}\right)+\frac{\nabla'\cdot\boldsymbol{J}(\boldsymbol{r}')}{R}=-\nabla'\cdot\left(\frac{\boldsymbol{J}(\boldsymbol{r}')}{R}\right);$$

$$\nabla'\cdot\boldsymbol{J}(\boldsymbol{r}')=0;\ \nabla^2\frac{1}{R}=-4\pi\delta(\boldsymbol{r}-\boldsymbol{r}')。$$

对式(4.54)利用斯托克斯定理$\int_S(\nabla\times\boldsymbol{B})\cdot\mathrm{d}\boldsymbol{S}=\oint_C\boldsymbol{B}\cdot\mathrm{d}\boldsymbol{l}$,可得

$$\oint_C\boldsymbol{B}\cdot\mathrm{d}\boldsymbol{l}=\mu_0\boldsymbol{I} \tag{4.55}$$

其中μ_0是真空中的磁导率,若电流分布空间为某种磁介质,则其磁导率应表示为$\mu=\mu_0\mu_r$,μ_r称为磁介质的相对磁导率。相对磁导率越大,表明这种磁介质被恒定电流磁化的程度越高。$\mu_r>1$的物质称为顺磁物质;$\mu_r<1$的物质称为抗磁物质;$\mu_r\gg1$的物质称为铁磁物质。

式(4.54)和(4.55)是安培环路方程的微分方程和积分方程。其物理含义可解释为:**恒定磁场是一个有旋场,在真空中某点恒定磁场的旋度等于该点的电流密度与真空磁导率的乘积;在真空中某点磁感应强度$\boldsymbol{B}$沿着任意闭合路径C的环量等于穿过该路径所围成的曲面S的电流强度I与真空磁导率的乘积。**

由以上证明我们可以归纳如下。

① 真空中恒定磁场的基本方程

微分形式

$$\begin{cases}\nabla\cdot\boldsymbol{B}=0\\ \nabla\times\boldsymbol{B}=\mu_0\boldsymbol{J}\end{cases}$$

积分形式

$$\begin{cases}\oint_S\boldsymbol{B}\cdot\mathrm{d}\boldsymbol{S}=0\\ \oint_C\boldsymbol{B}\cdot\mathrm{d}\boldsymbol{l}=\mu_0\boldsymbol{I}\end{cases}$$

② 真空中的物质特性方程

$$\boldsymbol{B}=\mu_0\boldsymbol{H}$$

而磁介质中恒定磁场的基本方程与真空中的形式完全相同，仅是物质特性方程，满足

$$\boldsymbol{B} = \mu \boldsymbol{H}$$

例4.2　根据恒定磁场的两个基本特性判断下面的矢量函数中哪些可能是磁场？如果是，求其源变量 $\boldsymbol{J}$。

(1) $\boldsymbol{H} = \boldsymbol{e}_x(-ay) + \boldsymbol{e}_y ax, \boldsymbol{B} = \mu_0 \boldsymbol{H}$；

(2) $\boldsymbol{H} = \boldsymbol{e}_\varphi ar, \boldsymbol{B} = \mu_0 \boldsymbol{H}$（球坐标）；

(3) $\boldsymbol{H} = \boldsymbol{e}_r ar, \boldsymbol{B} = \mu_0 \boldsymbol{H}$（圆柱坐标）。

解　(1) 在直角坐标系中

$$\nabla \cdot \boldsymbol{B} = \frac{\partial}{\partial x}(-\mu_0 ay) + \frac{\partial}{\partial y}(\mu_0 ax) = 0$$

该矢量是磁场的场矢量，其源分布为

$$\boldsymbol{J} = \nabla \times \boldsymbol{H} = \begin{vmatrix} \boldsymbol{e}_x & \boldsymbol{e}_y & \boldsymbol{e}_z \\ \dfrac{\partial}{\partial x} & \dfrac{\partial}{\partial y} & \dfrac{\partial}{\partial z} \\ -ay & ax & 0 \end{vmatrix} = \boldsymbol{e}_z 2a$$

(2) 在球坐标中

$$\nabla \cdot \boldsymbol{B} = \frac{1}{r\sin\theta}\frac{\partial B_\varphi}{\partial \varphi} = \frac{1}{r\sin\theta}\frac{\partial}{\partial \varphi}(\mu_0 ar) = 0$$

该矢量是磁场的场矢量，其源分布为

$$\boldsymbol{J} = \nabla \times \boldsymbol{H} = \frac{1}{r^2\sin\theta}\begin{vmatrix} \boldsymbol{e}_r & r\boldsymbol{e}_\theta & r\sin\theta \boldsymbol{e}_\varphi \\ \dfrac{\partial}{\partial r} & \dfrac{\partial}{\partial \theta} & \dfrac{\partial}{\partial \varphi} \\ 0 & 0 & ar^2\sin\theta \end{vmatrix} = \boldsymbol{e}_r a\cot\theta - \boldsymbol{e}_\theta 2a$$

(3) 在圆柱坐标中

$$\nabla \cdot \boldsymbol{B} = \frac{1}{r}\frac{\partial}{\partial r}(rB_r) = \frac{\mu_0}{r}\frac{\partial}{\partial r}(ar^2) = 2\mu_0 a \neq 0$$

该矢量不是磁场的场矢量。

4.3.3　矢量磁位

在静电场理论中，为了能更加方便的求解电场，而引入电位函数 φ 这一物理量，与静电场相似，在恒定磁场理论中，同样为了简化磁场的求解过程，而引入磁位的概念，磁位有矢量磁位和标量磁位之分（详见4.3.4节），我们在这一节里将主要讲述矢量磁位的内容。

恒定磁场的一个很重要的性质就是无散度特性，即

$$\nabla \cdot \boldsymbol{B} = 0$$

又

$$\nabla \cdot (\nabla \times \boldsymbol{A}) = 0$$

一个矢量旋度的散度恒等于零，就可以用一个矢量 $\boldsymbol{A}$ 的旋度 $(\nabla \times \boldsymbol{A})$ 来代替磁感应

强度 $\boldsymbol{B}$,即可表示为

$$\boldsymbol{B} = \nabla \times \boldsymbol{A} \tag{4.56}$$

式中,$\boldsymbol{A}$ 称为磁场的**矢量磁位**(Vector Magnetic Potential),简称磁矢位,单位是特·米(T·m)或韦[伯]/米(Wb/m)。

由式(4.43),磁感应强度 $\boldsymbol{B}$ 可表示为

$$\boldsymbol{B} = \nabla \times \frac{\mu_0}{4\pi}\oint_{C'} \frac{I\mathrm{d}\boldsymbol{l}'}{R} \tag{4.57}$$

将式(4.57) 与式(4.56) 相比较可将矢量磁位 $\boldsymbol{A}$ 表示为

$$\boldsymbol{A} = \frac{\mu_0}{4\pi}\oint_{C'} \frac{I\mathrm{d}\boldsymbol{l}'}{R} \tag{4.58}$$

很明显,式(4.58) 所表示的是由线电流所产生的磁矢位,同理可以得到由面电流分布和体电流分布所产生的磁矢位的表达式

$$\boldsymbol{A} = \frac{\mu_0}{4\pi}\oint_{S'} \frac{\boldsymbol{J}_S\mathrm{d}S'}{R} \tag{4.59}$$

$$\boldsymbol{A} = \frac{\mu_0}{4\pi}\int_{V'} \frac{\boldsymbol{J}\mathrm{d}V'}{R} \tag{4.60}$$

当电流分布已知时,在某些情况下计算矢量磁位 $\boldsymbol{A}$ 比计算磁感应强度 $\boldsymbol{B}$ 简单。

根据亥姆霍兹定理的内容,要想唯一的确定一个矢量场,仅仅知道磁矢位 $\boldsymbol{A}$ 的旋度是不够的,还必须知道它的散度,而 $\boldsymbol{A}$ 的散度是可以任意假定的,指定一个磁矢位 $\boldsymbol{A}$ 的散度,称为一种规范。在恒定磁场的情形下,选取磁矢位的散度为零较为方便,即

$$\nabla \cdot \boldsymbol{A} = 0 \tag{4.61}$$

该式称为**库仑规范**。在这个规范下,矢量磁位可以被唯一地确定。

由于在真空中

$$\boldsymbol{H} = \frac{\boldsymbol{B}}{\mu_0} = \frac{1}{\mu_0}\nabla \times \boldsymbol{A} \tag{4.62}$$

所以将式(4.62) 代入恒定磁场的基本方程 $\nabla \times \boldsymbol{H} = \boldsymbol{J}$ 中,得到

$$\nabla \times \nabla \times \boldsymbol{A} = \mu_0 \boldsymbol{J} \tag{4.63}$$

利用矢量恒等式 $\nabla \times \nabla \times \boldsymbol{A} = \nabla(\nabla \cdot \boldsymbol{A}) - \nabla^2 \boldsymbol{A}$,并且代入式(4.61),可得

$$\nabla^2 \boldsymbol{A} = -\mu_0 \boldsymbol{J} \tag{4.64}$$

该方程称为矢量磁位 $\boldsymbol{A}$ 所满足的泊松方程,对于无源区域($\boldsymbol{J} = \boldsymbol{0}$),则有

$$\nabla^2 \boldsymbol{A} = 0 \tag{4.65}$$

该方程称为矢量磁位 $\boldsymbol{A}$ 所满足的拉普拉斯方程。式中的 ∇^2 是矢量拉普拉斯算符,它与标量拉普拉斯算符完全不同。在任意坐标系中,其展开形式较为复杂,但在直角坐标系中,可以写成

$$\nabla^2 \boldsymbol{A} = \boldsymbol{e}_x \nabla^2 A_x + \boldsymbol{e}_y \nabla^2 A_y + \boldsymbol{e}_z \nabla^2 A_z \tag{4.66}$$

进而可以得到方程(4.66) 的分量形式

$$\left.\begin{aligned}\nabla^2 A_x &= -\mu_0 J_x\\ \nabla^2 A_y &= -\mu_0 J_y\\ \nabla^2 A_z &= -\mu_0 J_z\end{aligned}\right\} \tag{4.67}$$

注意,这里的 ∇^2 就是标量拉普拉斯算符,即

$$\nabla^2 = \frac{\partial^2}{\partial x^2} + \frac{\partial^2}{\partial y^2} + \frac{\partial^2}{\partial z^2}$$

4.3.4　标量磁位

在无自由电流($\boldsymbol{J} = 0$) 的空间,恒定磁场的基本方程可表示为

$$\nabla \times \boldsymbol{H} = 0 \tag{4.68}$$

根据矢量恒等式 $\nabla \times \nabla \varphi = 0$,可以用一个标量函数 φ 的负梯度来表示磁场强度 $\boldsymbol{H}$,即

$$\boldsymbol{H} = -\nabla \varphi_m \tag{4.69}$$

式中,φ_m 称为磁场的**标量磁位**(简称磁标位),单位为安培(A),其中负号是为了和静电场中的电位相对应而人为加上的,没有任何具体的物理含义。

由以上分析可知,标量磁位 φ_m 仅适用在无源的空间区域,而矢量磁位 $\boldsymbol{A}$ 无论是在有源空间区域还是在无源空间区域都是适用的。在实际问题中,标量磁位常常用来分析磁介质的磁化等问题。

在磁介质内

$$\nabla \cdot \boldsymbol{B} = \mu_0(\nabla \cdot \boldsymbol{H} + \nabla \cdot \boldsymbol{M}) = 0$$

因此有

$$\nabla \cdot \boldsymbol{M} = -\nabla \cdot \boldsymbol{H}$$

即磁场 $\boldsymbol{H}$ 是有散度的,我们令 $\rho_m = -\nabla \cdot \boldsymbol{M}$,其中 $\boldsymbol{M}$ 为磁化强度,则

$$\nabla \cdot \boldsymbol{H} = \rho_m \tag{4.70}$$

ρ_m 称为磁化磁荷分布,实际上,磁荷这种物质是不存在的,在这里是为了将磁场中磁介质的磁化问题与静电场中电介质的极化问题相对应而采用的一种静磁[荷] 模型理论,磁荷也是相对于电荷而命名的。另外,在介质表面的面磁荷分布我们将它定义为 $P_{Sm} = \boldsymbol{M} \cdot \boldsymbol{n}^\circ$,其中 $\boldsymbol{n}^\circ$ 为分界面的介质 2 指向介质 1 的法向方向。将式(4.69) 代入式(4.70),可以得到

$$\nabla^2 \varphi_m = -\rho_m \tag{4.71}$$

此方程称为标量磁位的泊松方程。

在磁介质中,若 $\rho_m = 0$,则有

$$\nabla^2 \varphi_m = 0 \tag{4.72}$$

此方程称为标量磁位的拉普拉斯方程。

例 4.3　现有半径为 a 的小圆环,通有电流 I。试计算小圆环外区域任意场点的矢量磁位和磁感应强度,并讨论当 $a \to 0$ 时小圆环电流的磁场分布特点。

解　将小圆环置于 xOy 平面内,采用球坐标系,使电流圆环的轴线与 z 轴重合,电流

圆环的中心与坐标原点重合,如图 4.9 所示。由于场分布的对称性,则与方位角 φ 无关,因此取场点 $p(r,\theta,0)$ 进行分析具有普遍意义。

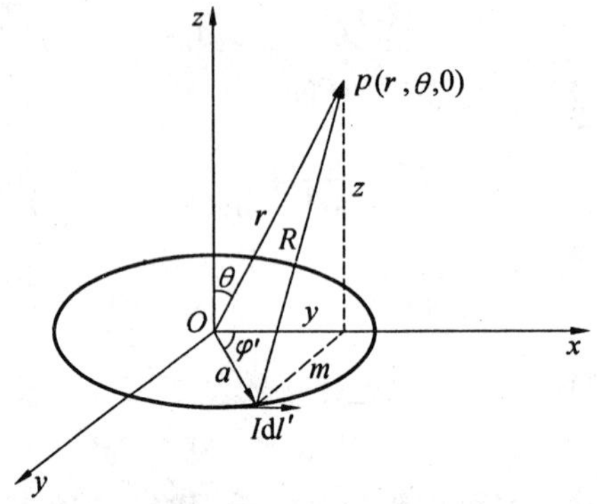

图 4.9 电流圆环的矢量位和磁场

由式(4.58) 可得小电流圆环在空间 $p(r,\theta,0)$ 点处所产生的矢量磁位为

$$\boldsymbol{A}=\frac{\mu_0}{4\pi}\oint_{l'}\frac{I\mathrm{d}\boldsymbol{l}'}{R}$$

$$\mathrm{d}\boldsymbol{l}'=\boldsymbol{e}_{\varphi}a\mathrm{d}\varphi'$$

$$R=a^2+y^2+z^2-2ay\cos\varphi'=a^2+r^2-2ar\sin\theta\cos\varphi'$$

因为讨论的是 $r\gg a$ 的区域场,则

$$\frac{1}{R}=\frac{1}{r}\left(\frac{a^2}{r^2}+1-\frac{2a}{r}\sin\theta\cos\varphi'\right)^{-\frac{1}{2}}\approx$$

$$\frac{1}{r}\left(1-\frac{2a}{r}\sin\theta\cos\varphi'\right)^{-\frac{1}{2}}\approx$$

$$\frac{1}{r}\left(1+\frac{a}{r}\sin\theta\cos\varphi'\right)$$

因此矢量磁位 $\boldsymbol{A}$ 可表示为

$$\boldsymbol{A}=\boldsymbol{e}_{\varphi}\frac{\mu_0 I}{4\pi}\int_0^{2\pi}\frac{1}{r}\left(1+\frac{a}{r}\sin\theta\cos\varphi'\right)a\mathrm{d}\varphi'$$

即

$$\boldsymbol{A}_{\varphi}=\boldsymbol{e}_{\varphi}\frac{\mu_0 I\pi a^2}{4\pi r^2}\sin\theta=\boldsymbol{e}_{\varphi}\frac{\mu_0 IS}{4\pi r^2}\sin\theta$$

式中,$S=\pi a^2$ 是小电流圆环的面积。

利用球坐标系中旋度的计算公式,可以得到小电流圆环远区场的磁感应强度

$$\boldsymbol{B}=\nabla\times\boldsymbol{A}=\frac{1}{r^2\sin\theta}\begin{vmatrix}\boldsymbol{e}_r & r\boldsymbol{e}_{\theta} & r\sin\theta\boldsymbol{e}_{\varphi}\\ \dfrac{\partial}{\partial r} & \dfrac{\partial}{\partial\theta} & \dfrac{\partial}{\partial\varphi}\\ A_r & rA_{\theta} & r\sin^2\theta\dfrac{\mu_0 IS}{4\pi r^2}\end{vmatrix}=$$

$$\boldsymbol{e}_r\frac{\mu_0 IS}{2\pi r^3}\cos\theta+\boldsymbol{e}_{\theta}\frac{\mu_0 IS}{4\pi r^3}\sin\theta$$

可见,小电流圆环的远区磁场分布与电偶极子的远区电场分布相似,因为所讨论的是$r \gg a$的区域场,反过来也可以认为是小电流圆环的半径$a \to 0$,其结论与上面所讨论的结果相同。载有恒定电流的小回路称为磁偶极子,仿照静电场中电偶极子的形式,可取一个矢量

$$\boldsymbol{P}_m = I\boldsymbol{S}$$

$\boldsymbol{S}$的方向与电流方向成右手螺旋法则,$\boldsymbol{P}_m$称为**磁偶极矩**(Magnetic Dipole Moment),单位韦伯·米(Wb·m)。

小电流圆环的磁感应强度还可以表示为

$$\boldsymbol{B} = \boldsymbol{e}_r \frac{\mu_0 p_m}{2\pi r^3}\cos\theta + \boldsymbol{e}_\theta \frac{\mu_0 p_m}{4\pi r^3}\sin\theta \tag{4.73}$$

磁偶极子的矢量磁位还可表示为

$$\boldsymbol{A} = \boldsymbol{e}_\varphi \frac{\mu_0 p_m}{4\pi r^2}\sin\theta = \frac{\mu_0}{4\pi r^3}\boldsymbol{p}_m \times \boldsymbol{r} = -\frac{\mu_0 \boldsymbol{p}_m}{4\pi} \times \nabla\left(\frac{1}{r}\right)$$

因此,磁偶极子的磁感应强度为

$$\boldsymbol{B} = -\frac{\mu_0}{4\pi}\nabla \times \left(\boldsymbol{p}_m \times \nabla \frac{1}{r}\right) = \frac{\mu_0}{4\pi}\nabla \times \left(\nabla \times \frac{\boldsymbol{p}_m}{r} - \frac{1}{r}\nabla \times \boldsymbol{p}_m\right)$$

由于$\boldsymbol{p}_m$是常矢量,所以满足$\nabla \times \boldsymbol{p}_m = 0$,则

$$\boldsymbol{B} = \frac{\mu_0}{4\pi}\nabla \times \nabla \times \frac{\boldsymbol{p}_m}{r}$$

根据矢量恒等式$\nabla \times \nabla \times \boldsymbol{A} = \nabla(\nabla \cdot \boldsymbol{A} - \nabla^2 \boldsymbol{A})$,并考虑$r \neq 0$时有$\nabla^2\left(\frac{1}{r}\right) = 0$,$\nabla^2\left(\frac{\boldsymbol{p}_m}{r}\right) = 0$,故又有

$$\boldsymbol{B} = \frac{\mu_0}{4\pi}\nabla\left(\nabla \cdot \frac{\boldsymbol{p}_m}{r}\right) = \frac{\mu_0}{4\pi}\nabla\left(\boldsymbol{p}_m \cdot \nabla \frac{1}{r}\right) = -\mu_0 \nabla\left(\frac{\boldsymbol{p}_m \cdot \boldsymbol{r}}{4\pi r^3}\right)$$

其中,$\nabla \frac{1}{r} = -\frac{\boldsymbol{r}}{r^3}$。

根据标量磁位的定义式(4.69),可得磁偶极子的标量磁位为

$$\varphi_m = \frac{\boldsymbol{p}_m \cdot \boldsymbol{r}}{4\pi r^3} \tag{4.74}$$

构成电偶极子的是电荷,同理若假定有磁荷存在时,磁偶极矩$\boldsymbol{p}_m = q_m \mathrm{d}\boldsymbol{l} = I\mathrm{d}\boldsymbol{S}$,假定的磁荷量$q_m = \frac{I\mathrm{d}S}{\mathrm{d}l}$,单位为安培·米(A·m)。而磁偶极子的标量磁位可以写为

$$\varphi_m = \frac{q_m \mathrm{d}\boldsymbol{l} \cdot \boldsymbol{r}}{4\pi r^3} \tag{4.75}$$

由以上分析可知,磁偶极子是为了分析问题方便而定义的物理模型:一个是电流环模型,也称为安培模型;另一个是假想的磁荷模型,也称为静磁模型。

4.3.5 恒定磁场的边界条件

与静电场相似,当恒定磁场从一种介质穿入到另一种介质中时,在两种不同介质的交界面处场变量要发生变化,把这种变化关系称为恒定磁场的边界条件。而引起这种变化的原因是由于在交界面上存在着磁化面电流,因而,若在两种介质的交界面上无磁化面电流,恒定磁场的场变量在交界面上仍会保持连续的状态。

1. 场变量 $\boldsymbol{B}$ 的法向分量的边界条件

在两种不同介质的交界面上取一个微小的柱形体,上下底面的面积分别为ΔS且位于介质交界面的两侧,如图4. 10所示,令微小柱形体的高h是无穷小量($h\to 0$),应用磁通连续性原理可得

$$\oint_S \boldsymbol{B}\cdot \mathrm{d}\boldsymbol{S} = \boldsymbol{B}_1\cdot \boldsymbol{n}^\circ \Delta S - \boldsymbol{B}_2\cdot \boldsymbol{n}^\circ \Delta S = 0$$

即

$$(\boldsymbol{B}_1 - \boldsymbol{B}_2)\cdot \boldsymbol{n}^\circ = 0 \tag{4.76}$$

写成标量形式有

$$B_{1n} = B_{2n} \tag{4.77}$$

物理含义为:磁感应强度 $\boldsymbol{B}$ 的法向分量在两种不同介质交界面处是连续的。

2. 场变量 $\boldsymbol{H}$ 的切向分量的边界条件

如图4. 11所示,在两种不同介质的交界面上取一个微小的矩形回路,上下两边的长分别为 Δl 且位于介质交界面的两侧,令微小矩形回路的高 h 是无穷小量($h\to 0$),应用安培环路原理可得

$$\oint_l \boldsymbol{H}\cdot \mathrm{d}\boldsymbol{l} = \boldsymbol{n}^\circ \times \boldsymbol{H}_1 \Delta l - \boldsymbol{n}^\circ \times \boldsymbol{H}_2 \Delta l = \Sigma I$$

即

$$\boldsymbol{n}^\circ \times (\boldsymbol{H}_1 - \boldsymbol{H}_2) = \boldsymbol{J}_S \tag{4.78}$$

若两介质交界面上没有自由的表面电流分布,则

$$\boldsymbol{n}^\circ \times (\boldsymbol{H}_1 - \boldsymbol{H}_2) = 0 \tag{4.79}$$

即

$$H_{1t} = H_{2t} \tag{4.80}$$

物理含义为:如果在两介质交界面上有自由面电流 $\boldsymbol{J}_S$ 存在,那么磁场强度 $\boldsymbol{H}$ 在介质交界面处不连续,且自由面电流密度分布等于两介质中磁场强度切向分量之差;如果在两介质交界面上没有自由面电流存在,那么磁场强度 $\boldsymbol{H}$ 在介质交界面处是连续的。

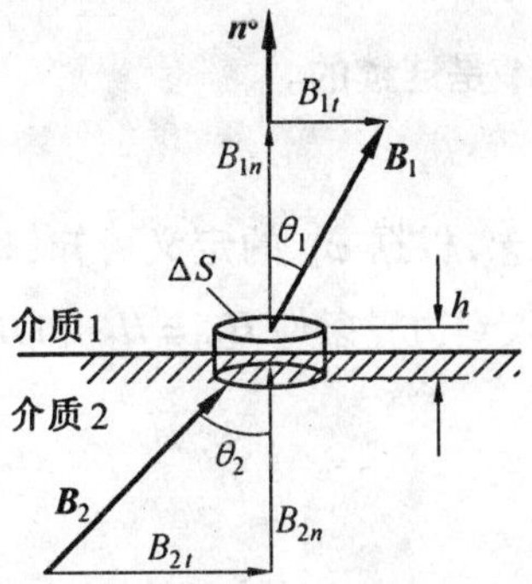

图4.10　两种不同介质的交界面

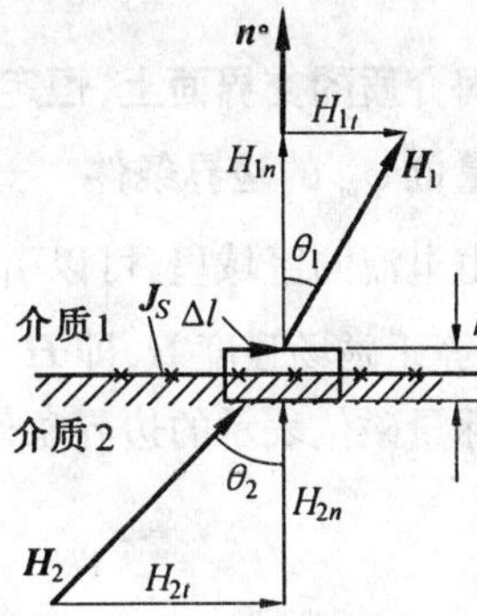

图4.11　两种不同介质的交界面

由以上推导过程可知，如果在两介质交界面上没有自由面电流分布，其边界条件应满足 $B_{1n}=B_{2n}$ 和 $H_{1t}=H_{2t}$，结合图4.10和4.11，可以将边界条件的表达式改写为

$$\mu_1 H_1 \cos\theta_1 = \mu_2 H_2 \cos\theta_2$$
$$H_1 \sin\theta_1 = H_2 \sin\theta_2$$

两式左右两端相除即得

$$\frac{\tan\theta_1}{\tan\theta_2}=\frac{\mu_1}{\mu_2}$$

此式就是在两种不同磁介质的交界面处磁感应线（$\boldsymbol{B}$ 线）和磁力线（$\boldsymbol{H}$ 线）所遵循的折射定律。该式表明在磁介质中磁导率越高，$\boldsymbol{B}$ 线或 $\boldsymbol{H}$ 线与交界面法线间的夹角也就越大。例如介质1是空气，介质2是铁磁物质，由于 $\mu_1 \ll \mu_2$，则 $\theta_1 \ll \theta_2$，在空气中磁感应线几乎与铁表面垂直。

3. 场矢量位 $\boldsymbol{A}$ 的边界条件

根据矢量磁位 $\boldsymbol{A}$ 的定义可知，矢量磁位 $\boldsymbol{A}$ 的旋度等于磁感应强度 $\boldsymbol{B}$，即 $\nabla\times\boldsymbol{A}=\boldsymbol{B}$，将其代入磁通连续性方程的积分式中，并应用斯托克斯定理（旋度定理），可得

$$\oint_l \boldsymbol{A}\cdot \mathrm{d}\boldsymbol{l}=0 \tag{4.81}$$

此方程的形式与无自由电流区域下的磁场强度 $\boldsymbol{H}$ 的安培环路方程类似，因此采用与磁场强度 $\boldsymbol{H}$ 在交界面处的边界条件相同的证明过程，可以得到

$$A_{1t}=A_{2t} \tag{4.82}$$

根据库仑规范，在恒定磁场理论中规定矢量磁位 $\boldsymbol{A}$ 的散度等于零，即 $\nabla\cdot\boldsymbol{A}=0$，应用散度定理有

$$\int_V \nabla\cdot\boldsymbol{A}\mathrm{d}V=\oint_S \boldsymbol{A}\cdot\mathrm{d}\boldsymbol{S}=0$$

此方程后面的等式与磁感应强度 $\boldsymbol{B}$ 的磁通连续性方程类似，因此采用与磁感应强度 $\boldsymbol{B}$ 在交界面处的边界条件相同的证明过程，可以得到

$$A_{1n}=A_{2n} \tag{4.83}$$

由式（4.82）和式（4.83）可以得到

$$\boldsymbol{A}_1 = \boldsymbol{A}_2 \tag{4.84}$$

即在两种不同介质的交界面上，恒定磁场的矢量磁位 $\boldsymbol{A}$ 是连续的。

4. 场标量位 φ_m 的边界条件

在无自由电流的区域里，可以引入标量磁位的概念，根据 φ_m 的定义可知，标量磁位 φ_m 的负梯度等于磁场强度 $\boldsymbol{H}$，即 $\boldsymbol{H} = -\nabla\varphi_m$，将其代入到边界条件 $H_{1t} = H_{2t}$ 和 $B_{1n} = B_{2n}$，可以得到用标量磁位表示的边界条件为

$$\varphi_{m1} = \varphi_{m2} \tag{4.85}$$

$$\mu_1 \frac{\partial\varphi_{m1}}{\partial n^\circ} = \mu_2 \frac{\partial\varphi_{m2}}{\partial n^\circ} \tag{4.86}$$

标量磁位在求解永磁体的磁场问题时比较方便(因其内无自由电流)。永磁体的磁导率远大于空气的磁导率，因而永磁体表面是一个等位(标量磁位)面，这时可以用静电比拟法来计算永磁体的磁场。

本章小结

(1) 恒定电流的电场和电荷分布不随时间发生变化，基本方程为

$$\oint_S \boldsymbol{J}\cdot d\boldsymbol{S} = 0$$

$$\oint_l \boldsymbol{E}\cdot d\boldsymbol{l} = 0$$

微分形式为

$$\nabla\cdot\boldsymbol{J} = 0$$

$$\nabla\times\boldsymbol{E} = 0$$

欧姆定律的微分形式为

$$\boldsymbol{J} = \sigma\boldsymbol{E}$$

焦耳定律的微分形式为

$$p = \boldsymbol{J}\cdot\boldsymbol{E}$$

均匀导体中电位满足拉普拉斯方程：

$$\nabla^2\varphi = 0$$

(2) 恒定电流场的边界条件为

$$E_{1t} = E_{2t}$$

$$J_{1n} = J_{2n}$$

或

$$\varphi_1 = \varphi_2$$

$$\mu_1 \frac{\partial\varphi_1}{\partial n^\circ} = \mu_2 \frac{\partial\varphi_2}{\partial n^\circ}$$

(3) 无外源区域中均匀导电媒质内恒定电流场的基本方程、边界条件和物理量与无源区域中均匀介质内静电场的基本方程、边界条件和物理量具有一一对应的关系，当二者的边界条件相同时，它们的解也具有相同的形式。

(4) 恒定磁场的安培定律和毕奥-萨伐尔定律

① 安培定律表示在线性磁介质中两个电流回路之间的相互作用力，即安培力为

$$\boldsymbol{F}_{12} = \oint_{C_2} I_2 \mathrm{d}\boldsymbol{l}_2 \times \left(\frac{\mu_0}{4\pi} \oint_{C_1} \frac{I_1 \mathrm{d}\boldsymbol{l}_1 \times \boldsymbol{R}}{R^3} \right)$$

任意电流元 $I\mathrm{d}\boldsymbol{l}$ 在外磁场 $\boldsymbol{B}$ 中受到的安培力为

$$\mathrm{d}\boldsymbol{F} = I\mathrm{d}\boldsymbol{l} \times \boldsymbol{B}$$

运动电荷 q 所受到的安培力为

$$\boldsymbol{F} = q\boldsymbol{E} + q\boldsymbol{v} \times \boldsymbol{B}$$

② 磁感应强度的毕奥－萨伐尔定律

线电流所产生的磁感应强度

$$\boldsymbol{B} = \frac{\mu_0}{4\pi} \oint_{l'} \frac{I\mathrm{d}\boldsymbol{l}' \times \boldsymbol{e}_R}{R^2}$$

面电流所产生的磁感应强度

$$\boldsymbol{B} = \frac{\mu_0}{4\pi} \int_{S'} \frac{\boldsymbol{J}_S \times \boldsymbol{e}_R}{R^2} \mathrm{d}S'$$

体电流所产生的磁感应强度

$$\boldsymbol{B} = \frac{\mu_0}{4\pi} \int_{V'} \frac{\boldsymbol{J} \times \boldsymbol{e}_R}{R^2} \mathrm{d}V'$$

(5) 恒定磁场的基本方程

① 真空中恒定磁场的基本方程

微分形式

$$\nabla \cdot \boldsymbol{B} = 0$$

$$\nabla \times \boldsymbol{H} = \boldsymbol{J}$$

积分形式

$$\oint_S \boldsymbol{B} \cdot \mathrm{d}\boldsymbol{S} = 0$$

$$\oint_l \boldsymbol{H} \cdot \mathrm{d}\boldsymbol{l} = \boldsymbol{I}$$

② 真空中的物质特性方程为

$$\boldsymbol{B} = \mu_0 \boldsymbol{H}$$

而磁介质中恒定磁场的基本方程与真空中的形式完全相同，仅是物质特性方程满足

$$\boldsymbol{B} = \mu \boldsymbol{H}$$

(6) 矢量磁位

面电流分布和体电流分布所产生的磁矢位的表达式为

$$\boldsymbol{A} = \frac{\mu_0}{4\pi} \oint_S \frac{\boldsymbol{J}_S \mathrm{d}S}{R}$$

$$\boldsymbol{A} = \frac{\mu_0}{4\pi} \oint_V \frac{\boldsymbol{J} \mathrm{d}V}{R}$$

(7) 磁偶极子

磁偶极子是为了分析问题方便而定义的物理模型：一个是电流环模型，也称为安培模型；另一个是假想的磁荷模型，也称为静磁模型。

磁偶极子的磁感应强度

$$B = e_r \frac{\mu_0 p_m}{2\pi r^3}\cos\theta + e_\theta \frac{\mu_0 p_m}{4\pi r^3}\sin\theta$$

磁偶极子的矢量磁位

$$A = e_\varphi \frac{\mu_0 p_m}{4\pi r^2}\sin\theta$$

磁偶极子的标量磁位

$$\varphi_m = \frac{p_m \cdot r}{4\pi r^3}$$

(8) 无源区域的恒定磁场在两种不同介质交界面处的边界条件

$$B_{1n} = B_{2n}$$

$$H_{1t} = H_{2t}$$

$$A_1 = A_2$$

$$\varphi_{m1} = \varphi_{m2}$$

$$\mu_1 \frac{\partial \varphi_{m1}}{\partial n^\circ} = \mu_2 \frac{\partial \varphi_{m2}}{\partial n^\circ}$$

习　　题

4.1　判断矢量函数 $B = -A_y e_x + A_x e_y$ 是否可能是某区域的磁感应强度。如果是,求相应的电流分布。

4.2　求真空中长为 L,电流为 I 的载流直导线的磁场。

4.3　已知在半径为 a 的无限长圆柱导体内有恒定电流 I 沿轴向方向。设导体的磁导率为 μ_1,其外充满磁导率为 μ_2 的均匀磁介质,求导体内、外的磁场强度、磁感应强度。

4.4　半径为 a 的球体内部均匀分布着总电荷量为 Q 的电荷,球体以某条直径为轴以角速度 ω 进行旋转。求球内的电流密度并计算分布电流的总和。

4.5　内导体半径为 a,外导体内半径为 c 的同轴电缆,填充有两层介质,介质分界面的半径为 b。两层介质的介电常数分别为 ε_1 和 ε_2,电导率分别为 σ_1 和 σ_2。设内导体的电位为 U_0,外导体接地。求:

(1) 两导体之间的电流密度和电场强度分布;

(2) 介质分界面上的自由电荷面密度;

(3) 同轴线单位长度的电容及漏电阻。

4.6　平行板电容器的极板面积为 S,其间填充厚度分别为 d_1 和 d_2 的漏电媒介,电导率分别为 σ_1 和 σ_2,如题4.6图所示。当极板间加电压 U_0 时,求各个区域的电场强度,并求漏电电阻。

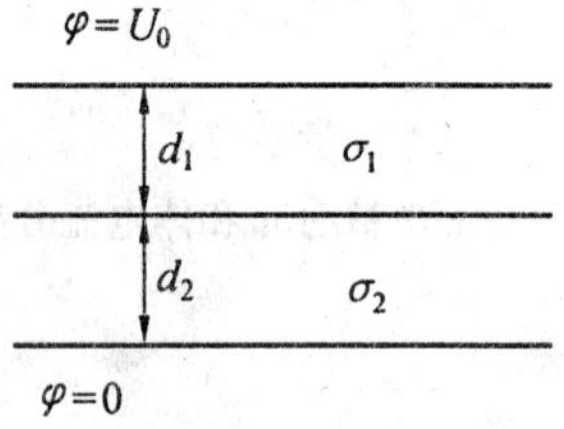

题4.6图

4.7　若两个同心的球形金属壳的半径为 r_1 及 $r_2(r_1 < r_2)$,球壳之间填充媒质的电导率 $\sigma = \sigma_0\left(1 + \frac{k}{r}\right)$,试求两球壳之间的电阻。

4.8　内外导体分别为 a, c 的同轴线,其间填充两种漏电媒质,电导率分别为 $\sigma_1(a < r < b)$ 和 $\sigma_2(b < r < c)$,求单位长度的漏电电阻。

4.9　若一张矩形导电纸的电导率为 σ,面积为 $a \times b$,四周电位如题4.9图所示。求:(1) 导电纸中电位分布;(2) 导电纸中电流密度。

4.10　求如题4.10图所示的线电流 I 在点 P 所产生的磁感应强度。

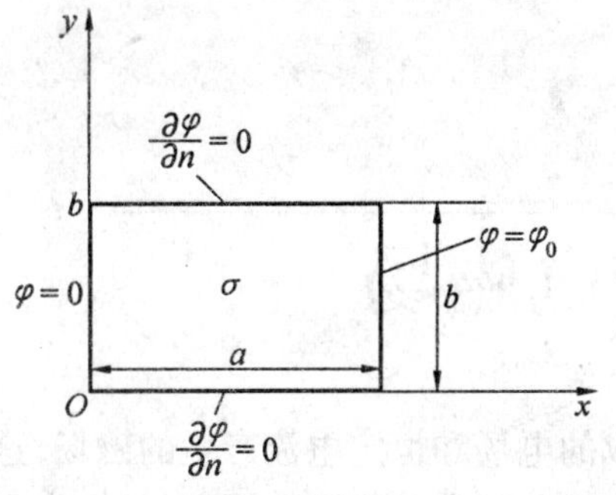

题 4.9 图

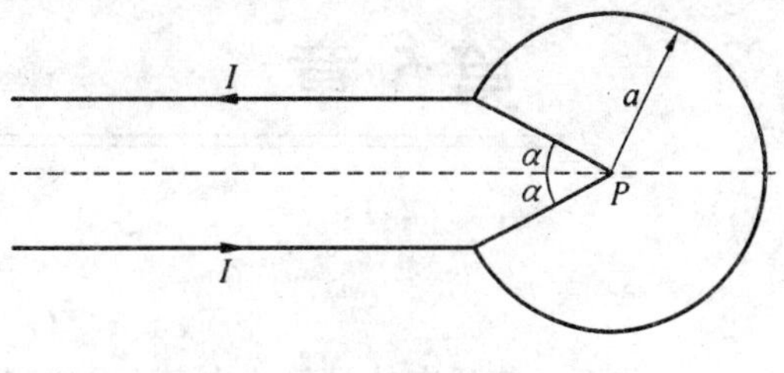

题 4.10 图

4.11　已知空间 $y<0$ 区域为磁性媒质，其相对磁导率 $\mu_r = 5\,000$，$y>0$ 区域为空气。试求：

(1) 当空气中的磁感应强度 $\boldsymbol{B}_0 = (\boldsymbol{e}_x 0.5 - \boldsymbol{e}_y 10)$ mT 时，磁性媒质中的磁感应强度 $\boldsymbol{B}$；

(2) 当磁性媒质中磁感应强度 $\boldsymbol{B} = (\boldsymbol{e}_x 10 - \boldsymbol{e}_y 0.5)$ mT 时，空气中的磁感应强度 $\boldsymbol{B}_0$。

4.12　已知钢在某种磁饱和情况下，磁导率为 $\mu_1 = 2\,000\mu_0$，当钢中的磁感应强度 $B_1 = 0.5\times10^{-2}$ T，$\theta_1 = 75°$ 时，试求此时磁力线由钢进入自由空间一侧后，磁感应强度 B_2 及 B_2 与法线的夹角 θ_2。

第5章

时变电磁场

前面章节研究的是静止电荷(或恒定电流)形成的电场和恒定电流产生的磁场,这两种场互不影响,相互独立存在,因而可以分开研究。但电流或电荷随时间变化时,产生的电场和磁场也随时间变化,这时的电场和磁场就不再是相互无关的。随时间变化的电场要在空间产生变化的磁场,同样,随时间变化的磁场也要在空间产生变化电场。电场和磁场构成了统一的不可分割的部分——电磁场。

1831年法拉第(Michael Faraday)发现电磁感应定律,并提出变化的磁场要产生电场。1864年麦克斯韦(James Clerk Maxwell)提出了位移电流假设,揭示了变化的电场要产生磁场,并全面总结了电磁现象基本规律,即**麦克斯韦方程组**(Maxwell's Equations)。以麦克斯韦方程组为核心的经典电磁理论已成为研究宏观电磁场的基本规律,是研究电磁理论的重要理论基础。

5.1 麦克斯韦方程组

麦克斯韦方程组是宏观电磁场运动遵循的基本规律,前面章节介绍的场方程都是麦克斯韦方程在某种条件下的特例,如静电场和稳恒磁场方程都只是在电荷静止和电流稳恒流动情况下所遵循的规律。然而,宏观电荷的运动是普遍的,即麦克斯韦方程组是支配宏观电荷运动的一般规律。所以下面将逐步揭示麦克斯韦方程组的建立过程以及它的应用。

5.1.1 电流连续性方程

由于本章所研究的电流或电荷是时间和位置的函数,电荷的定向运动形成电流,那么电荷与电流所遵循的规律怎样呢?

如图5.1所示,在体电流分布为$\boldsymbol{J}$的区域内任取一闭合曲面S,其包围体积为V,由于电荷是守恒的,所以从闭合面流出的电流应等于此体积内单位时间内电荷的减少量,即

$$\oint_S \boldsymbol{J} \cdot \mathrm{d}\boldsymbol{S} = -\frac{\mathrm{d}q}{\mathrm{d}t} = -\frac{\mathrm{d}}{\mathrm{d}t}\int_V \rho_f \mathrm{d}V$$

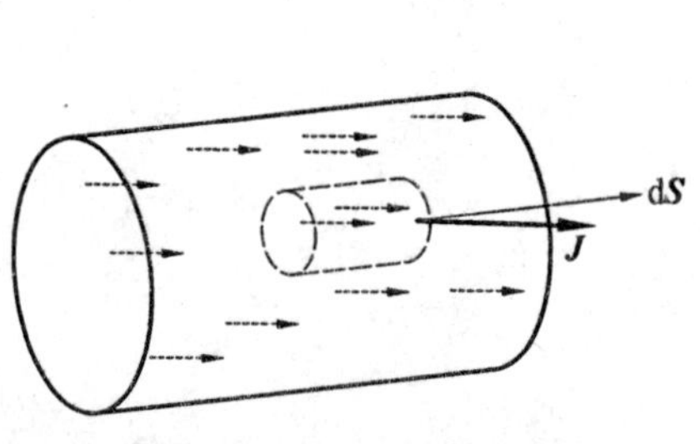

图5.1 电流连续性方程

若S面包围的体积V在空间是静止或固

定的，则$\frac{d}{dt}$变为$\frac{\partial}{\partial t}$。

$$\oint_S \boldsymbol{J} \cdot d\boldsymbol{S} = -\frac{\partial}{\partial t}\int_V \rho_f dV$$

上式左侧应用高斯散度定理，并将右端的微分和积分交换次序（体积V的大小和形状不随时间变化），得

$$\int_V \nabla \cdot \boldsymbol{J} dV = -\int_V \frac{\partial \rho_f}{\partial t} dV \tag{5.1}$$

由于体积V是任意的，则必有

$$\nabla \cdot \boldsymbol{J} = -\frac{\partial \rho_f}{\partial t} \tag{5.2}$$

式(5.1)与式(5.2)分别为**电流连续性方程**(Electric Current Continuity Equation)的积分形式与微分形式。电流连续性是包括极化电流在内的任何电流都必须满足的一个基本性质。

对于导体中不随时间变化的稳恒电流，要求维持电荷运动的电场也必须是稳恒的，这就要求电荷在空间的分布也不随时间变化，即$\frac{\partial \rho_f}{\partial t} = 0$，因而式(5.1)和式(5.2)简化为

$$\int_V \nabla \cdot \boldsymbol{J} dV = 0 \tag{5.3}$$

$$\nabla \cdot \boldsymbol{J} = 0 \tag{5.4}$$

这两个方程是第4章恒定电场所要满足的方程。

5.1.2　电磁感应定律

前面章节讨论的静电场、稳恒电场和稳恒磁场都是场量不随时间变化的，仅是空间坐标的函数，统称为**静态场**(Static Field)。一般情况下，场量是时间和空间坐标的函数，称为**时变电磁场**(Time-varying Electromagnetic Field)。

1831年法拉第通过实验发现，当穿出闭合线圈的磁通量由于某种原因发生变化时，在此闭合线圈中就有感应电流产生，表明回路中产生了感应电动势（见图5.2），并由此总结出**电磁感应定律**(Electromagnetic Induction Law)：当通过任意导体回路的磁通量Φ发生变化时，回路中产生感应电动势，其值等于磁通量Φ的时间变化率的负值，即

$$\xi = -\frac{d\Phi}{dt} \tag{5.5}$$

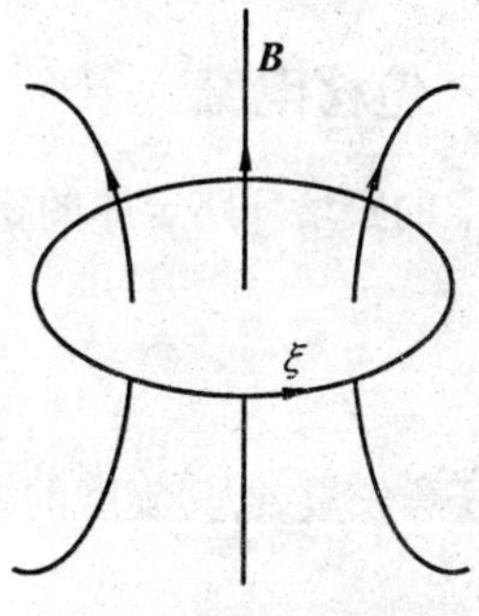

图5.2　感应电动势

式中，负号是**楞次定律**(Lenz's Law)的体现，表示感应电动势作用总是要阻止回路中磁通量Φ的变化，且规定感应电动势的正方向和磁通的正方向之间存在右手螺旋关系。

穿过导体回路的磁通量Φ为

$$\Phi = \int_S \boldsymbol{B} \cdot \mathrm{d}\boldsymbol{S} \tag{5.6}$$

由于感应电动势可视为感应电场产生的，大小为感应电场沿导体回路的线积分，故式(5.5)变为

$$\oint_C \boldsymbol{E}' \cdot \mathrm{d}\boldsymbol{l} = -\frac{\mathrm{d}}{\mathrm{d}t}\int_S \boldsymbol{B} \cdot \mathrm{d}\boldsymbol{S} \tag{5.7}$$

式中，$\boldsymbol{E}'$ 是感应的电场强度。麦克斯韦认为，上式变化的磁场产生的感应电场不仅存在于导体回路中，而且也存在于空间任意点，电磁波的存在证明了这一推广的正确性。

如果空间同时存在库仑电场 $\boldsymbol{E}_C$，则总电场 $\boldsymbol{E} = \boldsymbol{E}' + \boldsymbol{E}_C$，而$\oint_C \boldsymbol{E}_C \cdot \mathrm{d}\boldsymbol{l} = 0$，故有

$$\oint_C \boldsymbol{E} \cdot \mathrm{d}\boldsymbol{l} = -\frac{\mathrm{d}}{\mathrm{d}t}\int_S \boldsymbol{B} \cdot \mathrm{d}\boldsymbol{S} \tag{5.8}$$

上式适合于 $\boldsymbol{B}$ 随时间变化或回路运动的情形，是一普遍公式。

对于只有磁场变化而回路静止的情形，式(5.8)中的全导数可改为偏导数，即

$$\oint_C \boldsymbol{E} \cdot \mathrm{d}\boldsymbol{l} = -\int_S \frac{\partial \boldsymbol{B}}{\partial t} \cdot \mathrm{d}\boldsymbol{S} \tag{5.9}$$

左端利用斯托克斯定理，上式变为

$$\oint_S (\nabla \times \boldsymbol{E}) \cdot \mathrm{d}\boldsymbol{S} = -\int_S \frac{\partial \boldsymbol{B}}{\partial t} \cdot \mathrm{d}\boldsymbol{S}$$

要使上式任意曲面 S 均成立，只有

$$\nabla \times \boldsymbol{E} = -\frac{\partial \boldsymbol{B}}{\partial t} \tag{5.10}$$

式(5.9)和(5.10)分别称为电磁感应定律的积分形式和微分形式。式(5.10)表明，**当空间某点磁场发生变化时，在该点就有感应电场出现，这种电场不同于库仑电场，它是有旋度的场，也可称为涡漩电场(电力线构成闭合曲线，众多电力线形成管道形状，故也称为管型电场)**。法拉第通过此定律将变化的磁场与变化的电场紧密结合起来，充分说明变化磁场在其周围空间激发变化电场。

5.1.3 位移电流

静态场中的安培环路定律的积分形式和微分形式为

$$\oint_C \boldsymbol{H} \cdot \mathrm{d}\boldsymbol{l} = \int_S \boldsymbol{J} \cdot \mathrm{d}\boldsymbol{S}$$

$$\nabla \times \boldsymbol{H} = \boldsymbol{J}$$

此外，对于任意矢量 $\boldsymbol{A}$，其旋度的散度恒为零，即

$$\nabla \cdot (\nabla \times \boldsymbol{A}) = 0$$

则有

$$\nabla \cdot (\nabla \times \boldsymbol{H}) = 0 = \nabla \cdot \boldsymbol{J}$$

由上式可见，由静态场的安培环路定理只能得到稳恒电流的满足的方程 $\nabla \cdot \boldsymbol{J} = 0$，这是稳恒电流满足的方程。但在任意时变电流下的电流方程 $\nabla \cdot \boldsymbol{J} \neq 0$，而是 $\nabla \cdot \boldsymbol{J} + \frac{\partial \rho_f}{\partial t} =$

0,所以必须将静态场方程变为下式,即

$$\nabla \cdot (\nabla \times \boldsymbol{H}) = 0 = \nabla \cdot \boldsymbol{J} + \frac{\partial \rho_f}{\partial t}$$

在

$$\oint_S \boldsymbol{D} \cdot \mathrm{d}\boldsymbol{S} = q = \int_V \rho_f \mathrm{d}V,\ \nabla \cdot \boldsymbol{D} = \rho_f$$

也适用于时变场的前提下,则有

$$\nabla \cdot (\nabla \times \boldsymbol{H}) = \nabla \cdot \boldsymbol{J} + \frac{\partial}{\partial t}(\nabla \cdot \boldsymbol{D}) = \nabla \cdot \left(\boldsymbol{J} + \frac{\partial \boldsymbol{D}}{\partial t}\right)$$

最后得

$$\nabla \times \boldsymbol{H} = \boldsymbol{J} + \frac{\partial \boldsymbol{D}}{\partial t} \tag{5.11}$$

式(5.11)相当于将静态场中的电流密度$\boldsymbol{J}$用$\boldsymbol{J} + \frac{\partial \boldsymbol{D}}{\partial t}$替换,从而得到时变电磁场下安培环路定理(也称全电流定律)。

式(5.11)说明变化的磁场可以由自由电流$\boldsymbol{J}$和$\frac{\partial \boldsymbol{D}}{\partial t}$共同产生,自由电流产生磁场已经知道,而$\frac{\partial \boldsymbol{D}}{\partial t}$产生磁场是我们不知道的,令

$$\boldsymbol{J}_d = \frac{\partial \boldsymbol{D}}{\partial t} \tag{5.12}$$

麦克斯韦称$\boldsymbol{J}_d$为**位移电流密度矢量**,单位是安/米^2(A/m^2)。它与自由电流密度矢量具有相同的量纲,且具有相同的磁效应。它的引入是麦克斯韦最杰出的贡献。充分说明变化的电场与变化磁场关系,将变化电场与变化磁场紧密结合在一起,从而有了电磁波的出现,为后续电磁场内容奠定了坚实理论基础。

将式(2.27)代入式(5.12),有

$$\boldsymbol{J}_d = \varepsilon_0 \frac{\partial \boldsymbol{E}}{\partial t} + \frac{\partial \boldsymbol{P}_e}{\partial t} \tag{5.13}$$

上式表明,在一般介质中位移电流由两部分组成,一部分$\varepsilon_0 \frac{\partial \boldsymbol{E}}{\partial t}$是由电场随时间的变化所引起,它在真空中同样存在,并不代表任何形式的电荷运动,只是在产生磁效应方面和一般意义上的电流等效。另一部分$\frac{\partial \boldsymbol{P}_e}{\partial t}$是由极化强度的变化所引起,可称为极化电流,它代表极化电荷的运动。

从上面的分析可知,位移电流的产生可以由变化的电场直接产生,它没有直接对应的实际电流的流动,但可直接产生磁效应。另外介质极化的变化也同样产生位移电流,但也没有电荷对应流动(因束缚电荷),只是变化的极化电荷产生磁效应。所以位移电流不像自由电流形象化,相对抽象,但客观存在。

在无源真空中($\boldsymbol{J} = 0, \boldsymbol{P}_e = 0$),有

$$\nabla \times \boldsymbol{H} = \frac{\partial \boldsymbol{D}}{\partial t} = \varepsilon_0 \frac{\partial \boldsymbol{E}}{\partial t} \tag{5.14}$$

这说明**变化的电场激发变化磁场(因磁场磁力线闭合,故也称管型磁场)**。

综合式(5.10)和式(5.14),可以看出变化的电场与变化的磁场是紧密连续,构成一个变化的统一的整体,它们互相激发在空间自由存在,无需电荷或电流维持,这就是时变电磁场,也是电磁波在自由空间存在的根本原因。

例 5.1 计算铜中的位移电流密度和传导电流密度大小的比值。设铜中的电场为 $E_0 \sin \omega t$,铜的电导率 $\sigma = 5.8 \times 10^7\ \mathrm{S/m}$, $\varepsilon \approx \varepsilon_0$。

解 铜中的电流大小为(只考虑数值大小)

自由电流(或传导电流):

$$J_f = \sigma E = \sigma E_0 \sin \omega t$$

位移电流:

$$J_d = \frac{\partial D}{\partial t} = \varepsilon \frac{\partial E}{\partial t} = \omega \varepsilon_0 E_0 \cos \omega t$$

$$\frac{J_d}{J} = \frac{\omega \varepsilon_0}{\sigma} = \frac{2\pi f \dfrac{1}{36\pi} \times 10^{-9}}{5.8 \times 10^7} = 9.6 \times 10^{-19} f$$

可见,频率比较低时,位移电流值远小于自由电流,可忽略,但高频时就应考虑其大小。

例 5.2 证明通过任意封闭曲面的传导电流和位移电流的总量为零。

解 根据时变电磁场安培环路定理

$$\nabla \times \boldsymbol{H} = \boldsymbol{J} + \frac{\partial \boldsymbol{D}}{\partial t}$$

可知,通过任意封闭曲面的传导电流和位移电流为

$$\oint_S \left(\boldsymbol{J} + \frac{\partial \boldsymbol{D}}{\partial t}\right) \cdot d\boldsymbol{S} = \oint_S (\nabla \times \boldsymbol{H}) \cdot \mathrm{d}\boldsymbol{S}$$

由
$$\oint_S (\nabla \times \boldsymbol{H}) \cdot \mathrm{d}\boldsymbol{S} = \int_V \nabla \cdot (\nabla \times \boldsymbol{H})\, \mathrm{d}V = 0$$

有
$$\oint_S \left(\boldsymbol{J} + \frac{\partial \boldsymbol{D}}{\partial t}\right) \cdot \mathrm{d}\boldsymbol{S} = I + I_d = 0$$

得
$$I_{总} = I + I_d = 0$$

例 5.3 在无源的自由空间中,已知磁场强度

$$\boldsymbol{H}/(\mathrm{A \cdot m^{-1}}) = \boldsymbol{e}_y 2.63 \times 10^{-5} (\cos 3 \times 10^9 t - 10z)$$

求位移电流密度 $\boldsymbol{J}_d$。

解 在无源的自由空间中 $\boldsymbol{J} = 0$,式(5.11)变为

$$\boldsymbol{J}_d/(\mathrm{A \cdot m^{-2}}) = \frac{\partial \boldsymbol{D}}{\partial t} = \nabla \times \boldsymbol{H} = \begin{vmatrix} \boldsymbol{e}_x & \boldsymbol{e}_y & \boldsymbol{e}_z \\ \dfrac{\partial}{\partial x} & \dfrac{\partial}{\partial y} & \dfrac{\partial}{\partial z} \\ H_x & H_y & H_z \end{vmatrix} =$$

$$-\boldsymbol{e}_x \frac{\partial H_y}{\partial z} = -\boldsymbol{e}_x 2.63 \times 10^{-4} \sin(3 \times 10^9 t - 10z)$$

5.1.4　麦克斯韦方程组

描述宏观电磁运动规律的麦克斯韦方程组微分形式如下：

$$\nabla \times \boldsymbol{H} = \boldsymbol{J} + \frac{\partial \boldsymbol{D}}{\partial t} \quad \text{全电流定律} \tag{5.15}$$

$$\nabla \times \boldsymbol{E} = -\frac{\partial \boldsymbol{B}}{\partial t} \quad \text{法拉第电磁感应定律} \tag{5.16}$$

$$\nabla \cdot \boldsymbol{B} = 0 \quad \text{磁通连续性原理} \tag{5.17}$$

$$\nabla \cdot \boldsymbol{D} = \rho_f \quad \text{高斯定理} \tag{5.18}$$

$$\nabla \cdot \boldsymbol{J} = -\frac{\partial \rho_f}{\partial t} \quad \text{电流连续原理} \tag{5.19}$$

可以看出,式(5.15)、(5.16)和式(5.19)三个方程式是在时变电磁场下导出的,可以适用任何情况。而式(5.18)是在静电场中得到的,它反映了电位移矢量$\boldsymbol{D}$与电荷间的定量关系,在时变场情况下,实验和理论分析都没有发现不合理的地方,因而可以将其推广到普遍情形。

对于式(5.17),可以由适合于时变情况的法拉第电磁感应定律推得,对式(5.16)两边取散度,有

$$\nabla \cdot \nabla \times \boldsymbol{E} = -\frac{\partial}{\partial t}\nabla \cdot \boldsymbol{B} \equiv 0$$

所以

$$\nabla \cdot \boldsymbol{B} = g(x,y,z)$$

式中,$g(x,y,z)$相对于时间t来说是常数,由初始条件决定。

假设某处原来不存在磁场或只有稳恒磁场,后来才有场值随时间变化的磁场,则必有$t=0$,$\nabla \cdot \boldsymbol{B} = 0$,故$g(x,y,z)=0$。因此,式(5.17)在普遍情形下成立。

要注意的是,上述5个方程只有两个旋度方程和任一个散度方程是独立的,另外3个散度方程可由其中3个独立方程导出,因而是非独立方程。

麦克斯韦方程组中共有5个未知矢量($\boldsymbol{E},\boldsymbol{D},\boldsymbol{B},\boldsymbol{H},\boldsymbol{J}$)和一个未知标量$\rho_f$,因而实际上有16个未知参数,而独立的参数方程(两个矢量方程分解的6个分量方程和1个标量方程)仅有7个,所以还必须补充另外9个独立的标量方程,这9个独立方程就是媒质的**本构关系**,又称状态方程。

对于各向同性媒质,其本构关系为

$$\boldsymbol{D} = \varepsilon \boldsymbol{E}, \boldsymbol{B} = \mu \boldsymbol{H}, \boldsymbol{J} = \sigma \boldsymbol{E} \tag{5.20}$$

它们在坐标系下分解可得到9个标量参数方程,这样同7个标量参数方程联立满足麦克斯韦方程求解条件。

将上述微分方程积分,并利用高斯散度定理和斯托克斯定理,可得麦克斯韦方程组的积分形式如下：

$$\oint_C \boldsymbol{H} \cdot d\boldsymbol{l} = \int_S \left(\boldsymbol{J} + \frac{\partial \boldsymbol{D}}{\partial t}\right) \cdot d\boldsymbol{S} \tag{5.21}$$

$$\oint_C \boldsymbol{E} \cdot d\boldsymbol{l} = -\int_S \frac{\partial \boldsymbol{B}}{\partial t} \cdot d\boldsymbol{S} \tag{5.22}$$

$$\oint_S \boldsymbol{B} \cdot \mathrm{d}\boldsymbol{S} = 0 \tag{5.23}$$

$$\oint_S \boldsymbol{D} \cdot \mathrm{d}\boldsymbol{S} = \int_V \rho_f \mathrm{d}V \tag{5.24}$$

麦克斯韦方程组适用条件如下：

(1) 由于微分存在必须满足参量的连续性，故微分形式的方程组只适用于连续性媒质内部，而积分形式麦克斯韦方程组适用于有场存在的任何区域。

(2) 微分形式的麦克斯韦方程组是一组线性微分方程，故线性迭加原理适用。

(3) 麦克斯韦方程组是宏观电磁现象的总规律，电磁场与电磁波的求解都归结为求麦克斯韦方程组的解。静电场、稳恒电场及稳恒磁场都是在特定条件下的麦克斯韦方程组的应用。

麦克斯韦方程组物理意义：它反映了电荷与电流激发电磁场以及电场与磁场相互转化的运动规律。电荷与电流可以激发电磁场，而且变化的电场与变化的磁场也可以相互激发。因此，只要在空间某处发生电磁扰动，由于电场与磁场互相激发，就会在紧邻的地方激发起电磁场，形成新的电磁扰动，新的扰动又会在稍远一些的地方激发电磁场，如此继续下去形成电磁波运动。由此可见，在不存在电荷与电流区域，电场与磁场可以通过本身的变化互相激发而运动传播，这也进一步揭示出电磁场的物质性。当麦克斯韦于1873年提出完整的电磁理论时，就预言了电磁波的存在，并指出光波也是一种电磁波。1888年赫兹的实验和近代无线电技术的广泛应用，完全证实了麦克斯韦的预言及其方程组的正确性。

5.2 时变电磁场的边界条件

在实际问题中，经常遇到两种不同媒质分界面的情形。由于在分界面两侧媒质的特性参数发生变化，导致场矢量在分界面两侧也发生变化。描述不同媒质分界面两侧场矢量突变关系的方程，称为**电磁场的边界条件**(Boundary Condition)。边界条件与麦克斯韦方程组相当，是麦克斯韦方程组在分界面上的表述形式。由于在媒质分界面处场矢量不连续，微分形式的麦克斯韦方程组在分界面上已失去意义，但积分形式的麦克斯韦方程组仍然适用。因此，从积分形式的麦克斯韦方程组出发，可导出电磁场的边界条件。利用麦克斯韦方程和边界条件才可以解决复杂媒质内电磁场分布问题。

下面推导边界条件过程同第2章有些类似，但不同的是它们使用的场方程有些不同，另外，本节所讨论的边界条件适合电磁变化普遍情况。

5.2.1 场矢量 $\boldsymbol{D}$ 和 $\boldsymbol{B}$ 的法向分量的边界条件

先推导$\boldsymbol{D}$的法向分量边界条件。图5.3表示两种媒质的分界面，媒质1的电磁参数为ε_1、μ_1、σ_1；媒质2的电磁参数为ε_2、μ_2、σ_2。跨分界面两侧作一上、下底面均为ΔS、高度为h的扁平圆柱状盒子。ΔS很小，可认为每一底面上的场是均匀的。$\boldsymbol{n}^{\circ}$为由媒质2指向媒质1的法向单位矢量。将积分形式的麦克斯韦方程

$$\oint_S \boldsymbol{D}\cdot \mathrm{d}\boldsymbol{S} = \int_V \rho_f \mathrm{d}V$$

应用到此圆柱盒上，可得

$$\boldsymbol{D}_1\cdot \boldsymbol{n}^\circ \Delta S - \boldsymbol{D}_2\cdot \boldsymbol{n}^\circ \Delta S + \Delta\varphi = \rho h \Delta S$$

式中，ρ_f 为自由电荷密度；$\Delta\varphi$ 为 $\boldsymbol{D}$ 通过柱体侧面的电位移通量。

令 $h\to 0$，即过渡到分界面两侧的情形。此时，$\Delta\varphi\to 0$，在分界面上存在自由面电荷的情况下，有

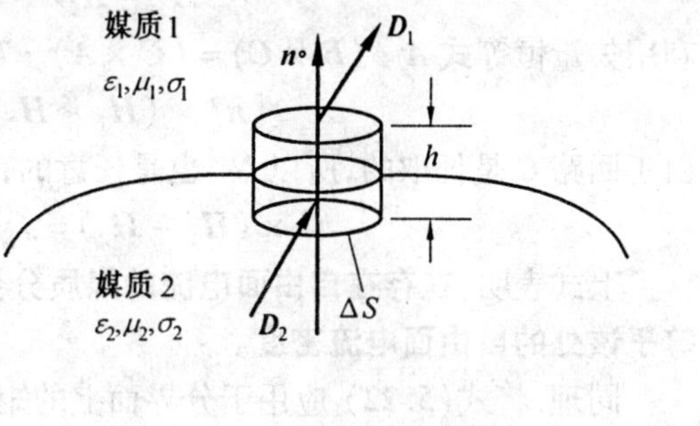

图5.3　$\boldsymbol{D}$ 的法向边界条件

$$\lim_{h\to 0}\rho_f h = \rho_{Sf}$$

为自由面电荷密度(Free Surface Charge Density)。消去 ΔS，于是有

$$\boldsymbol{n}^\circ\cdot(\boldsymbol{D}_1-\boldsymbol{D}_2)=\rho_{Sf}\quad 或 \quad D_{1n}-D_{2n}=\rho_{Sf} \tag{5.25}$$

上式表明，在任意带自由电荷的分界面上，$\boldsymbol{D}$ 的法向分量不连续，其突变量等于该处自由电荷面密度 ρ_{Sf}。

同理，由 $\boldsymbol{B}$ 的法向分量的边界条件，将式(5.23)应用到分界面上的扁平圆柱状盒子上，并令 $h\to 0$，即有

$$\boldsymbol{n}^\circ\cdot(\boldsymbol{B}_1-\boldsymbol{B}_2)=0\quad 或 \quad B_{1n}=B_{2n} \tag{5.26}$$

上式表明，在任意分界面上 $\boldsymbol{B}$ 的法向分量总是连续的。

5.2.2　场矢量 $\boldsymbol{E}$ 和 $\boldsymbol{H}$ 的切向分量的边界条件

先推导 $\boldsymbol{H}$ 的切向分量的边界条件。在分界面上任作一小的矩阵回路 C，长为 Δl 的两条边分别位于分界面两侧且与分界面平行，高度为 h。并设回路所围面积的法向单位矢量为N°，界面的法向单位矢量为 $\boldsymbol{n}^\circ$(由媒质2→1方向)，界面上沿 Δl 方向的切向单位矢量为 $\boldsymbol{t}$，且满足$N^\circ\times \boldsymbol{n}^\circ=\boldsymbol{t}$，如图5.4所示。

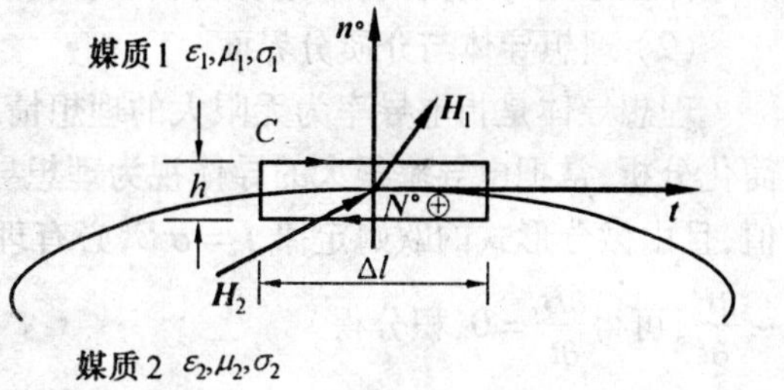

图5.4　$\boldsymbol{H}$ 的切向边界条件

将积分形式的麦克斯韦方程式

$$\oint_l \boldsymbol{H}\cdot \mathrm{d}\boldsymbol{l} = \int_S\left(\boldsymbol{J}+\frac{\partial \boldsymbol{D}}{\partial t}\right)\cdot \mathrm{d}\boldsymbol{S}$$

应用于回路上，并令 $h\to 0$，由于 $\boldsymbol{H}$ 及 $\dfrac{\partial \boldsymbol{D}}{\partial t}$ 均为有限值，故 $\boldsymbol{H}$ 沿两短边的线积分量为零，而面元 $\mathrm{d}S\to 0$，则积分$\int_S \dfrac{\partial \boldsymbol{D}}{\partial t}\cdot \mathrm{d}\boldsymbol{S}=0$。故有

$$\boldsymbol{H}_1\cdot \boldsymbol{t}\Delta l - \boldsymbol{H}_2\cdot \boldsymbol{t}\Delta l = \lim_{h\to 0}\boldsymbol{J}\cdot \Delta\boldsymbol{S} = \lim_{h\to 0}\boldsymbol{J}\cdot h\Delta l\, N^\circ$$

在分界面存在自由面电流的情形下，有

$$\lim_{h\to 0}\boldsymbol{J}h = \boldsymbol{J}_{Sf}$$

为自由面电流密度(Free Surface Current Density)。

消去 Δl，于是有

$$\boldsymbol{n}^\circ \times (\boldsymbol{H}_1 - \boldsymbol{H}_2) \cdot (\boldsymbol{N}^\circ \times \boldsymbol{n}^\circ) = \boldsymbol{J}_{Sf} \cdot \boldsymbol{N}^\circ$$

利用矢量恒等式 $\boldsymbol{A} \cdot (\boldsymbol{B} \times \boldsymbol{C}) = (\boldsymbol{C} \times \boldsymbol{A}) \cdot \boldsymbol{B}$ 可得

$$[\boldsymbol{n}^\circ \times (\boldsymbol{H}_1 - \boldsymbol{H}_2)] \cdot \boldsymbol{N}^\circ = \boldsymbol{J}_{Sf} \cdot \boldsymbol{N}^\circ$$

由于回路 C 是任取的,所以 N° 也是任意的,因而有

$$\boldsymbol{n}^\circ \times (\boldsymbol{H}_1 - \boldsymbol{H}_2) = \boldsymbol{J}_{Sf} \quad 或 \quad H_{1t} - H_{2t} = J_{Sf} \tag{5.27}$$

上式表明,**在存在自由面电流的媒质分界面上,$\boldsymbol{H}$ 的切向分量是不连续的,其突变量等于该处的自由面电流密度。**

同理,将式(5.22) 应用于分界面上的矩形回路 C 上,得电场 $\boldsymbol{E}$ 切向分量的边界条件

$$\boldsymbol{n}^\circ \times (\boldsymbol{E}_1 - \boldsymbol{E}_2) = 0 \quad 或 \quad E_{1t} = E_{2t} \tag{5.28}$$

上式表明,**在介质分界面上 $\boldsymbol{E}$ 的切向分量总是连续的。**

如下两种边界条件特例。

(1) 两种理想介质的分界面

在理想介质中,电导率等于零($\sigma = 0$),因而分界面上一般不存在自由电荷和电流,即 $\rho_{Sf} = 0$ 和 $\boldsymbol{J}_{Sf} = 0$,故边界条件可简化为

$$\boldsymbol{n}^\circ \times (\boldsymbol{E}_1 - \boldsymbol{E}_2) = 0 \tag{5.29}$$

$$\boldsymbol{n}^\circ \times (\boldsymbol{H}_1 - \boldsymbol{H}_2) = 0 \tag{5.30}$$

$$\boldsymbol{n}^\circ \cdot (\boldsymbol{D}_1 - \boldsymbol{D}_2) = 0 \tag{5.31}$$

$$\boldsymbol{n}^\circ \cdot (\boldsymbol{B}_1 - \boldsymbol{B}_2) = 0 \tag{5.32}$$

说明在理想介质的边界面上电磁场($\boldsymbol{E},\boldsymbol{H}$) 的切向总是连续的,而法向是不连续的;电磁场($\boldsymbol{D},\boldsymbol{B}$) 的法向总是连续的,而切向是不连续的。总的来说电场和磁场在理想介质的边界上总是有突变的,即电场线和磁场线满足电磁场折射定律。

(2) 理想导体与介质分界面

理想导体是指电导率为无限大的理想情况,实际上并不存在。但在实际问题中,为了简化分析,常把电导率很大的导体视为理想导体。由于理想导体 $\sigma \to +\infty$,根据 $\boldsymbol{J}$ 为有限值,且由微分形式的欧姆定律 $\boldsymbol{J} = \sigma\boldsymbol{E}$,必有理想导体内部的 $\boldsymbol{E}$ 处处为零。再由 $\nabla \times \boldsymbol{E} = -\dfrac{\partial \boldsymbol{B}}{\partial t}$,可得$\dfrac{\partial \boldsymbol{B}}{\partial t} = 0$,积分得

$$\boldsymbol{B} = g(x,y,z)$$

式中,$g(x,y,z)$ 是与时间 t 无关的常数,由初始条件决定。

假设某处原来 $t = 0$,$\boldsymbol{B} = 0$,则 $g(x,y,z)$ 在该处瞬时也等于零,由于 $g(x,y,z)$ 与时间无关,故在任何 $t > 0$ 时刻仍为零,所以 $\boldsymbol{B}$ 为零。因此,**理想导体内部电场和磁场强度均为零**。设 1 区为介质,2 区为理想导体,则 $\boldsymbol{E}_2 = 0$,$\boldsymbol{D}_2 = 0$,$\boldsymbol{H}_2 = 0$,$\boldsymbol{B}_2 = 0$,去掉 1 区场矢量下标,边界条件简化为

$$\boldsymbol{n}^\circ \times \boldsymbol{E} = 0 \tag{5.33}$$

$$\boldsymbol{n}^\circ \times \boldsymbol{H} = \boldsymbol{J}_{Sf} \tag{5.34}$$

$$\boldsymbol{n}^\circ \cdot \boldsymbol{D} = \rho_{Sf} \tag{5.35}$$

$$\boldsymbol{n}^\circ \cdot \boldsymbol{B} = 0 \tag{5.36}$$

式(5.34) 和式(5.35) 还经常被用来从已知的 $\boldsymbol{H}$ 和 $\boldsymbol{D}$ 确定分界面(或表面) 上的自由面电

流密度 $\boldsymbol{J}_{Sf}$ 和自由面电荷密度 ρ_{Sf}。

例 5.4　设 $z=0$ 平面为空气与理想导体的分界面，$z<0$ 一侧为理想导体，分界面处的磁场强度为

$$\boldsymbol{H}(x,y,0,t)=\boldsymbol{e}_x H_0 \sin ax\cos(\omega t-ay)$$

试求理想导体表面上的电流分布、电荷分布以及分界面处的电场强度。

解　应用边界条件公式一定清楚 $\boldsymbol{n}^\circ$ 的默认方向为由 $2\to1$，令1代表空气，2代表理想导体。$\boldsymbol{n}^\circ$ 与 $\boldsymbol{e}_z$ 方向相同。

由边界条件式(5.34)可得

$$\boldsymbol{J}_{Sf}=\boldsymbol{n}^\circ\times\boldsymbol{H}=\boldsymbol{e}_z\times\boldsymbol{e}_x H_0\sin ax\cos(\omega t-ay)=\boldsymbol{e}_y H_0\sin ax\cos(\omega t-ay)$$

由电流连续方程可得

$$-\frac{\partial\rho_{Sf}}{\partial t}=\nabla\cdot\boldsymbol{J}_{Sf}=\frac{\partial}{\partial y}[H_0\sin ax\cos(\omega t-ay)]=aH_0\sin ax\sin(\omega t-ay)$$

$$\rho_{Sf}=\frac{aH_0}{\omega}\sin ax\cos(\omega t-ay)+c(x,y)$$

假设 $t=0$ 时，$\rho_{Sf}=0$，则

$$c(x,y)=-\frac{aH_0}{\omega}\sin ax\cos(-ay)$$

从而

$$\rho_{Sf}=\frac{aH_0}{\omega}\sin ax\cos(\omega t-ay)-\frac{aH_0}{\omega}\sin ax\cos(-ay)$$

由边界条件 $\boldsymbol{n}^\circ\cdot\boldsymbol{D}=\rho_{Sf}$ 以及 $\boldsymbol{n}^\circ$ 的方向可得

$$\boldsymbol{D}(x,y,0,t)=\boldsymbol{e}_z\frac{aH_0}{\omega}[\sin ax\cos(\omega t-ay)-\sin ax\cos(-ay)]$$

$$\boldsymbol{E}(x,y,0,t)=\boldsymbol{e}_z\frac{aH_0}{\varepsilon_0\omega}[\sin ax\cos(\omega t-ay)-\sin ax\cos(-ay)]$$

5.3　复数形式的麦克斯韦方程组

5.3.1　谐变场量的复数表示

时谐场(Time-harmonic Field)是一种重要类型的时变电磁场，在这种场中，激励源以单一频率随时间作正弦变化。通常在稳定状态下，各场量均随时间作简谐变化。时谐场在工程实际中具有广泛的应用，而且应用傅里叶变换或傅里叶级数，可将任意时变场展开为连续频谱(对非周期函数)或离散频谱(对周期函数)的简谐分量。因此，对时谐场的研究具有普遍意义。

在时变电磁场中，如果场源(电荷或电流)以一定的角频率 ω 随时间作简谐变化，则它所激发的电磁场的每一个坐标分量都以相同的角频率 ω 随时间作简谐变化。以电场强度为例并以余弦函数表示为

$$\begin{aligned} \boldsymbol{E}(x,y,z,t) = \boldsymbol{e}_x E_{xm}(x,y,z)\cos[\omega t + \varphi_x(x,y,z)] + \\ \boldsymbol{e}_y E_{ym}(x,y,z)\cos[\omega t + \varphi_y(x,y,z)] + \\ \boldsymbol{e}_z E_{zm}(x,y,z)\cos[\omega t + \varphi_z(x,y,z)] \end{aligned} \tag{5.37}$$

式中各坐标分量的振幅值 E_{xm}、E_{ym}、E_{zm} 以及初相位 φ_x、φ_y、φ_z 都不随时间变化,只是空间位置的函数。

对正弦函数在线性运算的条件下,采用复数表示可以简化运算。将式(5.37)每一个分量用复数的实部表示,即

$$\left.\begin{aligned} E_x(\boldsymbol{r},t) = \mathrm{Re}[E_{xm}(\boldsymbol{r})\mathrm{e}^{\mathrm{j}\varphi_x(\boldsymbol{r})}\mathrm{e}^{\mathrm{j}\omega t}] = \mathrm{Re}[\dot{E}_{xm}(\boldsymbol{r})\mathrm{e}^{\mathrm{j}\omega t}] \\ E_y(\boldsymbol{r},t) = \mathrm{Re}[E_{ym}(\boldsymbol{r})\mathrm{e}^{\mathrm{j}\varphi_y(\boldsymbol{r})}\mathrm{e}^{\mathrm{j}\omega t})] = \mathrm{Re}[\dot{E}_{ym}(\boldsymbol{r})\mathrm{e}^{\mathrm{j}\omega t}] \\ E_z(\boldsymbol{r},t) = \mathrm{Re}[E_{zm}(\boldsymbol{r})\mathrm{e}^{\mathrm{j}\varphi_z(\boldsymbol{r})}\mathrm{e}^{\mathrm{j}\omega t}] = \mathrm{Re}[\dot{E}_{zm}(\boldsymbol{r})\mathrm{e}^{\mathrm{j}\omega t}] \end{aligned}\right\} \tag{5.38}$$

其中

$$\left.\begin{aligned} \dot{E}_{xm}(\boldsymbol{r}) = E_{xm}(\boldsymbol{r})\,\mathrm{e}^{\mathrm{j}\varphi_x(\boldsymbol{r})} \\ \dot{E}_{ym}(\boldsymbol{r}) = E_{ym}(\boldsymbol{r})\,\mathrm{e}^{\mathrm{j}\varphi_y(\boldsymbol{r})} \\ \dot{E}_{zm}(\boldsymbol{r}) = E_{zm}(\boldsymbol{r})\,\mathrm{e}^{\mathrm{j}\varphi_z(\boldsymbol{r})} \end{aligned}\right\} \tag{5.39}$$

于是

$$\begin{aligned} \boldsymbol{E}(\boldsymbol{r},t) = \mathrm{Re}[\boldsymbol{e}_x\dot{E}_{xm}(\boldsymbol{r})\mathrm{e}^{\mathrm{j}\omega t} + \boldsymbol{e}_y\dot{E}_{ym}(\boldsymbol{r})\mathrm{e}^{\mathrm{j}\omega t} + \boldsymbol{e}_z\dot{E}_{zm}(\boldsymbol{r})\mathrm{e}^{\mathrm{j}\omega t}] = \\ \mathrm{Re}[\dot{\boldsymbol{E}}_m(\boldsymbol{r})\mathrm{e}^{\mathrm{j}\omega t}] \end{aligned} \tag{5.40}$$

其中 $\dot{\boldsymbol{E}}_m(\boldsymbol{r}) = \boldsymbol{e}_x\dot{E}_{xm}(\boldsymbol{r}) + \boldsymbol{e}_y\dot{E}_{ym}(\boldsymbol{r}) + \boldsymbol{e}_z\dot{E}_{zm}(\boldsymbol{r})$

称为**电场强度的复振幅矢量**(Complex Amplitude Vector)。

同理,可得到 $\boldsymbol{D}$、$\boldsymbol{B}$、$\boldsymbol{H}$、$\boldsymbol{J}$ 和 ρ_f 等场参量的复数表示,即

$$\boldsymbol{D}(\boldsymbol{r},t) = \mathrm{Re}[\dot{\boldsymbol{D}}_m(\boldsymbol{r})\,\mathrm{e}^{\mathrm{j}\omega t}] \tag{5.41}$$

$$\boldsymbol{B}(\boldsymbol{r},t) = \mathrm{Re}[\dot{\boldsymbol{B}}_m(\boldsymbol{r})\,\mathrm{e}^{\mathrm{j}\omega t}] \tag{5.42}$$

$$\boldsymbol{H}(\boldsymbol{r},t) = \mathrm{Re}[\dot{\boldsymbol{H}}_m(\boldsymbol{r})\,\mathrm{e}^{\mathrm{j}\omega t}] \tag{5.43}$$

$$\boldsymbol{J}(\boldsymbol{r},t) = \mathrm{Re}[\dot{\boldsymbol{J}}_m(\boldsymbol{r})\,\mathrm{e}^{\mathrm{j}\omega t}] \tag{5.44}$$

$$\rho_f(\boldsymbol{r},t) = \mathrm{Re}[\dot{\rho}_{fm}(\boldsymbol{r})\,\mathrm{e}^{\mathrm{j}\omega t}] \tag{5.45}$$

在工程实际的应用中,经常用到正弦函数振幅的有效值,即

$$\dot{\boldsymbol{E}}(\boldsymbol{r}) = \frac{\dot{\boldsymbol{E}}_m(\boldsymbol{r})}{\sqrt{2}} \tag{5.46}$$

以上各式,都可以用其复振幅矢量的有效值来表示。所以,时谐场场量的复数形式和瞬时形式相互转化的过程中,系数$\sqrt{2}$ 不容忽视。

复振幅矢量是个复振幅的组合,可看作是复数空间中的一个复矢量。复数空间和复数平面是两个不同的概念。一般情况下,复矢量不能用三维空间的一个矢量来表示,除非只有一个分量或者三个分量的初相位相等。从这个意义上讲,复矢量只是一种简化的书写形式,表示等式两端沿同一坐标分量的复数相等而已。

5.3.2 时谐场下麦克斯韦方程组的复数形式

时谐场用前面的复数表示后,麦克斯韦方程组的表示更为简洁,有利于方程的求解,

使问题简单化。

时谐场对时间的偏导数变得很简单，为

$$\frac{\partial \boldsymbol{D}(\boldsymbol{r},t)}{\partial t}=\frac{\partial}{\partial t}\mathrm{Re}[\dot{\boldsymbol{D}}_m(\boldsymbol{r})\,\mathrm{e}^{\mathrm{j}\omega t}]=\mathrm{Re}[\mathrm{j}\omega\sqrt{2}\dot{\boldsymbol{D}}(\boldsymbol{r})\,\mathrm{e}^{\mathrm{j}\omega t}] \tag{5.47}$$

将式(5.43)、(5.44)和式(5.47)，代入麦克斯韦方程组式(5.11)得

$$\nabla\times\mathrm{Re}[\dot{\boldsymbol{H}}_m(\boldsymbol{r})\,\mathrm{e}^{\mathrm{j}\omega t}]=\mathrm{Re}[\dot{\boldsymbol{J}}_m(\boldsymbol{r})\,\mathrm{e}^{\mathrm{j}\omega t}]+\mathrm{Re}[\mathrm{j}\omega\dot{\boldsymbol{D}}_m(\boldsymbol{r})\,\mathrm{e}^{\mathrm{j}\omega t}]$$

从而

$$\nabla\times\mathrm{Re}[\sqrt{2}\dot{\boldsymbol{H}}(\boldsymbol{r})\,\mathrm{e}^{\mathrm{j}\omega t}]=\mathrm{Re}[\sqrt{2}\dot{\boldsymbol{J}}(\boldsymbol{r})\,\mathrm{e}^{\mathrm{j}\omega t}]+\mathrm{Re}[\mathrm{j}\omega\sqrt{2}\dot{\boldsymbol{D}}(\boldsymbol{r})\,\mathrm{e}^{\mathrm{j}\omega t}] \tag{5.48}$$

式中 ∇ 是空间坐标微分算子，可以和取实部符号Re调换次序。省略等式两边的Re，再省去时间因子 $\mathrm{e}^{\mathrm{j}\omega t}$，式(5.48)变为

$$\nabla\times\dot{\boldsymbol{H}}=\dot{\boldsymbol{J}}+\mathrm{j}\omega\dot{\boldsymbol{D}} \tag{5.49}$$

同理，可得到其他麦克斯韦方程的复数表示

$$\nabla\times\dot{\boldsymbol{E}}=-\mathrm{j}\omega\dot{\boldsymbol{B}} \tag{5.50}$$

$$\nabla\cdot\dot{\boldsymbol{B}}=0 \tag{5.51}$$

$$\nabla\cdot\dot{\boldsymbol{D}}=\dot{\rho}_f \tag{5.52}$$

可将表示复数的点"·"去掉，即用符号 $\boldsymbol{E}(\boldsymbol{r})$、$\boldsymbol{D}(\boldsymbol{r})$、$\boldsymbol{B}(\boldsymbol{r})$、$\boldsymbol{J}(\boldsymbol{r})$ 和 $\rho_f(\boldsymbol{r})$ 表示复振幅有效值矢量，一般不致引起混淆。于是麦克斯韦方程组的复数形式可写为

$$\nabla\times\boldsymbol{E}=-\mathrm{j}\omega\boldsymbol{B} \tag{5.53}$$

$$\nabla\times\boldsymbol{H}=\boldsymbol{J}+\mathrm{j}\omega\boldsymbol{D} \tag{5.54}$$

$$\nabla\cdot\boldsymbol{D}=\rho_f \tag{5.55}$$

$$\nabla\cdot\boldsymbol{B}=0 \tag{5.56}$$

在线性各向同性媒质中，本构关系复数形式不变，仍有

$$\boldsymbol{D}=\varepsilon\boldsymbol{E},\quad \boldsymbol{B}=\varepsilon\boldsymbol{H},\quad \boldsymbol{J}=\sigma\boldsymbol{E} \tag{5.57}$$

要注意，复数形式的麦克斯韦方程组中的各个场量均是坐标的函数与时间无关，且为复振幅矢量。求解后的复振幅矢量还需加上时间因子 $\mathrm{e}^{\mathrm{j}\omega t}$，这样才是最后求得的瞬时变化的场解。工程上一般都是以时谐场为研究对象，所以复数形式的麦克斯韦方程组在后续章节中广泛应用。

例5.5　在自由空间某点存在频率为5 GHz的时谐电磁场，其磁场强度复矢量为

$$\dot{\boldsymbol{H}}/(\mathrm{A}\cdot\mathrm{m}^{-1})=\boldsymbol{e}_y 0.01\mathrm{e}^{-\mathrm{j}(100\pi/3)z}$$

(1) 求磁场强度瞬时值 $\boldsymbol{H}(t)$；

(2) 求电场强度瞬时值 $\boldsymbol{E}(t)$。

解　(1) 由 $f/(\mathrm{rad}\cdot\mathrm{s}^{-1})=5\times10^9$ Hz，得 $\omega/(\mathrm{rad}\cdot\mathrm{s}^{-1})=2\pi f=\pi\times10^{10}$

$$\boldsymbol{H}(t)/(\mathrm{A}\cdot\mathrm{m}^{-1})=\mathrm{Re}[\boldsymbol{e}_y\sqrt{2}\times0.01\mathrm{e}^{-\mathrm{j}(100\pi/3)z}\mathrm{e}^{\mathrm{j}2\pi\times5\times10^9 t}]=$$

$$\boldsymbol{e}_y 0.01\times\sqrt{2}\cos[10^{10}\pi t-(100\pi/3)z]$$

(2) 由无源空间复数形式麦克斯韦方程 $\nabla\times\boldsymbol{H}=\mathrm{j}\omega\varepsilon_0\boldsymbol{E}$，得

$$\boldsymbol{E}=\frac{-\mathrm{j}}{\omega\varepsilon_0}\nabla\times\boldsymbol{H}=$$

$$\frac{-\mathrm{j}}{10^{10}\pi\times\frac{1}{36\pi}\times10^{-9}}\begin{vmatrix}\boldsymbol{e}_x & \boldsymbol{e}_y & \boldsymbol{e}_z\\ \frac{\partial}{\partial x} & \frac{\partial}{\partial y} & \frac{\partial}{\partial z}\\ 0 & 0.01\mathrm{e}^{-\mathrm{j}(100\pi/3)z} & 0\end{vmatrix}=\boldsymbol{e}_x1.2\pi\mathrm{e}^{-\mathrm{j}(100\pi/3)z}$$

$$\boldsymbol{E}(t)/(\mathrm{V}\cdot\mathrm{m}^{-1})=\mathrm{Re}[\boldsymbol{e}_x1.2\pi\times\sqrt{2}\mathrm{e}^{-\mathrm{j}(100\pi/3)z}\mathrm{e}^{\mathrm{j}10^{10}\pi t}]=$$

$$\boldsymbol{e}_x1.2\pi\times\sqrt{2}\cos[10^{10}\pi t-(100\pi/3)z]$$

5.3.3 时谐场下媒质及复介电常数

在静态场情况下，媒质的电磁参数ε、μ和σ均为常数且与频率无关。但在时谐场中，媒质的电磁参数要发生变化，且与频率有关。下面简要分析媒质在时谐场中的特性。

1. 媒质的色散

媒质是一种具有一定结构的宏观上显中性但又带电的体系。在有电磁场存在的情形下，媒质中微观带电粒子与场相互作用而出现极化、磁化和传导特性。在时谐场中，发生极化、磁化、定向运动时，粒子的惯性是不能忽略的，因此，即使是均匀媒质，它的ε、μ和σ也是频率的函数，即$\varepsilon=\varepsilon(\omega)$，$\mu=\mu(\omega)$，$\sigma=\sigma(\omega)$。但当频率较低时，带电粒子在场的作用下强迫振动，属于同步振动。媒质的极化、磁化和粒子的运动没有滞后现象，因此ε、μ和σ仍为常量，并和静态场中所测得的数据相同。当频率升高时，由于带电粒子的惯性，在高频场的作用下粒子的运动跟不上场的变化，产生滞后效应，ε、μ和σ就不再是实数，而变为复数（即有振动相位），甚至当频率高达（或接近）物质的固有振动频率时，将发生共振现象。此时，粒子从电磁场中拾取能量，作单色散射。

媒质的电磁参数随频率变化而变化的现象称为**媒质色散**（Dispersive Medium）。在色散媒质中，介电常数和磁导率均变为复数，即

$$\tilde{\varepsilon}=\varepsilon'-\mathrm{j}\varepsilon'' \tag{5.58}$$

$$\tilde{\mu}=\mu'-\mathrm{j}\mu'' \tag{5.59}$$

实部ε'和μ'分别代表媒质的极化和磁化，而虚部ε''和μ''分别代表由粒子滞后效应引起的介电损耗和磁滞损耗。不过，滞后效应仅对介电常数影响较大，一般非铁磁性物质的磁导率仍为实数。对于良导体中自由电子的惯性，即使在红外频率也可忽略，因此，可以认为电导率σ与ω无关，均等于在稳恒场中的值。

对于具有复介电常数的介质，复数形式的麦克斯韦方程组中$\boldsymbol{H}$的旋度方程变为

$$\nabla\times\boldsymbol{H}=\sigma\boldsymbol{E}+\mathrm{j}\omega\tilde{\varepsilon}\boldsymbol{E}=\sigma\boldsymbol{E}+\mathrm{j}\omega(\varepsilon'-\mathrm{j}\varepsilon'')\boldsymbol{E}=$$

$$\mathrm{j}\omega\left(\varepsilon'-\mathrm{j}\frac{\sigma+\omega\varepsilon''}{\omega}\right)\boldsymbol{E}=\mathrm{j}\omega\varepsilon_f\boldsymbol{E}$$

式中

$$\varepsilon_f=\varepsilon'-\mathrm{j}\frac{\sigma+\omega\varepsilon''}{\omega} \tag{5.60}$$

称为**等效复介电常数**(Equivalent Complex Dielectric Constant)。引入等效复介电常数可以将传导电流和位移电流用一个等效的位移电流代替,从而可以把导电媒质视为一种等效的电介质,使包括导电媒质在内的所有各向同性媒质均可采用同样的方式研究。

下面再来说明等效复介电常数的含义。观察下式

$$\nabla\times\boldsymbol{H}=\sigma\boldsymbol{E}+\omega\varepsilon''\boldsymbol{E}+\mathrm{j}\omega\varepsilon'\boldsymbol{E}$$

式中,含 σ 项相应于传导电流,产生焦耳热损耗;含 ε'' 项称为电滞损耗电流,产生介电损耗,传导电流和电滞损耗电流均为有功电流;含 ε' 项相应于媒质中的位移电流,是无功电流,反映介质的极化特性。

通常取有功电流对无功电流的比值

$$\tan\delta=\frac{\sigma+\omega\varepsilon''}{\omega\varepsilon'}\tag{5.61}$$

表示电介质的损耗,称为电介质的**损耗角正切**(Loss Tangent),δ 称为电介质的**损耗角**(Loss Angle)。对高频绝缘材料,$\sigma\approx0$,则

$$\tan\delta=\frac{\varepsilon''}{\varepsilon'}\tag{5.62}$$

良介质的损耗角正切在 10^{-3} 或 10^{-4} 以下。

2. 媒质的分类

在高频场中,为了区别不同的媒质特性,通常根据传导电流与位移电流的比值,即

$$\frac{|\sigma\boldsymbol{E}|}{|\mathrm{j}\omega\varepsilon'\boldsymbol{E}|}=\frac{\sigma}{\omega\varepsilon'}$$

对媒质进行分类:

(1) 若 $\frac{\sigma}{\omega\varepsilon'}\gg1$,即传导电流远大于位移电流的媒质称为**良导体**(Good Conductor),此时电滞损耗电流可忽略,$\varepsilon'\approx0$。当 σ 无穷大时称为**理想导体**(Perfect Conductor)。

(2) 若 $\frac{\sigma}{\omega\varepsilon'}\approx1$,即传导电流和位移电流可比拟,哪一个都不能忽略的媒质称为**半导体或半电介质**(Semiconductor),此时 $\varepsilon''\approx0$。

(3) 若 $\frac{\sigma}{\omega\varepsilon'}\ll1$,即传导电流远小于位移电流的媒质,称为**电介质或绝缘介质**(Dielectric),也称低耗媒质。$\sigma=0,\varepsilon''=0$ 的介质称为**理想介质**(Perfect Dielectric);$\sigma=0,\varepsilon''\ll\varepsilon'$ 的介质称为**良介质**(Good Dielectric);ε'' 与 ε' 相比不可忽略的介质称为**不良介质**(Poor Dielectric)。

可见,媒质的分类并没有绝对的界限。工程实用中通常取 $\frac{\sigma}{\omega\varepsilon'}\geqslant100$ 时的媒质为良导体;$0.01<\frac{\sigma}{\omega\varepsilon'}<100$ 的媒质为半导体或半电介质;$\frac{\sigma}{\omega\varepsilon'}\ll0.01$ 的媒质为电介质。

在时谐场中,判断某种媒质是导体或电介质还是半导体,除要考虑媒质本身的性质外,还必须同时考虑频率的因素。同一媒质在不同频率下可以是导体,也可以是电介质。

5.4 波动方程

麦克斯韦方程组揭示了时变电磁场的波动性。下面从麦克斯韦方程组出发，导出电磁场$\boldsymbol{E}$和$\boldsymbol{H}$随时间和空间变化的波动方程，为后续章节做准备。

1. 无源，均匀、线性及各向同性无耗媒质区域一般波动方程

设所讨论的区域为无源区，即$\rho_f=0$，$\boldsymbol{J}=0$，且充满均匀、线性及各向同性的无损耗媒质($\sigma=0,\varepsilon''\approx 0$)，由微分形式的麦克斯韦方程组可得

$$\nabla\times\boldsymbol{H}=\varepsilon\frac{\partial\boldsymbol{E}}{\partial t} \tag{5.63}$$

$$\nabla\times\boldsymbol{E}=-\mu\frac{\partial\boldsymbol{H}}{\partial t} \tag{5.64}$$

$$\nabla\cdot\boldsymbol{H}=0 \tag{5.65}$$

$$\nabla\cdot\boldsymbol{E}=0 \tag{5.66}$$

式(5.64)两端取旋度，并利用式(5.63)，可得

$$\nabla\times\nabla\times\boldsymbol{E}=-\mu\varepsilon\frac{\partial^2\boldsymbol{E}}{\partial t^2}$$

再利用矢量恒等式$\nabla\times\nabla\times\boldsymbol{E}=\nabla(\nabla\cdot\boldsymbol{E})-\nabla^2\boldsymbol{E}$及式(5.66)，可得

$$\nabla^2\boldsymbol{E}-\mu\varepsilon\frac{\partial^2\boldsymbol{E}}{\partial t^2}=0 \tag{5.67}$$

同理可得

$$\nabla^2\boldsymbol{H}-\mu\varepsilon\frac{\partial^2\boldsymbol{H}}{\partial t^2}=0 \tag{5.68}$$

式(5.67)和(5.68)分别是电场$\boldsymbol{E}$和磁场$\boldsymbol{H}$在无源空间所满足的**齐次矢量波动方程**(Wave Equation)。该波动方程中物理量($\boldsymbol{E},\boldsymbol{H}$)是位置与时间的函数，这是两个标准的波动方程。它表明满足这两个方程的一切脱离场源而单独存在的电磁场，都是以波的形式运动传播的。以波动形式存在的电磁场称为**电磁波**(Electromagnetic Wave)。

2. 无源，均匀、线性及各向同性无耗媒质区域时谐场波动方程

对于时谐场，由复数形式麦克斯韦方程组可得无源空间电磁场为

$$\nabla\times\boldsymbol{E}=-\mathrm{j}\omega\mu\boldsymbol{H} \tag{5.69}$$

$$\nabla\times\boldsymbol{H}=\mathrm{j}\omega\varepsilon\boldsymbol{E} \tag{5.70}$$

$$\nabla\cdot\boldsymbol{E}=0 \tag{5.71}$$

$$\nabla\cdot\boldsymbol{H}=0 \tag{5.72}$$

式(5.69)两端取旋度，并利用式(5.70)，再利用矢量恒等式$\nabla\times\nabla\times\boldsymbol{E}=\nabla(\nabla\cdot\boldsymbol{E})-\nabla^2\boldsymbol{E}$及式(5.71)可得对应的波动方程

$$\nabla^2\boldsymbol{E}+k^2\boldsymbol{E}=0 \tag{5.73}$$

同理可得

$$\nabla^2\boldsymbol{H}+k^2\boldsymbol{H}=0 \tag{5.74}$$

其中

$$k^2 = \omega^2 \mu \varepsilon \tag{5.75}$$

式(5.73)和式(5.74)称为**齐次亥姆霍兹方程**(Helmholtz Equation)(或时谐场下齐次矢量波动方程),该波动方程中的物理量($\boldsymbol{E}$,$\boldsymbol{H}$)只是位置的函数。

应当指出,方程式(5.73)和式(5.74)的解并不能保证 $\nabla \cdot \boldsymbol{H} = 0$ 和 $\nabla \cdot \boldsymbol{E} = 0$。因此,仅满足方程式(5.73)和式(5.74)的解不一定是无源区域中的电磁波的解,只有将方程式(5.73)和 $\nabla \cdot \boldsymbol{E} = 0$、式(5.74)与 $\nabla \cdot \boldsymbol{H} = 0$ 联立起来所得的解,才是真正代表电磁波的解。

3. 无源,均匀、线性及各向同性有耗媒质区域时谐场波动方程

对于有耗媒质,即 $\sigma \neq 0$ 或 $\varepsilon'' \neq 0$ 的情形,将有耗媒质中等效介电常数 ε_f 替换时谐场中介电常数 ε,于是有方程

$$\nabla \times \boldsymbol{E} = -\mathrm{j}\omega\mu \boldsymbol{H} \tag{5.76}$$

$$\nabla \times \boldsymbol{H} = \mathrm{j}\omega\varepsilon_f \boldsymbol{E} \tag{5.77}$$

$$\nabla \cdot \boldsymbol{E} = 0 \tag{5.78}$$

$$\nabla \cdot \boldsymbol{H} = 0 \tag{5.79}$$

比较方程组式(5.69)~(5.72)与式(5.76)~(5.79)可见,二者的差别仅在于 $\boldsymbol{H}$ 的旋度方程中 ε 与 ε_f 的不同,因此,与无损耗媒质相比,有耗媒质中电磁场的波动方程形式不变,只需将 k 用 $k_f = \omega\sqrt{\mu\varepsilon_f}$ 代替,即

$$\nabla^2 \boldsymbol{E} + k_f^2 \boldsymbol{E} = 0 \tag{5.80}$$

$$\nabla^2 \boldsymbol{H} + k_f^2 \boldsymbol{H} = 0 \tag{5.81}$$

式中

$$k_f^2 = \omega^2 \mu \varepsilon_f \tag{5.82}$$

可见,均匀、线性及各向同性媒质中的时谐场,都必须满足齐次亥姆霍兹方程,只是媒质不同,k 的取值也不同;对于无耗媒质,k 为实数,有耗媒质中 k_f 为复数,故无耗媒质可视为有耗媒质的特殊情形。

5.5　电磁场能量与能流

电磁场作为一种特殊的物质,同样具有能量,而且电磁能量同其他能量一样服从能量守恒定律。由于时变电磁场中各物理量均随时间变化,空间各点的电磁能量密度也随之变化,从而引起能量流动。

5.5.1　坡印廷定理

假设电磁场在一有耗的导电媒质中,媒质的电导率为 σ,电场会在此有耗导电媒质中引起传导电流 $\boldsymbol{J} = \sigma\boldsymbol{E}$,单位体积功率损耗 $p = \boldsymbol{J} \cdot \boldsymbol{E}$。根据焦耳定律,在体积 V 内由于传导电流引起的功率损耗是

$$P = \int_V \boldsymbol{J} \cdot \boldsymbol{E} \mathrm{d}V \tag{5.83}$$

由麦克斯韦方程式

$$\boldsymbol{J} = \nabla \times \boldsymbol{H} - \frac{\partial \boldsymbol{D}}{\partial t}$$

有

$$\int_V \boldsymbol{J} \cdot \boldsymbol{E} \mathrm{d}V = \int_V \left[\boldsymbol{E} \cdot (\nabla \times \boldsymbol{H}) - \boldsymbol{E} \cdot \frac{\partial \boldsymbol{D}}{\partial t}\right] \mathrm{d}V$$

利用矢量恒等式

$$\nabla \cdot (\boldsymbol{E} \times \boldsymbol{H}) = \boldsymbol{H} \cdot (\nabla \times \boldsymbol{E}) - \boldsymbol{E} \cdot (\nabla \times \boldsymbol{H})$$

$$\boldsymbol{E} \cdot (\nabla \times \boldsymbol{H}) = \boldsymbol{H} \cdot (\nabla \times \boldsymbol{E}) - \nabla \cdot (\boldsymbol{E} \times \boldsymbol{H}) = \boldsymbol{H} \cdot \left(-\frac{\partial \boldsymbol{B}}{\partial t}\right) - \nabla \cdot (\boldsymbol{E} \times \boldsymbol{H})$$

得

$$\int_V \boldsymbol{J} \cdot \boldsymbol{E} \mathrm{d}V = -\int_V \left[\boldsymbol{H} \cdot \frac{\partial \boldsymbol{B}}{\partial t} + \boldsymbol{E} \cdot \frac{\partial \boldsymbol{D}}{\partial t} + \nabla \cdot (\boldsymbol{E} \times \boldsymbol{H})\right] \mathrm{d}V$$

移项并整理

$$\int_V \nabla \cdot (\boldsymbol{E} \times \boldsymbol{H}) \mathrm{d}V = -\int_V \left(\boldsymbol{H} \cdot \frac{\partial \boldsymbol{B}}{\partial t} + \boldsymbol{E} \cdot \frac{\partial \boldsymbol{D}}{\partial t} + \boldsymbol{J} \cdot \boldsymbol{E}\right) \mathrm{d}V$$

应用高斯散度定理上式变为

$$-\oint_S (\boldsymbol{E} \times \boldsymbol{H}) \cdot \mathrm{d}\boldsymbol{S} = \int_V \left(\boldsymbol{H} \cdot \frac{\partial \boldsymbol{B}}{\partial t} + \boldsymbol{E} \cdot \frac{\partial \boldsymbol{D}}{\partial t} + \boldsymbol{J} \cdot \boldsymbol{E}\right) \mathrm{d}V \tag{5.84}$$

对于各向同性的线性媒质，有 $\boldsymbol{D} = \varepsilon \boldsymbol{E}, \boldsymbol{B} = \mu \boldsymbol{H}, \boldsymbol{J} = \sigma \boldsymbol{E}$，可知

$$\boldsymbol{H} \cdot \frac{\partial \boldsymbol{B}}{\partial t} = \boldsymbol{B} \cdot \frac{\partial \boldsymbol{H}}{\partial t} = \frac{1}{2}\left(\boldsymbol{H} \cdot \frac{\partial \boldsymbol{B}}{\partial t} + \boldsymbol{B} \cdot \frac{\partial \boldsymbol{H}}{\partial t}\right) = \frac{\partial}{\partial t}\left(\frac{1}{2}\boldsymbol{B} \cdot \boldsymbol{H}\right)$$

同理有

$$\boldsymbol{E} \cdot \frac{\partial \boldsymbol{D}}{\partial t} = \frac{\partial}{\partial t}\left(\frac{1}{2}\boldsymbol{D} \cdot \boldsymbol{E}\right)$$

将以上两式代入式(5.84)，得到

$$-\oint_S (\boldsymbol{E} \times \boldsymbol{H}) \cdot \mathrm{d}\boldsymbol{S} = \int_V \left[\frac{\partial}{\partial t}\left(\frac{1}{2}\boldsymbol{B} \cdot \boldsymbol{H}\right) + \frac{\partial}{\partial t}\left(\frac{1}{2}\boldsymbol{D} \cdot \boldsymbol{E}\right) + \boldsymbol{J} \cdot \boldsymbol{E}\right] \mathrm{d}V =$$

$$\frac{\partial}{\partial t}\int_V \left(\frac{1}{2}\boldsymbol{B} \cdot \boldsymbol{H} + \frac{1}{2}\boldsymbol{D} \cdot \boldsymbol{E}\right) \mathrm{d}V + \int_V \boldsymbol{J} \cdot \boldsymbol{E} \mathrm{d}V \tag{5.85}$$

这就是**坡印廷定理**(Poynting's Theorem)的积分形式，式中 $\frac{1}{2}\boldsymbol{B} \cdot \boldsymbol{H}$ 为磁场能量密度，记为 w_m；$\frac{1}{2}\boldsymbol{D} \cdot \boldsymbol{E}$ 为电场能量密度，记为 w_e；$\frac{1}{2}\boldsymbol{B} \cdot \boldsymbol{H} + \frac{1}{2}\boldsymbol{D} \cdot \boldsymbol{E} = w_m + w_e = w$ 为电磁场能量密度，它们的单位为焦耳/米^3($\mathrm{J/m^3}$)，它们的形式与静态场相同，只是这里的各物理量均是时变的参数。

这里引入一个新的矢量 $\boldsymbol{S}$，且定义为

$$\boldsymbol{S} = \boldsymbol{E} \times \boldsymbol{H} \tag{5.86}$$

称为**坡印廷矢量**(Poynting Vector)。据此，坡印廷定理可以写成

$$-\oint_S \boldsymbol{S} \cdot \mathrm{d}\boldsymbol{S} = \frac{\partial}{\partial t}\int_V (w_e + w_m) \mathrm{d}V + \int_V \boldsymbol{J} \cdot \boldsymbol{E} \mathrm{d}V$$

上式右边第一项表示体积 V 中电磁能量随时间的增加率，第二项表示体积 V 中的热

损耗功率(单位时间内以热能形式损耗在体积 V 中的能量)。根据能量守恒定理,上式左边一项 $-\oint_S \boldsymbol{S}\cdot \mathrm{d}\boldsymbol{S}=-\oint_S(\boldsymbol{E}\times\boldsymbol{H})\cdot \mathrm{d}\boldsymbol{S}$ 必定代表单位时间内穿过体积 V 的表面 S 流入体积 V 的电磁能量,而正的面积分 $\oint_S \boldsymbol{S}\cdot \mathrm{d}\boldsymbol{S}=\oint_S(\boldsymbol{E}\times\boldsymbol{H})\cdot \mathrm{d}\boldsymbol{S}$ 表示单位时间内流出包围体积表面的总电磁能量。由此可见,坡印廷矢量 $\boldsymbol{S}=\boldsymbol{E}\times\boldsymbol{H}$ 可解释为通过单位面积的电磁功率,其方向为波能量流动方向,所以 $\boldsymbol{S}$ 矢量又称功率流密度矢量,单位为瓦特/米^2(W/m^2)。

(1) 在静电场和静磁场情况下,$\frac{\partial}{\partial t}\int_V\left(\frac{1}{2}\boldsymbol{B}\cdot\boldsymbol{H}+\frac{1}{2}\boldsymbol{D}\cdot\boldsymbol{E}\right)\mathrm{d}V=0$ 以及由于电流密度 $\boldsymbol{J}$ 为零,所以坡印廷定理只剩一项 $\oint_S(\boldsymbol{E}\times\boldsymbol{H})\cdot \mathrm{d}\boldsymbol{S}=0$。由坡印廷定理可知,此式表示在场中任何一点,单位时间流出包围体积 V 表面的总能量为零,即没有电磁能量流动。由此可见,在静电场和静磁场情况下,$\boldsymbol{S}=\boldsymbol{E}\times\boldsymbol{H}$ 并不代表电磁功率流密度。

(2) 在稳恒电流形成的电场和磁场情况下,$\frac{\partial}{\partial t}\int_V\left(\frac{1}{2}\boldsymbol{B}\cdot\boldsymbol{H}+\frac{1}{2}\boldsymbol{D}\cdot\boldsymbol{E}\right)\mathrm{d}V=0$,所以由坡印廷定理可知,$-\oint_S(\boldsymbol{E}\times\boldsymbol{H})\cdot \mathrm{d}\boldsymbol{S}=\int_V \boldsymbol{J}\cdot\boldsymbol{E}\mathrm{d}V$。因此,在稳恒电磁场中,$\boldsymbol{S}=\boldsymbol{E}\times\boldsymbol{H}$ 可以代表通过单位面积的电磁功率流。它说明,在无源区域中,通过 S 面流入 V 内的电磁功率等于 V 内的损耗功率。

(3) 在时变电磁场中,$\boldsymbol{S}=\boldsymbol{E}\times\boldsymbol{H}$ 代表瞬时功率流密度,它通过任意截面积的面积分 $P=\oint_S(\boldsymbol{E}\times\boldsymbol{H})\cdot \mathrm{d}\boldsymbol{S}$ 代表瞬时功率。

例5.6　试求一段半径为 b,电导率为 σ,载有直流电流 I 的长直导线表面的坡印廷矢量,并验证坡印廷定理。

解　如图5.5所示,一段长度为 l 的长直导线,其轴线与圆柱坐标系的 z 轴重合,直流电流将均匀分布在导线的横截面上,于是有恒定电流密度和恒定电场

$$\boldsymbol{J}=\boldsymbol{e}_z\frac{I}{\pi b^2},\boldsymbol{E}=\frac{\boldsymbol{J}}{\sigma}=\boldsymbol{e}_z\frac{I}{\pi b^2\sigma}$$

由安培环路定理得导线表面分布磁场

$$\boldsymbol{H}=\boldsymbol{e}_\varphi\frac{I}{2\pi b}$$

因此,导线表面的坡印廷矢量为

$$\boldsymbol{S}=\boldsymbol{E}\times\boldsymbol{H}=-\boldsymbol{e}_\rho\frac{I^2}{2\sigma\pi^2 b^3}$$

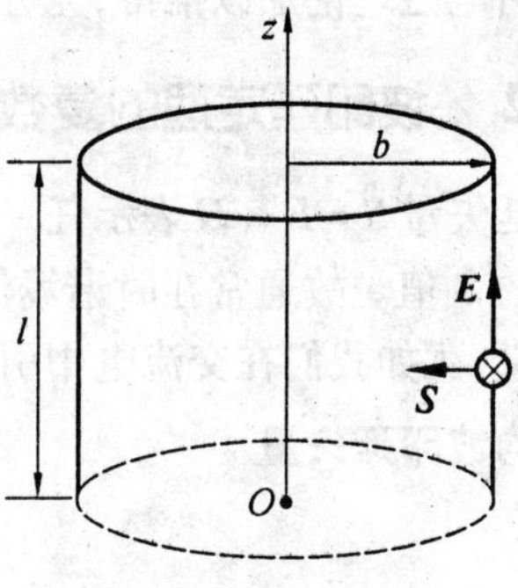

图5.5　通电直导线

它的方向处处指向导线的表面,故电磁功率沿导体表面传入导体内。

将坡印廷矢量沿导线段表面积分,得到导体消耗的功率,即

$$-\oint_S \boldsymbol{S}\cdot \mathrm{d}\boldsymbol{S}=-\oint_S \boldsymbol{S}\cdot\boldsymbol{e}_\rho \mathrm{d}S=\left(\frac{I^2}{2\sigma\pi^2 b^3}\right)2\pi bl=I^2\left(\frac{l}{\sigma\pi b^2}\right)=I^2R$$

可见,穿入导体表面 S 进入到导体中的功率等于该段导体损耗的功率。验证了稳恒

电流情况下的坡印廷定理。

例5.7 一同轴线的内导体半径为a，外导体半径为b，内、外导体间为空气，内、外导体均为理想导体，载有直流电流I，内、外导体间的电压为U。求同轴线的能流密度矢量和传输功率。

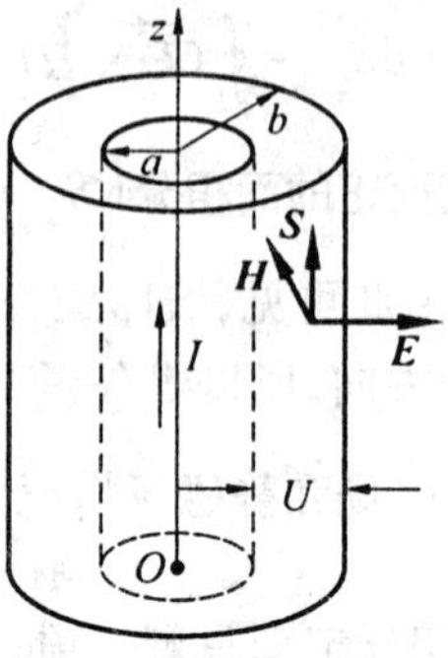

图5.6 同轴线

解 如图5.6所示，取柱坐标系，且z轴沿轴线与电流方向一致，分别根据高斯定理和安培环路定律，可以求出同轴线内、外导体间的电场和磁场

$$\boldsymbol{E}=\frac{U}{r\ln\left(\frac{b}{a}\right)}\boldsymbol{e}_\rho,\boldsymbol{H}=\frac{I}{2\pi r}\boldsymbol{e}_\varphi \quad (a<r<b)$$

得坡印廷矢量$\boldsymbol{S}$为

$$\boldsymbol{S}=\boldsymbol{E}\times\boldsymbol{H}=\frac{UI}{2\pi r^2\ln\left(\frac{b}{a}\right)}\boldsymbol{e}_z$$

上式说明电磁能量沿z轴方向流动，由电源向负载传输。通过同轴线内、外导体间任一横截面的功率为

$$P=\int_{S'}\boldsymbol{S}\cdot\mathrm{d}\boldsymbol{S}'=\int_a^b\frac{UI}{2\pi r^2\ln\left(\frac{b}{a}\right)}\cdot 2\pi r\mathrm{d}r=UI$$

这一结果与稳恒电路理论中熟知的结果一致。以上两个例子印证了早期引入的公式都可以由电磁理论加以推得，充分说明了电磁理论的基础作用。

5.5.2 坡印廷定理的复数形式

坡印廷矢量$\boldsymbol{S}=\boldsymbol{E}\times\boldsymbol{H}$表示任一点功率流密度的瞬时值，由于在一般时变场中很难确定每一点的$\boldsymbol{S}$值。故通常在时谐场情形下，讨论坡印廷矢量在一个周期T内的时间平均值更有意义，犹如我们在交流电中引入有效值一样。

1. 平均坡印廷矢量

定义

$$\boldsymbol{S}_{av}=\frac{1}{T}\int_0^T\boldsymbol{E}(\boldsymbol{r},t)\times\boldsymbol{H}(\boldsymbol{r},t)\mathrm{d}t \tag{5.87}$$

$\boldsymbol{S}_{av}$称为**平均坡印廷矢量**(Time Average of Poynting Vector)。下面研究它的计算方法。

$$\boldsymbol{S}_{av}=\frac{1}{T}\int_0^T\boldsymbol{E}(\boldsymbol{r},t)\times\boldsymbol{H}(\boldsymbol{r},t)\mathrm{d}t=$$

$$\frac{1}{T}\int_0^T\boldsymbol{E}_m(\boldsymbol{r})\cos(\omega t+\varphi_e)\times\boldsymbol{H}_m(\boldsymbol{r})\cos(\omega t+\varphi_h)\mathrm{d}t=$$

$$\boldsymbol{E}_m(\boldsymbol{r})\times\boldsymbol{H}_m(\boldsymbol{r})\frac{1}{T}\int_0^T\cos(\omega t+\varphi_e)\cos(\omega t+\varphi_h)\mathrm{d}t=$$

$$2\boldsymbol{E}_0(\boldsymbol{r}) \times \boldsymbol{H}_0(\boldsymbol{r}) \frac{1}{T}\int_0^T \cos(\omega t + \varphi_e)\cos(\omega t + \varphi_h)\mathrm{d}t =$$

$$\boldsymbol{E}_0(\boldsymbol{r}) \times \boldsymbol{H}_0(\boldsymbol{r})\cos(\varphi_e - \varphi_h)$$

其中，$\boldsymbol{E}_0(\boldsymbol{r})$ 和 $\boldsymbol{H}_0(\boldsymbol{r})$ 为电场强度和磁场强度的有效值。

此结果中，若电磁场用复数的形式来表示，则

$$\boldsymbol{S}_{av} = \mathrm{Re}[\dot{\boldsymbol{E}}(\boldsymbol{r}) \times \dot{\boldsymbol{H}}^*(\boldsymbol{r})]$$

定义**复坡印廷矢量**(Complex Poynting Vector) $\boldsymbol{S}_c$ 为电场强度的复数形式，为电场强度叉乘磁场强度复数形式的共轭，即

$$\boldsymbol{S}_c = \dot{\boldsymbol{E}}(\boldsymbol{r}) \times \dot{\boldsymbol{H}}^*(\boldsymbol{r})$$

显然，时谐场坡印廷矢量的平均值等于复坡印廷矢量的实部，即

$$\boldsymbol{S}_{av} = \mathrm{Re}[\boldsymbol{S}_c] \tag{5.88}$$

同样，为了书写方便可以将复数的点"·"去掉，则

$$\boldsymbol{S}_{av} = \mathrm{Re}[\boldsymbol{E}(\boldsymbol{r}) \times \boldsymbol{H}^*(\boldsymbol{r})] \tag{5.89}$$

$$\boldsymbol{S}_c = \boldsymbol{E}(\boldsymbol{r}) \times \boldsymbol{H}^*(\boldsymbol{r}) \tag{5.90}$$

同理，可得电场与磁场能量密度的时间平均值分别为

$$w_{eav} = \frac{1}{2}\varepsilon|\boldsymbol{E}(\boldsymbol{r})|^2$$

$$w_{mav} = \frac{1}{2}\mu|\boldsymbol{H}(\boldsymbol{r})|^2$$

这两个式子适合任意媒质时电场与磁场能量密度平均值的计算。

2. 复数形式坡印廷定理

下面从复数形式的麦克斯韦方程出发，导出复数形式坡印廷定理

由矢量恒等式

$$\nabla \cdot (\boldsymbol{E} \times \boldsymbol{H}^*) = \boldsymbol{H}^* \cdot (\nabla \times \boldsymbol{E}) - \boldsymbol{E} \cdot (\nabla \times \boldsymbol{H}^*)$$

和时谐场 $\boldsymbol{E}$、$\boldsymbol{H}$ 的旋度方程

$$\nabla \times \boldsymbol{E} = -\mathrm{j}\omega\boldsymbol{B}$$

$$\nabla \times \boldsymbol{H}^* = \boldsymbol{J}^* - \mathrm{j}\omega\boldsymbol{D}^*$$

可得

$$\nabla \cdot (\boldsymbol{E} \times \boldsymbol{H}^*) = -\mathrm{j}\omega(\boldsymbol{B} \cdot \boldsymbol{H}^* - \boldsymbol{E} \cdot \boldsymbol{D}^*) - \boldsymbol{J}^* \cdot \boldsymbol{E}$$

对上式两端进行体积 V 内积分，并应用高斯散度定理，可以导出

$$-\oint_S (\boldsymbol{E} \times \boldsymbol{H}^*) \cdot \mathrm{d}\boldsymbol{S} = \mathrm{j}2\omega\int_V\left(\frac{1}{2}\boldsymbol{B} \cdot \boldsymbol{H}^* - \frac{1}{2}\boldsymbol{E} \cdot \boldsymbol{D}^*\right)\mathrm{d}V + \int_V \boldsymbol{J}^* \cdot \boldsymbol{E}\mathrm{d}V =$$

$$\int_V \sigma E^2 \mathrm{d}V + \mathrm{j}2\omega\int_V\left(\frac{1}{2}\mu H^2 - \frac{1}{2}\varepsilon E^2\right)\mathrm{d}V \tag{5.91}$$

式(5.91)是**复数形式的坡印廷定理**。

当 σ，ε，μ 为实数时，式(5.91)左边为从封闭面流进体积中的复功率。右边第一项为实数，为体积 V 中的平均欧姆损耗功率；第二项为虚数，与体积中磁场平均能量与电场平均能量之差成正比。当体积 V 中电场是平均能量与磁场总平均能量相等时，虚部为零。流进 V 中的平均功率等于 V 中的平均欧姆损耗功率。

例 5.8 已知在无源($\rho_f = 0, \boldsymbol{J} = 0$)的自由空间中,时变电磁场的电场强度复矢量

$$\boldsymbol{E}(z)/(\mathrm{V \cdot m^{-1}}) = \boldsymbol{e}_y E_0 \mathrm{e}^{-\mathrm{j}kz}$$

式中 k、E_0 为常数。求:

(1) 磁场强度复矢量;

(2) 坡印廷矢量的瞬时值;

(3) 平均坡印廷矢量。

解 (1) 由无源空间复数麦克斯韦方程

$$\nabla \times \boldsymbol{E} = -\mathrm{j}\omega\mu_0 \boldsymbol{H}$$

得

$$\boldsymbol{H}(z) = -\frac{1}{\mathrm{j}\omega\mu_0}\nabla \times \boldsymbol{E}(z) = -\boldsymbol{e}_x \frac{kE_0}{\omega\mu_0}\mathrm{e}^{-\mathrm{j}kz}$$

(2) 电场、磁场的瞬时值为

$$\boldsymbol{E}(z,t) = \mathrm{Re}[\sqrt{2}\boldsymbol{E}(z)\mathrm{e}^{\mathrm{j}\omega t}] = \boldsymbol{e}_y\sqrt{2}E_0\cos(\omega t - kz)$$

$$\boldsymbol{H}(z,t) = \mathrm{Re}[\sqrt{2}\boldsymbol{H}(z)\mathrm{e}^{\mathrm{j}\omega t}] = -\boldsymbol{e}_x\sqrt{2}\frac{kE_0}{\omega\mu_0}\cos(\omega t - kz)$$

所以,坡印廷矢量的瞬时值为

$$\boldsymbol{S}(z,t) = \boldsymbol{E}(z,t) \times \boldsymbol{H}(z,t) = \boldsymbol{e}_z 2\frac{kE_0^2}{\omega\mu_0}\cos^2(\omega t - kz)$$

(3) 平均坡印廷矢量

$$\boldsymbol{S}_{av} = \mathrm{Re}[\boldsymbol{E}(z) \times \boldsymbol{H}^*(z)] = \mathrm{Re}\left[\boldsymbol{e}_y E_0\mathrm{e}^{-\mathrm{j}kz} \times \left(-\boldsymbol{e}_x\frac{kE_0}{\omega\mu_0}\mathrm{e}^{-\mathrm{j}kz}\right)^*\right] =$$

$$\mathrm{Re}\left[\boldsymbol{e}_z\frac{kE_0^2}{\omega\mu_0}\right] = \boldsymbol{e}_z\frac{kE_0^2}{\omega\mu_0}$$

本章小结

(1) 法拉第电磁感应定律表征的是变化的磁场产生电场的规律,对于磁场中的任意闭合回路有

$$\xi = -\frac{\mathrm{d}\Phi}{\mathrm{d}t}$$

从而

$$\oint_C \boldsymbol{E} \cdot \mathrm{d}\boldsymbol{l} = -\int_S \frac{\partial \boldsymbol{B}}{\partial t} \cdot \mathrm{d}\boldsymbol{S}$$

其微分形式为

$$\nabla \times \boldsymbol{E} = -\frac{\partial \boldsymbol{B}}{\partial t}$$

(2) 麦克斯韦提出位移电流的假说,对安培环路定律作了修正,它表征变化的电场产生磁场

$$\oint_C \boldsymbol{H} \cdot \mathrm{d}\boldsymbol{l} = \int_S (\boldsymbol{J} + \frac{\partial \boldsymbol{D}}{\partial t}) \cdot \mathrm{d}\boldsymbol{S}$$

微分形式为

$$\nabla \times \boldsymbol{H} = \boldsymbol{J} + \frac{\partial \boldsymbol{D}}{\partial t}$$

(3) 麦克斯韦方程是经典电磁理论的基本定律,其方程的积分形式和微分形式如下:

积分形式 微分形式

$$\oint_C \boldsymbol{H}\cdot d\boldsymbol{l} = \int_S \left(\boldsymbol{J}+\frac{\partial \boldsymbol{D}}{\partial t}\right)\cdot d\boldsymbol{S} \qquad \nabla\times\boldsymbol{H} = \boldsymbol{J}+\frac{\partial \boldsymbol{D}}{\partial t}$$

$$\oint_C \boldsymbol{E}\cdot d\boldsymbol{l} = -\int_S \frac{\partial \boldsymbol{B}}{\partial t}\cdot d\boldsymbol{S} \qquad \nabla\times\boldsymbol{E} = -\frac{\partial \boldsymbol{B}}{\partial t}$$

$$\oint_S \boldsymbol{B}\cdot d\boldsymbol{S} = 0 \qquad \nabla\cdot\boldsymbol{B} = 0$$

$$\oint_S \boldsymbol{D}\cdot d\boldsymbol{S} = \int_V \rho_f dV \qquad \nabla\cdot\boldsymbol{D} = \rho_f$$

线性媒质本构关系为

$$\boldsymbol{D} = \varepsilon\boldsymbol{E},\quad \boldsymbol{B} = \mu\boldsymbol{H},\quad \boldsymbol{J} = \sigma\boldsymbol{E}$$

要注意它们的适用条件及解题技巧应用。

(4) 分界面上的边界条件

① 法向方向 $\boldsymbol{D}$ 与 $\boldsymbol{B}$ 的边界条件

$$\boldsymbol{n}^\circ\cdot(\boldsymbol{D}_1-\boldsymbol{D}_2) = \rho_{Sf} \quad 或 \quad D_{1n}-D_{2n} = \rho_{Sf}$$

$$\boldsymbol{n}^\circ\cdot(\boldsymbol{B}_1-\boldsymbol{B}_2) = 0 \quad 或 \quad B_{1n} = B_{2n}$$

磁场在法向方向总是连续的。

当分界面上 $\rho_{Sf} = 0$,即无自由面电荷分布,有

$$\boldsymbol{n}^\circ\cdot(\boldsymbol{D}_1-\boldsymbol{D}_2) = 0$$

即无自由电荷分布的分界面,电位移矢量的法向也是连续的。

② 切向方向 $\boldsymbol{E}$ 和 $\boldsymbol{H}$ 的边界条件

$$\boldsymbol{n}^\circ\times(\boldsymbol{H}_1-\boldsymbol{H}_2) = \boldsymbol{J}_{Sf} \quad 或 \quad H_{1t}-H_{2t} = J_{Sf}$$

$$\boldsymbol{n}^\circ\times(\boldsymbol{E}_1-\boldsymbol{E}_2) = 0 \quad 或 \quad E_{1t} = E_{2t}$$

电场在切向方向总是连续的。

当分界面上 $\boldsymbol{J}_{Sf} = 0$,即无自由面电流分布,有

$$\boldsymbol{n}^\circ\times(\boldsymbol{H}_1-\boldsymbol{H}_2) = 0$$

(5) 坡印廷定理描述的是电磁场的能量守恒关系,即单位时间内某体积中能量的增加量等于从表面进入体积的功率

$$-\oint_S (\boldsymbol{E}\times\boldsymbol{H})\cdot d\boldsymbol{S} = \frac{\partial}{\partial t}\int_V\left(\frac{1}{2}\boldsymbol{B}\cdot\boldsymbol{H}+\frac{1}{2}\boldsymbol{D}\cdot\boldsymbol{E}\right)dV + \int_V \boldsymbol{J}\cdot\boldsymbol{E}dV$$

坡印廷矢量 $\boldsymbol{S}$ 表示沿能流方向的单位表面的功率矢量,即

$$\boldsymbol{S} = \boldsymbol{E}\times\boldsymbol{H}$$

坡印廷矢量的平均值 $\boldsymbol{S}_{av}(\boldsymbol{r})$ 与时间无关,为

$$\boldsymbol{S}_{av} = \mathrm{Re}[\boldsymbol{E}(\boldsymbol{r})\times\boldsymbol{H}^*(\boldsymbol{r})]$$

电场与磁场能量密度为

$$w_e = \frac{1}{2}\boldsymbol{D}\cdot\boldsymbol{E}$$

$$w_m = \frac{1}{2}\boldsymbol{B}\cdot\boldsymbol{H}$$

电场与磁场能量密度平均值为

$$w_{eav} = \frac{1}{2}\varepsilon\,|\,\boldsymbol{E}(\boldsymbol{r})\,|^2$$

$$w_{mav} = \frac{1}{2}\mu\,|\,\boldsymbol{H}(\boldsymbol{r})\,|^2$$

(6) 无源区内,$\boldsymbol{E}$、$\boldsymbol{H}$ 的波动方程为

$$\nabla^2 \boldsymbol{E} - \varepsilon\mu \frac{\partial^2 \boldsymbol{E}}{\partial t^2} = 0$$

$$\nabla^2 \boldsymbol{H} - \varepsilon\mu \frac{\partial^2 \boldsymbol{H}}{\partial t^2} = 0$$

即无源区内的电场与磁场以波动形式存在,形成电磁波。

习　　题

5.1　已知铜导线的直径为 1 mm,$\varepsilon = \varepsilon_0$,$\mu = \mu_0$,$\sigma = 5.8 \times 10^7$ S/m。当导线中电流为 $i = 2\cos(2\pi \times 50t)$ A时,导线中的位移电流密度为多少?

5.2　同轴线的内外导体半径分别为 $r_1 = 5$ mm、$r_2 = 6$ mm,内外导体间填充 $\varepsilon_r = 6.7$ 的电介质,外加电压 $U = 250\sin 377t$ V,试求介质中的位移电流密度。

5.3　已知在无源的自由空间中,$\boldsymbol{E} = \boldsymbol{e}_x E_0 \cos(\omega t - \beta z)$,其中 E_0、β 为常数,求 $\boldsymbol{H}$。

5.4　将下列用复数形式表示的场矢量变换成瞬时值,或作相反的变换。

(1) $\dot{\boldsymbol{E}} = \boldsymbol{e}_x \dot{E}_0$;

(2) $\dot{\boldsymbol{E}} = \boldsymbol{e}_x \mathrm{j} E_0 \mathrm{e}^{-\mathrm{j}kz}$;

(3) $\boldsymbol{E} = \boldsymbol{e}_x E_0 \cos(\omega t - kz) + \boldsymbol{e}_y 2E_0 \cos(\omega t - kz)$。

5.5　已知空间某处电场和磁场的瞬时值表示分别为

$$\boldsymbol{E} = E_0 \cos(\omega t - k_0 z)\, \boldsymbol{e}_x$$

$$\boldsymbol{H} = \xi_0 E_0 \cos(\omega t - k_0 z)\, \boldsymbol{e}_y$$

其中 ξ_0 是常数。

(1) 求瞬时坡印廷矢量 $\boldsymbol{S}$;

(2) 由(1) 的结果求时间平均功率流密度 $\boldsymbol{S}_{av}$。

5.6　已知空间某处的电场和磁场为

$$\boldsymbol{E} = \boldsymbol{e}_x E_0 \cos(\omega t - k_0 z) + \boldsymbol{e}_y E_0 \sin(\omega t - k_0 z)$$

$$\boldsymbol{H} = -\boldsymbol{e}_x \xi_0 E_0 \sin(\omega t - k_0 z) + \boldsymbol{e}_y \xi_0 E_0 \cos(\omega t - k_0 z)$$

求 $\boldsymbol{S}$ 和 $\boldsymbol{S}_{av}$。

5.7　已知无源的空气中的电场为

$$\boldsymbol{E}/(\mathrm{V \cdot m^{-1}}) = \boldsymbol{e}_y 0.1\sin(10\pi x)\cos(6\pi \times 10^9 t - \beta z)$$

利用麦克斯韦方程求相应的 $\boldsymbol{H}$ 以及常数 β。

5.8　试将麦克斯韦方程组中(5.15) ~ (5.19) 写成 9 个标量方程:

(1) 在直角坐标系中;

(2) 在圆柱坐标系中;

(3) 在球坐标系中。

5.9　由麦克斯韦方程组出发,导出点电荷的电场强度公式和泊松方程。

5.10　在理想导电壁($\sigma = +\infty$)限定的区域 $0 \leqslant x \leqslant a$ 内存在一个如下的电磁场。

$$E_y = H_0 \mu\omega \left(\frac{a}{\pi}\right) \sin(kz - \omega t)$$

$$H_x = -H_0 k \left(\frac{a}{\pi}\right) \sin\left(\frac{\pi x}{a}\right) \sin(kz - \omega t)$$

$$H_z = H_0 \cos\left(\frac{\pi x}{a}\right) \cos(kz - \omega t)$$

这个电磁场满足的边界条件如何? 导电壁的电流密度值如何?

5.11　自由空间中时谐场波动方程为 $\nabla^2 \boldsymbol{E} + k^2 \boldsymbol{E} = 0$,证明 $\boldsymbol{E} = E_0 \mathrm{e}^{-\mathrm{j}kz} \boldsymbol{e}_x$ 满足该方程,其中 E_0、k 为常数;能将它视为电磁波解吗?

第 6 章

各向同性媒质中的平面电磁波

由第 5 章的麦克斯韦方程组可以导出波动方程，在一定的边界条件下，满足波动方程的解，称为电磁波。电磁波是自然界许多波动现象中的一种，它具有波动的一般规律，但也有其特殊的性质。

本章讨论的电磁波是比较简单，但具有重要意义的均匀平面电磁波。因为，在远离场源的小区域内的电磁波可以看做均匀平面波。另一方面，复杂的电磁波可看做一系列均匀平面电磁波的叠加。本章从麦克斯韦方程组入手，推导均匀平面波的表达式，得出均匀平面波的传播规律。根据均匀平面波中合成电场强度的方向，讨论极化方式。

6.1 理想介质中的均匀平面电磁波

6.1.1 均匀平面波的场解

在 5.4 节已经得到了在均匀、各向同性、无损耗媒质中无源区域的波动方程

$$\nabla^2 \boldsymbol{E} - \mu\varepsilon \frac{\partial^2 \boldsymbol{E}}{\partial t^2} = 0 \tag{6.1}$$

$$\nabla^2 \boldsymbol{H} - \mu\varepsilon \frac{\partial^2 \boldsymbol{H}}{\partial t^2} = 0 \tag{6.2}$$

式(6.2) 与式(6.1) 的形式是完全相同的，这样可只对式(6.1) 进行详细的分析。式(6.1) 是一个矢量函数的二阶偏微分方程，那么就需要把矢量的偏微分方程变成标量的偏微分方程。

在直角坐标系中，电场强度矢量 $\boldsymbol{E}$ 可用下式表示

$$\boldsymbol{E} = \boldsymbol{e}_x E_x + \boldsymbol{e}_y E_y + \boldsymbol{e}_z E_z \tag{6.3}$$

利用矢量函数的微分关系，可以得到三个形式完全相同的标量微分方程

$$\nabla^2 E_x - \mu\varepsilon \frac{\partial^2 E_x}{\partial t^2} = 0 \tag{6.4}$$

$$\nabla^2 E_y - \mu\varepsilon \frac{\partial^2 E_y}{\partial t^2} = 0 \tag{6.5}$$

$$\nabla^2 E_z - \mu\varepsilon \frac{\partial^2 E_z}{\partial t^2} = 0 \tag{6.6}$$

求解上面三个标量偏微分方程即可得出电场强度$\boldsymbol{E}$的解析表达式。但是对一般情况下的场分布求解是非常复杂的,因此人们往往从讨论最简单、最基本的电磁波波形——**平面电磁波**(Plane Electromagnetic Wave)入手。

什么样的电磁波是平面电磁波呢?我们知道描述电磁波的特性参数是电场强度和磁场强度,它们是空间坐标和时间的矢量函数,即它们的振幅和相位随空间不同点的变化而不同。而它们的相位具有相同值的点在空间上会构成一个面(通常为曲面),称为**等相位面或波阵面**(Wave Front)。平面电磁波就是电场强度或磁场强度的等相位面(波阵面)为平面的电磁波。平面电磁波是在工程实际问题中遇到的电磁波的一种很好的近似。

平面电磁波的等相位面上若振幅相同,这样的平面电磁波称为**均匀平面电磁波**(Uniform Plane Electromagnetic Wave)。可以看到这种情况是电磁波最简化的情形,我们对电磁波的分析讨论就从对这种最简化的均匀平面电磁波开始。

对于均匀平面电磁波,设电场只有E_x一个分量并随z方向一维变化,即

$$E_x(x,y,z,t)=E_x(z,t)\ ;\quad E_y=0;\quad E_z=0 \tag{6.7}$$

式(6.4)就简化为

$$\frac{\partial^2 E_x}{\partial z^2}-\mu\varepsilon\frac{\partial^2 E_x}{\partial t^2}=0 \tag{6.8}$$

这是一个标量函数的二阶偏微分方程。方程(6.8)可用分离变量法求得通解形式为

$$E_x=f\left(t-\frac{z}{v}\right)+f\left(t+\frac{z}{v}\right) \tag{6.9}$$

式中

$$v=\frac{1}{\sqrt{\mu\varepsilon}} \tag{6.10}$$

式(6.9)的v具有速度的量纲,称为**波速**(Wave Velocity),是电磁波在理想介质中的传播速度。在真空中

$$v=c=\frac{1}{\sqrt{\mu_0\varepsilon_0}}\approx 3\times10^8\ \text{m/s} \tag{6.11}$$

式(6.9)的$f\left(t-\frac{z}{v}\right)$表示以速度$v$沿$z$轴正向传播的平面波,而$f\left(t+\frac{z}{v}\right)$表示以速度$v$沿$z$轴负向传播的平面波。

方程(6.8)解的形式可以是正弦函数,这时电磁波称为**正弦电磁波**,通常采用复数形式。由亥姆霍兹方程

$$\nabla^2\boldsymbol{E}+k^2\boldsymbol{E}=0 \tag{6.12}$$

其中,k为波数,$k=\omega\sqrt{\mu\varepsilon}$。

考虑式(6.7)的设定:$\boldsymbol{E}=\boldsymbol{e}_x E_x, E_x=E_x(z)$,则$\frac{\partial^2 E_x}{\partial x^2}=0,\frac{\partial^2 E_x}{\partial y^2}=0$,这样式(6.12)简化为

$$\frac{\partial^2 E_x}{\partial z^2}+k^2E_x=0 \tag{6.13}$$

由于 E_x 是一个仅与 z 有关的复数，故式(6.13)为二阶常系数微分方程，其通解为

$$E_x(z)=E_x^+\mathrm{e}^{-\mathrm{j}kz}+E_x^-\mathrm{e}^{\mathrm{j}kz} \tag{6.14}$$

式中，E_x^+ 和 E_x^- 为常数，$E_x^+=\dfrac{E_{xm}^+}{\sqrt{2}}\mathrm{e}^{\mathrm{j}\varphi_0}$，$E_x^-=\dfrac{E_{xm}^-}{\sqrt{2}}\mathrm{e}^{\mathrm{j}\varphi_0}$；$E_{xm}^+$ 和 E_{xm}^- 分别为沿 z 轴正方向和负方向传播的平面电磁波电场强度幅值的最大值；φ_0 为电场强度的初相位。

如果平面正弦电磁波只沿 z 轴正向传播，则电场强度复数形式为

$$\boldsymbol{E}=\boldsymbol{e}_xE_x^+\mathrm{e}^{-\mathrm{j}kz} \tag{6.15}$$

式(6.14)的瞬时值表达式为(设初相位 $\varphi_0=0$)

$$\begin{aligned}E_x(z,t)&=\mathrm{Re}[\sqrt{2}E_x\mathrm{e}^{\mathrm{j}\omega t}]=\\&\sqrt{2}E_x^+\cos(\omega t-kz)+\sqrt{2}E_x^-\cos(\omega t+kz)=\\&E_{xm}^+\cos(\omega t-kz)+E_{xm}^-\cos(\omega t+kz)\end{aligned} \tag{6.16}$$

如果平面正弦电磁波只沿 z 轴正向传播，则电场强度瞬时形式为

$$\boldsymbol{E}(z,t)=\boldsymbol{e}_xE_{xm}\cos(\omega t-kz) \tag{6.17}$$

由麦克斯韦方程 $\nabla\times\boldsymbol{E}=-\mathrm{j}\omega\mu\boldsymbol{H}$，磁场强度为

$$\boldsymbol{H}=\frac{1}{-\mathrm{j}\omega\mu}\nabla\times\boldsymbol{E}=\frac{1}{-\mathrm{j}\omega\mu}\begin{vmatrix}\boldsymbol{e}_x & \boldsymbol{e}_y & \boldsymbol{e}_z\\ \dfrac{\partial}{\partial x} & \dfrac{\partial}{\partial y} & \dfrac{\partial}{\partial z}\\ E_x(z) & 0 & 0\end{vmatrix}$$

从而

$$H_y(z)=\frac{k}{\omega\mu}E_x^+\mathrm{e}^{-\mathrm{j}kz}-\frac{k}{\omega\mu}E_x^-\mathrm{e}^{\mathrm{j}kz} \tag{6.18}$$

将 $k=\omega\sqrt{\mu\varepsilon}$ 代入上式得

$$H_y=\sqrt{\frac{\varepsilon}{\mu}}E_x^+\mathrm{e}^{-\mathrm{j}kz}-\sqrt{\frac{\varepsilon}{\mu}}E_x^-\mathrm{e}^{\mathrm{j}kz} \tag{6.19}$$

如果平面正弦电磁波只沿 z 轴正向传播，则磁场强度复数形式为

$$\boldsymbol{H}=\boldsymbol{e}_y\frac{E_x^+}{\eta}\mathrm{e}^{-\mathrm{j}kz} \tag{6.20}$$

式中

$$\eta=\sqrt{\frac{\mu}{\varepsilon}} \tag{6.21}$$

η **称为介质的本征阻抗，也称波阻抗**(Wave Impedance)。在自由空间(μ_0,ε_0)，$\eta_0=\sqrt{\dfrac{\mu_0}{\varepsilon_0}}=120\pi\approx377\ \Omega$。

把式(6.19)写成瞬时值表达式有

$$H_y(z,t)=\sqrt{\frac{\varepsilon}{\mu}}E_{xm}^+\cos(\omega t-kz)-\sqrt{\frac{\varepsilon}{\mu}}E_{xm}^-\cos(\omega t+kz)$$

如果平面正弦电磁波只沿 z 轴正向传播，则磁场强度瞬时形式为

$$\boldsymbol{H}(z,t)=\boldsymbol{e}_y\frac{E_{xm}}{\eta}\cos(\omega t-kz) \tag{6.22}$$

根据以上的分析,平面正弦电磁波的特性如下。

(1) 横波特性

在理想介质中的平面电磁波,电场强度和磁场强度均与传播方向相互垂直,且电场和磁场的时间相位相同。这种电场和磁场均垂直于电磁波传播方向的均匀平面波,称为**横电磁波**(Transverse Electromagnetic Wave),或称 TEM 波,如图 6.1 所示。

TEM 波的 $\boldsymbol{E}$ 和 $\boldsymbol{H}$ 以及传播方向之间两两垂直,从 $\boldsymbol{E}$ 和 $\boldsymbol{H}$ 再到传播方向满足右手定则。所以,在解决已知 $\boldsymbol{E}$ 求 $\boldsymbol{H}$ 或已知 $\boldsymbol{H}$ 求 $\boldsymbol{E}$ 的问题时,可以先确定 $\boldsymbol{E}$ 和 $\boldsymbol{H}$ 的大小关系,再利用右手定则确定另外场量的方向。

(2) 行波特性

式(6.17) 和式(6.22) 是沿着 z 轴正向传播的电磁波,如图 6.2 所示。如果电磁波沿 z 轴负向传播,则式(6.17) 和式 (6.22) 中 kz 项前的负号换成正号即可。

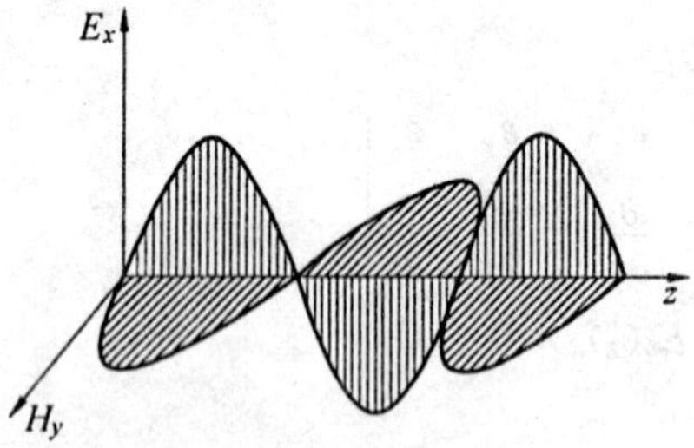

图 6.1 电场、磁场与传播方向相互垂直

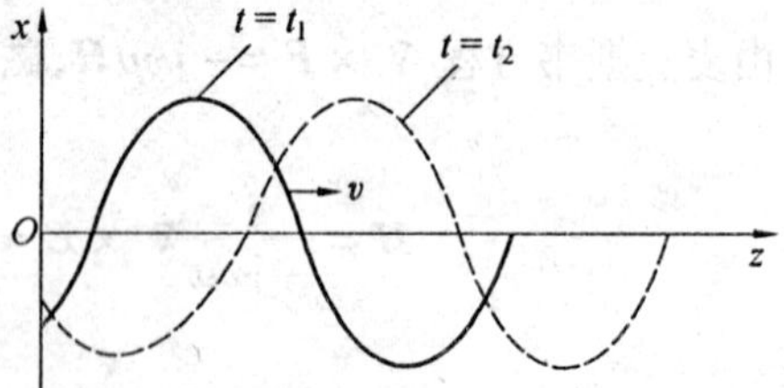

图 6.2 电磁波的行波特性

(3) 特性参量

ωt 是时间相位,kz 是空间相位。时间相位变化 2π 所经历的时间是一个时间周期 T。空间相位变化 2π 所经过的空间距离称为一个波长,用 λ 表示,则

$$k=\frac{2\pi}{\lambda} \tag{6.23}$$

从式(6.23) 可以看出,k 表示在 2π 距离内的波长数目,这就是为什么把 k 称作波数的原因。周期和波长分别从时间和空间上表示波动过程相位变化的特性。

周期 T、频率 f、角频率 ω 三者的关系为

$$\omega=2\pi f=\frac{2\pi}{T} \tag{6.24}$$

波长 λ、相速度 v、波数 k 三者的关系为

$$\lambda=vT=\frac{v}{f} \tag{6.25}$$

$$k=\omega\sqrt{\mu\varepsilon}=\frac{\omega}{v}=\frac{2\pi}{\lambda} \tag{6.26}$$

例 6.1 真空中的均匀平面电磁波的电场强度为 $\boldsymbol{E}(z,t)=\boldsymbol{e}_x 100\sin(\omega t-\beta z)$ V/m,试求磁场强度 $\boldsymbol{H}(z,t)$。

解　先求得磁场强度 $\boldsymbol{H}(z,t)$ 的模

$$|\boldsymbol{H}(z,t)|/(\mathrm{A\cdot m^{-1}})=\frac{|E(z,t)|}{\eta_0}=\frac{100}{377}$$

由 $\boldsymbol{E}(z,t)$ 表达式可知，电磁波是沿着 z 轴正向传播，按照 TEM 波的特性，可以判断磁场应为 $\boldsymbol{e}_y$ 方向，所以

$$\boldsymbol{H}(z,t)/(\mathrm{A\cdot m^{-1}})=\boldsymbol{e}_y\frac{100}{377}\sin(\omega t-\beta z)$$

例 6.2　在各向同性的理想媒质聚乙烯中，一均匀平面正弦电磁波沿 z 轴正向传播，聚乙烯介质的特性参数为 $\varepsilon_r=2.25$、$\mu_r=1.0$、$\sigma=0$。电磁波的频率为 200 MHz，电场强度的幅值为 E_{xm} V/m，且沿 x 方向，当 $t=0$，$z=1/8$ m 时，电场强度等于其幅值。试求：

(1) 此平面电磁波的波速 v、波数 k 和波长 λ；

(2) 电场强度矢量 $\boldsymbol{E}(z,t)$；

(3) 磁场强度矢量 $\boldsymbol{H}(z,t)$。

解　(1) 波速 $v/(\mathrm{m\cdot s^{-1}})=\dfrac{1}{\sqrt{\mu\varepsilon}}=\dfrac{1}{\sqrt{\mu_0\mu_r\varepsilon_0\varepsilon_r}}=\dfrac{1}{\sqrt{2.25\mu_0\varepsilon_0}}=\dfrac{c}{1.5}\approx 2.0\times10^8$

波数 $k/(\mathrm{rad\cdot m^{-1}})=\omega\sqrt{\mu\varepsilon}=2\pi\times200\times10^6\times\dfrac{1}{2.0\times10^8}=2\pi$

波长 $\lambda/\mathrm{m}=\dfrac{v}{f}=\dfrac{2.0\times10^8}{200\times10^6}=1.0$

(2) 电场强度矢量

$$\boldsymbol{E}(z,t)=\boldsymbol{e}_xE_x$$

式(6.16) 中我们设定了初相位为0，这里初相位不为0，则其表达式应为

$$E_x(z,t)=E_{xm}\cos(\omega t-kz+\varphi_0)$$

当 $t=0$，$z=1/8$ m 时，$E_x=E_{xm}$，即

$$\cos(\omega t-kz+\varphi_0)=1$$

即

$$\omega t-kz+\varphi_0=0$$

所以

$$\varphi_0/\mathrm{rad}=(kz-\omega t)\Big|_{t=0,z=\frac{1}{8}}=2\pi\times\frac{1}{8}-2\pi\times200\times10^6\times0=\frac{\pi}{4}$$

$$E(z,t)/(\mathrm{V\cdot m^{-1}})=\boldsymbol{e}_xE_x=\boldsymbol{e}_xE_{xm}\cos\left(4\pi\times10^8t-2\pi z+\frac{\pi}{4}\right)$$

(3) 介质的本征阻抗

$$\eta/\Omega=\sqrt{\frac{\mu}{\varepsilon}}=\sqrt{\frac{\mu_0\mu_r}{\varepsilon_0\varepsilon_r}}=\frac{1}{1.5}\sqrt{\frac{\mu_0}{\varepsilon_0}}=80\pi$$

所以

$$\boldsymbol{H}(z,t)/(\mathrm{A\cdot m^{-1}})=\boldsymbol{e}_yH_y=\boldsymbol{e}_y\frac{E_x}{\eta}=\boldsymbol{e}_y\frac{E_{xm}}{\eta}\cos\left(4\pi\times10^8t-2\pi z+\frac{\pi}{4}\right)=$$

$$\boldsymbol{e}_y\frac{E_{xm}}{80\pi}\cos\left(4\pi\times10^8t-2\pi z+\frac{\pi}{4}\right)$$

例 6.3　已知在无界理想媒质($\varepsilon=9\varepsilon_0$，$\mu=\mu_0$，$\sigma=0$) 中均匀平面正弦平面电磁波的

频率$f = 10^8$ Hz，电场强度为$\boldsymbol{E} = \boldsymbol{e}_x 4\mathrm{e}^{-\mathrm{j}kz} + \boldsymbol{e}_y 3\mathrm{e}^{-\mathrm{j}kz+\mathrm{j}\frac{\pi}{3}}$ V/m。试求：

（1）此电磁波的相速度v、波长λ、波数k和本征阻抗η；

（2）电场强度和磁场强度的瞬时值表达式；

（3）复坡印廷矢量及平均坡印廷矢量；

（4）与电磁波传播方向垂直的单位面积上的平均功率。

解 （1）此电磁波的相速度

$$v/(\mathrm{m\cdot s^{-1}}) = \frac{1}{\sqrt{\mu\varepsilon}} = \frac{1}{\sqrt{\mu_0 \times 9\varepsilon_0}} \approx 10^8$$

波长
$$\lambda/\mathrm{m} = \frac{v}{f} = \frac{10^8}{10^8} = 1$$

波数
$$k/(\mathrm{rad\cdot m^{-1}}) = \omega\sqrt{\mu\varepsilon} = \frac{\omega}{v} = 2\pi$$

本征阻抗
$$\eta/\Omega = \sqrt{\frac{\mu}{\varepsilon}} = \sqrt{\frac{u_0}{9\varepsilon_0}} = 40\pi$$

$$(2)\boldsymbol{E}(t)/(\mathrm{V\cdot m^{-1}}) = \mathrm{Re}[\sqrt{2}\boldsymbol{E}\mathrm{e}^{\mathrm{j}\omega t}] = \boldsymbol{e}_x 4\sqrt{2}\cos(2\pi\times10^8 t - 2\pi z) + \boldsymbol{e}_y 3\sqrt{2}\cos\left(2\pi\times10^8 t - 2\pi z + \frac{\pi}{3}\right)$$

$$\boldsymbol{H}(t) = \boldsymbol{e}_x H_x + \boldsymbol{e}_y H_y$$

式中

$$H_y/(\mathrm{A\cdot m^{-1}}) = \frac{E_x}{\eta} = \frac{4\sqrt{2}}{40\pi}\cos(2\pi\times10^8 t - 2\pi z) = \frac{\sqrt{2}}{10\pi}\cos(2\pi\times10^8 t - 2\pi z)$$

$$H_x/(\mathrm{A\cdot m^{-1}}) = -\frac{E_y}{\eta} = -\frac{3\sqrt{2}}{40\pi}\cos(2\pi\times10^8 t - 2\pi z + \frac{\pi}{3})$$

所以

$$H(t)/(\mathrm{A\cdot m^{-1}}) = -\boldsymbol{e}_x\frac{3\sqrt{2}}{40\pi}\cos(2\pi\times10^8 t - 2\pi z + \frac{\pi}{3}) + \boldsymbol{e}_y\frac{\sqrt{2}}{10\pi}\cos(2\pi\times10^8 t - 2\pi z)$$

（3）复坡印廷矢量

$$S_c/(\mathrm{W\cdot m^{-2}}) = \boldsymbol{E}\times\boldsymbol{H}^* = [\boldsymbol{e}_x 4\mathrm{e}^{-\mathrm{j}kz} + \boldsymbol{e}_y 3\mathrm{e}^{-\mathrm{j}(kz-\frac{\pi}{3})}] \times \frac{1}{\eta}[-\boldsymbol{e}_x 3\mathrm{e}^{\mathrm{j}(kz-\frac{\pi}{3})} + \boldsymbol{e}_y 4\mathrm{e}^{\mathrm{j}kz}] = \boldsymbol{e}_z\frac{5}{8\pi}$$

$$S_{av}/(\mathrm{W\cdot m^{-2}}) = \mathrm{Re}[S_c] = \boldsymbol{e}_z\frac{5}{8\pi}$$

（4）因为本题为均匀电磁波，所以

$$P_{av}/\mathrm{W} = \int_S \boldsymbol{S}_{av}\cdot\mathrm{d}S = |S_{av}|\Delta S = \frac{5}{8\pi}\times1 = \frac{5}{8\pi}$$

6.1.2 均匀平面波的极化

电磁波的**极化**(Polarization) 研究的是电磁波场矢量的方向和大小在空间的变化规

律，也就是电磁波的场矢量端点的轨迹在空间的变化规律。

前面讨论的均匀平面电磁波，在理想媒质中，如果电场的方向固定为 x 方向，电场强度矢量的瞬时值为

$$\boldsymbol{E} = \boldsymbol{e}_x E_{xm}\cos(\omega t - kz) \tag{6.27}$$

这是一种特殊情况，即电场强度矢量 $\boldsymbol{E}$ 的端点轨迹始终为保持在 x 方向的直线。这种场矢量端点的轨迹为直线的电磁波称为**线极化波**(Linear Polarized Wave)。

场矢量端点的轨迹还可能是圆和椭圆。场矢量端点的轨迹为圆的电磁波称为**圆极化波**(Circular Polarized Wave)，场矢量端点的轨迹为椭圆的电磁波称为**椭圆极化波**(Elliptic Polarized Wave)。

在一般情况下，对于沿 z 轴方向传播的均匀平面波，电场强度矢量 $\boldsymbol{E}$ 有两个分量 E_x 和 E_y，它们的频率和传播方向都是相同的，电场强度矢量的表达式为

$$\boldsymbol{E} = \boldsymbol{e}_x E_x + \boldsymbol{e}_y E_y = (\boldsymbol{e}_x E_{0x} + \boldsymbol{e}_y E_{0y})\,\mathrm{e}^{-\mathrm{j}kz} \tag{6.28}$$

式中

$$E_{0x} = \frac{E_{xm}}{\sqrt{2}}\mathrm{e}^{\mathrm{j}\varphi_1},\ E_{0y} = \frac{E_{ym}}{\sqrt{2}}\mathrm{e}^{\mathrm{j}\varphi_2}$$

E_{xm} 和 E_{ym} 分别为电场强度 x 方向和 y 方向幅值的最大值；φ_1 和 φ_2 分别为电场强度在这两个方向的初相位。

则电场强度矢量的两个分量的瞬时值为

$$E_x = E_{xm}\cos(\omega t - kz + \varphi_1) \tag{6.29}$$

$$E_y = E_{ym}\cos(\omega t - kz + \varphi_2) \tag{6.30}$$

电磁波的极化形式与平面电磁波的两个分量的振幅和相位有关，它们的关系有下列三种情况。

(1) 线极化波

当 E_x 和 E_y 相位相同时，即 $\varphi_1 = \varphi_2 = \varphi_0$ 时平面电磁波的极化方式为线极化波，合成电磁波的电场强度大小为

$$|\boldsymbol{E}| = \sqrt{E_x^2 + E_y^2} = \sqrt{E_{xm}^2 + E_{ym}^2}\cos(\omega t - \beta z + \varphi_0) \tag{6.31}$$

显然，合成电磁波虽然电场强度的大小是随时间变化的，但其矢量端点始终在一条直线上变化，这条直线与 x 轴正向夹角 α 是一个常数(见图6.3(a))

$$\tan\alpha = \frac{E_{ym}}{E_{xm}} \tag{6.32}$$

当 E_x 与 E_y 反相时，即 $\varphi_2 - \varphi_1 = \pm\pi$ 时合成波也为线极化波，此时电磁波的电场强度矢量与 x 轴正向夹角 α 也是一个常数(见图6.3(b))。

我们通过仔细的观察，可以将相位差推广到 $\varphi_2 - \varphi_1 = n\pi\,(n = 0,\ \pm1\cdots)$，这时合成电场强度的矢量端点变化轨迹仍为直线。

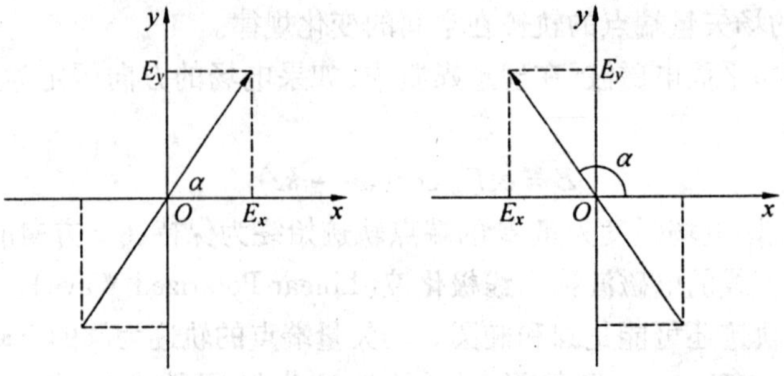

(a) E_x与E_y同相时　　(b) E_x与 E_y 反相时

图 6.3　线极化波的电场强度矢量

（2）圆极化波

当 $E_{xm}=E_{ym}=E_m$，$\varphi_2-\varphi_1=\pm\dfrac{\pi}{2}$ 时，式(6.29)和式(6.30)变为

$$E_x=E_m\cos(\omega t-kz+\varphi_1) \tag{6.33}$$

$$E_y=E_m\cos(\omega t-kz+\varphi_2)=E_m\cos\left(\omega t-kz+\varphi_1\pm\frac{\pi}{2}\right)=$$

$$\mp E_m\sin(\omega t-kz+\varphi_2) \tag{6.34}$$

上两式求平方和后可得

$$\frac{E_x^2}{E_m^2}+\frac{E_y^2}{E_m^2}=1 \tag{6.35}$$

这是一个圆的方程，即合成波的电场强度矢量 $\boldsymbol{E}$ 的端点的轨迹是一个圆。$\boldsymbol{E}$ 的模和幅角分别为

$$|\boldsymbol{E}|=\sqrt{E_{xm}^2+E_{ym}^2}=E_m \tag{6.36}$$

$$\tan\alpha=\frac{E_y}{E_x}=\mp\tan(\omega t-kz+\varphi_1) \tag{6.37}$$

即
$$\alpha=\mp(\omega t-kz+\varphi_1) \tag{6.38}$$

令 $z=0$，当 $\alpha=+(\omega t+\varphi_1)$ 时，则电场矢量 $\boldsymbol{E}$ 将以角速度 ω 在 xOy 平面上沿逆时针方向旋转，如图 6.4(a) 所示。电磁波的传播方向是沿 z 轴正方向，符合右手规则，所以称其为右旋圆极化波；当 $\alpha=-(\omega t+\varphi_1)$ 时，如图 6.4(b) 所示，则电场矢量 $\boldsymbol{E}$ 将以 ω 在 xOy 平面上沿顺时针方向旋转，符合左手规则，所以称其为左旋圆极化波。

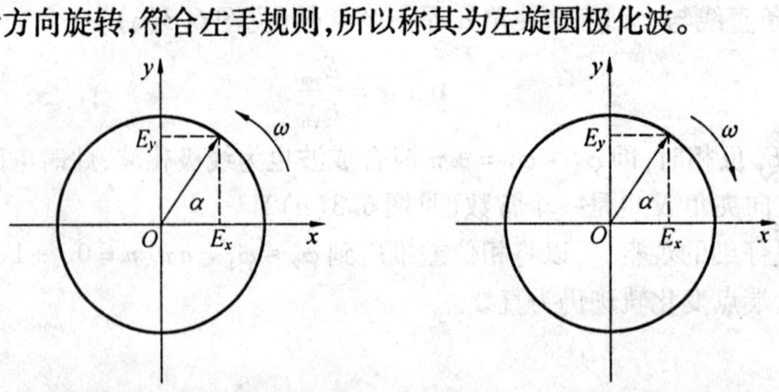

(a)右旋极化波　　(b)左旋极化波

图 6.4　圆极化波

应该指出，一般情况下 $\alpha = \pm(\omega t - kz + \varphi_1)$。所以如果在固定时刻，观察合成电场强度矢量的矢端轨迹沿传播方向随空间坐标 z 的变化，那么它的大小和方向在垂直于传播方向的平面上的投影与固定空间坐标 z 变化时电场强度矢量的矢端轨迹随时间 t 变化的方式相同，但是两者的旋向相反。

(3) 椭圆极化波

更一般的情况是 E_x 和 E_y 之间以及 φ_1 和 φ_2 之间均为任意关系。对式(6.29)和式(6.30)消去 t 得

$$\frac{E_x^2}{E_{xm}^2} - 2\frac{E_x}{E_{xm}}\frac{E_y}{E_{ym}}\cos\varphi + \frac{E_y^2}{E_{ym}^2} = \sin^2\varphi \tag{6.39}$$

式中 $\varphi = \varphi_2 - \varphi_1$，上式是以 E_x 和 E_y 为变量的椭圆方程，即电场强度矢量 $\boldsymbol{E}$ 的端点变化轨迹是椭圆，所以称为椭圆极化波。

显然线极化波和圆极化波是椭圆极化波的特例。另外，椭圆极化波与圆极化波类似，也有右旋椭圆极化波和左旋椭圆极化波之分。

判断电磁波极化形式的步骤，如图 6.5 所示。

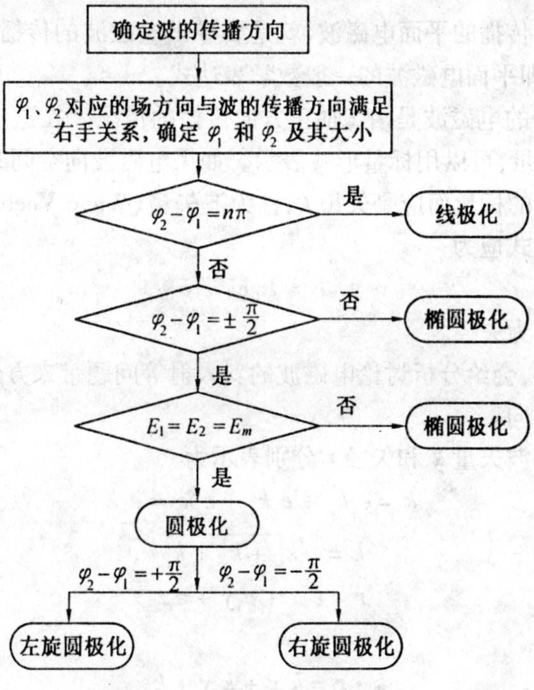

图 6.5　判断极化形式流程图

例 6.4　判断下列平面电磁波的极化形式：

(1) $\boldsymbol{E} = E_0(\mathrm{j}\boldsymbol{e}_x - \mathrm{j}\boldsymbol{e}_y)\,\mathrm{e}^{\mathrm{j}kz}$；

(2) $\boldsymbol{E} = E_0(-\boldsymbol{e}_y + \mathrm{j}\boldsymbol{e}_z)\,\mathrm{e}^{\mathrm{j}kx}$。

解　(1) $\boldsymbol{E} = \boldsymbol{e}_x E_0 \mathrm{e}^{\mathrm{j}\frac{\pi}{2}}\mathrm{e}^{\mathrm{j}kz} + \boldsymbol{e}_y E_0 \mathrm{e}^{\mathrm{j}(-\frac{\pi}{2})}\,\mathrm{e}^{\mathrm{j}kz}$

电磁波是沿 z 轴负方向传播，$\varphi_y \to \varphi_1$，$\varphi_x \to \varphi_2$。从而 $\varphi_1 = -\frac{\pi}{2}$，$\varphi_2 = \frac{\pi}{2}$，则 $\varphi_2 - \varphi_1 = \pi$，故为线极化波。

(2) $\boldsymbol{E}=\boldsymbol{e}_y E_0 \mathrm{e}^{\mathrm{j}\pi}\mathrm{e}^{\mathrm{j}kx}+\boldsymbol{e}_z E_0 \mathrm{e}^{\mathrm{j}\frac{\pi}{2}}\mathrm{e}^{\mathrm{j}kx}$

电磁波是沿 x 轴负方向传播，$\varphi_z\to\varphi_1$，$\varphi_y\to\varphi_2$。从而 $\varphi_1=\frac{\pi}{2}$，$\varphi_2=\pi$，则 $\varphi_2-\varphi_1=\frac{\pi}{2}$，故为左旋圆极化波。

6.2 沿任意方向传播的平面电磁波

在前面的讨论中，均匀平面波的传播方向均选择了与坐标轴相同的方向。因为均匀平面波是 TEM 波，其电场、磁场和波的传播方向三者符合右手螺旋法则。这样电场、磁场及其等相位面都落在与电磁波的传播方向垂直的坐标平面上，使波动方程及其解的表达形式得到简化，从而方便了对相关问题的分析和讨论。但在处理有些问题（如第 7 章的斜入射问题）时无法采用上述选择，因此，有必要讨论沿任意方向传播的平面电磁波。

6.2.1 平面波的一般表达式

讨论沿任意方向传播的平面电磁波，就是要导出电磁波的传播方向为任意方向的电场和磁场的表达式，即平面电磁波的一般数学表达式。

在前几节中讨论的电磁波是沿 z 轴正方向传播的情况。在这种情况下，相移常数只有沿 z 轴方向一个分量，可以用标量形式表示。如果电磁波向空间某一任意方向传播，那么波数 k 就不是简单的标量而应是矢量 $\boldsymbol{k}$，称为**波矢量**（Wave Vector）。这样电磁波在理想介质中传播的表达式应为

$$\boldsymbol{E}=\boldsymbol{E}_0\mathrm{e}^{-\mathrm{j}\boldsymbol{k}\cdot\boldsymbol{r}} \tag{6.40}$$

其中，$\boldsymbol{E}_0$ 为复振幅；$\boldsymbol{r}$ 为矢径。

引入波矢量 $\boldsymbol{k}$ 后，会给分析讨论电磁波的斜入射等问题带来方便，实际上波矢量 $\boldsymbol{k}$ 的方向就是波的传播方向。

在直角坐标系中波矢量 $\boldsymbol{k}$ 和矢径 $\boldsymbol{r}$ 分别表示为

$$\boldsymbol{k}=\boldsymbol{e}_x k_x+\boldsymbol{e}_y k_y+\boldsymbol{e}_z k_z=\boldsymbol{e}_k k \tag{6.41}$$

其中

$$k=\sqrt{k_x^2+k_y^2+k_z^2} \tag{6.42}$$

$$\boldsymbol{r}=\boldsymbol{e}_x x+\boldsymbol{e}_y y+\boldsymbol{e}_z z \tag{6.43}$$

所以有

$$\boldsymbol{k}\cdot\boldsymbol{r}=k_x x+k_y y+k_z z \tag{6.44}$$

平面电磁波的磁场可由麦克斯韦方程 $\nabla\times\boldsymbol{E}=-\mathrm{j}\omega\mu\boldsymbol{H}$ 确定。取式(6.40)的旋度，并利用恒等式 $\nabla\times(\varphi\boldsymbol{A})=\nabla\varphi\times\boldsymbol{A}+\varphi(\nabla\times\boldsymbol{A})$，且考虑到 $\boldsymbol{E}_0$ 与位置无关，即 $\nabla\times\boldsymbol{E}_0=0$，则有

$$\nabla\times\boldsymbol{E}=\nabla\times\boldsymbol{E}_0\mathrm{e}^{-\mathrm{j}\boldsymbol{k}\cdot\boldsymbol{r}}=(\nabla\mathrm{e}^{-\mathrm{j}\boldsymbol{k}\cdot\boldsymbol{r}})\times\boldsymbol{E}_0=-\mathrm{j}\boldsymbol{k}\times\boldsymbol{E} \tag{6.45}$$

对照 $\nabla\times\boldsymbol{E}=-\mathrm{j}\omega\mu\boldsymbol{H}$，可得

$$\boldsymbol{H}=\frac{1}{\omega\mu}\boldsymbol{k}\times\boldsymbol{E}=\sqrt{\frac{\varepsilon}{\mu}}\boldsymbol{e}_k\times\boldsymbol{E}=\frac{1}{\eta}\boldsymbol{e}_k\times\boldsymbol{E}=\boldsymbol{H}_0\mathrm{e}^{-\mathrm{j}\boldsymbol{k}\cdot\boldsymbol{r}} \tag{6.46}$$

其中，$\boldsymbol{H}_0=\dfrac{1}{\eta}\boldsymbol{e}_k\times\boldsymbol{E}_0$。

式(6.40)和式(6.46)表明电场量 $\boldsymbol{E}$ 和磁场量 $\boldsymbol{H}$ 是正交的。

$\boldsymbol{E}$ 和 $\boldsymbol{H}$ 还应满足 $\nabla\cdot\boldsymbol{E}=0$ 和 $\nabla\cdot\boldsymbol{H}=0$，为此，对式(6.40)取散度，并利用恒等式 $\nabla\cdot(\varphi\boldsymbol{A})=\varphi\nabla\cdot\boldsymbol{A}+\boldsymbol{A}\cdot\nabla\varphi$，且考虑到 $\boldsymbol{E}_0$ 与位置无关，即 $\nabla\times\boldsymbol{E}_0=0$，则有

$$\nabla\cdot\boldsymbol{E}=\boldsymbol{E}_0\cdot\nabla\mathrm{e}^{-\mathrm{j}\boldsymbol{k}\cdot\boldsymbol{r}}=\boldsymbol{E}_0\cdot\boldsymbol{k}(-\mathrm{j}\mathrm{e}^{-\mathrm{j}\boldsymbol{k}\cdot\boldsymbol{r}})=-\mathrm{j}\boldsymbol{k}\cdot\boldsymbol{E}=0 \tag{6.47}$$

若电磁波为非零解，则有

$$\boldsymbol{k}\cdot\boldsymbol{E}=0$$

进一步说明 $\boldsymbol{k}\cdot\boldsymbol{E}=k\boldsymbol{e}_k\cdot\boldsymbol{E}_0=0$，即

$$\boldsymbol{e}_k\cdot\boldsymbol{E}_0=0 \tag{6.48}$$

同理可得

$$\boldsymbol{e}_k\cdot\boldsymbol{H}_0=0 \tag{6.49}$$

式(6.46)、(6.48)和式(6.49)表明，$\boldsymbol{E}$ 和 $\boldsymbol{H}$ 均垂直于电磁波的传播方向 $\boldsymbol{e}_k$，$\boldsymbol{E}$、$\boldsymbol{H}$、$\boldsymbol{e}_k$ 三者相互正交，并满足右手螺旋关系，且在波的传播方向上没有场分量。沿任意方向传播的平面波为 TEM 波。

从均匀平面波的波解形式，可以认为均匀平面波为时谐场，所以，研究平均坡印廷矢量更有意义。

根据式(5.89)可知

$$\boldsymbol{S}_{av}=\mathrm{Re}[\boldsymbol{E}(\boldsymbol{r})\times\boldsymbol{H}^*(\boldsymbol{r})]$$

将式(6.40)和(6.46)代入上式，则

$$\boldsymbol{S}_{av}=\mathrm{Re}[\boldsymbol{E}_0\mathrm{e}^{-\mathrm{j}\boldsymbol{k}\cdot\boldsymbol{r}}\times\boldsymbol{H}_0\mathrm{e}^{\mathrm{j}\boldsymbol{k}\cdot\boldsymbol{r}}]=\mathrm{Re}[\boldsymbol{E}_0\times\boldsymbol{H}_0]=$$
$$\mathrm{Re}[\,|\boldsymbol{E}_0|\boldsymbol{e}_E\times|\boldsymbol{H}_0|\boldsymbol{e}_H]=\frac{1}{\eta}|\boldsymbol{E}_0|^2\boldsymbol{e}_k \tag{6.50}$$

式中，$\boldsymbol{e}_E$，$\boldsymbol{e}_H$ 分别表示电场强度和磁场强度的极化方向；$\boldsymbol{E}_0$、$\boldsymbol{H}_0$ 为电场强度和磁场强度的有效值。

若给定电场强度或磁场强度瞬时值时，实质上已知的是电场强度和磁场强度的最大值，即 $\boldsymbol{E}_m$ 和 $\boldsymbol{H}_m$，从而

$$\boldsymbol{S}_{av}=\mathrm{Re}[\,|\boldsymbol{E}_0|\boldsymbol{e}_E\times|\boldsymbol{H}_0|\boldsymbol{e}_H]=\mathrm{Re}\left[\frac{|\boldsymbol{E}_m|}{\sqrt{2}}\boldsymbol{e}_E\times\frac{|\boldsymbol{H}_m|}{\sqrt{2}}\boldsymbol{e}_H\right]=\frac{1}{2\eta}|\boldsymbol{E}_m|^2\boldsymbol{e}_k \tag{6.51}$$

例 6.5　已知某理想介质中均匀平面波的电场为

$$\boldsymbol{E}(t)/(\mathrm{V\cdot m^{-1}})=300(\boldsymbol{e}_x+b\boldsymbol{e}_y+\boldsymbol{e}_z\sqrt{5})\cos\left[3\pi\times10^9t+4\pi(\sqrt{5}x+2y-4z)+\frac{\pi}{4}\right]$$

求：(1) 传播方向上的单位矢量；(2) 波长和相速；

(3) 已知该介质的 $\mu_r=1$，则 ε_r 应为多少？(4) b 的值。(5) 平均坡印廷矢量。

解　(1) $\boldsymbol{e}_k=\dfrac{\boldsymbol{k}}{|\boldsymbol{k}|}=\dfrac{-4\pi(\sqrt{5}\boldsymbol{e}_x+2\boldsymbol{e}_y-4\boldsymbol{e}_z)}{20\pi}=-\dfrac{\sqrt{5}}{5}\boldsymbol{e}_x-\dfrac{2}{5}\boldsymbol{e}_y+\dfrac{4}{5}\boldsymbol{e}_z$

(2) $\lambda/\mathrm{m}=\dfrac{2\pi}{|\boldsymbol{k}|}=\dfrac{2\pi}{20\pi}=0.1$；$v/(\mathrm{m\cdot s^{-1}})=\dfrac{\omega}{|\boldsymbol{k}|}=\dfrac{3\pi\times10^9}{20\pi}=1.5\times10^8$

(3) 因为 $v=\dfrac{1}{\sqrt{\mu\varepsilon}}=\dfrac{1}{\sqrt{\mu_r\mu_0\varepsilon_r\varepsilon_0}}=\dfrac{3\times10^8}{\sqrt{\varepsilon_r}}=1.5\times10^8$，则 $\varepsilon_r=4$

(4) 由式(6.48),有

$$\boldsymbol{e}_k \cdot \boldsymbol{E}_0 = \left(-\frac{\sqrt{5}}{5}\boldsymbol{e}_x - \frac{2}{5}\boldsymbol{e}_y + \frac{4}{5}\boldsymbol{e}_z\right) \cdot (\boldsymbol{e}_x + b\boldsymbol{e}_y + \boldsymbol{e}_z\sqrt{5}) = 0$$

即 $b = \frac{3}{2}\sqrt{5}$。

(5) 由式(6.51) 可知

$$\boldsymbol{S}_{av}/(\mathrm{W \cdot m^{-2}}) = \frac{1}{2\eta}|\boldsymbol{E}_m|^2\boldsymbol{e}_k = \frac{1}{2} \cdot \frac{1}{60\pi} \cdot 300^2 \cdot \frac{69}{4} \cdot \left(-\frac{\sqrt{5}}{5}\boldsymbol{e}_x - \frac{2}{5}\boldsymbol{e}_y + \frac{4}{5}\boldsymbol{e}_z\right) = \frac{5\,175}{2\pi}(-\sqrt{5}\boldsymbol{e}_x - 2\boldsymbol{e}_y + 4\boldsymbol{e}_z)$$

6.2.2 平面波的视在相速

将式(6.40) 写成瞬时值的表达形式

$$\boldsymbol{E}(\boldsymbol{r},t) = \boldsymbol{E}_m\cos(\omega t - \boldsymbol{k} \cdot \boldsymbol{r}) \tag{6.52}$$

其等相位面的关系式为 $\omega t - \boldsymbol{k} \cdot \boldsymbol{r} =$ 常数,如图6.6所示。设观察点位置矢量$\boldsymbol{r}$与波矢量$\boldsymbol{k}$之间的夹角为θ,r_n为$\boldsymbol{r}$在$\boldsymbol{k}$方向上的投影,在任一固定时刻,等相位面为由 $r_n =$ 常数($\boldsymbol{k} \cdot \boldsymbol{r} =$ 常数) 所决定的平面。等相位面的移动速度由下式决定

$$\omega t - \boldsymbol{k} \cdot \boldsymbol{r} = \omega t - kr\cos\theta = \text{常数} \tag{6.53}$$

将上式对时间 t 求导,可得

$$\frac{\mathrm{d}r}{\mathrm{d}t} = \frac{\omega}{k\cos\theta} = v_r \tag{6.54}$$

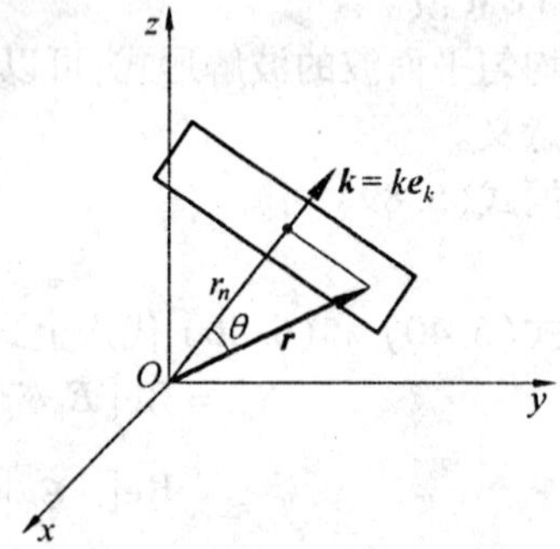

图6.6 波矢量$\boldsymbol{k}$与观察点位置矢量$\boldsymbol{r}$的关系

表示平面电磁波的等相位面沿 r 方向的移动速度。

上一节我们定义的相速度为式(6.10),由式(6.26) 可得

$$v = \frac{1}{\sqrt{\mu\varepsilon}} = \frac{\omega}{k} \tag{6.55}$$

对式(6.54) 和式(6.55) 进行比较,可以看到$v_r \geqslant v$。若在真空中$v_r = \frac{c}{\cos\theta} \geqslant c$,这不是不符合相对论中的光速不变原理了吗?其实不然,这是因为 v_r 随观察方向不同而有所差异,它并不代表电磁波的能量传播速度,所以我们把 v_r 称为**视在相速**(Apparent Velocity)。引入视在相速的概念会对分析讨论电磁波在不同媒质的分界面的斜入射和导行波等问题带来方便。

6.3　有损耗媒质中的均匀平面波

6.3.1　均匀平面波的电磁场

在第5.4节中我们推导了无源,均匀、线性及各向同性有耗媒质下时谐场波动方程,即式(5.80)和式(5.81),在有耗媒质中均匀平面波实质上就是求解这个方程。

考虑沿 z 轴正向传播的均匀平面波,仍然假设电场只有 E_x 分量,则式(5.80)的解为

$$\boldsymbol{E} = \boldsymbol{e}_x E_x^+ \mathrm{e}^{-\mathrm{j}k_f z} \tag{6.56}$$

其中

$$k_f = \omega\sqrt{\mu\varepsilon_f} \tag{6.57}$$

我们讨论的媒质为有耗媒质,为了分析问题的方便,设有耗媒质的 $\sigma \neq 0$,ε、μ 为常数,则式(5.60)可以简化成

$$\varepsilon_f = \varepsilon - \mathrm{j}\frac{\sigma}{\omega} = \varepsilon\left(1 - \mathrm{j}\frac{\sigma}{\omega\varepsilon}\right) \tag{6.58}$$

令

$$\gamma = \mathrm{j}k_f = \alpha + \mathrm{j}\beta \tag{6.59}$$

得

$$\boldsymbol{E} = \boldsymbol{e}_x E_x^+ \mathrm{e}^{-\alpha z}\mathrm{e}^{-\mathrm{j}\beta z} \tag{6.60}$$

电场强度的瞬时值表达式为

$$\boldsymbol{E}(z,t) = \boldsymbol{e}_x E_{xm}\mathrm{e}^{-\alpha z}\cos(\omega t - \beta z + \varphi_0) \tag{6.61}$$

式中,E_{xm} 和 φ_0 分别表示电场强度的振幅最大值和初相角,即 $E_x^+ = \dfrac{E_{xm}}{\sqrt{2}}\mathrm{e}^{\mathrm{j}\varphi_0}$。

引入复介电常数 ε_f 后,可定义有损耗媒质本征阻抗的复数形式 η_f,简称**复本征阻抗**或**复波阻抗**

$$\eta_f = \sqrt{\frac{\mu}{\varepsilon_f}} = |\eta_f|\mathrm{e}^{\mathrm{j}\theta} \tag{6.62}$$

与式(6.56)相应的磁场为

$$\boldsymbol{H} = \boldsymbol{e}_y\frac{E_x^+}{\eta_f}\mathrm{e}^{-\mathrm{j}k_f z} \tag{6.63}$$

$$\boldsymbol{H} = \boldsymbol{e}_y\frac{E_x^+}{\eta_f}\mathrm{e}^{-\alpha z}\mathrm{e}^{-\mathrm{j}\beta z} = \boldsymbol{e}_y\frac{E_{xm}\mathrm{e}^{\mathrm{j}\varphi_0}}{\sqrt{2}|\eta_f|\mathrm{e}^{\mathrm{j}\theta}}\mathrm{e}^{-\alpha z}\mathrm{e}^{-\mathrm{j}\beta z} = \boldsymbol{e}_y\frac{E_{xm}}{\sqrt{2}|\eta_f|}\mathrm{e}^{-\alpha z}\mathrm{e}^{-\mathrm{j}\beta z}\mathrm{e}^{\mathrm{j}\varphi_0}\mathrm{e}^{-\mathrm{j}\theta} \tag{6.64}$$

磁场强度的瞬时值表达式为

$$\boldsymbol{H}(z,t) = \boldsymbol{e}_y\frac{E_{xm}}{|\eta_f|}\mathrm{e}^{-\alpha z}\cos(\omega t - \beta z + \varphi_0 - \theta) \tag{6.65}$$

式中,$\dfrac{E_{xm}}{|\eta_f|}$ 和 $\varphi_0 - \theta$ 为磁场强度的振幅最大值和初相角。

6.3.2　传播常数和波阻抗的意义

由式(6.59)

$$\gamma = \mathrm{j}k_f = \alpha + \mathrm{j}\beta$$

其中，γ 称为有损耗媒质中平面电磁波的**传播常数**(Propagation Constant)；实部 α 称为**衰减常数**(Attenuation Constant)，在有损耗媒质中 α 与电场强度沿 z 轴方向幅值的变化有关；虚部 β 称为**相移常数**(Phase-shift Constant)，代表单位距离相位的变化。

利用式(6.57)、式(6.58)和式(6.59)可以求出 α 和 β 的表达式

$$\alpha/(\mathrm{Np}\cdot\mathrm{m}^{-1})=\omega\sqrt{\frac{\mu\varepsilon}{2}\left(\sqrt{1+\left(\frac{\sigma}{\omega\varepsilon}\right)^2}-1\right)} \tag{6.66}$$

$$\beta/(\mathrm{rad}\cdot\mathrm{m}^{-1})=\omega\sqrt{\frac{\mu\varepsilon}{2}\left(\sqrt{1+\left(\frac{\sigma}{\omega\varepsilon}\right)^2}+1\right)} \tag{6.67}$$

将式(6.58)代入式(6.62)得到

$$|\eta_f|=\sqrt{\frac{\mu}{\varepsilon}}\left[1+\left(\frac{\sigma}{\omega\varepsilon}\right)^2\right]^{-\frac{1}{4}}<\sqrt{\frac{\mu}{\varepsilon}} \tag{6.68}$$

$$\theta=\frac{1}{2}\arctan\left(\frac{\sigma}{\omega\varepsilon}\right)\in\left[0,\frac{\pi}{4}\right) \tag{6.69}$$

从对以上各式的分析，可得到有损耗媒质平面电磁波的传播规律如下：

(1) 有损耗媒质中电场强度是按照 $e^{-\alpha z}$ 衰减的，α 是表示单位距离衰减程度的系数。电导率 σ 越大，α 就越大，衰减就越快。

(2) 与理想介质不同，有损耗媒质的相位常数 β 不再是常系数，而是与 ω、μ、ε、σ 都有关的一个系数。

(3) 磁场强度的振幅与 $1/|\eta_f|$ 有关，它不仅取决于 $\sqrt{\frac{\mu}{\varepsilon}}$，还取决于有损耗媒质电导率 σ 的大小。

(4) 磁场与电场不再是同相的，而是磁场比电场滞后 θ 角，这一点通过图6.7可以定性地看出。

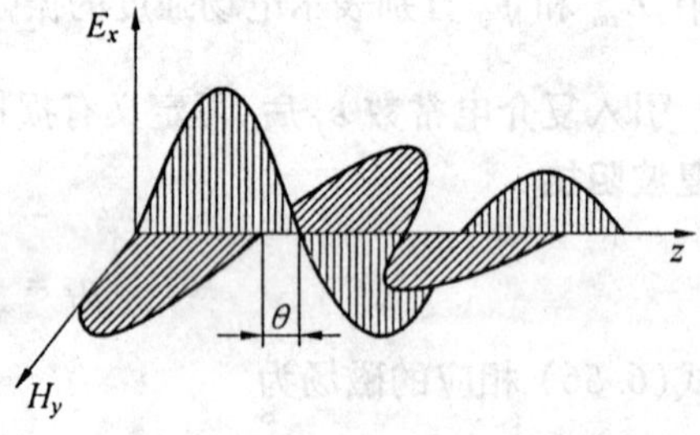

图6.7 有损耗媒质中平面正弦波的电场和磁场

根据第5章媒质的分类，可知(设 $\varepsilon''=0$，则 $\varepsilon'=\varepsilon$) $\frac{\sigma}{\omega\varepsilon}\ll 1$ 时，媒质为低损耗媒质；$\frac{\sigma}{\omega\varepsilon}\gg 1$ 时，媒质为良导体。这两种媒质在工程中比较常见，我们分别对这两种媒质中平面电磁波的特性进行讨论。

6.3.3 低损耗媒质中的平面波

对低损耗媒质，即在 $\frac{\sigma}{\omega\varepsilon}\ll 1$ 情况下，对式(6.66)进行近似估算

$$\alpha\approx\frac{\sigma}{2}\sqrt{\frac{\mu}{\varepsilon}} \tag{6.70}$$

而式(6.67)相移常数 β 近似为

$$\beta \approx \omega\sqrt{\mu\varepsilon} \tag{6.71}$$

复本征阻抗为

$$\eta_f \approx \sqrt{\frac{\mu}{\varepsilon}} \tag{6.72}$$

将式(6.70)、式(6.71)及式(6.72)的结果代入式(6.61)和式(6.65)即可得到低损耗媒质电场强度的瞬时值表达式和磁场强度的瞬时值表达式。

可见;均匀平面电磁波在低耗媒质中的传播特性,除了由微弱的损耗引起的振幅衰减外,与理想介质中均匀平面波的传播特性几乎相同。

低损耗媒质,如胶木板、有机玻璃、聚乙烯塑料、光纤等,都可以按照式(6.70)~(6.72)进行估算。

例6.6　频率为550 kHz的平面波在有损媒质中传播,已知媒质的损耗角正切$\tan\delta = \dfrac{\sigma}{\omega\varepsilon} = 0.02$,相对介电常数$\varepsilon_r = 2.5$。求平面波的衰减常数、相移常数和相速度。

解　$\tan\delta = \dfrac{\sigma}{\omega\varepsilon} = 0.02$,所以此有损媒质可以看做低损耗媒质。

$$\sigma/(\mathrm{s\cdot m^{-1}}) = 0.02\omega\varepsilon_0\varepsilon_r = 0.02 \times 2\pi \times 550 \times 10^3 \times 8.85 \times 10^{-12} \times 2.5 = 1.53 \times 10^{-6}$$

$$\alpha/(\mathrm{Np\cdot m^{-1}}) \approx \frac{\sigma}{2}\sqrt{\frac{\mu}{\varepsilon}} = \frac{1.53 \times 10^{-6}}{2}\sqrt{\frac{\mu_0}{2.5\varepsilon_0}} = \frac{1.53 \times 10^{-6}}{2} \times \frac{377}{\sqrt{2.5}} = 1.821 \times 10^{-4}$$

$$\beta/(\mathrm{rad\cdot m^{-1}}) \approx \omega\sqrt{\mu\varepsilon} = 2\pi \times 550 \times 10^3 \times \sqrt{2.5\mu_0\varepsilon_0} = 0.018\ 214$$

$$v_p/(\mathrm{m\cdot s^{-1}}) = \frac{\omega}{\beta} = 1.897\ 3 \times 10^8$$

6.3.4　良导电媒质中的均匀平面波

良导体有很多,铝、铜、金、银等都是良导体。当$\dfrac{\sigma}{\omega\varepsilon} \gg 1$时,媒质为良导体。在这种情况下,由式(6.66)、(6.67)和式(6.68)进行近似估算可得

$$\alpha \approx \beta \approx \sqrt{\pi f\mu\sigma} \tag{6.73}$$

复本征阻抗为

$$\eta_f \approx \sqrt{\frac{\pi f\mu}{\sigma}}(1+\mathrm{j}) = \sqrt{\frac{2\pi f\mu}{\sigma}}\mathrm{e}^{\mathrm{j}\frac{\pi}{4}} \tag{6.74}$$

把式(6.73)和式(6.74)代入到式(6.61)和式(6.65)得出在良导体中电场强度和磁场强度的瞬时值

$$\boldsymbol{E}(z,t) = \boldsymbol{e}_x E_{xm}\mathrm{e}^{-\sqrt{\pi f\mu\sigma}z}\cos(\omega t - \sqrt{\pi f\mu\sigma}z + \varphi_0) \tag{6.75}$$

$$\boldsymbol{H}(z,t) = \boldsymbol{e}_y E_{xm}\sqrt{\frac{\sigma}{2\pi f\mu}}\mathrm{e}^{-\sqrt{\pi f\mu\sigma}z}\cos\left(\omega t - \sqrt{\pi f\mu\sigma}z + \varphi_0 - \frac{\pi}{4}\right) \tag{6.76}$$

由于$\alpha = \sqrt{\pi f\mu\sigma}$很大,电磁波进入良导体很短的距离,场的幅值就变得很小了,这种现象称为**趋肤效应**(Skin Effect)。同时,磁场强度的相位滞后电场强度$\dfrac{\pi}{4}$。

趋肤效应可以用穿透深度 δ 来描述，通常也称为**趋肤深度**(Skin Depth)，它定义为：电磁波进入有损媒质后电场强度(或磁场强度)幅值衰减为原来的 1/e 时所对应的深度，即

$$e^{-\alpha\delta} = \frac{1}{e}$$

所以对于良导体有

$$\delta = \frac{1}{\alpha} = \frac{1}{\sqrt{\pi f\mu\sigma}} \tag{6.77}$$

由于良导体 $\alpha = \beta = \sqrt{\pi f\mu\sigma}$，而 $\beta = \frac{2\pi}{\lambda}$，可以得出穿透深度和波长的关系为

$$\delta = \frac{\lambda}{2\pi} \tag{6.78}$$

良导体的穿透深度很小。例如，铜 $\sigma = 5.8 \times 10^7$ S/m，在 $f = 3$ GHz 时，穿透深度只有 1.2 μm，所以微波器件通常用铜制成。电磁波大部分能量集中在良导体表面的薄层内，所以金属片对电磁波有很好的屏蔽作用。

对于良导体而言，在直流或低频下工作，整个导体截面都有电流流过；但是在高频下工作时，由于趋肤效应，导体中的电流将集中在靠近表面的薄层上，随着深度的增加，导体内部的电流密度迅速减小，如图 6.8 所示。

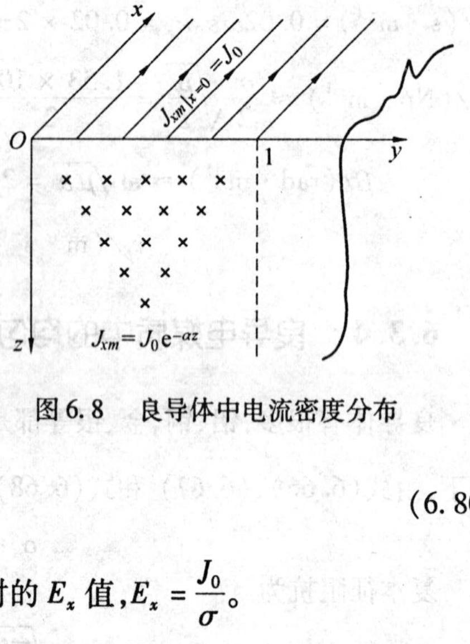

图 6.8 良导体中电流密度分布

把 $\boldsymbol{J} = \sigma\boldsymbol{E}$ 代入到式(6.60)得

$$J_x = J_0 e^{-\alpha z} e^{-j\beta z} \tag{6.79}$$

可见，在高频情况下沿用原来的电阻或阻抗的概念是不行的，于是定义导电媒质的**表面阻抗率**(Surface Impedance Factor)为

$$Z_S = \frac{E_t}{J_S} \tag{6.80}$$

式中，E_t 是导电媒质表面的切向电场，即当 $z = 0$ 时的 E_x 值，$E_x = \frac{J_0}{\sigma}$。

J_S 是导电媒质表面上单位宽度，深度为无限大(实际上良导体只在很小深度有趋肤电流)的截面上流过的电流，即

$$J_S = \int_S \boldsymbol{J} \cdot d\boldsymbol{S} = \int_0^1 dy \int_0^{+\infty} J_x dz = \frac{J_0 e^{-\alpha z - j\beta z}}{(-\alpha - j\beta)}\bigg|_0^{+\infty} = \frac{J_0}{\alpha + j\beta} \tag{6.81}$$

所以

$$Z_S = \frac{\alpha}{\sigma} + j\frac{\beta}{\sigma} = r_S + jx_S \tag{6.82}$$

式中，$r_S = \frac{\alpha}{\sigma}$ 称为表面电阻率；$x_S = \frac{\beta}{\sigma}$ 称为表面电抗率。

对于良导体

$$r_S = \frac{\alpha}{\sigma} = \frac{1}{\sigma\delta} = \sqrt{\frac{\pi f\mu}{\sigma}} \tag{6.83}$$

$$x_S = \frac{\beta}{\sigma} = \sqrt{\frac{\pi f\mu}{\sigma}} \tag{6.84}$$

例6.7　已知铜的电导率为$\sigma = 5.8 \times 10^7$ S/m，求半径为2 mm的铜导线当$f = 1$ MHz时单位长度的表面电阻。

解　铜的表面电阻率为$r_S = \sqrt{\dfrac{\pi f\mu}{\sigma}} = \dfrac{1}{\sigma\delta} = \dfrac{l}{\sigma(\delta w)}\Bigg|_{l=w=1}$

表面电阻率为单位长度、单位宽度而厚度为δ的导体块的直流电阻，从而表面电阻与表面电阻率的关系为

$$R_S = r_S \frac{l}{w}$$

式中，l为导体的长度，本题为1个单位长度；w为宽度，本题$w = 2\pi r$。所以

$$R_S/(\Omega) = \frac{1}{2\pi r}\sqrt{\frac{\pi f\mu}{\sigma}} = \frac{1}{4\pi \times 10^{-3}}\sqrt{\frac{\pi \times 1 \times 10^6 \times 4\pi \times 10^{-7}}{5.8 \times 10^7}} = 2.08 \times 10^{-2}$$

直流电阻R_0的大小为

$$R_0/(\Omega) = \frac{1}{\sigma}\frac{l}{S} = \frac{1}{\sigma\pi r^2} = 1.37 \times 10^{-3}$$

$$\frac{R_S}{R_0} = 15.2$$

可见，高频时良导体的表面电阻远大于直流电阻，为了减小电阻只有增加导体的表面积。

例6.8　频率为10 MHz的平面波在金属铜里传播，已知铜的参量为$\varepsilon_r \approx 1$，$\mu_r \approx 1$，$\sigma = 5.8 \times 10^7$ S/m。已知金属表面的磁场强度幅值为$H_{ym0} = 0.1$ A/m。求：

(1) 金属铜内的衰减系数α、相移常数β以及相速度v和波长λ；

(2) 金属铜内的复本征阻抗η_f及金属表面的电场强度幅值E_{xm0}；

(3) 趋肤深度δ及表面阻抗率Z_S；

(4) 金属铜的电场强度瞬时值、磁场强度瞬时值及进入导体的能流密度S_{av}。

解　(1)$\alpha/(\mathrm{Np \cdot m^{-1}}) = \sqrt{\pi f\mu\sigma} = \sqrt{\pi \times 10 \times 10^6 \times 4\pi \times 10^{-7} \times 5.8 \times 10^7} = 4.785 \times 10^4$

$\beta/(\mathrm{rad \cdot m^{-1}}) = \alpha = 4.785 \times 10^4$

$v/(\mathrm{m \cdot s^{-1}}) = \dfrac{\omega}{\beta} = \dfrac{2\pi f}{\beta} = 1.313 \times 10^3$

可见，电磁波在良导体中的传播速度是很慢的，远远小于光速。

$$\lambda/\mathrm{m} = \frac{v}{f} = 1.313 \times 10^{-4}$$

(2)$\eta_f = \sqrt{\dfrac{2\pi f\mu}{\sigma}}\mathrm{e}^{\mathrm{j}\frac{\pi}{4}} = 0.001\,16\mathrm{e}^{\mathrm{j}\frac{\pi}{4}}$

$E_{xm0}/(\mathrm{V \cdot m^{-1}}) = |\eta_f|H_{ym0} = 0.001\,16 \times 0.1 = 1.16 \times 10^{-4}$

(3)$\delta/\mathrm{m} = \dfrac{1}{\alpha} = 2.09 \times 10^{-5}$

$$Z_S/\Omega = \frac{\alpha}{\sigma} + \mathrm{j}\frac{\beta}{\sigma} = 8.249 \times 10^{-4}(1 + \mathrm{j})$$

(4) 由 $\boldsymbol{E} = \boldsymbol{e}_x(\dfrac{E_{xm0}}{\sqrt{2}}\mathrm{e}^{\mathrm{j}\varphi_0})\mathrm{e}^{-\alpha z}\mathrm{e}^{-\mathrm{j}\beta z}$ 得

$$\boldsymbol{E}/(\mathrm{V \cdot m^{-1}}) = \boldsymbol{e}_x 1.16 \times 10^{-4}\mathrm{e}^{-4.785\times 10^4 z}\cos(2\pi \times 10^7 t - 4.785 \times 10^4 z + \varphi_0)$$

由 $\boldsymbol{H} = \boldsymbol{e}_y\left(\dfrac{H_{ym0}}{\sqrt{2}}\mathrm{e}^{\mathrm{j}\varphi_0}\right)\mathrm{e}^{-\alpha z}\mathrm{e}^{\mathrm{j}\beta z}\mathrm{e}^{-\mathrm{j}\frac{\pi}{4}}$ 得

$$\boldsymbol{H}/(\mathrm{A \cdot m^{-1}}) = \boldsymbol{e}_y 0.1\mathrm{e}^{-4.785\times 10^4 z}\cos(2\pi \times 10^7 t - 4.785 \times 10^4 z + \varphi_0 - \frac{\pi}{4})$$

进入导体内的功率密度可由复坡印廷矢量 $\boldsymbol{S}_C = \boldsymbol{E} \times \boldsymbol{H}^*$ 求出,即

$$\boldsymbol{S}_C = \boldsymbol{e}_z \frac{1}{2}E_{xm0}H_{ym0}\mathrm{e}^{\mathrm{j}\frac{\pi}{4}}$$

当 $z = 0$ 时

$$\boldsymbol{S}_C\Big|_{z=0} = \boldsymbol{e}_z \frac{1}{2}E_{xm0}H_{ym0}\mathrm{e}^{\mathrm{j}\frac{\pi}{4}} = \boldsymbol{e}_z \frac{1}{2}E_{xm0}H_{ym0}\left[\cos(\frac{\pi}{4}) + \mathrm{j}\sin(\frac{\pi}{4})\right]$$

$$\boldsymbol{S}_{av}\Big|_{z=0}/(\mathrm{W \cdot m^{-2}}) = \mathrm{Re}\left[\boldsymbol{S}_C\Big|_{z=0}\right] = \boldsymbol{e}_z \frac{1}{2}E_{xm0}H_{ym0}\cos(\frac{\pi}{4}) = \boldsymbol{e}_z 4.1 \times 10^{-6}$$

海水的相对介电常数 ε_r 约为80,相对磁导率 μ_r 约为1,海水有各种离子参与导电,所以其导电性比纯水大大增强,其传播特性通过下面例题来讨论。

例6.9 平面波从自由空间入射到海水,海水的参量为 $\sigma = 4$ S/m,$\varepsilon_r = 80$,$\mu_r = 1$。电磁波频率为:(1)$f = 30$ Hz;(2)$f = 30$ MHz。试求进入海水的深度 h 等于多少时,电磁强度的幅值仅剩海水表面幅值的10%。

解 (1) 当 $f = 30$ Hz时,$\dfrac{\sigma}{\omega\varepsilon} = \dfrac{4}{30 \times 80 \times 8.85 \times 10^{-12}} \approx 3 \times 10^7 \gg 1$,显然是良导体。

$$\alpha/(\mathrm{Np \cdot m^{-1}}) = \sqrt{\pi f \mu \sigma} = 2.177 \times 10^{-2}$$

由于 $\mathrm{e}^{-\alpha h} = 10\%$,得

$$h/\mathrm{m} = \frac{-\ln 0.1}{2.177 \times 10^{-2}} = 105.8$$

所以海底广泛使用低频无线电通信(频率通常为4 010 kHz)或声呐。

(2) 当 $f = 30$ MHz 时,$\dfrac{\sigma}{\omega\varepsilon} \approx 30$,仍然为良导体。

由 $\mathrm{e}^{-\alpha h} = 10\%$ 得

$$h/\mathrm{m} = \frac{-\ln 0.1}{\alpha} = 0.105\ 8$$

可见,$f = 30$ MHz的高频电磁波进入海水深度仅约0.105 m,其幅值只剩下10%,衰减极快。

6.4　电磁波的色散

在5.3节中我们分析了媒质的色散现象。引起色散现象的重要原因是媒质的电容率ε是频率的函数，即$\varepsilon=\varepsilon(\omega)$。由于电容率随频率而改变，不同频率的电磁波在同一种媒质中传播的相速度就有所不同。我们把电磁波在同一种媒质中具有的不同相速度的现象，称为**电磁波的色散**。除了真空，任何实际的媒质都是色散媒质，因而电磁波的色散现象，成为一个值得讨论的课题。

在无限大理想介质中，电磁波在各种意义的传播速度是相等的，都等于单色均匀平面波的相速度，即

$$v_p\approx\frac{1}{\sqrt{\mu\varepsilon}}$$

现在来考察电磁波在有损耗媒质中的相速度，由式(6.67)

$$v=\frac{\omega}{\beta}=\left[\frac{\mu\varepsilon}{2}\left(\sqrt{1+\left(\frac{\sigma}{\omega\varepsilon}\right)^2}+1\right)\right]^{-\frac{1}{2}} \tag{6.85}$$

可见，有损耗媒质中电磁波的相速度随频率不同是有所改变的。

在低损耗介质中，由于$\frac{\sigma}{\omega\varepsilon}\leqslant1$，由式(6.85)可得

$$v\approx\frac{1}{\sqrt{\mu\varepsilon}} \tag{6.86}$$

即由于频率引起的相速度差别不大。

再来看一下良导体中电磁波的相速度，由式(6.73)

$$v=\frac{\omega}{\sqrt{\pi f\mu\sigma}}=\sqrt{\frac{2\omega}{\mu\sigma}} \tag{6.87}$$

可见，良导体中相速度v与$\sqrt{\omega}$成正比，也就是说电磁波在良导体中色散是非常严重的。

电磁波的色散对信号传输有一定的影响。单一频率的均匀平面波不能携带任何信息，一般含有丰富信息的信号都是频带信号，即是不同频率的谐波叠加而成。这样的信号在色散介质中传播，就会使某些频率的谐波相速度相对较大，另一些频率的谐波相速度则相对较小。如果信号从$z=0$出发，就会使某些频率的谐波先到达距离$z=L$处，另一些频率的谐波后到达$z=L$处。所以信号在有损介质中传输时，会由于色散效应而引起信号失真，如图6.9所示。

从图中可以看出，$z=0$处波形很窄，波形在传输到$z=L$处被展宽，这会产生信号的失真。失真较严重时，两列脉冲交叠在一起，信号也就不能正常传输了。

通常情况下，多种频率叠加而形成的波包的传播速度，称为**群速度**v_g。群速度v_g与相速度v_p不同，相速度v_p是电磁波等相位面的传播速度。

电磁波信号在色散介质中传播时，相对于载波信号，信号的带宽都很窄，是窄带信号，设携窄带信号的平面电磁波沿z轴正向传播，其载波频率为ω_0，则β可以用泰勒级数在ω_0附近展开

$$\beta(\omega)=\beta(\omega_0)+\left(\frac{d\beta}{d\omega}\right)_{\omega=\omega_0}(\omega-\omega_0)+\frac{1}{2}\left(\frac{d^2\beta}{d\omega^2}\right)_{\omega=\omega_0}(\omega-\omega_0)^2+\cdots \quad (6.88)$$

令 $\beta_0=\beta(\omega_0)$，$\beta_1=\left(\frac{d\beta}{d\omega}\right)_{\omega=\omega_0}$ $\cdots$

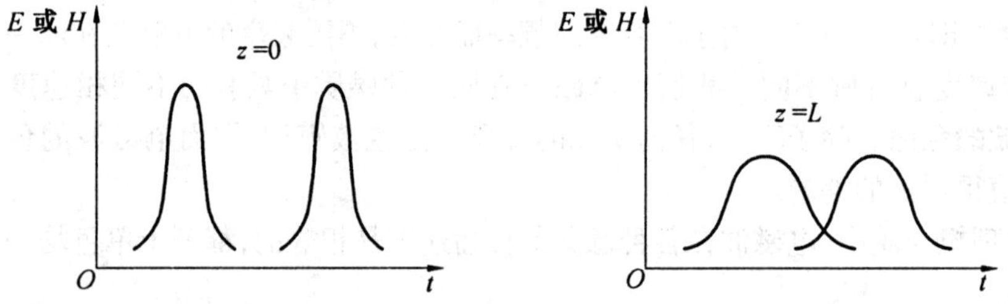

(a) z =0处的波形　(b) z =L处的波形

图 6.9　信号在有损介质中由色散引起的脉冲展宽

讨论一种最简单的情况，在信号中，取 $\omega_0-\Delta\omega$ 和 $\omega_0+\Delta\omega$ 两个分量，相应的相位系数为 $\beta_0-\Delta\beta$ 和 $\beta_0+\Delta\beta$，因为是窄带信号，所以 $\Delta\omega\leqslant\omega_0$，$\Delta\beta\leqslant\beta_0$，则电场强度的表达式为

$$E_1(t)=E_m\cos[(\omega_0-\Delta\omega)t-(\beta_0-\Delta\beta)z] \quad (6.89)$$

$$E_2(t)=E_m\cos[(\omega_0+\Delta\omega)t-(\beta_0+\Delta\beta)z] \quad (6.90)$$

合成电磁波的场强表达式为

$$E(t)=2E_m\cos(\Delta\omega t-\Delta\beta z)\cos(\omega_0 t-\beta_0 z) \quad (6.91)$$

式(6.91)可以看成是以角频率 ω_0 向 z 方向传播的行波，而振幅按 $\cos(\Delta\omega t-\Delta\beta z)$ 缓慢变化，如图 6.10 所示。

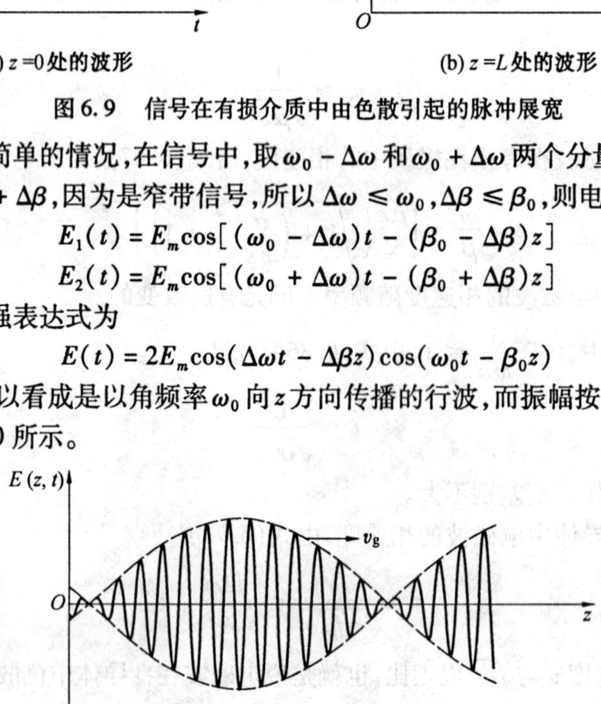

图 6.10　电磁波信号的群速度

按照相速度和群速度的概念，载波的相速度为

$$v_p=\frac{\omega_0}{\beta_0} \quad (6.92)$$

而包络向前行进的速度是群速度 v_g，由 $(\Delta\omega t-\Delta\beta z)$ 为常数得

$$v_g=\frac{dz}{dt}=\frac{\Delta\omega}{\Delta\beta} \quad (6.93)$$

对窄带信号，信号包络在传播过程中畸变很小，群速度 v_g 才有意义。

由于 $\Delta\omega\leqslant\omega_0$，则式(6.93)可变为

$$v_g=\frac{d\omega}{d\beta} \quad (6.94)$$

对于 ω_0 为载波的窄带信号，把式(6.88)取前两项代入到式(6.94)中得

$$v_g = \frac{1}{\frac{d\beta}{d\omega}} \approx \frac{1}{\left(\frac{d\beta}{d\omega}\right)_{\omega=\omega_0}} \tag{6.95}$$

并把 $\beta = \frac{\omega}{v_p}$ 代入上式得

$$v_g = \frac{v_p}{1 - \frac{\omega}{v_p}\left(\frac{dv_p}{d\omega}\right)_{\omega=\omega_0}} \tag{6.96}$$

由上式可知,群速度和相速度一般是不相等的,存在下面三种可能情况:

(1) 当 $\left(\frac{dv_p}{d\omega}\right)_{\omega=\omega_0} = 0$ 时,即相速度与频率无关,此时 $v_g = v_p$,这是无色散情况。

(2) 当 $\left(\frac{dv_p}{d\omega}\right)_{\omega=\omega_0} < 0$ 时,即相速度随着频率升高而减小,此时 $v_g < v_p$,这类色散称为正常色散。

(3) 当 $\left(\frac{dv_p}{d\omega}\right)_{\omega=\omega_0} > 0$ 时,即相速度随着频率升高而增加,此时 $v_g > v_p$,这类色散称为反常色散。

在色散媒质中出现的群速度,只对频率范围较窄的波包来说是正确的。如果是宽频带的窄脉冲波包,各频率成分的相速度差别太大,经过一段距离的传播,合成波将面目全非,也称**波包扩散**。在这种情况下,按照包络波运动速度来定义的群速度就失去了意义。

本章小结

(1) 等相位面(波阵面)为平面的电磁波称为平面电磁波。若波阵面上各点的场强都相等,为均匀平面电磁波。均匀平面电磁波的电场 $\boldsymbol{E}$、磁场 $\boldsymbol{H}$ 和电磁波的传播方向三者互相垂直,且服从右手法则。因电场 $\boldsymbol{E}$ 和磁场 $\boldsymbol{H}$ 没有在传播方向上的分量,即均在垂直于传播方向的横向平面上,所以称为横电磁波(TEM 波)。

(2) 理想介质中的均匀平面波,电场 $\boldsymbol{E}$ 和磁场 $\boldsymbol{H}$ 无衰减地传播,且电场 $\boldsymbol{E}$ 和磁场 $\boldsymbol{H}$ 同相位。平面正弦电磁波沿 z 轴正向传播时,电场 $\boldsymbol{E}$ 和磁场 $\boldsymbol{H}$ 的瞬时表达式为

$$\boldsymbol{E}(z,t) = \boldsymbol{e}_x E_{xm}\cos(\omega t - kz)$$

$$\boldsymbol{H}(z,t) = \boldsymbol{e}_y \frac{E_{xm}}{\eta}\cos(\omega t - kz)$$

式中,$\eta = \sqrt{\frac{\mu}{\varepsilon}}$ 为特性阻抗(波阻抗);$k = \omega\sqrt{\mu\varepsilon} = \frac{\omega}{v} = \frac{2\pi}{\lambda}$ 为波数。

(3) 电磁波的电场强度 $\boldsymbol{E}$ 在空间某一定点上随时间 t 的变化规律称为电磁波的极化方式。平面电磁波的极化方式有线极化、圆极化和椭圆极化。两个互相垂直的电场分量,在相位同相(或反相)时其合成波为线极化波;在相位差为 $\pm\pi/2$ 且幅值相等时是圆极化波;在相位不同且相位差不为 $\pm\pi$ 或 $\pm\pi/2$ 时是椭圆极化波。圆极化波和椭圆极化波还有左、右旋之区别,即随着时间 t 的增加,其合成电场矢量的旋转方向与电磁波的传播方向符合右手法则时为右旋极化波,相反,其合成电场矢量的旋转方向与电磁波的传播方向符合左手法则时为左旋极化波。

(4) 沿空间任意方向传播的均匀平面波可表示为

$$\boldsymbol{E} = \boldsymbol{E}_0 e^{-j\boldsymbol{k}\cdot\boldsymbol{r}};\quad \boldsymbol{H} = \frac{1}{\eta}\boldsymbol{e}_k \times \boldsymbol{E}$$

其中，$\boldsymbol{k} = k\boldsymbol{e}_k$ 称为波矢量。波矢量的大小为波数 k，在理想媒质中，$k = \beta = \omega\sqrt{\mu\varepsilon}$（为实数）；在有损耗媒质中，$k = \beta - j\alpha$（为复数）；波矢量的方向 $\boldsymbol{e}_k$ 为平面波传播的方向。$\boldsymbol{e}_k \cdot \boldsymbol{r} =$ 常数，为等相位面方程。平面电磁波的视在相速是其等相位面沿观察方向（r 方向）的移动速度，而并不代表电磁波能量的传播速度。

（5）有损耗媒质中的均匀平面波由于媒质的介电常数不是实数，而是复介电常数 $\varepsilon_f = \varepsilon - j\dfrac{\sigma}{\omega}$，所以传播常数 $\gamma = \alpha + j\beta$（为复数），波阻抗 $\eta_f = \sqrt{\dfrac{\mu}{\varepsilon_f}}$（为复数）。这样场量振幅将按 $e^{-\alpha z}$ 指数衰减，电场与磁场相位不再相同。电磁波在传播过程中沿途能量不断损耗，尤其是在良导体中，电磁波仅能存在于表面很薄的一层媒质中。工程上用透入深度 $\delta = \dfrac{1}{\alpha}$ 描述这种趋肤效应，衰减常数 α 越大，趋肤效应越强。

（6）有损耗媒质中电磁波的电磁参数（幅值和相位）出现随频率的变化而变化的现象，这样的媒质称为色散媒质。色散媒质中，把电磁波的相速度随频率不同而变化称为电磁波的色散。

平面电磁波的相速是单一频率电磁波的等相位面传播的速度，而群速是多个单一频率电磁波合成的电磁波信号传播的速度。群速和相速的关系为

$$v_g = \frac{v_p}{1 - \dfrac{\omega}{v_p}\left(\dfrac{dv_p}{d\omega}\right)_{\omega=\omega_0}}$$

习 题

6.1 已知电磁波在真空中的磁场强度为 $\boldsymbol{H} = \boldsymbol{e}_x H_0 e^{-j2\pi z}$。

求：（1）电场强度 $\boldsymbol{E}$；（2）平均坡印廷矢量。

6.2 （哈尔滨工业大学电子与信息研究院2004年硕士研究生入学考试复试试题）

电磁波在真空中传播，其电场强度矢量的复数形式为

$$\boldsymbol{E} = (\boldsymbol{e}_x - j\boldsymbol{e}_y)10^{-4}e^{-j20\pi z}$$

求：（1）工作频率；（2）磁场强度矢量的复数形式；（3）平均坡印廷矢量。

6.3 一均匀平面波在 $\mu = \mu_0$、$\varepsilon = 4\varepsilon_0$、$\sigma = 0$ 的媒质中传播，其电场强度 $E = E_m\sin\left(\omega t - kz + \dfrac{\pi}{3}\right)$。已知平面波的频率是 $f = 150$ MHz，平均功率密度为 0.265 μW/m²。求：（1）该电磁波的波数、相速、波长和波阻抗；（2）$t = 0$、$z = 0$ 时的电场 $E(0,0)$ 值；（3）经过 $t = 0.1$ μs 后，电场 $E(0,0)$ 值出现在什么位置。

6.4 在自由空间中传播的一个均匀平面电磁波，该均匀平面电磁波的电场强度为

$$\boldsymbol{E} = \boldsymbol{e}_x 10^{-4}e^{-j20\pi z} + \boldsymbol{e}_y 10^{-4}e^{-j(20\pi z - 0.5\pi)}\ \text{V/m}$$

求：（1）该电磁波的传播方向和频率；（2）电磁波的极化方式；（3）磁场强度 $\boldsymbol{H}$；（4）流过沿传播方向单位面积的平均功率。

6.5 均匀平面波

$$\boldsymbol{E} = (j\boldsymbol{e}_x + j2\boldsymbol{e}_y + \sqrt{5}\boldsymbol{e}_z)e^{j(2x-y)}$$

是什么极化波？

6.6 证明一个线极化平面波可以分解为两个旋转方向相反的圆极化波。

6.7 设真空中一均匀圆极化波的电场强度为 $\boldsymbol{E}(x) = 100(\boldsymbol{e}_y + j\boldsymbol{e}_z)e^{-j2\pi x}$ V/m。

求：（1）该平面波的频率和波长；（2）该平面波的极化旋转方向；（3）磁场强度 $\boldsymbol{H}$；

(4) 该平面波的能流密度。

6.8　设湿土壤的$\sigma = 0.001$ S/m,$\varepsilon_r = 10$,电磁波的频率为1 MHz。

求:(1) 复介电常数ε_c;(2) 衰减系数α,相位系数β,复波阻抗η_f。

6.9　设海水的$\sigma = 4$ S/m,$\varepsilon_r = 81$,$\mu_r = 1$,现有一单色平面波在其中沿z轴方向传播,已知磁场强度在$z = 0$处为$H_z = 0.1\cos\left(10^2\pi t - \frac{\pi}{3}\right)$ A/m。

求:(1) 衰减常数、相位常数、本征阻抗;(2) 相速度、波长和穿透深度;

(3) 写出电磁波的电场强度的瞬时值表达式。

6.10　已知在100 MHz时,石墨的趋肤深度为0.16 mm。

求:(1) 石墨的电导率;(2)1 GHz的电磁波在石墨中传播多长距离其振幅衰减了30 dB。

6.11　从分析金属材料的趋肤深度角度,判断电源变压器(50 Hz)应该采用铝($\varepsilon_r = 1$,$\mu_r = 1$,$\sigma = 3.54\times10^7$ S/m)还是铁($\varepsilon_r = 1$,$\mu_r = 10^4$,$\sigma = 10^7$ S/m)来做屏蔽罩?

6.12　已知空气一均匀平面波的磁场强度复矢量为$\boldsymbol{H} = -(A\boldsymbol{e}_x + 2\sqrt{6}\boldsymbol{e}_y + 4\boldsymbol{e}_z)\mathrm{e}^{-\mathrm{j}\pi(4x+3z)}$ (μA/m),试求:

(1) 波长、传播方向单位矢量及传播方向与z轴的夹角;

(2) 常数A。

第 7 章

均匀平面电磁波的反射和透射

媒质都是占据有限的区域，电磁波在传输过程中不可避免地遇到两种不同媒质的分界面，那么在分界面两侧就会产生新的电磁波。本章中设定的分界面为无限大平面，首先我们要讨论均匀平面电磁波对理想导体平面分界面和对理想介质平面分界面垂直入射的两种情况，然后研究均匀平面电磁波对多层媒质分界面垂直入射和均匀平面电磁波对理想介质表面及对理想导体表面斜入射的情况，最后分析均匀平面电磁波的全反射和全折射现象。由于任意极化的电磁波都可以分解成两个相互垂直的线极化波，因此只需讨论线极化的均匀平面电磁波在不同媒质分界面上垂直入射和斜入射时的反射和透射。

7.1 均匀平面波对平面分界面的垂直入射

7.1.1 对理想导体的垂直入射

均匀平面电磁波垂直入射到理想导体的平面分界面上，如图 7.1(a) 所示。设它的传播方向是 z 轴方向，电场强度方向为 x 轴方向，则入射波的电场强度可表示为

$$\boldsymbol{E}_i = \boldsymbol{e}_x E_{i0} \mathrm{e}^{-\mathrm{j}kz} \tag{7.1}$$

其中，E_{i0} 为 $z=0$ 处入射波的振幅有效值；k 为入射波的相位常数。

与入射波电场强度相对应的磁场强度为

$$\boldsymbol{H}_i = \boldsymbol{e}_y \frac{E_{i0}}{\eta} \mathrm{e}^{-\mathrm{j}kz} \tag{7.2}$$

其中，η 为理想介质的波阻抗。在理想导体分界面处发生反射，如图 7.1(b) 所示，反射波的传播方向为 z 轴的负方向，则反射波的电场强度可表示为

$$\boldsymbol{E}_r = \boldsymbol{e}_x E_{r0} \mathrm{e}^{\mathrm{j}kz} \tag{7.3}$$

其中，E_{r0} 为 $z=0$ 处反射波的振幅有效值。

与反射波电场强度相对应的磁场强度为

$$\boldsymbol{H}_r = -\boldsymbol{e}_y \frac{E_{r0}}{\eta} \mathrm{e}^{\mathrm{j}kz} \tag{7.4}$$

反射波和入射波在理想介质里相互叠加形成合成波，合成的电磁波场分量为

$$\boldsymbol{E} = \boldsymbol{E}_i + \boldsymbol{E}_r = \boldsymbol{e}_x (E_{i0} \mathrm{e}^{-\mathrm{j}kz} + E_{r0} \mathrm{e}^{\mathrm{j}kz}) \tag{7.5}$$

$$\boldsymbol{H} = \boldsymbol{H}_i + \boldsymbol{H}_r = \boldsymbol{e}_y \left(\frac{E_{i0}}{\eta} \mathrm{e}^{-\mathrm{j}kz} - \frac{E_{r0}}{\eta} \mathrm{e}^{\mathrm{j}kz} \right) \tag{7.6}$$

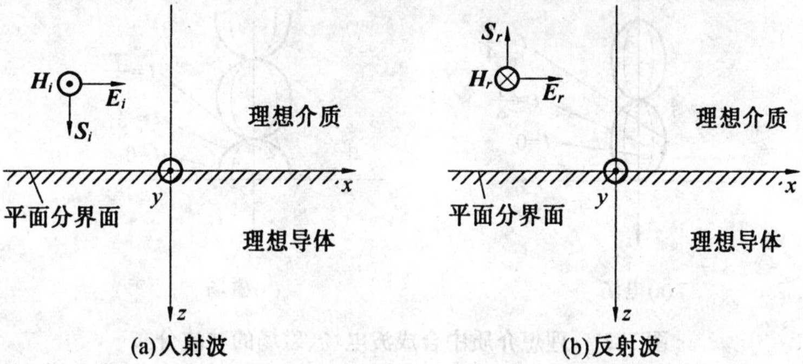

图7.1 均匀平面波对理想导体分界面的垂直入射

在理想介质和理想导体的分界面处应该符合电磁场的边界条件，由于在理想导体内电场强度为零，因此 $z=0$ 处合成波的切向电场 $E_t=0$，式(7.5) 中电场强度为 x 方向，为分界面的切向分量，即

$$\left(E_{i0}e^{-jkz}+E_{r0}e^{jkz}\right)\Big|_{z=0}=0 \tag{7.7}$$

得

$$E_{r0}=-E_{i0} \tag{7.8}$$

从式(7.8) 可见反射波的振幅与入射波振幅相等；在分界面上，反射波与入射波存在180° 的相位突变。将式(7.8) 代入式(7.5) 和(7.6)，可得合成的电磁场为

$$\boldsymbol{E}=\boldsymbol{e}_x\left(E_{i0}e^{-jkz}-E_{i0}e^{jkz}\right)=-\boldsymbol{e}_x 2jE_{i0}\sin kz \tag{7.9}$$

$$\boldsymbol{H}=\boldsymbol{e}_y\left(\frac{E_{i0}}{\eta}e^{-jkz}+\frac{E_{i0}}{\eta}e^{jkz}\right)=\boldsymbol{e}_y 2\frac{E_{i0}}{\eta}\cos kz \tag{7.10}$$

设初相为零($\varphi_0=0$)，瞬时值的表达式为

$$\boldsymbol{E}(z,t)=\mathrm{Re}\left[\sqrt{2}\boldsymbol{E}e^{j\omega t}\right]=\boldsymbol{e}_x E_m\sin kz\sin\omega t \tag{7.11}$$

$$\boldsymbol{H}(z,t)=\mathrm{Re}\left[\sqrt{2}\boldsymbol{H}e^{j\omega t}\right]=\boldsymbol{e}_y\frac{E_m}{\eta}\cos kz\cos\omega t \tag{7.12}$$

式中，$E_m=2\sqrt{2}E_{i0}$ 为电场强度的最大值。

对式(7.11) 和式(7.12) 进行分析，得出理想介质中的合成波具有如下特性。

(1) 在理想介质中，合成波的电场和磁场都是**驻波**(Standing Wave)，如图7.2 所示，图中给出了 $t=0,\frac{T}{4},\frac{T}{8}$ 3 个时刻的电场和磁场波形。电场和磁场这两个驻波沿 z 轴方向的分布规律不同，电场的分布规律为 $\sin kz$，磁场的分布规律为 $\cos kz$。

对于电场强度，令 $\sin kz=0$，求得 $z=\frac{n\pi}{k}=\frac{n\pi}{2\pi/\lambda}=\frac{n}{2}\lambda$ ($n=0,-1,-2,\cdots$)。

在距离理想导体表面半波长整数倍的地方，合成波电场强度恒等于0，这样的位置称为电场的**波节点**。

令 $\sin(kz)=\pm1$，求得 $z=\frac{\pi}{k}\left(n+\frac{1}{2}\right)=\left(\frac{n}{2}+\frac{1}{4}\right)\lambda$ ($n=-1,-2,\cdots$)。

在相邻两个波节点的中点，合成波电场强度出现极大值，这样的位置称为电场的**波腹点**。

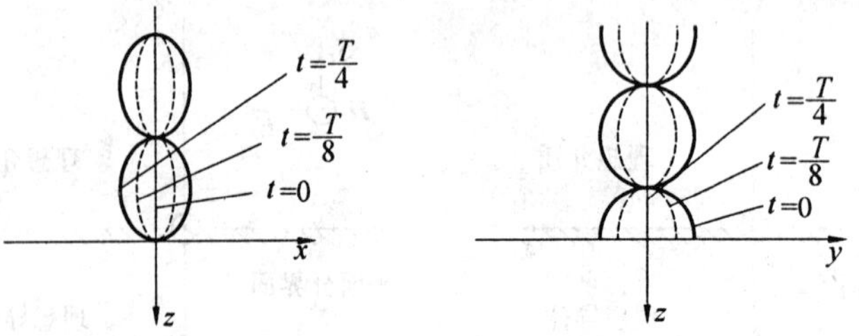

(a)电场　　(b)磁场

图 7.2　理想介质中合成波电场、磁场的驻波分布

(2) 同一时空点(x,y,z,t)上，合成波磁场的方向垂直于合成波电场的方向，同一空间点(x,y,z)上，合成波磁场的相位超前合成波电场的相位 90°。所以合成波的电场达到最大值时，合成波的磁场等于零，反之亦然。

(3) 平均坡印廷矢量为

$$\boldsymbol{S}_{av}=\mathrm{Re}[\boldsymbol{E}\times\boldsymbol{H}^*]=\mathrm{Re}\left[-\boldsymbol{e}_z\mathrm{j}\frac{4E_{i0}^2}{\eta}\sin kz\cos kz\right]=0$$

也就是说合成波在一个周期内不传输电磁波能量，只存在电场能量和磁场能量的相互交换，更进一步验证了“驻波”的定义。

(4) 利用理想导体表面的边值关系

$$\boldsymbol{J}_S(0,t)=\boldsymbol{n}^\circ\times\boldsymbol{H}(0,t)=-\boldsymbol{e}_z\times\boldsymbol{e}_y\frac{E_m}{\eta}\cos kz\cos\omega t\bigg|_{z=0}=\boldsymbol{e}_x\frac{2\sqrt{2}E_{i0}}{\eta}\cos\omega t \quad (7.13)$$

这说明，在沿 x 方向线极化的入射波的作用下，理想导体表面感应出 x 方向的时谐电流，该面电流密度$\boldsymbol{J}_S(0,t)$呈均匀同相分布(因振幅和初相位都不是x、y坐标的函数)。在理想介质中的反射波是理想导体表面的这层面电流产生的，这层面电流在$z>0$区域产生的电磁波恰好与入射波处处等幅反相，从而发生了相消，使得$z>0$区域呈零场。

7.1.2　对理想介质的垂直入射

有两种理想媒质，媒质 1 的参数为ε_1、μ_1，媒质 2 的参数为ε_2、μ_2。均匀平面电磁波从媒质1垂直入射到媒质2的平面分界面上，如图 7.3 所示。

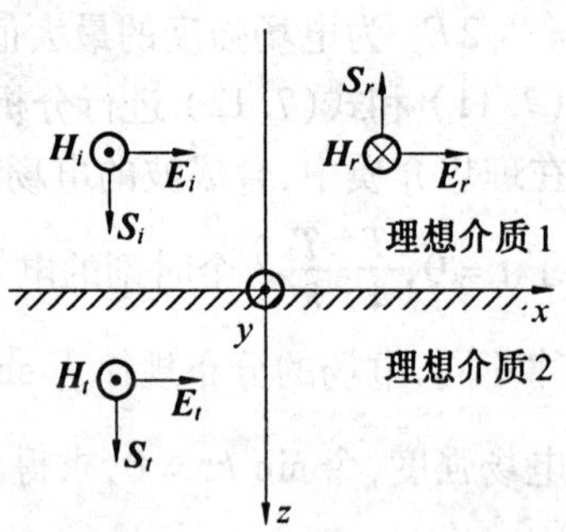

图 7.3　均匀平面波垂直入射到两种理想介质的平面分界面

入射波的电场强度和磁场强度仍表示为式(7.1)和式(7.2)，式中 k 应该变为 k_1，$k_1=\omega\sqrt{\mu_1\varepsilon_1}$，$\eta_1=\sqrt{\dfrac{\mu_1}{\varepsilon_1}}$。透射波(也称为折射波)的传播方向为 z 轴方向，设透射波的电场强度为 x 轴方向，则透射波的电场强度的表达式为

$$\boldsymbol{E}_t=\boldsymbol{e}_xE_{t0}\mathrm{e}^{-\mathrm{j}k_2z} \quad (7.14)$$

其中,E_{t0} 为 $z=0$ 处透射波的振幅有效值;$k_2=\omega\sqrt{\mu_2\varepsilon_2}$ 为相位常数。

与透射波电场强度相对应的磁场强度为

$$\boldsymbol{H}_t=\boldsymbol{e}_y\frac{E_{t0}}{\eta_2}\mathrm{e}^{-jk_2z} \tag{7.15}$$

式中,$\eta_2=\sqrt{\dfrac{\mu_2}{\varepsilon_2}}$ 为媒质 2 的波阻抗。

在媒质 1 中,入射波和反射波形成的合成波仍可用式(7.5) 和式(7.6) 表示,式中 k 应该换成 k_1。利用理想媒质的边界条件$E_{1t}=E_{2t}$ 和 $H_{1t}=H_{2t}$,得

$$E_{i0}+E_{r0}=E_{t0} \tag{7.16}$$

$$\frac{E_{i0}}{\eta_1}-\frac{E_{r0}}{\eta_1}=\frac{E_{t0}}{\eta_2} \tag{7.17}$$

对式(7.16) 和式(7.17) 联立求解,可得

$$E_{r0}=\frac{\eta_2-\eta_1}{\eta_2+\eta_1}E_{i0} \tag{7.18}$$

$$E_{t0}=\frac{2\eta_2}{\eta_2+\eta_1}E_{i0} \tag{7.19}$$

定义 $\dfrac{E_{r0}}{E_{i0}}$ 为反射系数(Reflection Coefficient)Γ; $\dfrac{E_{t0}}{E_{i0}}$ 为传输系数(Transmission Coefficient)(也称透射系数)T,则有

$$\Gamma=\frac{\eta_2-\eta_1}{\eta_2+\eta_1} \tag{7.20}$$

$$T=\frac{2\eta_2}{\eta_2+\eta_1} \tag{7.21}$$

显然,反射系数 Γ 和传输系数 T 之间的关系为

$$1+\Gamma=T \tag{7.22}$$

理想介质的磁导率μ_1、μ_2 和真空中的磁导率相差无几,即$\mu_1\approx\mu_2\approx\mu_0$,把$\eta_1=\sqrt{\dfrac{\mu_1}{\varepsilon_1}}$ 和 $\eta_2=\sqrt{\dfrac{\mu_2}{\varepsilon_2}}$ 代入式(7.20) 和式(7.21) 中可得

$$\Gamma=\frac{\sqrt{\varepsilon_1}-\sqrt{\varepsilon_2}}{\sqrt{\varepsilon_1}+\sqrt{\varepsilon_2}} \tag{7.23}$$

$$T=\frac{2\sqrt{\varepsilon_1}}{\sqrt{\varepsilon_1}+\sqrt{\varepsilon_2}} \tag{7.24}$$

这样,在理想介质 1 中的合成电场和磁场为

$$\boldsymbol{E}_1=\boldsymbol{E}_i+\boldsymbol{E}_r=\boldsymbol{e}_xE_{i0}(\mathrm{e}^{-jk_1z}+\Gamma\mathrm{e}^{jk_1z}) \tag{7.25}$$

$$\boldsymbol{H}_1=\boldsymbol{H}_i+\boldsymbol{H}_r=\boldsymbol{e}_y\frac{E_{i0}}{\eta_1}(\mathrm{e}^{-jk_1z}-\Gamma\mathrm{e}^{jk_1z}) \tag{7.26}$$

在理想介质 2 中只有透射波,透射波的电场和磁场的表达式为

$$\boldsymbol{E}_2 = \boldsymbol{E}_t = \boldsymbol{e}_x E_{i0} T \mathrm{e}^{-\mathrm{j}k_2 z} \tag{7.27}$$

$$\boldsymbol{H}_2 = \boldsymbol{H}_t = \boldsymbol{e}_y \frac{E_{i0}}{\eta_2} T \mathrm{e}^{-\mathrm{j}k_2 z} \tag{7.28}$$

上面所讨论的媒质1和媒质2都是理想介质的情况，即介电常数 ε_1、ε_2，相位常数 k_1、k_2 和波阻抗 η_1、η_2 均为实数。如果媒质1和媒质2都是有损介质，则可以通过6.3节引入的复介电常数 ε_{f1}、ε_{f2} 代替介电常数 ε_1、ε_2，并利用 ε_{f1}、ε_{f2} 得到的 k_{f1}、k_{f2} 及 η_{f1}、η_{f2}，可以得出相应合成场的表达式。

由于媒质的介电常数是复数，所以一般情况下，反射系数为复数，即

$$\Gamma = |\Gamma| \mathrm{e}^{\mathrm{j}\theta} \tag{7.29}$$

其中，$|\Gamma|$ 为反射系数的幅值，θ 为相角。这时式(7.25) 简化为

$$\boldsymbol{E}_1 = \boldsymbol{e}_x E_{i0}(\mathrm{e}^{-\mathrm{j}k_1 z} + |\Gamma| \mathrm{e}^{\mathrm{j}\theta} \mathrm{e}^{\mathrm{j}k_1 z}) = \boldsymbol{e}_x E_{i0}(1 + |\Gamma| \mathrm{e}^{\mathrm{j}(\theta + 2k_1 z)}) \mathrm{e}^{-\mathrm{j}k_1 z} \tag{7.30}$$

当 $\theta + 2k_1 z = 2n\pi$ $(n = 0, -1, -2, \cdots)$，即 $z = \left(\frac{n}{2} - \frac{\theta}{4\pi}\right)\lambda_1$ 时，合成波电场强度幅值取得最大值

$$|\boldsymbol{E}_1|_{\max} = E_{i0}(1 + |\Gamma|) \tag{7.31}$$

当 $\theta + 2k_1 z = (2n-1)\pi$ $(n = 0, -1, -2, \cdots)$，即 $z = \left(\frac{n}{2} - \frac{1}{4} - \frac{\theta}{4\pi}\right)\lambda_1$ 时，成波电场强度幅值取得最小值

$$|\boldsymbol{E}_1|_{\min} = E_{i0}(1 - |\Gamma|) \tag{7.32}$$

在媒质1中的合成波，称为**行驻波**(Traveling-Standing Wave)，如图7.4所示。行驻波可以认为是行波和驻波的叠加。

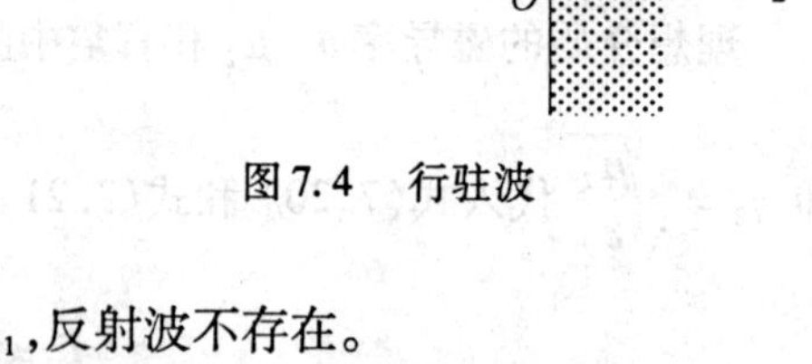

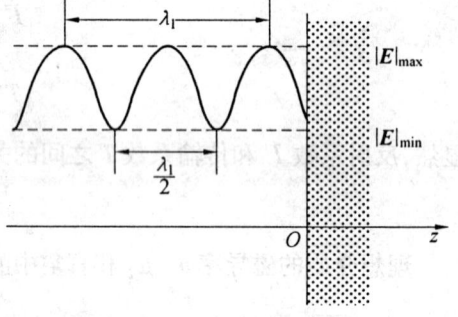

图7.4 行驻波

同时，定义 $\frac{|\boldsymbol{E}_1|_{\max}}{|\boldsymbol{E}_1|_{\min}}$ 为**驻波比**(Standing Wave Ratio)ρ，即

$$\rho = \frac{|\boldsymbol{E}_1|_{\max}}{|\boldsymbol{E}_1|_{\min}} = \frac{1 + |\Gamma|}{1 - |\Gamma|} \tag{7.33}$$

当 $|\Gamma| = 1$，$\rho \to +\infty$ 时，在分界面出现全反射，在媒质1合成波为驻波。

当 $|\Gamma| = 0$，$\rho = 1$ 时，由于 $|\Gamma| = 0$，即 $\eta_2 = \eta_1$，反射波不存在。

可见，驻波比 ρ 反映了行驻波中驻波成分的多少，ρ 越大，驻波成分越多。

例7.1 频率为 $f = 300$ MHz 的线极化平面波，其电场强度最大值 $E_m = 2$ V/m，从空气垂直入射到 $\varepsilon_r = 4$，$\mu_r = 1$ 的理想媒质平面上，坐标设定与图7.3相同。求：

(1) 反射系数 Γ 和传输系数 T；

(2) 入射波、反射波和透射波的电场和磁场的瞬时值表达式(取初相 $\varphi_0 = 0$)；

(3) 入射功率、反射功率和折射功率。

解 (1)

$$\eta_1/\Omega = \sqrt{\frac{\mu_0}{\varepsilon_0}} = 120\pi$$

$$\eta_2/\Omega = \sqrt{\frac{\mu_0}{\varepsilon}} = \sqrt{\frac{\mu_0}{4\varepsilon_0}} = 60\pi$$

所以

$$\Gamma = \frac{\eta_2 - \eta_1}{\eta_2 + \eta_1} = -\frac{1}{3}$$

$$T = \frac{2\eta_2}{\eta_2 + \eta_1} = \frac{2}{3}$$

(2) $\omega/(\mathrm{rad}\cdot\mathrm{s}^{-1}) = 2\pi f = 2\pi\times 300\times 10^6 = 2\pi\times 3\times 10^8$

$$k_1/(\mathrm{rad}\cdot\mathrm{m}^{-1}) = \frac{\omega}{c} = \frac{2\pi\times 3\times 10^8}{3\times 10^8} = 2\pi$$

$$k_2/(\mathrm{rad}\cdot\mathrm{m}^{-1}) = \frac{\omega}{v_2} = \omega\sqrt{\mu_0\times 4\varepsilon_0} = \frac{2\omega}{c} = 4\pi$$

所以

$$\boldsymbol{E}_i = \boldsymbol{e}_x E_{i0}\mathrm{e}^{-\mathrm{j}k_1 z} = \boldsymbol{e}_x\frac{2}{\sqrt{2}}\mathrm{e}^{-\mathrm{j}2\pi z},\quad \boldsymbol{E}_i(t) = \boldsymbol{e}_x 2\cos(\omega t - 2\pi z)$$

$$\boldsymbol{H}_i = \boldsymbol{e}_y\frac{E_{i0}}{\eta_1}\mathrm{e}^{-\mathrm{j}k_1 z} = \boldsymbol{e}_y\frac{2}{\sqrt{2}\times 120\pi}\mathrm{e}^{-\mathrm{j}2\pi z},\quad \boldsymbol{H}_i(t) = \boldsymbol{e}_y\frac{1}{60\pi}\cos(\omega t - 2\pi z)$$

$$\boldsymbol{E}_r = \boldsymbol{e}_x\Gamma E_{i0}\mathrm{e}^{\mathrm{j}k_1 z} = \boldsymbol{e}_x\left(-\frac{1}{3}\right)\times\frac{2}{\sqrt{2}}\mathrm{e}^{\mathrm{j}2\pi z},\quad \boldsymbol{E}_r(t) = \boldsymbol{e}_x\left(-\frac{2}{3}\right)\cos(\omega t + 2\pi z)$$

$$\boldsymbol{H}_r = -\boldsymbol{e}_y\Gamma\frac{E_{i0}}{\eta_1}\mathrm{e}^{\mathrm{j}k_1 z} = \boldsymbol{e}_y\frac{1}{3}\times\frac{2}{\sqrt{2}\times 120\pi}\mathrm{e}^{\mathrm{j}2\pi z},\quad \boldsymbol{H}_r(t) = \boldsymbol{e}_y\left(\frac{1}{180\pi}\right)\cos(\omega t + 2\pi z)$$

$$\boldsymbol{E}_t = \boldsymbol{e}_x T E_{i0}\mathrm{e}^{-\mathrm{j}k_2 z} = \boldsymbol{e}_x\frac{2}{3}\times\frac{2}{\sqrt{2}}\mathrm{e}^{-\mathrm{j}4\pi z},\quad \boldsymbol{E}_t(t) = \boldsymbol{e}_x\frac{4}{3}\cos(\omega t - 4\pi z)$$

$$\boldsymbol{H}_t = \boldsymbol{e}_y T\frac{E_{i0}}{\eta_2}\mathrm{e}^{-\mathrm{j}k_2 z} = \boldsymbol{e}_y\frac{2}{3}\times\frac{2}{\sqrt{2}\times 60\pi}\mathrm{e}^{-\mathrm{j}4\pi z},\quad \boldsymbol{H}_t(t) = \boldsymbol{e}_y\frac{1}{45\pi}\cos(\omega t - 4\pi z)$$

(3) 入射波的坡印廷矢量

$$\boldsymbol{S}_i = \boldsymbol{E}_i\times\boldsymbol{H}_i^* = \boldsymbol{e}_z\frac{|E_{i0}|^2}{\eta_1}$$

所以入射波平均功率

$$S_{iav}/(\mathrm{W}\cdot\mathrm{m}^{-2}) = \mathrm{Re}[\boldsymbol{S}_i] = \boldsymbol{e}_z\frac{|E_{i0}|^2}{\eta_1} = \boldsymbol{e}_z\frac{\left(\frac{2}{\sqrt{2}}\right)^2}{120\pi} = \boldsymbol{e}_z\frac{1}{60\pi}$$

反射波平均功率

$$S_{rav}/(\mathrm{W}\cdot\mathrm{m}^{-2}) = \mathrm{Re}[\boldsymbol{S}_r] = -\boldsymbol{e}_z\frac{E_{r0}^2}{\eta_1} = -\boldsymbol{e}_z\frac{|\Gamma E_{i0}|^2}{\eta_1} = -\boldsymbol{e}_z\frac{\left|\left(-\frac{1}{3}\right)\times\frac{2}{\sqrt{2}}\right|^2}{120\pi} = -\boldsymbol{e}_z\frac{1}{540\pi}$$

透射波平均功率

$$S_{tav}/(\mathrm{W}\cdot\mathrm{m}^{-2}) = \mathrm{Re}[\boldsymbol{S}_t] = \boldsymbol{e}_z\frac{|E_{t0}|^2}{\eta_2} = \boldsymbol{e}_z\frac{|TE_{i0}|^2}{\eta_2} = \boldsymbol{e}_z\frac{\left|\frac{2}{3}\times\frac{2}{\sqrt{2}}\right|^2}{60\pi} = \boldsymbol{e}_z\frac{2}{135\pi}$$

从这个例题发现

$$S_{iav}+S_{rav}=S_{tav}$$

例 7.2 一右旋圆极化波垂直入射到位于 $z=0$ 的理想导体板上，其电场强度的复数表达式为

$$\boldsymbol{E}_i=E_{i0}(\boldsymbol{e}_x-\mathrm{j}\boldsymbol{e}_y)\mathrm{e}^{-\mathrm{j}kz}$$

求：(1) 求出反射波的表达式并确定其极化方式；

(2) 写出合成波电场强度的瞬时表达式。

解 (1) 设反射波的电场强度为

$$\boldsymbol{E}_r=(\boldsymbol{e}_xE_{rx}+\boldsymbol{e}_yE_{ry})\mathrm{e}^{\mathrm{j}kz}$$

利用边界条件 $\boldsymbol{E}_t\Big|_{z=0}=(\boldsymbol{E}_i+\boldsymbol{E}_r)\Big|_{z=0}=0$，得

$$E_{rx}=-E_{i0},E_{ry}=\mathrm{j}E_{i0}$$

则

$$\boldsymbol{E}_r=E_{i0}(-\boldsymbol{e}_x+\mathrm{j}\boldsymbol{e}_y)\mathrm{e}^{\mathrm{j}kz}$$

由于 $\varphi_x-\varphi_y=\dfrac{\pi}{2}$，所以它是左旋极化波。

(2) 合成波电场为

$$\boldsymbol{E}=\boldsymbol{E}_i+\boldsymbol{E}_r=E_{i0}(\boldsymbol{e}_x-\mathrm{j}\boldsymbol{e}_y)\mathrm{e}^{-\mathrm{j}kz}+E_{i0}(-\boldsymbol{e}_x+\mathrm{j}\boldsymbol{e}_y)\mathrm{e}^{\mathrm{j}kz}=$$

$$E_{i0}(\boldsymbol{e}_x-\mathrm{j}\boldsymbol{e}_y)(\mathrm{e}^{-\mathrm{j}kz}-\mathrm{e}^{\mathrm{j}kz})=$$

$$-E_{i0}(\boldsymbol{e}_x-\mathrm{j}\boldsymbol{e}_y)2\mathrm{j}\sin kz=2E_{i0}(-\mathrm{j}\boldsymbol{e}_x-\boldsymbol{e}_y)\sin kz$$

所以其瞬时值为

$$\boldsymbol{E}(t)=\mathrm{Re}[\sqrt{2}\boldsymbol{E}\mathrm{e}^{\mathrm{j}\omega t}]=2\sqrt{2}E_{i0}\sin kz(\boldsymbol{e}_x\sin\omega t-\boldsymbol{e}_y\cos\omega t)$$（E_{i0} 为电场强度的有效值）

7.2 均匀平面波对多层媒质分界面的垂直入射

在工程实践中，利用电磁波在多层媒质分界面的反射和透射特性可实现某些特殊功能。如照相机的镜头涂敷一层或多层薄膜以降低“红眼”现象；半圆形雷达天线罩为避免雷达装置受恶劣气候影响，要求这种天线罩对回波不产生反射。要达到上述目的，关键的问题是如何选择适当的媒体材料及其厚度。

7.2.1 多层媒质中的电磁波及边界条件

为简单起见，仅考虑只有三层媒质区域的情况，如图 7.5 所示。三层区域中的媒质电磁参数分别为 ε_1、μ_1，ε_2、μ_2 和 ε_3、μ_3。媒质 2 的厚度为 d，它在 $z=0$ 处与媒质 1 交界，在 $z=d$ 处与媒质 3 交界。

设媒质 1 中 x 方向线极化的均匀平面电磁波沿 $+z$ 轴方向传播，当此入射波到 $z=0$ 的第一平面交界面时将产生反射和透射。该透射波进入媒质 2，在媒质 2 中一部分波将在两个分界面（$z=0$、$z=d$）之间来回反射，另一部分将分别透入媒质 1 和媒质 3。透入媒质 1 的这部分波与入射波在 $z=0$ 分界面上的第一次反射波的叠加为媒质 1 中的反射波；透入媒质 3 中的这一部分波为媒质 3 中的透射波。

在媒质 2 中来回反射的波，可以将它分为沿 $+z$ 轴方向传播的波（具有传播因子 e^{-jk_2z}）和沿 $-z$ 轴方向传播的波（具有传播因子 e^{jk_2z}）。一般地说，对于多层媒质，除最后一层外，每层媒质中都存在各自的入射波和反射波，最后一层则只有透射波。于是可以写出各个区域中的电场和磁场。

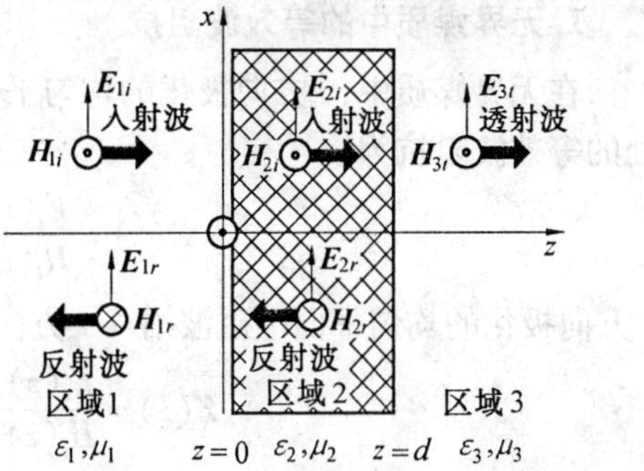

图 7.5　三层媒质垂直入射的均匀平面电磁波

媒质 1（$z \leqslant 0$）中的入射波：

$$\boldsymbol{E}_{1i} = \boldsymbol{e}_x E_{1i0} e^{-jk_1z} \tag{7.34a}$$

$$\boldsymbol{H}_{1i} = \boldsymbol{e}_y \frac{E_{1i0}}{\eta_1} e^{-jk_1z} \tag{7.34b}$$

媒质 1 中的反射波：

$$\boldsymbol{E}_{1r} = \boldsymbol{e}_x E_{1r0} e^{jk_1z} \tag{7.35a}$$

$$\boldsymbol{H}_{1r} = -\boldsymbol{e}_y \frac{E_{1r0}}{\eta_1} e^{jk_1z} \tag{7.35b}$$

媒质 1 中的合成电磁波：

$$\boldsymbol{E}_1 = \boldsymbol{E}_{1i} + \boldsymbol{E}_{1r} = \boldsymbol{e}_x (E_{1i0} e^{-jk_1z} + E_{1r0} e^{jk_1z}) \tag{7.36a}$$

$$\boldsymbol{H}_1 = \boldsymbol{H}_{1i} + \boldsymbol{H}_{1r} = \boldsymbol{e}_y \frac{1}{\eta_1} (E_{1i0} e^{-jk_1z} - E_{1r0} e^{jk_1z}) \tag{7.36b}$$

媒质 2（$0 \leqslant z \leqslant d$）中的合成电磁波：

$$\boldsymbol{E}_2 = \boldsymbol{E}_{2i} + \boldsymbol{E}_{2r} = \boldsymbol{e}_x [E_{2i0} e^{-jk_2(z-d)} + E_{2r0} e^{jk_2(z-d)}] \tag{7.37a}$$

$$\boldsymbol{H}_2 = \boldsymbol{H}_{2i} + \boldsymbol{H}_{2r} = \boldsymbol{e}_y \frac{1}{\eta_2} [E_{2i0} e^{-jk_2(z-d)} - E_{2r0} e^{jk_2(z-d)}] \tag{7.37b}$$

媒质 3（$z \geqslant d$）中的合成电磁波：

$$\boldsymbol{E}_3 = \boldsymbol{e}_x E_{3t0} e^{-jk_3(z-d)} \tag{7.38a}$$

$$\boldsymbol{H}_3 = \boldsymbol{e}_y \frac{1}{\eta_3} E_{3t0} e^{-jk_3(z-d)} \tag{7.38b}$$

以上各式中，E_{1i0} 是媒质 1 中入射波电场的振幅有效值，是已知量。E_{1r0}、E_{2i0}、E_{2r0}、E_{3t0} 是四个未知量。为了求得这四个未知量，需要利用 $z=0$ 和 $z=d$ 处媒质分界面上电场和磁场的切向分量连续的边界条件，即

$$E_{1t} = E_{2t}, H_{1t} = H_{2t} \quad (z=0) \tag{7.39}$$

$$E_{2t} = E_{3t}, H_{2t} = H_{3t} \quad (z=d) \tag{7.40}$$

7.2.2　等效波阻抗

为了便于讨论多层媒质的反射问题，需要引入等效波阻抗的概念，媒质中平行于分界面的任一平面上的总电场与总磁场之比，定义为该处的**等效波阻抗**（Equivalent Wave Impedance），即

$$Z(z) = \frac{总电场}{总磁场} \tag{7.41}$$

1. 无界媒质中的等效波阻抗

在无界媒质中,x 方向极化的均匀平面电磁波沿 $+z$ 方向传播,那么媒质中任意位置处的等效波阻抗为

$$Z(z)=\frac{E_i(z)}{H_i(z)}=\frac{E_{i0}\mathrm{e}^{-\mathrm{j}kz}}{(E_{i0}\mathrm{e}^{-\mathrm{j}kz}/\eta)}=\eta \tag{7.42}$$

x 方向极化的均匀平面电磁波沿 $-z$ 方向传播时,等效波阻抗为

$$Z(z)=\frac{E_r(z)}{H_r(z)}=\frac{E_{i0}\mathrm{e}^{\mathrm{j}kz}}{(-E_{i0}\mathrm{e}^{\mathrm{j}kz}/\eta)}=-\eta \tag{7.43}$$

可见无界媒质中,等效波阻抗在数值上等于波阻抗。

2. 半无界媒质中的等效波阻抗

如图7.3所示,根据式(7.41)的定义,且考虑式(7.25)和式(7.26),可知媒质1中离平面分界面为 z 处的等效波阻抗为

$$Z_1(z)=\frac{E_1(z)}{H_1(z)}=\eta_1\frac{\mathrm{e}^{-\mathrm{j}k_1z}+\Gamma\mathrm{e}^{\mathrm{j}k_1z}}{\mathrm{e}^{-\mathrm{j}k_1z}-\Gamma\mathrm{e}^{\mathrm{j}k_1z}} \tag{7.44}$$

由于媒质1中 z 为负值,因此离开平面分界面($z=0$)的距离为 l 的某一位置 $z=-l$ 处的等效波阻抗为

$$Z_1(-l)=\frac{E_1(-l)}{H_1(-l)}=\eta_1\frac{\mathrm{e}^{\mathrm{j}k_1l}+\Gamma\mathrm{e}^{-\mathrm{j}k_1l}}{\mathrm{e}^{\mathrm{j}k_1l}-\Gamma\mathrm{e}^{-\mathrm{j}k_1l}} \tag{7.45}$$

将式(7.20)定义的反射系数代入上式得

$$Z_1(-l)=\eta_1\frac{\eta_2\cos k_1l+\mathrm{j}\eta_1\sin k_1l}{\eta_1\cos k_1l+\mathrm{j}\eta_2\sin k_1l}=\eta_1\frac{\eta_2+\mathrm{j}\eta_1\tan k_1l}{\eta_1+\mathrm{j}\eta_2\tan k_1l} \tag{7.46}$$

如果 $\eta_2=\eta_1$,那么由式(7.46)知 $Z_1(-l)=\eta_1$。这表明空间仅存在同一种媒质,因此没有反射波,等效波阻抗等于媒质的波阻抗;如果媒质2中的介质是理想导体,即 $\eta_2=0$, $\Gamma=-1$,那么式(7.46)简化为

$$Z_1(-l)=\mathrm{j}\eta_1\tan k_1l \tag{7.47}$$

3. 有界媒质中的等效波阻抗

若空间存在三层媒质,如图7.5所示。利用边界条件,在 $z=0$ 的边界上,由式(7.36a)、(7.36b)、(7.37a)和(7.37b)得

$$E_{1i0}+E_{1r0}=E_{2i0}\mathrm{e}^{\mathrm{j}k_2d}+E_{2r0}\mathrm{e}^{-\mathrm{j}k_2d} \tag{7.48}$$

$$\frac{1}{\eta_1}(E_{1i0}-E_{1r0})=\frac{1}{\eta_2}(E_{2i0}\mathrm{e}^{\mathrm{j}k_2d}-E_{2r0}\mathrm{e}^{-\mathrm{j}k_2d}) \tag{7.49}$$

在 $z=d$ 的边界上,由式(7.37a)、(7.37b)、(7.38a)和(7.38b)得

$$E_{2i0}+E_{2r0}=E_{3t0} \tag{7.50}$$

$$\frac{1}{\eta_2}(E_{2i0}-E_{2r0})=\frac{1}{\eta_3}E_{3t0} \tag{7.51}$$

联立求解式(7.50)和(7.51),得 $z=d$ 分界处的反射系数为

$$\Gamma_d=\frac{E_{2r0}}{E_{2i0}}=\frac{\eta_3-\eta_2}{\eta_3+\eta_2} \tag{7.52}$$

联立求解式(7.48)和(7.49)，且考虑式(7.52)，得 $z=0$ 分界处的反射系数

$$\Gamma_0=\frac{E_{1r0}}{E_{1i0}}=\frac{Z_2(0)-\eta_1}{Z_2(0)+\eta_1} \tag{7.53}$$

上式中的 $Z_2(0)$ 表示媒质2中 $z=0$ 处的等效波阻抗，即

$$Z_2(0)=\eta_2\frac{\eta_3+j\eta_2\tan k_2d}{\eta_2+j\eta_3\tan k_2d} \tag{7.54}$$

比较式(7.20)和式(7.53)可见，Γ 与 Γ_0 的区别仅在于 $Z_2(0)$ 代替了 η_2。即对于媒质1中的波来说，它在 $z=0$ 处遇到了媒质不连续性，而这种媒质不连续性可以等效为在 $z=0$ 处具有阻抗为 $Z_2(0)$ 的半无限大媒质。因此，媒质1中的入射波到达 $z=0$ 的分界面时，其反射系数为式(7.53)。换句话说，引入等效波阻抗 $Z_2(0)$ 后，对媒质1的入射波来说，媒质2和后续区域的效应相当于在 $z=0$ 处接一个波阻抗为 $Z_2(0)$ 的媒质。

考虑到 $z=0$ 和 $z=d$ 分界面处反射系数的定义，由式(7.48)及式(7.50)知媒质2入射波电场振幅和媒质3中的透射波电场振幅为

$$E_{2i0}=\frac{1+\Gamma_0}{1+\Gamma_d e^{-j2k_2d}}E_{1i0}e^{-jk_2d} \tag{7.55}$$

$$E_{3i0}=\frac{2\eta_3}{\eta_3+\eta_2}E_{2i0} \tag{7.56}$$

可见，根据各个区域的媒质电磁参数计算出各分界面处的反射系数后，用式(7.52)、(7.53)、(7.55)和式(7.56)可以计算出各个区域中的合成电磁波。

7.2.3　无反射的条件

如图7.5所示，要使区域1中没有反射波存在，入射波能量全部透入媒质3(媒质2为无耗媒质)，那么 $z=0$ 分界面处的反射系数 Γ_0 必须等于零。由式(7.53)和(7.54)知，此时

$$Z_2(0)=\eta_1=\eta_2\frac{\eta_3\cos k_2d+j\eta_2\sin k_2d}{\eta_2\cos k_2d+j\eta_3\sin k_2d} \tag{7.57}$$

或

$$\eta_1(\eta_2\cos k_2d+j\eta_3\sin k_2d)=\eta_2(\eta_3\cos k_2d+j\eta_2\sin k_2d) \tag{7.58}$$

使上式中实部、虚部分别相等，有

$$\eta_1\cos k_2d=\eta_3\cos k_2d \tag{7.59}$$

$$\eta_1\eta_3\sin k_2d=\eta_2^2\sin k_2d \tag{7.60}$$

下面分两种情况讨论。

(1) 如果 $\eta_1=\eta_3\neq\eta_2$，要同时满足式(7.59)和式(7.60)，则要求

$$\sin k_2d=0 \quad 或 \quad d=n\frac{\lambda_2}{2}\quad (n=1,2,3,\cdots) \tag{7.61}$$

所以，对于给定的工作频率，媒质2的夹层厚度 d 为媒质2中半波长的整数倍，媒质1中无反射。最短夹层厚度 d 应为媒质2中的半波长。

(2) 如果 $\eta_1\neq\eta_3$，要求

$$\cos k_2d=0 \quad 或 \quad d=(2n+1)\frac{\lambda_2}{4}\quad (n=0,1,2,\cdots)\quad 且\ \eta_2=\sqrt{\eta_1\eta_3} \tag{7.62}$$

所以当媒质1和媒质3的波阻抗不相等时，若媒质2的波阻抗等于媒质1和媒质3的波阻抗的几何平均值，且媒质2的夹层厚度d为媒质2中1/4波长的奇数倍，则媒质1中无反射波。

例7.3 为了保护天线，在天线的外面用一层理想媒质材料制作一个天线罩。天线辐射的电磁波频率为4 GHz，近似地看做均匀平面电磁波，此电磁波垂直入射到天线罩理想媒质板上。天线罩的电磁感应参数为$\varepsilon_r = 2.25$，$\mu_r = 1$，求天线罩理想媒质板厚度为多少时媒质板上无反射。

解 因为

$$f = 4 \times 10^9\ \text{Hz}$$

$$\lambda_0/\text{m} = \frac{c}{f} = \frac{3 \times 10^8}{4 \times 10^9} = 0.075$$

所以，理想媒质板中的电磁波波长

$$\lambda/\text{m} = \frac{\lambda_0}{\sqrt{\varepsilon_r}} = \frac{0.075}{\sqrt{2.25}} = 0.05$$

天线罩两侧为空气，故天线罩的最小厚度应为

$$d/\text{cm} = \frac{\lambda}{2} = 2.5$$

7.3 均匀平面波对介质分界面的斜入射

电磁波以不为零的任意角度入射到不同媒质的分界面上称为**斜入射**(Oblique Incidence)。这时，入射波、反射波和透射波的传播方向都不垂直于分界面。电磁波在理想媒质中传播的表达式为

$$\boldsymbol{E} = \boldsymbol{E}_0 e^{-j\boldsymbol{k}\cdot\boldsymbol{r}} \tag{7.63}$$

不同极化形式的均匀平面电磁波斜入射到媒质分界面时，其透射和反射规律也不相同。线极化波电场强度矢量对分界面的法线与入射波波矢量所构成的平面(称为入射平面)之间的关系可以分成两种情况，一种情况是电场强度矢量垂直于入射面，称为**垂直极化波**；另一种情况是电场强度矢量平行入射面或在入射面内，称为**平行极化波**。

7.3.1 相位匹配条件和斯奈尔折射定律

如图7.6所示，平面电磁波向理想介质分界面$z = 0$处斜入射，将产生反射波和透射波(折射波)。入射线、反射线和透射线与媒质分界面的法线之间的夹角分别为入射角、反射角和透射角，用θ_i、θ_r和θ_t表示。

则入射波、反射波和透射波的电场强度矢量分别表示为

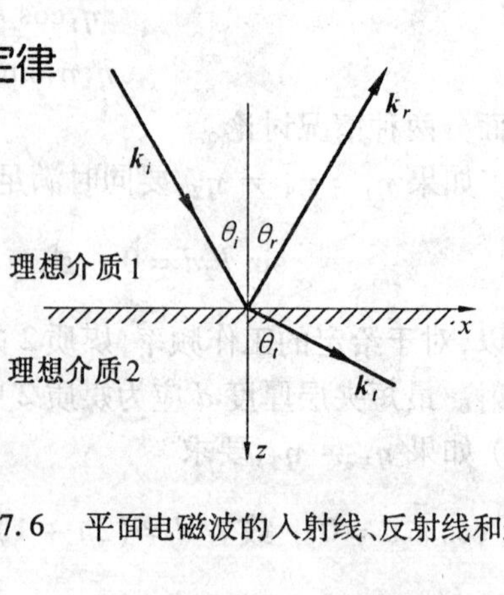

图7.6 平面电磁波的入射线、反射线和透射线

$$\left.\begin{aligned} \boldsymbol{E}_i &= \boldsymbol{E}_{i0}\mathrm{e}^{-\mathrm{j}\boldsymbol{k}_i\cdot\boldsymbol{r}} \\ \boldsymbol{E}_r &= \boldsymbol{E}_{r0}\mathrm{e}^{-\mathrm{j}\boldsymbol{k}_r\cdot\boldsymbol{r}} \\ \boldsymbol{E}_t &= \boldsymbol{E}_{t0}\mathrm{e}^{-\mathrm{j}\boldsymbol{k}_t\cdot\boldsymbol{r}} \end{aligned}\right\} \tag{7.64}$$

式中，$\boldsymbol{r}$ 为矢径；$\boldsymbol{k}_i$、$\boldsymbol{k}_r$ 和 $\boldsymbol{k}_t$ 为入射波、反射波和透射波的波矢量，按照图 7.6 的坐标。

$$\left.\begin{aligned} \boldsymbol{k}_i &= k_1(\sin\theta_i\boldsymbol{e}_x + \cos\theta_i\boldsymbol{e}_z) \\ \boldsymbol{k}_r &= k_1(\sin\theta_r\boldsymbol{e}_x - \cos\theta_r\boldsymbol{e}_z) \\ \boldsymbol{k}_t &= k_2(\sin\theta_t\boldsymbol{e}_x + \cos\theta_t\boldsymbol{e}_z) \end{aligned}\right\} \tag{7.65}$$

其中，$k_1 = \omega\sqrt{\mu_1\varepsilon_1}$，$k_2 = \omega\sqrt{\mu_2\varepsilon_2}$。

从而式(7.64) 可以简化为

$$\left.\begin{aligned} \boldsymbol{E}_i &= \boldsymbol{E}_{i0}\mathrm{e}^{-\mathrm{j}\boldsymbol{k}_i\cdot\boldsymbol{r}} = \boldsymbol{E}_{i0}\mathrm{e}^{-\mathrm{j}k_1(\sin\theta_i x + \cos\theta_i z)} \\ \boldsymbol{E}_r &= \boldsymbol{E}_{r0}\mathrm{e}^{-\mathrm{j}\boldsymbol{k}_r\cdot\boldsymbol{r}} = \boldsymbol{E}_{r0}\mathrm{e}^{-\mathrm{j}k_1(\sin\theta_r x - \cos\theta_r z)} \\ \boldsymbol{E}_t &= \boldsymbol{E}_{t0}\mathrm{e}^{-\mathrm{j}\boldsymbol{k}_t\cdot\boldsymbol{r}} = \boldsymbol{E}_{t0}\mathrm{e}^{-\mathrm{j}k_2(\sin\theta_t x + \cos\theta_t z)} \end{aligned}\right\} \tag{7.66}$$

在分界面 $z=0$ 处两侧电场强度的切向量应连续，$E_{1t} = E_{2t}$，故有

$$(E_{it} + E_{rt})\Big|_{z=0} = E_{tt}\Big|_{z=0} \tag{7.67}$$

上式加下角标 t 表示切向分量，则有

$$k_{ix}x = k_{rx}x = k_{tx}x \tag{7.68}$$

对不同的 x 都成立，所以

$$k_{ix} = k_{rx} = k_{tx} \tag{7.69}$$

这个结论称为**相位匹配条件**(Phase Matching Condition)。

根据式(7.65)，则式(7.69) 变为

$$k_1\sin\theta_i = k_1\sin\theta_r = k_2\sin\theta_t \tag{7.70}$$

可得

$$\theta_i = \theta_r \tag{7.71}$$

这是**斯奈尔反射定律**(Reflection Law)。

而

$$\frac{\sin\theta_i}{\sin\theta_t} = \frac{k_2}{k_1} = \frac{\sqrt{\mu_2\varepsilon_2}}{\sqrt{\mu_1\varepsilon_1}} \tag{7.72}$$

对于非磁性媒质，μ_1 和 μ_2 近似为 μ_0，则有

$$\frac{\sin\theta_i}{\sin\theta_t} = \frac{\sqrt{\varepsilon_2}}{\sqrt{\varepsilon_1}} = \frac{n_2}{n_1} \tag{7.73}$$

式(7.73) 是**斯奈尔透射定律**(Refraction Law)。式中 n_1 和 n_2 分别为介质1 和介质2 的透射率。

7.3.2　垂直极化波对理想介质平面的斜入射

如图 7.7 所示，电场强度矢量为垂直极化，其极化方向为 $+y$ 方向，垂直于入射面 xOz 面。

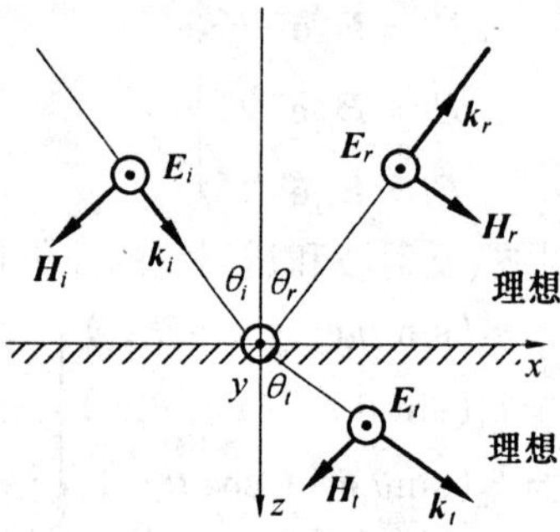

图 7.7 垂直极化波对理想介质分界面的斜入射

入射波的电场和磁场为

$$\boldsymbol{E}_i = \boldsymbol{e}_y E_{i0} \mathrm{e}^{-\mathrm{j}\boldsymbol{k}_i \cdot \boldsymbol{r}} = \boldsymbol{e}_y E_{i0} \mathrm{e}^{-\mathrm{j}k_1(x\sin\theta_i + z\cos\theta_i)} \tag{7.74a}$$

$$\boldsymbol{H}_i = \frac{E_{i0}}{\eta_1}(-\cos\theta_i \boldsymbol{e}_x + \sin\theta_i \boldsymbol{e}_z)\mathrm{e}^{-\mathrm{j}k_1(x\sin\theta_i + z\cos\theta_i)} \tag{7.74b}$$

反射波的电场和磁场为

$$\boldsymbol{E}_r = \boldsymbol{e}_y E_{r0} \mathrm{e}^{-\mathrm{j}\boldsymbol{k}_1 \cdot \boldsymbol{r}} = \boldsymbol{e}_y E_{r0} \mathrm{e}^{-\mathrm{j}k_1(x\sin\theta_r - z\cos\theta_r)} \tag{7.75a}$$

$$\boldsymbol{H}_r = \frac{E_{r0}}{\eta_1}(\cos\theta_r \boldsymbol{e}_x + \sin\theta_r \boldsymbol{e}_z)\mathrm{e}^{-\mathrm{j}k_1(x\sin\theta_r - z\cos\theta_r)} \tag{7.75b}$$

透射波的电场和磁场为

$$\boldsymbol{E}_t = \boldsymbol{e}_y E_{t0} \mathrm{e}^{-\mathrm{j}k_2(x\sin\theta_t + z\cos\theta_t)} \tag{7.76a}$$

$$\boldsymbol{H}_t = \frac{E_{t0}}{\eta_2}(-\cos\theta_t \boldsymbol{e}_x + \sin\theta_t \boldsymbol{e}_z)\mathrm{e}^{-\mathrm{j}k_2(x\sin\theta_t + z\cos\theta_t)} \tag{7.76b}$$

在媒质 1 中合成波电场强度和磁场强度切向分量为

$$E_{1y} = E_{iy} + E_{ry} = E_{i0}\mathrm{e}^{-\mathrm{j}k_1(x\sin\theta_i + z\cos\theta_i)} + E_{r0}\mathrm{e}^{-\mathrm{j}k_1(x\sin\theta_r - z\cos\theta_r)} \tag{7.77a}$$

$$H_{1x} = H_{ix} + H_{rx} = -\frac{E_{i0}}{\eta_1}\cos\theta_i \mathrm{e}^{-\mathrm{j}k_1(x\sin\theta_i + z\cos\theta_i)} + \frac{E_{r0}}{\eta_1}\cos\theta_r \mathrm{e}^{-\mathrm{j}k_1(x\sin\theta_r - z\cos\theta_r)} \tag{7.77b}$$

在媒质 2 中合成波电场强度和磁场强度切向分量为

$$E_{2y} = E_{ty} = E_{t0}\mathrm{e}^{-\mathrm{j}k_2(x\sin\theta_t + z\cos\theta_t)} \tag{7.78a}$$

$$H_{2x} = H_{tx} = -\frac{E_{t0}}{\eta_2}\cos\theta_t \mathrm{e}^{-\mathrm{j}k_2(x\sin\theta_t + z\cos\theta_t)} \tag{7.78b}$$

根据边界条件,在 $z = 0$ 处电场强度和磁场强度切向分量连续(由于两个媒质都是理想介质),即

$$E_{1y}\big|_{z=0} = E_{2y}\big|_{z=0} \tag{7.79a}$$

$$H_{1x}\big|_{z=0} = H_{2x}\big|_{z=0} \tag{7.79b}$$

式(7.77a)、(7.77b) 和式(7.78a)、(7.78b) 代入式(7.79a)、(7.79b),得

$$E_{i0} + E_{r0} = E_{t0} \tag{7.80a}$$

$$\frac{1}{\eta_1}(-\cos\theta_i E_{i0} + \cos\theta_r E_{r0}) = -\frac{1}{\eta_2}\cos\theta_t E_{t0} \tag{7.80b}$$

按照7.1节中对反射系数及传输系数的定义,由式(7.80a) 和式(7.80b) 可得垂直极化波的反射系数 $\Gamma_\perp$ 和传输系数 $T_\perp$。

$$\Gamma_{\perp}=\frac{\eta_2\cos\theta_i-\eta_1\cos\theta_t}{\eta_2\cos\theta_i+\eta_1\cos\theta_t} \tag{7.81a}$$

$$T_{\perp}=\frac{2\eta_2\cos\theta_i}{\eta_2\cos\theta_i+\eta_1\cos\theta_t} \tag{7.81b}$$

以上两式称为**垂直极化波的菲涅尔公式**。下角标“⊥”表示垂直极化波。

同时，$\Gamma_{\perp}$ 和 $T_{\perp}$ 的关系为

$$1+\Gamma_{\perp}=T_{\perp} \tag{7.82}$$

7.3.3　平行极化波对理想介质平面的斜入射

平行极化波对理想媒质分界面的斜入射，如图 7.8 所示。电场强度矢量的极化方向在 xOz 面内。

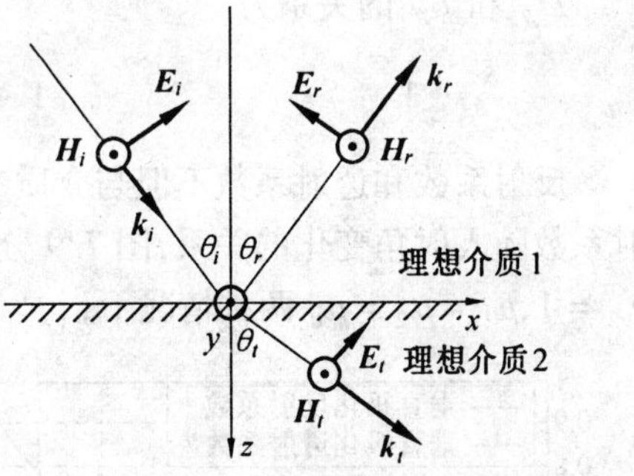

图 7.8　平行极化波对理想介质分界面的斜入射

入射波的电场和磁场为

$$\boldsymbol{E}_i=E_{i0}(\cos\theta_i\boldsymbol{e}_x-\sin\theta_i\boldsymbol{e}_z)\mathrm{e}^{-\mathrm{j}k_1(x\sin\theta_i+z\cos\theta_i)} \tag{7.83a}$$

$$\boldsymbol{H}_i=\boldsymbol{e}_y\frac{E_{i0}}{\eta_1}\mathrm{e}^{-\mathrm{j}k_1(x\sin\theta_i+z\cos\theta_i)} \tag{7.83b}$$

反射波的电场和磁场为

$$\boldsymbol{E}_r=E_{r0}(-\cos\theta_r\boldsymbol{e}_x-\sin\theta_r\boldsymbol{e}_z)\mathrm{e}^{-\mathrm{j}k_1(x\sin\theta_r-z\cos\theta_r)} \tag{7.84a}$$

$$\boldsymbol{H}_r=\boldsymbol{e}_y\frac{E_{r0}}{\eta_1}\mathrm{e}^{-\mathrm{j}k_1(x\sin\theta_r-z\cos\theta_r)} \tag{7.84b}$$

透射波的电场和磁场为

$$\boldsymbol{E}_t=E_{t0}(\cos\theta_t\boldsymbol{e}_x-\sin\theta_t\boldsymbol{e}_z)\mathrm{e}^{-\mathrm{j}k_2(x\sin\theta_t+z\cos\theta_t)} \tag{7.85a}$$

$$\boldsymbol{H}_t=\boldsymbol{e}_y\frac{E_{t0}}{\eta_2}\mathrm{e}^{-\mathrm{j}k_2(x\sin\theta_t+z\cos\theta_t)} \tag{7.85b}$$

在媒质 1 中合成波电场强度和磁场强度切向分量为

$$E_{1x}=E_{ix}+E_{rx}=E_{i0}\cos\theta_i\mathrm{e}^{-\mathrm{j}k_1(x\sin\theta_i+z\cos\theta_i)}-E_{r0}\cos\theta_r\mathrm{e}^{-\mathrm{j}k_1(x\sin\theta_r-z\cos\theta_r)} \tag{7.86a}$$

$$H_{1y}=H_{iy}+H_{ry}=\frac{E_{i0}}{\eta_1}\mathrm{e}^{-\mathrm{j}k_1(x\sin\theta_i+z\cos\theta_i)}+\frac{E_{r0}}{\eta_1}\mathrm{e}^{-\mathrm{j}k_1(x\sin\theta_r-z\cos\theta_r)} \tag{7.86b}$$

在媒质 2 中合成波电场强度和磁场强度切向分量为

$$E_{2x}=E_{tx}=E_{t0}\cos\theta_t\mathrm{e}^{-\mathrm{j}k_2(x\sin\theta_t+z\cos\theta_t)} \tag{7.87a}$$

$$H_{2y}=H_{ty}=\frac{E_{t0}}{\eta_2}\mathrm{e}^{-\mathrm{j}k_2(x\sin\theta_t+z\cos\theta_t)} \tag{7.87b}$$

根据边界条件，在 $z=0$ 处电场强度和磁场强度切向分量连续（由于两个媒质都是理想介质），即

$$E_{1x}\big|_{z=0}=E_{2x}\big|_{z=0} \tag{7.88a}$$

$$H_{1y}\big|_{z=0}=H_{2y}\big|_{z=0} \tag{7.88b}$$

将式(7.86a)、(7.87b) 和式(7.87a)、(7.87b) 代入式(7.88a)、(7.88b)，得

$$E_{i0}\cos\theta_i - E_{r0}\cos\theta_r = E_{t0}\cos\theta_t \tag{7.89a}$$

$$\frac{1}{\eta_1}E_{i0} + \frac{1}{\eta_1}E_{r0} = \frac{1}{\eta_2}E_{t0} \tag{7.89b}$$

则由式(7.89a)和式(7.89b)可得平行极化波的反射系数 $\Gamma_{/\!/}$ 和传输系数 $T_{/\!/}$。

$$\Gamma_{/\!/} = \frac{\eta_1\cos\theta_i - \eta_2\cos\theta_t}{\eta_1\cos\theta_i + \eta_2\cos\theta_t} \tag{7.90a}$$

$$T_{/\!/} = \frac{2\eta_2\cos\theta_i}{\eta_1\cos\theta_i + \eta_2\cos\theta_t} \tag{7.90b}$$

式(7.90a)和(7.90b)称为**平行极化波的菲涅尔公式**。下角标"//"表示平行极化波。

$\Gamma_{/\!/}$ 和 $T_{/\!/}$ 的关系为

$$1 + \Gamma_{/\!/} = T_{/\!/}\left(\frac{\eta_1}{\eta_2}\right) \tag{7.91}$$

反射系数和透射系数不但与介质参数有关,还与入射角有关。为了解反射系数和透射系数随入射角变化的关系,图7.9分别给出了在 $\varepsilon_{r1}=1, \varepsilon_{r2}=3, \mu_1=\mu_2=\mu_0$ 和 $\varepsilon_{r1}=3, \varepsilon_{r2}=1, \mu_1=\mu_2=\mu_0$ 两种情况下,$|\Gamma_\perp|$、$|T_\perp|$、$|\Gamma_{/\!/}|$、$|T_{/\!/}|$ 随入射角变化曲线。

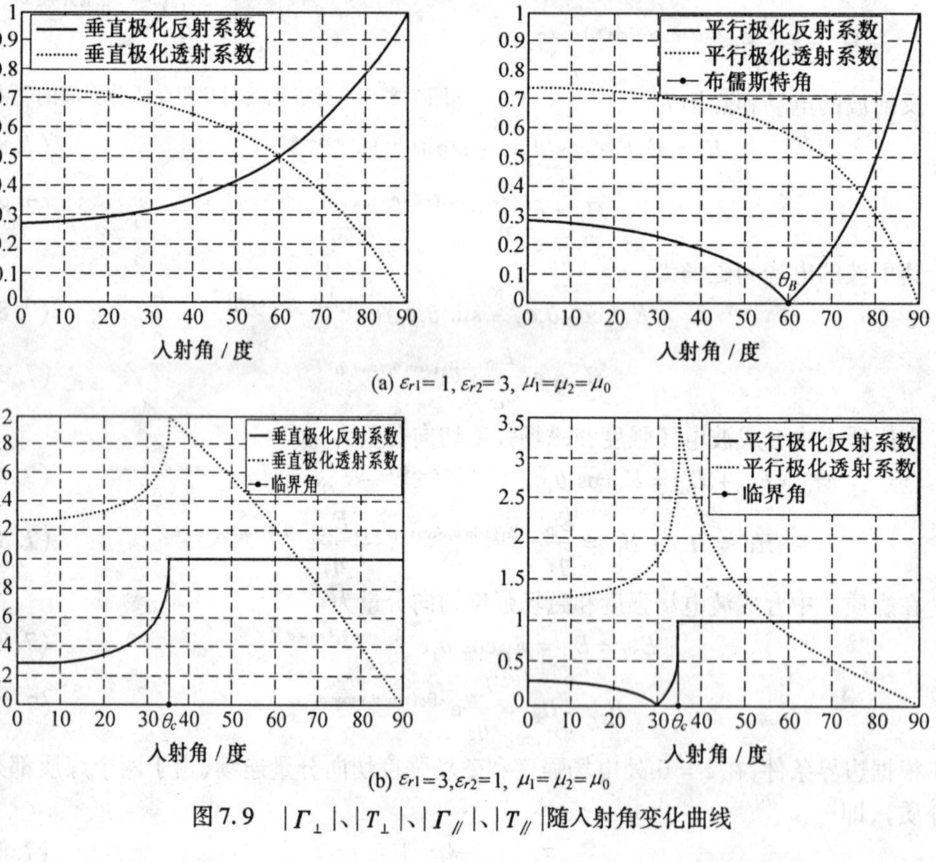

(a) $\varepsilon_{r1}=1, \varepsilon_{r2}=3, \mu_1=\mu_2=\mu_0$

(b) $\varepsilon_{r1}=3, \varepsilon_{r2}=1, \mu_1=\mu_2=\mu_0$

图7.9 $|\Gamma_\perp|$、$|T_\perp|$、$|\Gamma_{/\!/}|$、$|T_{/\!/}|$ 随入射角变化曲线

7.3.4　全反射和全透射

1. 全反射及临界角

当均匀平面波投射到媒质分界面时，若界面上的反射系数 $|\Gamma|=1$，即反射波与入射波幅值相等，这种现象称为**全反射**(Total Reflection)。

从折射定律式(7.73)可知，当理想媒质1的介电常数 ε_1 大于理想媒质2的介电常数 ε_2 时，就会有折射角 θ_t 大于入射角 θ_i。当 θ_i 为某个角度 θ_c 时，$\theta_t \to 90°$，此时就不再有折射波，这个角度称为**临界角**(Critical Angle)θ_c，即

$$\theta_c = \arcsin\sqrt{\frac{\varepsilon_2}{\varepsilon_1}} \tag{7.92}$$

当满足 $\theta_i > \theta_c$ 时，入射波发生全反射。如图7.9(b)所示，当 $\varepsilon_1 = 3\varepsilon_0 > \varepsilon_2 = \varepsilon_0$ 特殊情形时，临界角出现的位置，可见无论平行极化波还是垂直极化波都存在临界角。

发生全反射时，$\sin\theta_t = \sqrt{\frac{\varepsilon_1}{\varepsilon_2}}\sin\theta_i > \sqrt{\frac{\varepsilon_1}{\varepsilon_2}}\sin\theta_c = 1$，显然 θ_t 不存在实数解，此时有

$$\cos\theta_t = -\sqrt{1-\sin^2\theta_t} = -\mathrm{j}\sqrt{\sin^2\theta_t - 1} = -\mathrm{j}\alpha \tag{7.93}$$

式中

$$\alpha = \sqrt{\left(\sqrt{\frac{\varepsilon_1}{\varepsilon_2}}\sin\theta_i\right)^2 - 1} \tag{7.94}$$

这样，反射系数与透射系数的表达式可写成

$$\left.\begin{aligned}\Gamma_\perp &= \frac{n_1\cos\theta_i + \mathrm{j}n_2\alpha}{n_1\cos\theta_i - \mathrm{j}n_2\alpha}\\ T_\perp &= \frac{2n_1\cos\theta_i}{n_1\cos\theta_i - \mathrm{j}n_2\alpha}\end{aligned}\right\} \tag{7.95}$$

$$\left.\begin{aligned}\Gamma_{/\!/} &= \frac{n_2\cos\theta_i + \mathrm{j}n_1\alpha}{n_2\cos\theta_i - \mathrm{j}n_1\alpha}\\ T_{/\!/} &= \frac{2n_2\cos\theta_i}{n_2\cos\theta_i - \mathrm{j}n_1\alpha}\end{aligned}\right\} \tag{7.96}$$

由以上各式可以看出，发生全反射后，$|\Gamma_\perp| = |\Gamma_{/\!/}| = 1$；但是，$|T_\perp| \neq 0$，$|T_{/\!/}| \neq 0$，即媒质2(透射区)中还存在透射波，理想媒质2中透射波的电场强度为

$$\boldsymbol{E}_2 = \boldsymbol{E}_t = \boldsymbol{E}_{t0}\mathrm{e}^{-\mathrm{j}\boldsymbol{k}_t\cdot\boldsymbol{r}} = \boldsymbol{E}_{t0}\mathrm{e}^{-\mathrm{j}k_2(x\sin\theta_t + z\cos\theta_t)} \tag{7.97}$$

把 $\sin\theta_t$ 和 $\cos\theta_t$ 代入式(7.97)得

$$\boldsymbol{E}_2 = \boldsymbol{E}_{t0}\mathrm{e}^{-k_2\alpha z}\mathrm{e}^{-\mathrm{j}\beta x} \tag{7.98}$$

式中

$$\beta = k_2\sqrt{\frac{\varepsilon_1}{\varepsilon_2}}\sin\theta_i$$

由式(7.98)可见，媒质2中透射波沿 x 方向传播，其振幅沿 z 方向指数衰减，而且 θ_i 越大，则 α 越大，$k_2\alpha$ 也越大，衰减也越快。全反射过程如图7.10所示。

场量主要集中在介质表面附近，沿分界面传播，故这种波又称为**表面波**（Surface Wave）。这说明介质分界面有引导电磁波的可能。

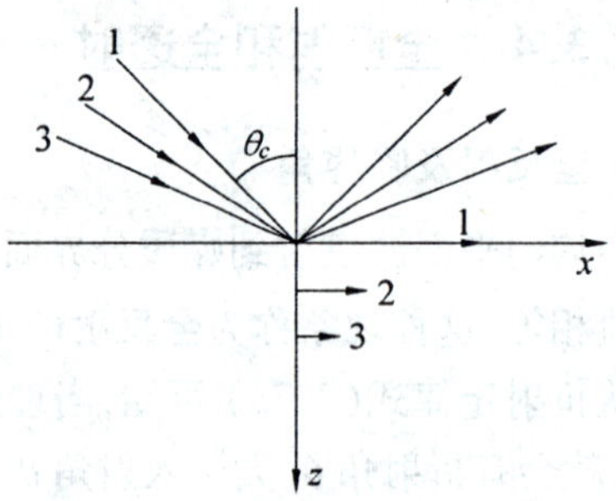

图 7.10　全反射过程

若媒质 2 为真空，则表面波的相速为

$$v_{px}=\frac{\omega}{\beta}=\frac{\omega}{\omega\sqrt{\mu_0\varepsilon_0}\cdot\sqrt{\varepsilon_{r1}}\cdot\sin\theta_i}=\frac{c}{\sqrt{\varepsilon_{r1}}\cdot\sin\theta_i}\tag{7.99}$$

因为 $\theta_c\leqslant\theta_i\leqslant 90°$，则

$$\frac{\omega}{k_2}>\frac{\omega}{\beta}>\frac{\omega}{k_1}$$

上式说明，表面波的相速比平面波在媒质 2 中的相速小，而比媒质 1 中的相速大。媒质 2 中的相速最大可以是光速，但这种表面波的相速永远小于光速，因此也称为慢波（Slow wave）。

全反射在工程实际当中有很多应用。集成光电子技术中的介质光波导就是利用全反射的原理导光的；光纤（Optical Fibre）也是一种介质波导（Dielectric Waveguide），它是由圆柱形纤芯和外面包围的包层构成，纤芯的折射率 n_1 大于包层的折射率 n_2。当入射到纤芯的光（电磁波）满足 $\theta_i>\theta_c$ 时，就满足了全反射条件，大部分能量集中在纤芯中传输，在包层中的电磁波沿光纤半径 r 方向按指数规律衰减，但不会沿 r 方向传输能量，这就保证了绝大部分的光能量沿着光纤传输。

例 7.4　真空中波长为 1.5 μm 的远红外电磁波以 75° 的入射角从 $\varepsilon_r=1.5$，$\mu_r=1$ 的媒质斜入射到空气中。求空气界面上的电场强度与距离空气界面一个波长处的电场强度的大小之比。

解　理想媒质 1，$\varepsilon_1=1.5\varepsilon_0$，$\mu_1=\mu_0$

理想媒质 2 为空气，$\varepsilon_2=\varepsilon_0$，$\mu_2=\mu_0$

临界角 $\theta_c=\arcsin\sqrt{\dfrac{\varepsilon_2}{\varepsilon_1}}=\arcsin\sqrt{\dfrac{1}{1.5}}=54.74°$

显然 $\theta_i>\theta_c$，斜入射的电磁波发生全反射。

在空气中透射波的电场强度

$$E_2(z)=E_2(0)\mathrm{e}^{-k_2\alpha z}\mathrm{e}^{-\mathrm{j}\beta x}$$

式中

$$\alpha=\sqrt{\left(\sqrt{\frac{\varepsilon_1}{\varepsilon_2}}\sin\theta_i\right)^2-1}=\sqrt{(\sqrt{1.5}\sin 75°)^2-1}=0.633$$

$$k_2=k_0=\frac{2\pi}{\lambda_0}$$

所以空气界面上电场强度与距离空气界面一个波长处的电场强度大小之比为

$$\frac{E_2(\lambda_0)}{E_2(0)}=\mathrm{e}^{-k_2\alpha\lambda_0}=\mathrm{e}^{-2\pi\times0.633}=0.018\ 8$$

2. 全透射及布儒斯特角

当均匀平面波投射到媒质分界面时,若界面上的反射系数 $\Gamma=0$,即分界面上没有反射波,入射波电磁能量全部流入媒质2中,这种现象称为**全透射**(Total Transmission)。发生全透射时的入射角称为**布儒斯特角**(Brewster Angle)θ_B。

非磁性介质中,对于垂直极化波,由式(7.81a)可以看出,只要 $\varepsilon_1\neq\varepsilon_2$,无论入射角 θ_i 是何值,$\Gamma_\perp$ 都不会为零。因此垂直极化波以任何入射角向两种理想媒质的分界面入射,都不会发生全折射。如图7.9所示,对于垂直极化波反射系数没有零值。

对于平行极化波,由式(7.90a)可以看出,当入射角为某个特定角时,电磁波完全透射,没有反射,即 $\Gamma_{/\!/}=0$ 时,θ_i 满足

$$\frac{\varepsilon_2}{\varepsilon_1}\cos\theta_i=\sqrt{\frac{\varepsilon_2}{\varepsilon_1}-\sin^2\theta_i}$$

求得

$$\theta_i=\theta_B=\arctan\sqrt{\frac{\varepsilon_2}{\varepsilon_1}} \tag{7.100}$$

一个任意极化波均可分解成两个相互垂直的线极化波,当该极化波以布儒斯特角 θ_B 入射到介质交界面时,反射波将不会有平行极化波,只剩下垂直极化波分量。利用这个原理可以实现滤去平行极化波。所以,布儒斯特角 θ_B 有时也称为极化角。

例7.5　一个线极化平面波从自由空间投射到理想媒质($\varepsilon_r=4,\mu_r=1$)的分界面,如果入射波的电场与入射面夹角为45°。试求:

(1) 入射角是多少度时,反射波只有垂直极化波。

(2) 此时反射波的平均功率流是入射波的百分之几。

解　(1) 当入射角 θ_i 为布儒斯特角 θ_B 时,反射波没有水平极化波,只有垂直极化波。由题中给出的条件

自由空间　$\varepsilon_1=\varepsilon_0,\mu_1=\mu_0$

理想媒质　$\varepsilon_2=4\varepsilon_0,\mu_2=\mu_0$

所以

$$\tan\theta_B=\sqrt{\frac{\varepsilon_2}{\varepsilon_1}}=2$$

$$\theta_B=\arctan 2=63.4°$$

(2) 入射波的电场与入射面的夹角为45°,如图7.11所示。可见,入射波可分解为水平极化波分量和垂直极化波分量。设入射波的电场强度振幅有效值为 E_{i0},则水平极化波的振幅有效值为 $E_{/\!/i0}=E_{i0}\cos 45°=E_{i0}\frac{\sqrt{2}}{2}$,垂直极化波的振幅有效值 $E_{\perp i0}=E_{i0}\sin 45°=E_{i0}\frac{\sqrt{2}}{2}$。

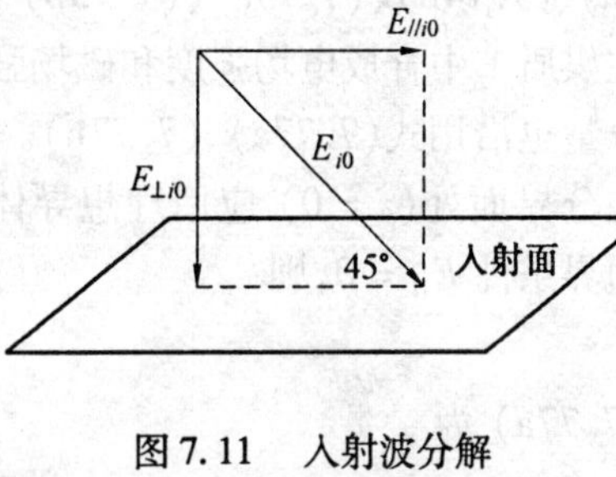

图7.11　入射波分解

入射波的平均功率流的大小为

$$S_{iav} = \frac{E_{i0}^2}{\eta_1}$$

垂直极化波反射系数 $\Gamma_\perp$ 为

$$\Gamma_\perp = \frac{\cos\theta_i - \sqrt{(\frac{\varepsilon_2}{\varepsilon_1}) - \sin^2\theta_i}}{\cos\theta_i + \sqrt{(\frac{\varepsilon_2}{\varepsilon_1}) - \sin^2\theta_i}} = -0.6$$

由于入射波以布儒斯特角入射，反射波中只有垂直极化波。
则反射波的平均功率流大小为

$$S_{rav} = \frac{E_{\perp r0}{}^2}{\eta_1} = \frac{(E_{\perp i0}\Gamma_\perp)^2}{\eta_1} = \frac{E_{i0}{}^2(\cos 45°)^2\Gamma_\perp^2}{\eta_1} =$$

$$\frac{E_{i0}^2\left(\frac{\sqrt{2}}{2}\right)^2(-0.6)^2}{\eta_1} = 0.18\frac{E_{i0}^2}{\eta_1}$$

所以反射波的平均功率流是入射波的 18%。

7.4 平面电磁波对理想导体界面的斜入射

对于电磁波对导电介质分界面的斜入射，由于在导电介质的分界面上，电场和磁场的切向分量连续的边界条件仍然成立，因此电磁波的反射定律和折射定律菲涅尔系数也为复数，说明对于导电介质中的入射波和反射波，不但振幅发生变化，相位也要发生变化。

7.4.1 垂直极化波对理想导体平面的斜入射

利用图 7.12 来分析垂直极化波对理想导体平面的斜入射问题，我们发现这时与图 7.7 非常相似，分析问题的方法也与入射到理想介质平面的方法相似。入射波、反射波电场强度以及磁场强度仍旧利用式(7.74a)、(7.74b)、(7.75a)、(7.75b) 确定，同时在媒质 1 中合成电场强度和磁场强度的切向分量也沿用式(7.77a)、(7.77b)。

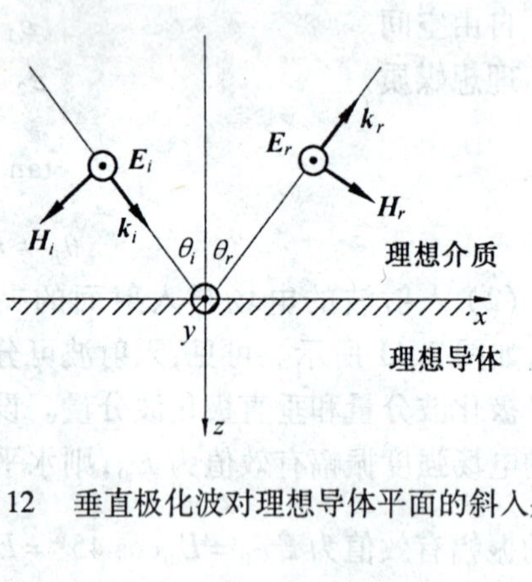

图 7.12 垂直极化波对理想导体平面的斜入射

在分界面处($z = 0$) 应用理想导体分界面的边界条件 $E_{1t} = 0$，则

$$E_{1y}\big|_{z=0} = 0$$

即式(7.77a) 为

$$E_{i0} + E_{r0} = 0 \tag{7.101}$$

将式(7.101) 代入式(7.74a) 和式(7.75a)，得到媒质 1 中合成电场强度为

$$\boldsymbol{E}_1 = E_{i0}\boldsymbol{e}_y\left[e^{-jk_1(x\sin\theta_i + z\cos\theta_i)} - e^{-jk_1(x\sin\theta_r - z\cos\theta_r)}\right] \tag{7.102a}$$

将式(7.101)代入式(7.74b)和(7.75b)得到媒质1中合成磁场强度为

$$\boldsymbol{H}_1=\boldsymbol{H}_i+\boldsymbol{H}_r=\frac{E_{i0}}{\eta_1}[(-\cos\theta_i\boldsymbol{e}_x+\sin\theta_i\boldsymbol{e}_z)\mathrm{e}^{-\mathrm{j}k_1(x\sin\theta_i+z\cos\theta_i)}-(\cos\theta_r\boldsymbol{e}_x+\sin\theta_r\boldsymbol{e}_z)\mathrm{e}^{-\mathrm{j}k_1(x\sin\theta_r-z\cos\theta_r)}]\tag{7.102b}$$

应用反射定律,即 $\theta_i=\theta_r$ 整理式(7.102a)和(7.102b)得合成电磁波电场和磁场为

$$\boldsymbol{E}_1=\boldsymbol{e}_y[E_{i0}(-2\mathrm{j})\sin(k_1z\cos\theta_i)]\mathrm{e}^{-\mathrm{j}k_1x\sin\theta_i}\tag{7.103a}$$

$$\boldsymbol{H}_1=-\frac{E_{i0}}{\eta_1}[\boldsymbol{e}_x2\cos\theta_i\cos(k_1z\cos\theta_i)+\boldsymbol{e}_z(2\mathrm{j})\sin\theta_i\sin(k_1z\cos\theta_i)]\mathrm{e}^{-\mathrm{j}k_1x\sin\theta_i}\tag{7.103b}$$

从式(7.103a)、(7.103b)分析可以得出,垂直极化波斜入射到理想导体平面时,合成波有如下特征。

(1)由 $\mathrm{e}^{-\mathrm{j}k_1x\sin\theta_i}$ 可知,合成电磁波沿 x 轴方向传播,相速度为

$$v_x=\frac{\omega}{k_{1x}}=\frac{\omega}{k_1\sin\theta_i}=\frac{1}{\sqrt{\mu_1\varepsilon_1}\sin\theta_i}\tag{7.104}$$

(2)合成波的振幅与 z 有关,所以是非均匀平面波,合成波沿 z 轴方向的分布是驻波。

(3)$\boldsymbol{E}_1$ 平行于分界面的分量 E_y 的波节点位置,即

$$\sin(k_1z\cos\theta_i)=0$$

$$k_1z\cos\theta_i=-n\pi\quad(n=0,1,2,\cdots)$$

因此以下 z 处插入理想导体板,不会改变原来的场分布

$$z=-\frac{n\pi}{k_1\cos\theta_i}=-n\frac{\lambda_1}{2\cos\theta_i}\quad(n=0,1,2,\cdots)\tag{7.105}$$

可见,满足式(7.105)的两块理想导体板可以构成平行板导波。

(4)沿电磁波的传播方向(x 轴方向)不存在电场分量,或者说电场是横波,这种电磁波称为**横电波**,简称TE波。这个特性与自由空间的电磁波不同,在自由空间的电磁波,其电场和磁场都与传播方向垂直,即电场和磁场都是横波,称为横电磁波,称TEM波。

例7.6　一正弦均匀平面波从空气斜入射到 $z=0$ 的理想导体平面上,其电场强度的复数表达式为

$$\boldsymbol{E}_i=\boldsymbol{e}_y10\mathrm{e}^{-\mathrm{j}(6x+8z)\pi}\ \mathrm{V/m}$$

求:(1)波长和频率;

(2)电场强度的瞬时值表达式 $\boldsymbol{E}_i(t)$ 和磁场强度的瞬时值表达式 $\boldsymbol{H}_i(t)$;

(3)入射角 θ_i;

(4)反射波的 $\boldsymbol{E}_r$ 和 $\boldsymbol{H}_r$;

(5)合成波的总电场 $\boldsymbol{E}_1$ 和总磁场 $\boldsymbol{H}_1$。

解　(1)$k_i/(\mathrm{rad}\cdot\mathrm{m}^{-1})=\sqrt{k_x^2+k_y^2+k_z^2}=\sqrt{(6\pi)^2+0^2+(8\pi)^2}=10\pi$

$$\lambda/\mathrm{m}=\frac{2\pi}{k}=\frac{2\pi}{10\pi}=0.2$$

$$f/\mathrm{Hz} = \frac{c}{\lambda} = \frac{3\times 10^8}{0.2} = 1.5\times 10^9$$

(2)$\boldsymbol{E}_i(t)/(\mathrm{V}\cdot\mathrm{m}^{-1}) = \mathrm{Re}[\sqrt{2}\boldsymbol{E}_i\mathrm{e}^{\mathrm{j}\omega t}] = \boldsymbol{e}_y 10\sqrt{2}\cos(3\pi\times 10^9 t - 6\pi x - 8\pi z)$

由 $\boldsymbol{H}_i = \frac{1}{\eta_1}\boldsymbol{e}_{k_i}\times\boldsymbol{E}_i$($\boldsymbol{e}_{k_i}$ 是入射波传播方向的单位矢量)

$$\boldsymbol{e}_{k_i} = \frac{\boldsymbol{k}_i}{k_i} = \boldsymbol{e}_x 0.6 + \boldsymbol{e}_z 0.8$$

得 $$\boldsymbol{H}_i/(\mathrm{A}\cdot\mathrm{m}^{-1}) = \left(-\boldsymbol{e}_x\frac{1}{15\pi} + \boldsymbol{e}_z\frac{1}{20\pi}\right)\mathrm{e}^{-\mathrm{j}(6x+8z)\pi}$$

所以

$$\boldsymbol{H}_i(t)/(\mathrm{A}\cdot\mathrm{m}^{-1}) = \left(-\boldsymbol{e}_x\frac{1}{15\pi} + \boldsymbol{e}_z\frac{1}{20\pi}\right)\sqrt{2}\cos(3\pi\times 10^9 - 6\pi x - 8\pi z)$$

(3) 入射角 θ_i 实际上就是入射波射线和 $\boldsymbol{e}_z$ 的夹角

$$\cos\theta_i = \boldsymbol{e}_{k_i}\cdot\boldsymbol{e}_z = 0.8$$

$$\theta_i = \arccos 0.8 = 36.9°$$

(4) 由 $z=0$ 处边界条件得反射波的电场 $E_{r0} = -10$,且

$$k_r = (6x - 8z)\pi, \boldsymbol{e}_{k_r} = \boldsymbol{e}_x 0.6 - \boldsymbol{e}_z 0.8$$

故 $$\boldsymbol{E}_r/(\mathrm{V}\cdot\mathrm{m}^{-1}) = -\boldsymbol{e}_y 10\mathrm{e}^{-\mathrm{j}(6x-8z)\pi}$$

$$\boldsymbol{H}_r/(\mathrm{A}\cdot\mathrm{m}^{-1}) = \frac{1}{\eta_1}\boldsymbol{e}_{k_r}\times\boldsymbol{E}_r = -\left(\boldsymbol{e}_x\frac{1}{15\pi} + \boldsymbol{e}_z\frac{1}{20\pi}\right)\mathrm{e}^{-\mathrm{j}(6x-8z)\pi}$$

(5)$\boldsymbol{E}_1/(\mathrm{V}\cdot\mathrm{m}^{-1}) = \boldsymbol{E}_i + \boldsymbol{E}_r = \boldsymbol{e}_y\mathrm{j}20\mathrm{e}^{-\mathrm{j}6\pi x}\sin 8\pi z$

$$\boldsymbol{H}_1/(\mathrm{A}\cdot\mathrm{m}^{-1}) = \boldsymbol{H}_i + \boldsymbol{H}_r = -\left(\boldsymbol{e}_x\frac{2}{15\pi}\cos 8\pi z + \boldsymbol{e}_z\mathrm{j}\frac{1}{10\pi}\sin 8\pi z\right)\mathrm{e}^{-\mathrm{j}6\pi x}$$

7.4.2 平行极化波对理想导体平面的斜入射

如图 7.13 所示,分析平行极化波对理想导体平面的斜入射问题,类似垂直极化研究问题的方法。

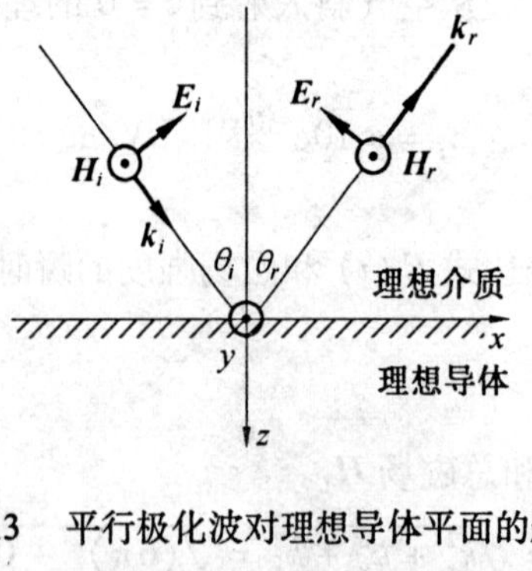

图 7.13 平行极化波对理想导体平面的斜入射

具体过程请同学自己推导,最后得到媒质 1 中合成波的电场和磁场为

$$\boldsymbol{E}_1 = E_{i0}[\boldsymbol{e}_x\cos\theta_i(-2\mathrm{j})\sin(k_1\cos\theta_i) - \boldsymbol{e}_z 2\sin\theta_i\cos(k_1 z\cos\theta_i)]\mathrm{e}^{-\mathrm{j}k_1 x\sin\theta_i} \tag{7.106a}$$

$$\boldsymbol{H}_1 = \boldsymbol{e}_y\left(\frac{E_{i0}}{\eta_1}\right)2\cos(k_1 z\cos\theta_i)\,\mathrm{e}^{-\mathrm{j}k_1 x\sin\theta_i} \tag{7.106b}$$

从式(7.106a)和式(7.106b)得出平行极化波斜入射到理想导体平面时，合成波的特性(1)～(3)与垂直极化波的情形相同。

现在来看特性(4)，对于平行极化波，合成波的传播方向(x 轴方向)不存在磁场分量，或者说磁场是横波，这种电磁波称为横磁波，简称TM波。

本章小结

(1) 平面电磁波从媒质1入射到媒质2时，在分界面上一部分反射回来，称为反射波；另一部分传输进入媒质2，称为透射波。反射波和透射波也是平面波。反射波和透射波场量的振幅和相位取决于分界面两侧媒质的参量、入射波的极化以及入射角的大小。

(2) 当均匀平面波对平面媒质分界面垂直入射时，分界面处反射波、透射波与入射波的关系由反射系数 Γ 和透射系数 T 描述：

$$\Gamma = \frac{E_{r0}}{E_{i0}} = \frac{\eta_2 - \eta_1}{\eta_2 + \eta_1};\quad T = \frac{E_{t0}}{E_{i0}} = \frac{2\eta_2}{\eta_2 + \eta_1}$$

且

$$1 + \Gamma = T$$

(3) 多层媒质中平行于分界面的任一平面上的总电场与总磁场之比，定义为该处的等效波阻抗，即

$$Z(z) = \frac{\text{总电场}}{\text{总磁场}}$$

利用媒质分界面的边界条件和等效波阻抗可以方便地分析多层媒质中电磁波的传播特性。适当地选择媒质和媒质间夹层的厚度，可以实现无反射波传输。

(4) 斜入射的均匀平面波，在分界面上，其入射角、反射角和透射角满足反射定律

$$\theta_i = \theta_r$$

和透射定律

$$\frac{\sin\theta_i}{\sin\theta_t} = \frac{\sqrt{\varepsilon_2}}{\sqrt{\varepsilon_1}} = \frac{n_2}{n_1}$$

斜入射的线极化均匀平面波反射系数和透射系数与其极化方式有关。垂直极化入射时

$$\Gamma_\perp = \frac{\eta_2\cos\theta_i - \eta_1\cos\theta_t}{\eta_2\cos\theta_i + \eta_1\cos\theta_t},\ T_\perp = \frac{2\eta_2\cos\theta_i}{\eta_2\cos\theta_i + \eta_1\cos\theta_t}$$

且有

$$1 + \Gamma_\perp = T_\perp$$

平行极化入射时

$$\Gamma_{/\!/} = \frac{\eta_1\cos\theta_i - \eta_2\cos\theta_t}{\eta_1\cos\theta_i + \eta_2\cos\theta_t};\quad T_{/\!/} = \frac{2\eta_2\cos\theta_i}{\eta_1\cos\theta_i + \eta_2\cos\theta_t}$$

且有

$$1 + \Gamma_{/\!/} = T_{/\!/}\left(\frac{\eta_1}{\eta_2}\right)$$

(5) 使透射角 $\theta_t = \pi/2$ 时的入射角称为临界角 θ_c。当平面电磁波从折射率 n_1 的媒质投射到折射率 $n_2 < n_1$ 的媒质时，若入射角 $\theta_i > \theta_c$，则发生全反射现象。

在发生全反射时，沿媒质间分界面传播会存在表面波，即媒质分界面有引导电磁波的可能。表面波为慢波。

平行极化波以布儒斯特角入射时将发生全透射现象，而垂直极化波则不会发生全透射现象。所以任意极化波以布儒斯特角入射时，反射波中只可能有垂直极化波存在。

习　题

7.1　有一频率为200 MHz、沿 y 方向极化的均匀平面波从空气($x<0$ 区域)垂直入射到位于 $x=0$ 的理想导体上,入射波电场的振幅为10 V/m。

求:(1) 入射波电场 $\boldsymbol{E}_i$ 和磁场 $\boldsymbol{H}_i$ 的复矢量;(2) 反射波电场 $\boldsymbol{E}_r$ 和磁场 $\boldsymbol{H}_r$ 的复矢量;(3) 合成波电场 $\boldsymbol{E}_1$ 和磁场 $\boldsymbol{H}_1$ 的复矢量;(4) 距离导体平面最近的合成波电场 $\boldsymbol{E}_1$ 为0的位置;(5) 距离导体平面最近的合成波磁场 $\boldsymbol{H}_1$ 为0的位置。

7.2　均匀平面波 $\boldsymbol{E}_i=\boldsymbol{e}_x 10\mathrm{e}^{-\mathrm{j}2\pi z}$ 从 $z<0$ 的空气中垂直投射到 $z>0$ 的介质($\varepsilon_r=4,\mu_r=1$)中,求:反射系数 Γ 和透射系数 T,并写出反射波和折射波的电场强度的瞬时值。

7.3　频率为300 MHz的线极化均匀平面波,其电场强度振幅为2 V/m,从空气垂直入射到 $\varepsilon_r=4$,$\mu_r=1$ 理想媒质平面上。

求:(1) 反射系数 Γ 和透射系数 T;(2) 入射波、反射波和透射波的电场和磁场;(3) 入射功率、反射功率和透射功率。

7.4　$\boldsymbol{E}_i=E_0(\boldsymbol{e}_x+\mathrm{j}\boldsymbol{e}_y)\mathrm{e}^{-\mathrm{j}\beta z}$ 垂直入射到 $z=0$ 的理想导体平面上,指出入射波电场和反射波电场的极化方式。

7.5　在 $z>0$ 区域的媒质具有介电常数 ε_2。在此媒质前面放置厚度为 d、介电常数为 ε_1 的介质板。板前为空气,如题7.5图所示。对于一个从空气垂直入射的TEM波,若 $d=\lambda_{\varepsilon 1}/4$($\lambda_{\varepsilon 1}$ 为 ε_1 中的波长),试求 ε_{r1} 与 ε_{r2} 是何关系时,在 $z=-d$ 处没有反射。

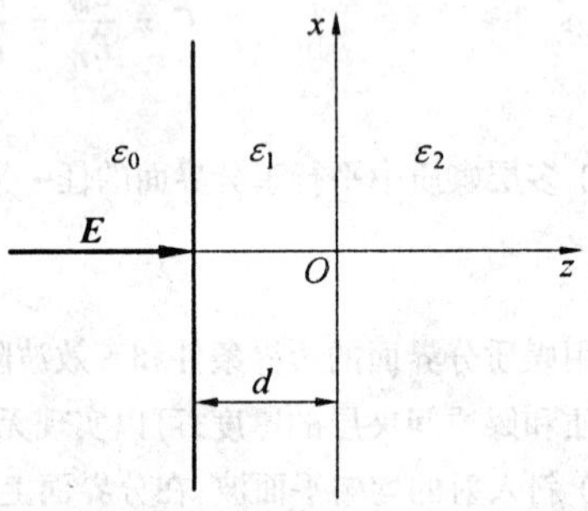

题7.5图

7.6　某平面电磁波的电场为 $\boldsymbol{E}=\boldsymbol{e}_x E_0\mathrm{e}^{-\mathrm{j}(4y+3z)}$,试写出波矢量 $\boldsymbol{k}$,并指出该电磁波电场的振动方向和波的传播方向。

7.7　频率为0.3 GHz的均匀平面波从媒质1($\varepsilon_{r1}=4,\mu_{r1}=1$)斜入射到媒质2(空气 $\varepsilon_{r2}=1$,$\mu_{r2}=1$)分界面上。

求:(1) 临界角 θ_c;(2) 当垂直极化波以 $\theta_i=60°$ 入射时,在空气中透射波的传播方向如何?相速 v_p 为多少?(3) 当圆极化波以 $\theta_i=60°$ 入射时,反射波是否仍为圆极化波。

7.8　垂直极化波从海水里投射到海水与空气的分界面上,海水的 $\varepsilon_r=81,\mu_r=1$。试求:(1) 临界角 θ_c;(2) 是否存在一个特定入射角 θ_B,使得无反射波?(3) 当入射角 $\theta_i=20°$ 时,反射系数 $\Gamma_\perp$ 和透射系数 $T_\perp$。

7.9　(2004年哈尔滨工业大学《电磁场与电磁波》研究生入学考试试题)

真空中一均匀平面波的电场为

$$\boldsymbol{E}(t)=\left(\frac{1}{2}\boldsymbol{e}_x-\frac{\sqrt{3}}{2}\boldsymbol{e}_z\right)E_0\cos[6\pi\times10^9 t-10\pi(\sqrt{3}x+z)]+$$
$$\boldsymbol{e}_y E_0\sin[6\pi\times10^9 t-10\pi(\sqrt{3}x+z)]$$

以 $\theta_i=60°$ 入射到介质分界面上,介质的 $\varepsilon_r=1.5,\mu_r=1$。

求:(1) 反射波和透射波的电场表达式;

(2) 入射、反射和透射波极化状态;

(3) 如果要求反射波是线极化,应该如何选择入射角?

7.10　一个月球卫星向月球上发射无线电波,测得布儒斯特角为60°。求月球表面物质的相对介电常数 ε_r。

7.11　一个线极化平面波从自由空间投射到某介质分界面，如果入射波的电场与入射面的夹角为45°。试求：(1) 当反射波只有垂直极化波时的入射角 θ_i；(2) 反射波与入射波的平均功率流之比 S_{rav}/S_{iav}。

7.12　光纤是在圆柱形玻璃纤维（介电常数为 ε_1）之外包围包层（介电常数为 ε_2）构成的，如题7.12图所示，且 $\varepsilon_1 > \varepsilon_2$，$\mu_1 \approx \mu_2 \approx \mu_0$，光波依照全反射原理在光纤中传播。试求：若要光波在光纤中全反射传播，在光纤端面上的最大入射角 θ_e 是多少？

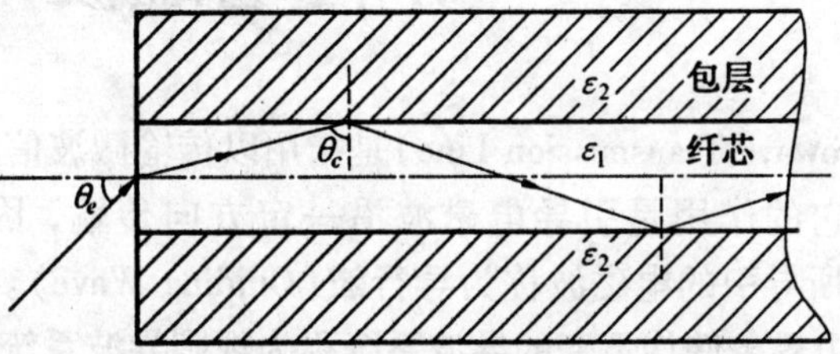

题7.12图

第 8 章

导行电磁波

微波传输线(Microwave Transmission Line)是指用以传输微波信息和能量的各种形式的传输系统的总称，它的作用是引导电磁波沿一定方向传输，因此又称为**导波系统**(Guiding System)，其所导引的电磁波称为**导行波**(Guiding Wave)。一般将截面尺寸、形状、媒质分布、材料及边界条件均不变的导波系统称为规则导波系统,又称**均匀传输线**。

微波传输线按其线上传播的导行波的特点分为三种类型。第一类是**双导体传输线**(Two-conductor Transmission Line)，它由两根或两根以上平行导体构成，其传输的电磁波是横电磁波(TEM 波)或准 TEM 波，故又称为 TEM 波传输线，主要包括平行双线(Two-wire Line)、同轴线(Coaxial Line)、带状线(Strip Line)和微带线(Microstrip Line)等，如图 8.1(a)所示,其主要工作在米波到厘米波波段。第二类是均匀填充介质的金属波导管，

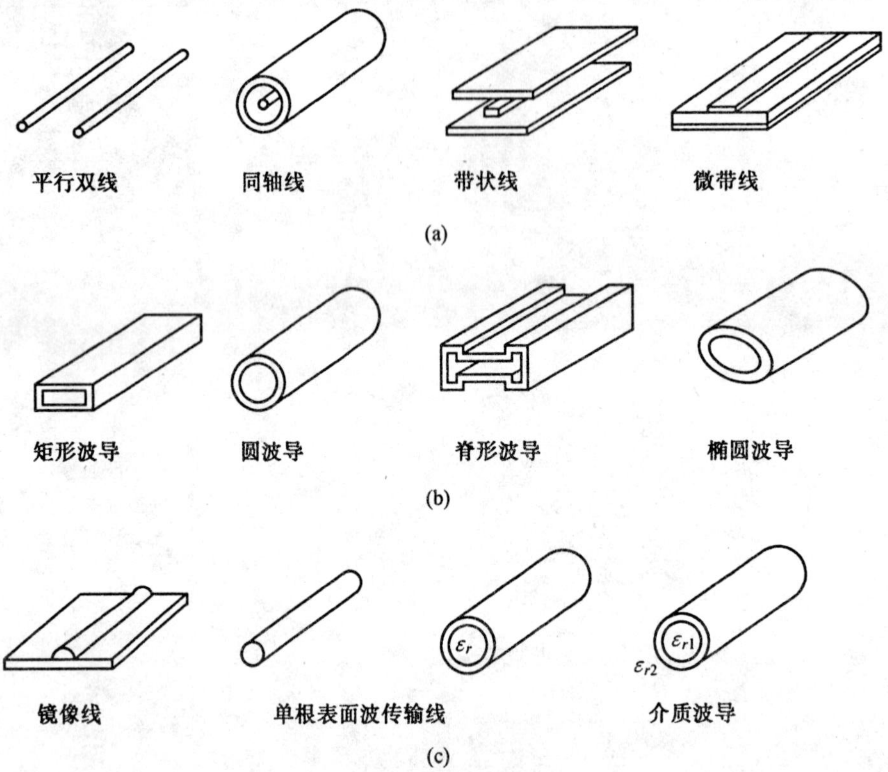

图 8.1　微波传输线

因电磁波在管内传播，故称为**波导**(Waveguide)，主要包括矩形波导(Rectangular Waveguide)、圆波导(Circular Waveguide)、脊形波导(Ridge Waveguide)和椭圆波导(Elliptical Waveguide)等，如图8.1(b)所示，其主要工作在厘米波到毫米波波段。第三类是**介质传输线**(Dielectric Transmission Line)，因电磁波沿传输线表面传播，故称为表面波波导，主要包括介质波导、镜像线和单根表面波传输线等，如图8.1(c)所示，其主要工作在毫米波到光波波段。

本章主要采用场的分析方法，从麦克斯韦方程出发，对规则波导传输系统中的电磁场问题进行分析，根据边界条件求解波动方程的解，研究规则波导的一般特性，并着重讨论矩形波导的传输特性和场分布结构。

8.1 导行波的传输特性

8.1.1 导行波的波动方程

对规则波导一般电磁特性的分析，是以后几节研究具体波导(如矩形波导)的基础，其研究的理论依据是麦克斯韦方程组和波动方程。对规则金属波导建立如图8.2所示的坐标系，取波导的轴线方向为 z 轴方向。为了分析的方便，作如下假设：

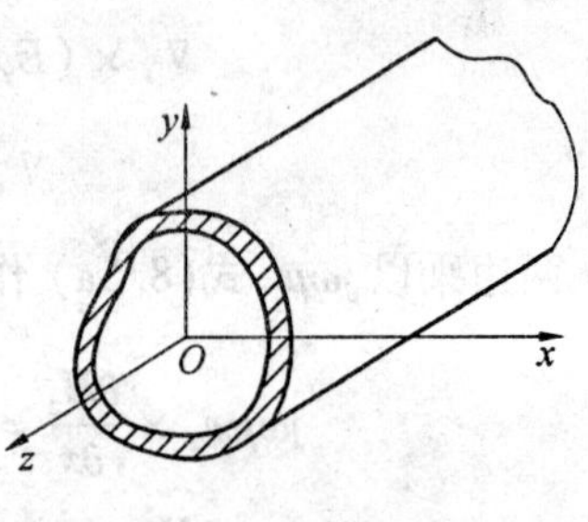

图8.2 金属波导管结构图

(1) 波导管内填充的介质是均匀、线性、各向同性的。

(2) 波导管内无自由电荷和传导电流的存在。

(3) 波导管内的场是时谐场。

由5.4节可知，无源均匀无耗介质中的电场 $\boldsymbol{E}$ 和磁场 $\boldsymbol{H}$ 满足矢量亥姆霍兹方程

$$\left.\begin{aligned}\nabla^2\boldsymbol{E}+k^2\boldsymbol{E}=0\\ \nabla^2\boldsymbol{H}+k^2\boldsymbol{H}=0\end{aligned}\right\}\tag{8.1}$$

式中，$\boldsymbol{E}$ 和 $\boldsymbol{H}$ 均随时间按正弦规律变化；$k=\omega\sqrt{\mu\varepsilon}$ 为波数。

现将电场和磁场分解为横向分量和纵向分量，拉普拉斯算子 ∇^2 可以分解为与横向坐标有关的 ∇_t^2 和与纵向有关的 $\dfrac{\partial^2}{\partial z^2}$ 两部分，即

$$\nabla^2=\nabla_t^2+\frac{\partial^2}{\partial z^2}\tag{8.2a}$$

$$\boldsymbol{E}=\boldsymbol{E}_t+E_z\boldsymbol{e}_z\tag{8.2b}$$

$$\boldsymbol{H}=\boldsymbol{H}_t+H_z\boldsymbol{e}_z\tag{8.2c}$$

考虑波沿 z 向的变化规律为 $\mathrm{e}^{-\mathrm{j}k_z z}$，$\dfrac{\partial}{\partial z}=-\mathrm{j}k_z$，将式(8.2a)代入式(8.1)可得

$$\left.\begin{aligned}\nabla_t^2 \boldsymbol{E} + (k^2 - k_z^2)\boldsymbol{E} = 0 \\ \nabla_t^2 \boldsymbol{H} + (k^2 - k_z^2)\boldsymbol{H} = 0\end{aligned}\right\} \tag{8.3}$$

式(8.3)是关于电场 $\boldsymbol{E}$ 和磁场 $\boldsymbol{H}$ 的波动方程。

如果直接求解方程(8.3),需求解电场和磁场的每一个分量,共需求解6个标量方程,但因为电场和磁场之间存在内在联系,下面我们就利用这种内在联系,化简波导问题的求解。

将 $\nabla \times \boldsymbol{H} = \mathrm{j}\omega\varepsilon\boldsymbol{E}$ 写成

$$\left(\nabla_t + \frac{\partial}{\partial z}\boldsymbol{e}_z\right) \times (\boldsymbol{H}_t + H_z\boldsymbol{e}_z) = \mathrm{j}\omega\varepsilon(\boldsymbol{E}_t + E_z\boldsymbol{e}_z)$$

上式的横向和纵向分量可以分解为

横向 $$\nabla_t \times (H_z\boldsymbol{e}_z) + \boldsymbol{e}_z \times \frac{\partial \boldsymbol{H}_t}{\partial z} = \mathrm{j}\omega\varepsilon\boldsymbol{E}_t \tag{8.4a}$$

纵向 $$\nabla_t \times \boldsymbol{H}_t = \mathrm{j}\omega\varepsilon E_z\boldsymbol{e}_z \tag{8.4b}$$

同理,对方程 $\nabla \times \boldsymbol{E} = -\mathrm{j}\omega\mu\boldsymbol{H}$,有

横向 $$\nabla_t \times (E_z\boldsymbol{e}_z) + \boldsymbol{e}_z \times \frac{\partial \boldsymbol{E}_t}{\partial z} = -\mathrm{j}\omega\mu\boldsymbol{H}_t \tag{8.5a}$$

纵向 $$\nabla_t \times \boldsymbol{E}_t = -\mathrm{j}\omega\mu H_z\boldsymbol{e}_z \tag{8.5b}$$

式(8.4a)两边乘以 $\mathrm{j}\omega\mu$,式(8.5a)作 $\boldsymbol{e}_z \times \frac{\partial}{\partial z}$ 运算有

$$\mathrm{j}\omega\mu\boldsymbol{e}_z \times \frac{\partial \boldsymbol{H}_t}{\partial z} = -\mathrm{j}\omega\mu\nabla_t \times (H_z\boldsymbol{e}_z) - \omega^2\mu\varepsilon\boldsymbol{E}_t$$

$$-\mathrm{j}\omega\mu\boldsymbol{e}_z \times \frac{\partial \boldsymbol{H}_t}{\partial z} = \boldsymbol{e}_z \times \frac{\partial}{\partial z}(\nabla_t \times E_z\boldsymbol{e}_z) + \boldsymbol{e}_z \times \frac{\partial}{\partial z}\left(\boldsymbol{e}_z \times \frac{\partial \boldsymbol{E}_t}{\partial z}\right)$$

上两式消去 $\boldsymbol{H}_t$ 有

$$(k^2 - k_z^2)\boldsymbol{E}_t = \frac{\partial}{\partial z}\nabla_t E_z + \mathrm{j}\omega\mu\boldsymbol{e}_z \times \nabla_t H_z \tag{8.6a}$$

上式推导中使用了矢量恒等式 $\boldsymbol{A} \times \boldsymbol{B} \times \boldsymbol{C} = (\boldsymbol{A} \cdot \boldsymbol{C})\boldsymbol{B} - (\boldsymbol{A} \cdot \boldsymbol{B})\boldsymbol{C}$,同理可得

$$(k^2 - k_z^2)\boldsymbol{H}_t = \frac{\partial}{\partial z}\nabla_t H_z - \mathrm{j}\omega\varepsilon\boldsymbol{e}_z \times \nabla_t E_z \tag{8.6b}$$

令 $$k_c^2 = k^2 - k_z^2 \tag{8.7}$$

则式(8.6a)、(8.6b)可以写为

$$\boldsymbol{E}_t = \frac{1}{k_c^2}[-\mathrm{j}k_z\nabla_t E_z + \mathrm{j}\omega\mu\boldsymbol{e}_z \times \nabla_t H_z] \tag{8.8a}$$

$$\boldsymbol{H}_t = \frac{1}{k_c^2}[-\mathrm{j}k_z\nabla_t H_z - \mathrm{j}\omega\varepsilon\boldsymbol{e}_z \times \nabla_t E_z] \tag{8.8b}$$

由式(8.8a)、(8.8b)可见,只要确定了电磁场的纵向分量 E_z 和 H_z,波导中的其他场分量也就随之确定。这样就把规则波导中场的求解问题归纳为纵向分量 E_z 和 H_z 的求解问题。

E_z 和 H_z 满足波动方程(8.3),则

$$\nabla_t^2 E_z + k_c^2 E_z = 0 \tag{8.9a}$$
$$\nabla_t^2 H_z + k_c^2 H_z = 0 \tag{8.9b}$$

又因为无源区电场和磁场满足的方程 $\nabla \times \boldsymbol{H} = \mathrm{j}\omega\varepsilon\boldsymbol{E}$ 和 $\nabla \times \boldsymbol{E} = -\mathrm{j}\omega\mu\boldsymbol{H}$,将它们在直角坐标系下展开,可得

$$\left.\begin{aligned}
E_x &= -\mathrm{j}\frac{k_z}{k_c^2}\left(\frac{\partial E_z}{\partial x} + \frac{\omega\mu}{k_z}\frac{\partial H_z}{\partial y}\right)\\
E_y &= \mathrm{j}\frac{k_z}{k_c^2}\left(-\frac{\partial E_z}{\partial y} + \frac{\omega\mu}{k_z}\frac{\partial H_z}{\partial x}\right)\\
H_x &= \mathrm{j}\frac{k_z}{k_c^2}\left(\frac{\omega\varepsilon}{k_z}\frac{\partial E_z}{\partial y} - \frac{\partial H_z}{\partial x}\right)\\
H_y &= -\mathrm{j}\frac{k_z}{k_c^2}\left(\frac{\omega\varepsilon}{k_z}\frac{\partial E_z}{\partial x} + \frac{\partial H_z}{\partial y}\right)
\end{aligned}\right\} \tag{8.10}$$

从以上分析可得出以下结论:

(1) 在规则波导中场的纵向分量满足标量齐次波动方程,结合相应边界条件即可求得纵向分量 E_z 和 H_z,而场的横向分量即可由纵向分量求得。

(2) 既满足上述方程又满足边界条件的解有许多,每一个解对应一个波型也称为模式(Model)。不同的模式具有不同的传输特性。

导行波的电场 $\boldsymbol{E}$ 或磁场 $\boldsymbol{H}$ 都是 x、y、z 三个方向的函数,其按纵向分量的有无可分成以下三种类型。

(1) 横电磁波(TEM 波)。TEM 波的特征是电场 $\boldsymbol{E}$ 或磁场 $\boldsymbol{H}$ 均无纵向分量,亦即 $E_z = 0$,$H_z = 0$。电场 $\boldsymbol{E}$ 或磁场 $\boldsymbol{H}$ 都是纯横向的,TEM 波沿传输方向的分量为零。所以,这种波是无法在波导中传播的,如图 8.3(a) 所示。

(2) 横电波(TE 波)。TE 波即是横电波或称为"磁波"(H 波),其特征是 $E_z = 0$,而 $H_z \neq 0$。亦即电场 $\boldsymbol{E}$ 是纯横向的,而磁场 $\boldsymbol{H}$ 则具有纵向分量。如图 8.3(b) 所示。

(3) 横磁波(TM 波)。TM 波即是横磁波或称为"电波"(E 波),其特征是 $H_z = 0$,而 $E_z \neq 0$。亦即磁场 $\boldsymbol{H}$ 是纯横向的,而电场 $\boldsymbol{E}$ 则具有纵向分量。如图 8.3(c) 所示。

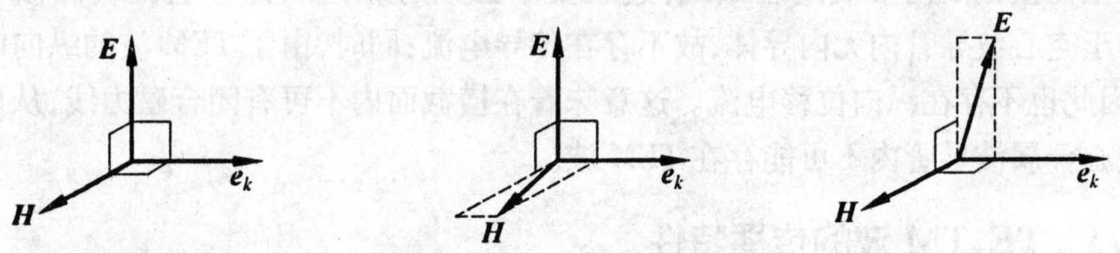

(a)TEM 波　　(b)TE 波　　(c)TM 波

图 8.3　TEM、TE 和 TM 波

应当指出,一般情况下上述三种类型的导行波均能单独满足场方程和边界条件,但在某些特殊情况下当它们不能单独满足边界条件时,则需要考虑第四种类型:混合波(EH 波),这种波的纵向电场分量和纵向磁场分量均不为零。

8.1.2 TEM 波的传播特性

由于 TEM 波的纵向场分量为零，即 $E_z = H_z = 0$，从式(8.10)可知，只有当 $k_c^2 = k^2 - k_z^2 = 0$ 时，电磁场才有非零解。只有当 $k_z = k = \omega\sqrt{\mu\varepsilon}$ 时，导波系统中才存在 TEM 波。可见，导波系统中的 TEM 波数与无界媒质中传播的均匀平面波的波数相同。与无界媒质中的均匀平面波相比，两者虽然都是 TEM 波，但由于导波结构的存在，场量在横截面上呈非均匀分布，是一个非均匀平面波。

TEM 波的相速度和波长分别为

$$v_p = \frac{\omega}{k} = \frac{1}{\sqrt{\mu\varepsilon}} = \frac{c}{\sqrt{\mu_r\varepsilon_r}} \tag{8.11}$$

$$\lambda = \frac{2\pi}{k_z} = \frac{v_p}{f} = \frac{\lambda_0}{\sqrt{\mu_r\varepsilon_r}} \tag{8.12}$$

可见 TEM 波的相速度和波长均与频率无关。因此，TEM 波在传播过程中不产生色散现象。

TEM 波的波阻抗为

$$Z_{\text{TEM}} = \frac{E_x}{H_y} = -\frac{E_y}{H_x} = \sqrt{\frac{\mu}{\varepsilon}} = \eta \tag{8.13}$$

上式表明，TEM 的波阻抗等于媒质的特性阻抗。

由于 TEM 波的 $k_c^2 = 0$，因此其波动方程变为

$$\nabla_t^2 E_t = 0$$

$$\nabla_t^2 H_t = 0$$

由以上两式可见，TEM 波的场量不仅只有横向分量，而且满足二维拉普拉斯方程，因而在任一横截面上，在某一固定时刻，导行 TEM 波的场分布与稳恒场相同，所以一个能传输 TEM 波的导波系统，如平面双线、同轴线等，也一定能传输直流电。但在单导体空心金属波导管内不可能存在TEM波。这是因为如果在这种空心波导管内有TEM波存在，则磁力线应完全在横截面内形成闭合回线，这就要求必须有纵向的传导电流或位移电流存在。但由于空心波导管内无内导体，故不存在传导电流；同时，由于 TEM 波的纵向电场分量为零，因此也不存在纵向位移电流。这意味着在横截面内不可有闭合磁力线，从而说明单导体空心金属波导管内不可能存在 TEM 波。

8.1.3 TE、TM 波的传播特性

由于 E_z 或 H_z 等于零，一般情况下电磁场只存在5个分量，TE 波和 TM 波解的形式可分别写为

TE 波

$$\boldsymbol{E} = \boldsymbol{e}_x E_x + \boldsymbol{e}_y E_y = (\boldsymbol{e}_x E_{x0} + \boldsymbol{e}_y E_{y0})\mathrm{e}^{-jk_z z}$$

$$\boldsymbol{H} = \boldsymbol{e}_x H_x + \boldsymbol{e}_y H_y + \boldsymbol{e}_z H_z = (\boldsymbol{e}_x H_{x0} + \boldsymbol{e}_y H_{y0} + \boldsymbol{e}_z H_{z0})\mathrm{e}^{-jk_z z}$$

TM 波

$$E = e_x E_x + e_y E_y + e_z E_z = (e_x E_{x0} + e_y E_{y0} + e_z E_{z0}) e^{-jk_z z}$$
$$H = e_x H_x + e_y H_y = (e_x H_{x0} + e_y H_{y0}) e^{-jk_z z}$$

因此,对于 TE 波和 TM 波,只需根据边界条件求出 H_z 和 E_z 后,就可利用式(8.10)求出其余 4 个横场分量。

下面讨论在无耗媒质中 TE 波和 TM 波的传播特性。

1. 相移常数和截止波数

由式 $k_c^2 = k^2 - k_z^2$,可得

$$k_z = \sqrt{k^2 - k_c^{\ 2}} = k\sqrt{1 - \left(\frac{k_c}{k}\right)^2} = \frac{2\pi}{\lambda}\sqrt{1 - \left(\frac{\lambda}{\lambda_c}\right)^2} \tag{8.14}$$

可以看出,当 $k^2 - k_c^2 > 0$ 时,k_z 为实数,波能够在导波系统中传播;当 $k^2 - k_c^2 < 0$ 时,k_z 为纯虚数,波在导波系统内呈衰减状态。因此,k_c 是导行波能否在导波系统内传播的临界点,故称为**临界波数**。相应的波长称为**临界波长**(Threshold Wavelength),又称截止波长,即

$$\lambda_c = \frac{2\pi}{k_c} \tag{8.15}$$

2. 波导波长和相速度

与导行波的波数相对应的波长称为**波导波长**(Guide Wavelength),即

$$\lambda_g = \frac{2\pi}{k_z} = \frac{\lambda}{\sqrt{1 - (\dfrac{\lambda}{\lambda_c})^2}} \tag{8.16}$$

由上式可以看出:当 $\lambda < \lambda_c$ 时,$\lambda_g > \lambda$ 为实数;当 $\lambda > \lambda_c$ 时,λ_g 不存在。说明对于导波系统中的 TE 和 TM 波,存在一个波长极限值,波长大于这个值的波不能在其中传播,只能沿 z 方向衰减,所以更进一步说明 λ_c 的意义。λ_c 对应的频率,记为 $f_c(f_c\lambda_c = v)$,称为**临界频率或截止频率**(Cutoff Frequency)。

由式(8.16)可得导行波的相速度为

$$v_p = \lambda_g f = \frac{v}{\sqrt{1 - \left(\dfrac{\lambda}{\lambda_c}\right)^2}} > v \tag{8.17}$$

由上式可见,导波系统中沿 z 轴方向的相速总大于无界媒质中的相速,说明导波系统的轴向并不是电磁波能量的传播方向。

3. 群速度

当存在色散特性时,相速 v_p 已不能很好地描述波的传播速度,这时就要引入"群速"的概念,它表征了波能量的传播速度,当 k_c 为常数时,导行波的群速为

$$v_g = \frac{d\omega}{dk_z} = \frac{1}{dk_z/d\omega} = v\sqrt{1 - \left(\frac{\lambda}{\lambda_c}\right)^2} \tag{8.18}$$

由式(8.10),并考虑到 $E_z = 0$,可得 TE 波的波阻抗

$$Z_{\mathrm{TE}}=\frac{E_x}{H_y}=-\frac{E_y}{H_x}=\frac{\eta}{\sqrt{1-\left(\frac{\lambda}{\lambda_c}\right)^2}} \tag{8.19}$$

同样,可得TM波的波阻抗

$$Z_{\mathrm{TM}}=\eta\sqrt{1-\left(\frac{\lambda}{\lambda_c}\right)^2} \tag{8.20}$$

由以上两式可以看出,导波系统中传播的TE、TM波的阻抗是纯电阻性的,且有$Z_{\mathrm{TE}}>\eta$,$Z_{\mathrm{TM}}<\eta$;而对于衰减模式的波阻抗则是纯电抗性的,与衰减模式相伴的有功功率流为零。

由式(8.18)~式(8.20)可见,TE、TM波的相速及波阻抗都与频率有关,说明导波系统中的TE、TM波是色散波。不过这种色散与由媒质损耗所引起的色散不同,它是由导波结构的边界条件引起的,与频率的关系比较简单。

8.2 矩形波导

矩形波导与一般的平行双导线和同轴线相比,具有损耗小、功率容量大等优点,目前仍是微波频段最主要的导波系统之一。矩形波导是由横截面为矩形的金属导管制成的,其宽边的尺寸为a,窄边的尺寸为b,如图8.4所示。一般假定波导管无限长,管壁为理想导体,管内填充均匀无损耗介质。

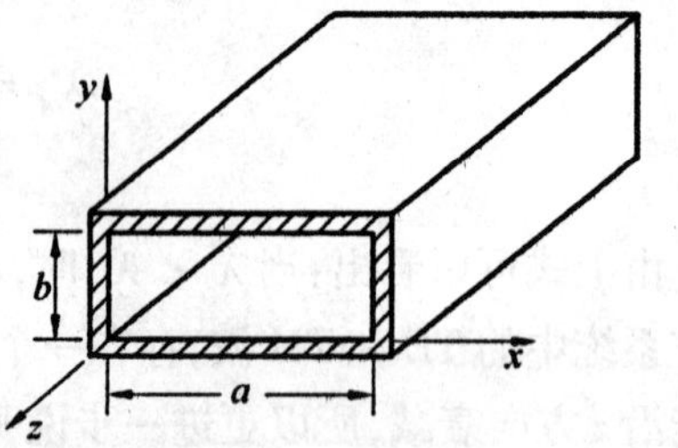

图8.4 矩形波导

8.2.1 矩形波导中TE波的解

横电波(TE波)也称磁波(H波),由于横电波的$E_z=0$,因此只需求解关于H_z的波动方程。对矩形波导,利用直角坐标系。其中$\nabla_t^2=\frac{\partial^2}{\partial x^2}+\frac{\partial^2}{\partial y^2}$,式(8.9b)变为

$$\left(\frac{\partial^2}{\partial x^2}+\frac{\partial^2}{\partial y^2}\right)H_z=-k_c^2H_z \tag{8.21}$$

应用分离变量法求解该方程,令

$$H_z=X(x)Y(y)\mathrm{e}^{-\mathrm{j}k_z z} \tag{8.22}$$

式中,$X(x)$是单变量x的函数;$Y(y)$是单变量y的函数。

将式(8.22)代入式(8.21)中,有

$$\frac{1}{X}\frac{\partial^2X}{\partial x^2}+\frac{1}{Y}\frac{\partial^2Y}{\partial y^2}=-k_c^2 \tag{8.23}$$

式(8.23)的第一项只是x的函数,第二项只是y的函数,而等式的右边为常数,要使该等式对$0\leqslant x\leqslant a$,$0\leqslant y\leqslant b$中的任意x,y值均成立,式(8.23)的第一项和第二项必须均为

某一常数，设分别为 k_x^2 和 k_y^2，则有

$$\left.\begin{aligned}\frac{d^2X(x)}{dx^2}+k_x^2X(x)=0\\ \frac{d^2Y(y)}{dy^2}+k_y^2Y(y)=0\end{aligned}\right\}\tag{8.24a}$$

且
$$k_x^2+k_y^2=k_c^2\tag{8.24b}$$

式中，k_x 和 k_y 为分离常数。

方程组(8.24a)的通解为

$$\left.\begin{aligned}X(x)=A_1\cos(k_xx)+A_2\sin(k_xx)\\ Y(y)=B_1\cos(k_yy)+B_2\sin(k_yy)\end{aligned}\right\}\tag{8.25}$$

将式(8.25)代入式(8.22)，得 H_z 的通解为

$$H_z=[A_1\cos(k_xx)+A_2\sin(k_xx)][B_1\cos(k_yy)+B_2\sin(k_yy)]e^{-jk_zz}\tag{8.26}$$

其中系数 A_1、A_2、B_1 和 B_2 及参数 k_x、k_y 可利用边界条件确定。

这里不便直接应用 H_z 的边界条件来确定上述参数，但对金属壁的矩形波导，可利用4个壁上电场强度切向分量为零的边界条件，导出 H_z 所满足的边界条件，进而确定上述待求参数。

将 $E_z=0$ 代入式(8.10)中，有

$$E_x=-\frac{j\omega\mu}{k_c^2}\frac{\partial H_z}{\partial y}\tag{8.27}$$

将式(8.26)代入式(8.27)有

$$E_x=-\frac{j\omega\mu}{k_c^2}k_y[A_1\cos(k_xx)+A_2\sin(k_xx)][-B_1\sin(k_yy)+B_2\cos(k_yy)]e^{-jk_zz}\tag{8.28}$$

如图8.4所示：

当 $y=0$，对应矩形波导的下壁，则 $E_x=0$，式(8.28)中 $B_2=0$；

当 $y=b$，对应矩形波导的上壁，则 $E_x=0$，式(8.28)中 $k_y=\frac{n\pi}{b}\ (n=0,1,2,\cdots)$。

同理，将 $E_z=0$ 代入式(8.10)中，有

$$E_y=\frac{j\omega\mu}{k_c^2}\frac{\partial H_z}{\partial x}\tag{8.29}$$

将式(8.26)代入式(8.29)有

$$E_y=\frac{j\omega\mu}{k_c^2}k_xB_1[-A_1\sin(k_xx)+A_2\cos(k_xx)]\cos(k_yy)e^{-jk_zz}\tag{8.30}$$

当 $x=0$，对应矩形波导的左壁，则 $E_y=0$，式(8.30)中 $A_2=0$；

当 $x=a$，对应矩形波导的右壁，则 $E_y=0$，式(8.30)中 $k_x=\frac{m\pi}{b}\ (m=0,1,2,\cdots)$。

将所求得的参数代入式(8.26)，得

$$H_z = H_0\cos\left(\frac{m\pi}{a}x\right)\cos\left(\frac{n\pi}{b}y\right)e^{-jk_z z} \tag{8.31}$$

其中 $H_0 = A_1B_1$ 为 H_z 的振幅，只与激励源有关，其大小对研究电磁波在波导中传播的一般特性没有关系，这里暂不考虑。

由以上推导可见，在理想导体表面磁场切向分量的法向导数为零，这个结论对理想导体是普遍适用的。

将式(8.30)代入式(8.10)，求得 TE 波的全部场分量表达式

$$\left.\begin{aligned}
H_z &= H_0\cos\left(\frac{m\pi}{a}x\right)\cos\left(\frac{n\pi}{b}y\right)e^{-jk_z z}\\
H_x &= j\frac{k_zH_0}{k_c^2}\left(\frac{m\pi}{a}\right)\sin\left(\frac{m\pi}{a}x\right)\cos\left(\frac{n\pi}{b}y\right)e^{-jk_z z}\\
H_y &= j\frac{k_zH_0}{k_c^2}\left(\frac{n\pi}{b}\right)\cos\left(\frac{m\pi}{a}x\right)\sin\left(\frac{n\pi}{b}y\right)e^{-jk_z z}\\
E_x &= j\frac{\omega\mu H_0}{k_c^2}\left(\frac{n\pi}{b}\right)\cos\left(\frac{m\pi}{a}x\right)\sin\left(\frac{n\pi}{b}y\right)e^{-jk_z z}\\
E_y &= -j\frac{\omega\mu H_0}{k_c^2}\left(\frac{m\pi}{a}\right)\sin\left(\frac{m\pi}{a}x\right)\cos\left(\frac{n\pi}{b}y\right)e^{-jk_z z}\\
E_z &= 0
\end{aligned}\right\} \tag{8.32}$$

由式(8.24b)可导出

$$k_c = \sqrt{k_x^2 + k_y^2} = \sqrt{\left(\frac{m\pi}{a}\right)^2 + \left(\frac{n\pi}{b}\right)^2} \tag{8.33}$$

将 $k_c = \omega_c\sqrt{\mu\varepsilon} = 2\pi f_c\sqrt{\mu\varepsilon}$ 代入式(8.33)，求得截止频率 f_c 和截止波长 λ_c 分别为

$$f_c = \frac{1}{2\sqrt{\mu\varepsilon}}\sqrt{\left(\frac{m}{a}\right)^2 + \left(\frac{n}{b}\right)^2} \tag{8.34a}$$

$$\lambda_c = \frac{2}{\sqrt{\left(\frac{m}{a}\right)^2 + \left(\frac{n}{b}\right)^2}} \tag{8.34b}$$

在式(8.34)中，m 和 n 可取一系列正整数，故 f_c 可有无限多个值。m 和 n 取特定值时对应的横电波，用 TE_{mn} 或 H_{mn} 表示，其中 m 为电磁场沿波导宽边的半驻波的数目，n 为电磁场沿窄边的半驻波的数目。把 m 和 n 取固定值时电磁场的解称为波导中的一个波型，或称为一个模式。由于 m 和 n 可以取无穷多个值，因而在波导中可存在无穷多个模式。显然，式(8.32)中的 m 和 n 不能同时取零，否则所有场量均为零。因此，矩形波导能够存在 TE_{m0} 模和 TE_{0n} 模及 TE_{mn} 模($m,n \neq 0$)。其中 TE_{10} 模是最低次模称基模，其余称为高次模。

不同的 m、n 值代表不同的电磁场分布，矩形波导中 TE_{10}、TE_{11}、TE_{21} 和 TE_{20} 的场分布如图 8.5 所示。

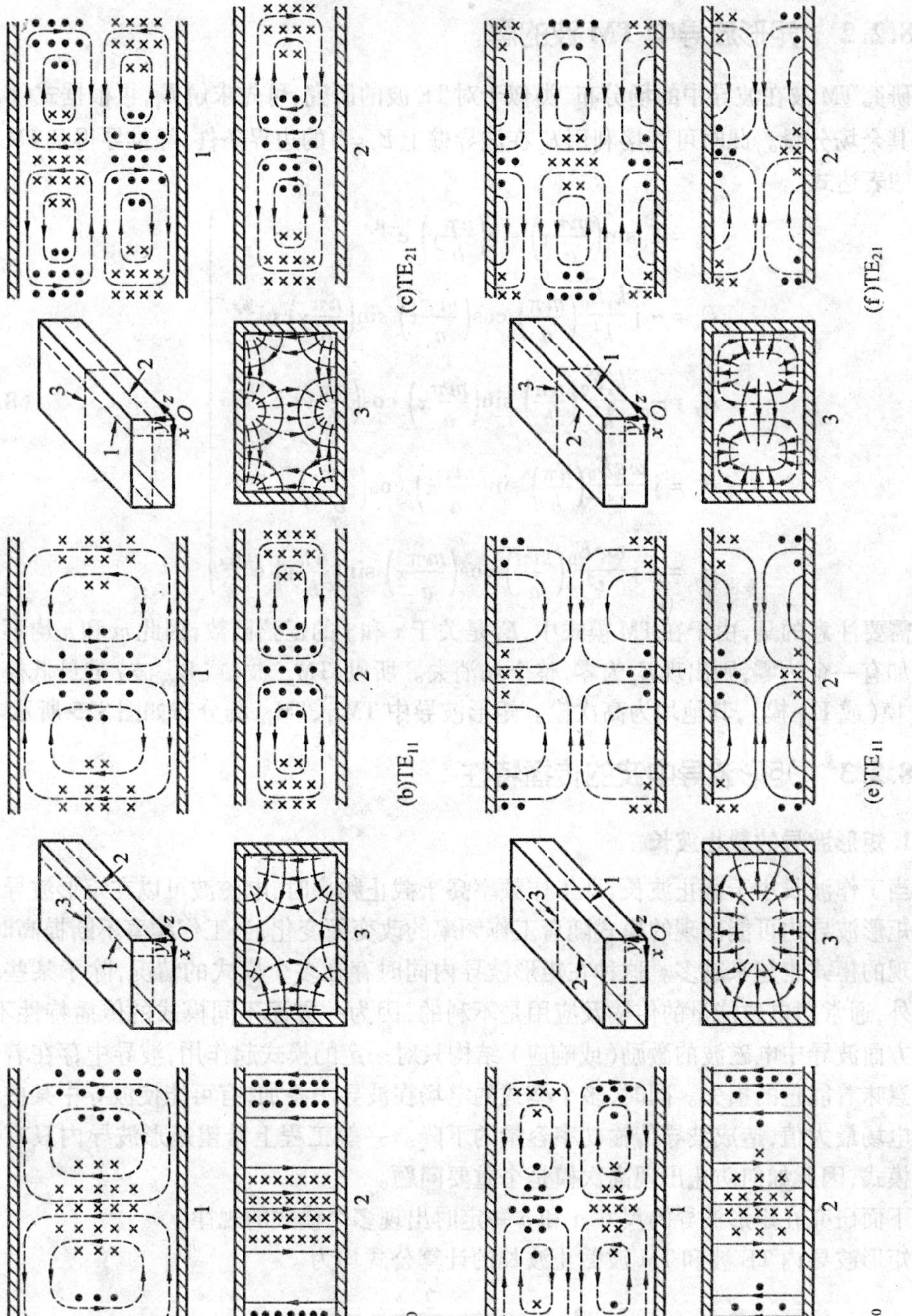

图 8.5 矩形波导中几种模式电力线及磁力线（实线为电力线，虚线磁力线）

8.2.2 矩形波导中TM波的解

研究TM波在波导中的场分布，类似于对TE波的研究，可先求解E_z，再根据式(8.10)得到其余场分量。此时可直接利用E_z在波导壁上$E_z=0$的边界条件，经推导得到TM波场分量的表达式

$$\left.\begin{aligned}
E_z &= E_0\sin\left(\frac{m\pi}{a}x\right)\sin\left(\frac{n\pi}{b}y\right)e^{-jk_z z}\\
E_x &= -j\frac{k_z E_0}{k_c^2}\left(\frac{m\pi}{a}\right)\cos\left(\frac{m\pi}{a}x\right)\sin\left(\frac{n\pi}{b}y\right)e^{-jk_z z}\\
E_y &= -j\frac{k_z E_0}{k_c^2}\left(\frac{n\pi}{b}\right)\sin\left(\frac{m\pi}{a}x\right)\cos\left(\frac{n\pi}{b}y\right)e^{-jk_z z}\\
H_x &= j\frac{\omega\varepsilon E_0}{k_c^2}\left(\frac{n\pi}{b}\right)\sin\left(\frac{m\pi}{a}x\right)\cos\left(\frac{n\pi}{b}y\right)e^{-jk_z z}\\
H_y &= -j\frac{\omega\varepsilon E_0}{k_c^2}\left(\frac{m\pi}{a}\right)\cos\left(\frac{m\pi}{a}x\right)\sin\left(\frac{n\pi}{b}y\right)e^{-jk_z z}
\end{aligned}\right\}\tag{8.35}$$

需要注意的是，由于在TM模式中，E_z是关于x和y的正弦函数，因此m和n均不能为零。如有一个为零，则出现E_z为零，整个场消失。所以，TM_{mn}波(或E_{mn}波)的最低模式为TM_{11}模(或E_{11}模)，其他均为高次模。矩形波导中TM_{11}、TM_{21}场分布如图8.5所示。

8.2.3 矩形波导中波的传播特性

1. 矩形波导的截止波长

当工作波长小于截止波长，即工作频率高于截止频率时，电磁波可以在矩形波导内传播。矩形波导内可能出现的模式随着工作频率的改变而变化，当工作频率不断提高时，可能出现的模式也越来越多。这种在矩形波导内同时存在多个模式的情况，除了某些特殊应用外，通常对电磁能量的传输及应用是不利的，因为一方面不同模式的传播特性不同，另一方面波导中电磁波的激励(或响应)结构只对一定的模式起作用，波导中存在着多个模式意味着能量的损失。同时，多个模式的电场在波导中叠加，有可能使波导中某些地方出现电场最大值，造成波导传输功率容量的下降。一般工程上希望矩形波导内只有一个传播模式，因此如何防止出现高次模是个重要问题。

下面研究在矩形波导的尺寸a和b一定时出现多个模式的规律。

矩形波导内TE波和TM波截止波长的计算公式均为

$$\lambda_c = \frac{2}{\sqrt{\left(\frac{m}{a}\right)^2+\left(\frac{n}{b}\right)^2}}$$

式中，对TE波除m和n不能同时为零外，m和n可取任意正整数；对TM波，取$m\geqslant 1$，$n\geqslant 1$。

为了说明各种模式的截止波长的分布规律性，以标准波导BJ－32为例，其各模式截止波长的分布如图8.6所示。从图中可以看出，当工作波长大于TE_{10}模的截止波长时波

不能传播,此区域称为**截止区**;当工作波长在TE_{20}模与TE_{10}模的截止波长之间时,波导内只能传播TE_{10}模,此区域称为**单模传输区**。当工作波长比TE_{20}模的截止波长还短时,波导内可同时出现TE_{10}模和TE_{20}模等多种模式的电磁波,此区域称为**多模传输区**。对给定的波导,工作频率越高,可能出现的传播模式也越多。

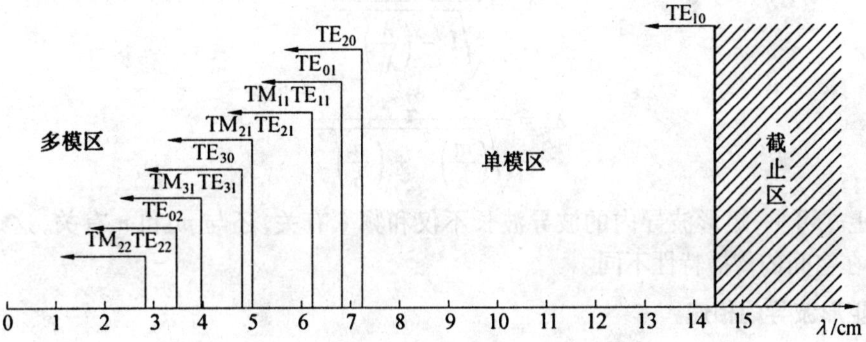

图8.6 BJ-32波导各模式截止波长分布图

由式(8.34b)可知,对于大于或等于1的m和n值,TE波和TM波具有相等的截止波长,即

$$\lambda_{cTE_{mn}}=\lambda_{cTM_{mn}}\quad(m,n\geqslant1)$$

式中,$\lambda_{cTE_{mn}}$是TE_{mn}模的截止波长;$\lambda_{cTM_{mn}}$是同一m、n值的TM_{mn}模的截止波长。这时两种模式的传播常数和传播速度也相同。

在波导中具有相同的截止波长,不同场结构的两种模称为**简并模**。一般来说,波导的激励(或响应)只对某一种场结构起作用,简并意味着能量的消耗,工程上一般应避免出现简并现象,这种现象在谐振腔中会出现。

由以上的分析可见,在矩形波导中TE_{10}模的截止波长最长,或者说截止频率最低,故称TE_{10}模为矩形波导的主模,其他模式都称为高次模,最靠近主模的高次模称为次低模。矩形波导中的次低模为TE_{20}模或TE_{01}模。每一个模式的截止波长都是由矩形波导的横截面尺寸决定,只要在选择波导的截面尺寸时,使TE_{20}模和TE_{01}模成为截止模,就可以使波导中只存在TE_{10}模,即达到在波导内只传输主模的目的。

为保证单一模式传播,工作波长应满足

$$\left.\begin{aligned}\lambda_{cTE_{20}}<\lambda<\lambda_{cTE_{10}}\\ \lambda_{cTE_{01}}<\lambda<\lambda_{cTE_{10}}\end{aligned}\right\}\tag{8.36}$$

将TE_{10}模、TE_{01}模、TE_{01}模的截止波长代入上式得

$$\left.\begin{aligned}a<\lambda<2a\\ 2b<\lambda<2a\end{aligned}\right\}\quad\text{或}\quad\left.\begin{aligned}\lambda/2<a<\lambda\\ 0<b<\lambda/2\end{aligned}\right\}$$

上述两个不等式提供了波导尺寸选择的主要准则,具体尺寸的确定,还需考虑传输功率的大小、传输损耗和效率等因素。工程上一般取

$$\left.\begin{aligned}a&=0.7\lambda\\ b&=(0.4-0.5)a\end{aligned}\right\}$$

以确保矩形波导中只传输主模。

2. 矩形波导的波导波长

将式(8.34b)代入波导波长的一般表示式(8.16)中,可以得到矩形波导的波导波长为

$$\lambda_g = \frac{\lambda}{\sqrt{1 - \left(\frac{\lambda}{\lambda_c}\right)^2}}$$

其中

$$\lambda_c = \frac{2}{\sqrt{\left(\frac{m}{a}\right)^2 + \left(\frac{n}{b}\right)^2}}$$

由上式可见,矩形波导内的波导波长不仅和频率有关,还与 m 和 n 有关,这一点和 TEM 波在空间的传播特性不同。

3. 矩形波导的相速

波导内 TE 波和 TM 波相速的一般表示式为

$$v_p = \frac{v}{\sqrt{1 - \left(\frac{\lambda}{\lambda_c}\right)^2}} \tag{8.37}$$

从上式可以看出,矩形波导内 TE 波和 TM 波的相速 v_p 具有下列性质:

(1) $v_p > v$,说明矩形波导内 TE 波和 TM 波的相速大于 TEM 波的波速。

(2) v_p 是频率的函数,说明矩形波导是一种色散传输系统。

(3) v_p 是 m 和 n 的函数,说明 v_p 与波传播的模式有关。

由相对论可知,物质的运动速度不能大于光速 c,而上式的结果似乎违反了此关系,那么对此应如何理解,其中图 8.7 提供了解释此现象的物理过程和几何关系。

可以将波视为在矩形波导内向上下或左右金属管壁斜入射及经管壁反射后形成的。

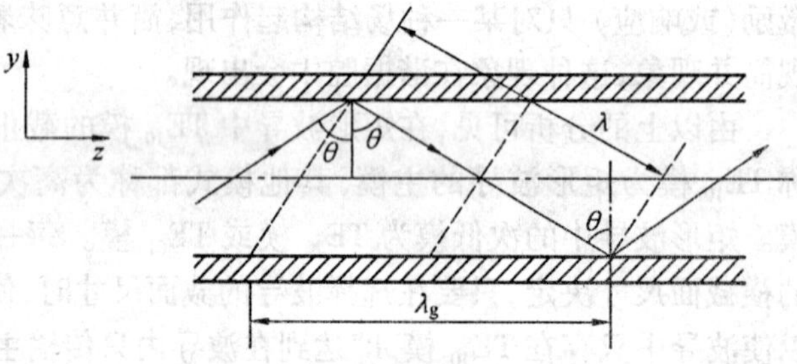

图 8.7 矩形波导中的相速

在图 8.7 中,TEM 波以入射角 θ 向矩形波导的上管壁斜入射,根据反射定律,由上管壁反射的波成为以 θ 角向下管壁投射的入射波,这样波在上下管壁间连续入射与反射,入射波与反射波的叠加构成了存在于矩形波导内的 TE 波或 TM 波。这种利用波在 TEM 波导壁上的入射、反射解释 TE、TM 波的方法称为**部分波方法**。

根据定义,相速是指单一频率的电磁波的等相位面在波传播方向上传播的速度。在图 8.7 中,用虚线画出了传播中等相位面的位置,由图 8.7 所标 λ_g 与 λ 的几何关系,可直观地得出 $\lambda_g > \lambda$,而 $v_p = \frac{\lambda_g}{T}$ 和 $v = \frac{\lambda}{T}$,故 $\lambda_g > \lambda$。v_p 仅表示等相位面的传播速度,并不代表波能量传播的速度。

4. 矩形波导的波阻抗

矩形波导中场的分布与均匀平面波在自由空间的场分布不同，矩形波导中的电磁场分布也因模式不同而不同，例如 TE_{10} 模的电场只有一个分量 E_y，但磁场却有 H_x 和 H_z 两个分量；而 TE_{11} 模，电场有三个分量 E_x、E_y 和 E_z，而磁场有 H_x 和 H_y 两个分量。因此，定义矩形波导中的波阻抗在数值上等于相对于传播方向成右手螺旋关系的横向电场和横向磁场正交分量的比值。

对于横电波（TE 波）

$$Z_{TE} = \frac{E_x}{H_y} = -\frac{E_y}{H_x} = \frac{\eta}{\sqrt{1-\left(\frac{\lambda}{\lambda_c}\right)^2}}$$

式中，η 为 TEM 波的波阻抗，即媒质的本质阻抗，$\eta = \sqrt{\mu/\varepsilon}$。

对于横磁波（TM 波）

$$Z_{TM} = \frac{E_x}{H_y} = -\frac{E_y}{H_x} = \eta\sqrt{1-\left(\frac{\lambda}{\lambda_c}\right)^2}$$

波阻抗、横向电场和横向磁场之间也可用矢量关系表示。

对 TE 波

$$\boldsymbol{E} = -Z_{TE}(\boldsymbol{e}_z \times \boldsymbol{H})$$

对 TM 波

$$\boldsymbol{H} = \frac{1}{Z_{TM}}(\boldsymbol{e}_z \times \boldsymbol{E})$$

式中，单位矢量 $\boldsymbol{e}_z$ 代表波的传播方向。

8.3 矩形波导中的 TE_{10} 波

矩形波导的主模为 TE_{10} 模，该模式具有场结构简单、稳定、频带宽和损耗小等特点。下面着重介绍 TE_{10} 模式的场分布及其工作特性。

8.3.1 TE_{10} 模的场分布

将 $m=1, n=0, k_c=\frac{\pi}{a}$ 代入式(8.32)，得到 TE_{10} 模的场分量表达式为

$$\left.\begin{aligned} E_y &= -\mathrm{j}\frac{\omega\mu a}{\pi}H_0\sin\left(\frac{\pi}{a}x\right)\mathrm{e}^{-\mathrm{j}k_z z} \\ H_x &= \mathrm{j}\frac{k_z a}{\pi}H_0\sin\left(\frac{\pi}{a}x\right)\mathrm{e}^{-\mathrm{j}k_z z} \\ H_z &= H_0\cos\left(\frac{\pi}{a}x\right)\mathrm{e}^{-\mathrm{j}k_z z} \\ H_y &= E_x = E_z = 0 \end{aligned}\right\} \tag{8.38}$$

由此可见，E_y 值与 y 无关，即 E_y 沿 y 轴均匀分布，电场沿 x 轴按正弦分布，如图 8.8 所示。

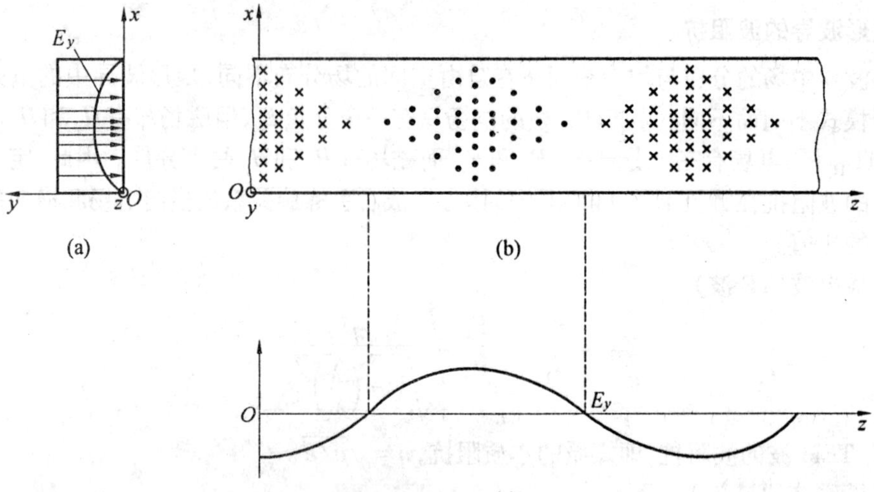

图 8.8 TE_{10} 模的电场分布

磁场有 H_x 和 H_z 两个分量，由 H_x 和 H_z 构成的闭合磁力线位于 xOz 平面内。H_x 随 x 的变化与 E_y 随 x 的变化相同，呈正弦规律，但 H_x 和 E_y 相位差 π；而 H_z 随 x 的变化呈余弦规律，在 H_x 与 H_z 之间存在着 π/2 的相位差，因此在同一点上，H_x 和 H_z 的最大值不同时出现，在 $x=0$ 和 $x=a$ 处，$H_x=0$，而 H_z 为最大；在 $x=a/2$ 处，H_x 为最大，而 H_z 为零，H_x 和 H_z 也不随着 y 改变。磁场在矩形波导内的分布如图 8.9 所示。

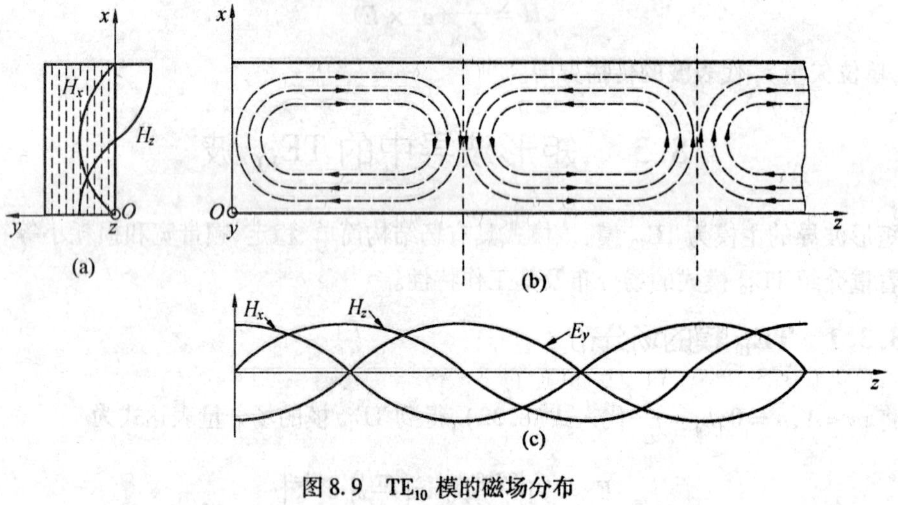

图 8.9 TE_{10} 模的磁场分布

8.3.2 TE_{10} 模的传输特性

1. 截止波长和截止频率

将 $m=1$，$n=0$ 代入式(8.34b)，得 TE_{10} 模的截止波长为

$$\lambda_{c\mathrm{TE}_{10}} = \frac{2}{\sqrt{\left(\frac{m}{a}\right)^2 + \left(\frac{n}{b}\right)^2}} = 2a \tag{8.39}$$

截止频率为

$$f_{c\mathrm{TE}_{10}} = \frac{v}{\lambda_{c\mathrm{TE}_{10}}} = \frac{v}{2a} \tag{8.40}$$

2. 相速与群速

由式(8.17) 和式(8.18) 可得 TE_{10} 模的相速 v_p 和群速 v_g 分别为

$$v_p = \frac{v}{\sqrt{1 - \left(\frac{\lambda}{\lambda_c}\right)^2}} = \frac{v}{\sqrt{1 - \left(\frac{\lambda}{2a}\right)^2}} \tag{8.41}$$

$$v_g = v\sqrt{1 - \left(\frac{\lambda}{\lambda_c}\right)^2} = v\sqrt{1 - \left(\frac{\lambda}{2a}\right)^2} \tag{8.42}$$

3. 波导波长与波阻抗

由式(8.16) 和式(8.19) 可得 TE_{10} 模的波导波长与波阻抗分别为

$$\lambda_g = \frac{\lambda}{\sqrt{1 - \left(\frac{\lambda}{\lambda_c}\right)^2}} = \frac{\lambda}{\sqrt{1 - \left(\frac{\lambda}{2a}\right)^2}} \tag{8.43}$$

$$Z_{\mathrm{TE}} = \frac{\eta}{\sqrt{1 - \left(\frac{\lambda}{\lambda_c}\right)^2}} = \frac{\eta}{\sqrt{1 - \left(\frac{\lambda}{2a}\right)^2}} \tag{8.44}$$

8.3.3　矩形波导壁 TE_{10} 模的电流分布

波导内壁上电流分布 $\boldsymbol{J}_S$ 由边界条件 $\boldsymbol{J}_S = \boldsymbol{n}^\circ \times \boldsymbol{H}$ 给出，由式(8.38) 得

$$\left.\begin{aligned}
&\boldsymbol{J}_S\Big|_{x=0} = \boldsymbol{e}_x \times (\boldsymbol{e}_x H_x + \boldsymbol{e}_z H_z)\Big|_{x=0} = -\boldsymbol{e}_y H_0 \mathrm{e}^{-\mathrm{j}k_z z}\\
&\boldsymbol{J}_S\Big|_{x=a} = -\boldsymbol{e}_x \times (\boldsymbol{e}_x H_x + \boldsymbol{e}_z H_z)\Big|_{x=a} = -\boldsymbol{e}_y H_0 \mathrm{e}^{-\mathrm{j}k_z z}\\
&\boldsymbol{J}_S\Big|_{y=0} = \boldsymbol{e}_y \times (\boldsymbol{e}_x H_x + \boldsymbol{e}_z H_z)\Big|_{y=0} =\\
&\boldsymbol{e}_x H_0 \cos\left(\frac{\pi}{a}x\right)\mathrm{e}^{-\mathrm{j}k_z z} - \boldsymbol{e}_z \mathrm{j}k_z\left(\frac{a}{\pi}\right)H_0 \sin\left(\frac{\pi}{a}x\right)\mathrm{e}^{-\mathrm{j}k_z z}\\
&\boldsymbol{J}_S\Big|_{y=b} = -\boldsymbol{e}_y \times (\boldsymbol{e}_x H_x + \boldsymbol{e}_z H_z)\Big|_{y=b} =\\
&-\boldsymbol{e}_x H_0 \cos\left(\frac{\pi}{a}x\right)\mathrm{e}^{-\mathrm{j}k_z z} + \boldsymbol{e}_z \mathrm{j}k_z\left(\frac{a}{\pi}\right)H_0 \sin\left(\frac{\pi}{a}x\right)\mathrm{e}^{-\mathrm{j}k_z z}
\end{aligned}\right\} \tag{8.45}$$

图 8.10 给出了某时刻波导内壁上电流分布情况。因为波导上下两宽壁表面磁力线分布相同，但 $\boldsymbol{n}^\circ$ 的方向相反，故上下宽壁表面上的电流方向相反；而波导左右两侧壁表面磁力线方向相反，$\boldsymbol{n}^\circ$ 的方向也相反，故两个侧壁表面上电流方向相同。由波导壁上的电流分布可以看出，上下宽壁上的传导电流是不连续的，但是在波导壁上传导电流间断处，

波导中有位移电流与之连接,这样就保证了全电流的连续性。

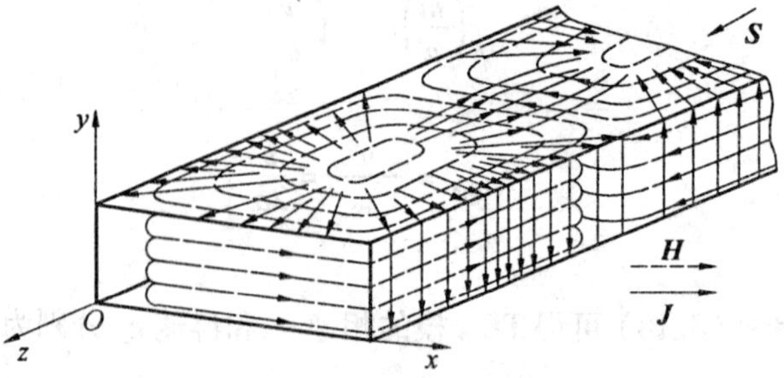

图 8.10 矩形波导壁 TE_{10} 模的电流

了解了波导壁电流分布,对于处理各种技术问题和设计波导元件具有指导意义。例如,在波导宽壁的中心线上开一个纵向小缝,如图 8.11(a) 所示,由于波导宽边中心线上只有纵向电流,该缝切断的电流非常小,对波导内电磁波的传播影响很小,在此缝隙中引入一个探针制成波导测量线,外接晶体检波器和电流表,这样移动该探针即可研究波导内电磁场沿纵向的分布情况。

波导壁上开缝在波导缝隙天线中也有着广泛应用,例如,在波导的侧壁中心线纵向开一小缝,如图 8.11(b) 所示,由于小缝切割了侧壁电流,这样会在缝隙中形成很强的电场,它和缝隙处的磁场组成指向波导外的坡印廷矢量,因而有较多的电磁能量通过缝隙向外辐射。若缝隙的尺寸开得适当,就可以构成波导缝隙天线。

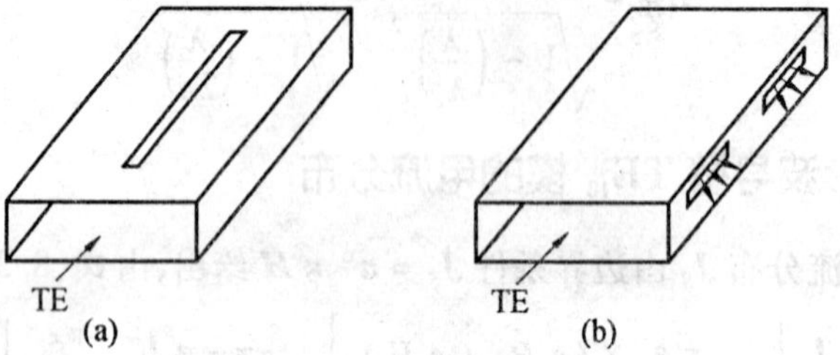

图 8.11 矩形波导壁上开缝

本章小结

(1) 金属波导只能传输 TE 波或 TM 波,不能传输 TEM 波。对于波导内场的分析采用如下方法:先求解 E_z 或 H_z 的波动方程,求出 E_z 或 H_z 的通解,并根据边界条件求出它的特解,最后利用横向场与纵向场的关系式求得所有场分量的表达式。

(2) 波导传输的导行波为色散波,其传输特性随频率的变化而改变,特性参量的计算公式与 TEM 波传输线相比仅相差一个波型因子 $\sqrt{1-\left(\frac{\lambda}{\lambda_c}\right)^2}$。

相移常数:

$$k_z = \frac{2\pi}{\lambda}\sqrt{1-\left(\frac{\lambda}{\lambda_c}\right)^2}\ (\text{TE 波或 TM 波}),\quad k_z = \frac{2\pi}{\lambda}(\text{TEM 波})$$

波导波长:

$$\lambda_g = \frac{\lambda}{\sqrt{1-\left(\frac{\lambda}{\lambda_c}\right)^2}}(\text{TE 波或 TM 波}),\lambda = \frac{\lambda_0}{\sqrt{\mu_r\varepsilon_r}}(\text{TEM 波})$$

相速：

$$v_p = \frac{v}{\sqrt{1-\left(\frac{\lambda}{\lambda_c}\right)^2}}(\text{TE 波或 TM 波}),v = \frac{c}{\sqrt{\mu_r\varepsilon_r}}(\text{TEM 波})$$

群速：

$$v_g = v\sqrt{1-\left(\frac{\lambda}{\lambda_c}\right)^2}\ (\text{TE 波或 TM 波}),v_g v_p = v^2$$

波阻抗：

$$Z_{\text{TE}} = \eta/\sqrt{1-\left(\frac{f_c}{f}\right)^2},\ Z_{\text{TM}} = \eta\sqrt{\left(\frac{f_c}{f}\right)^2},\ Z_{\text{TEM}} = \eta$$

(3) 导行波的传输和截至条件：$\lambda < \lambda_c$ 或 $f > f_c$ 时，电磁波传播；$\lambda > \lambda_c$ 或 $f < f_c$ 时，电磁波截止。

(4) 导波系统中的场结构必须满足下列规则：电力线一定与磁力线相互垂直，两者与传播方向满足右手螺旋法则；在导波系统的金属壁上只有电场的法向分量和磁场的切向分量；磁力线一定是闭合曲线。

(5)TEM 波传输线易采用路的分析方法分析其传播特性，而波导易采用场的分析方法来分析和求解其场分布和传输特性。其中矩形波导的主模是 TE_{10} 模，当工作波长满足

$$\left.\begin{array}{l} a < \lambda < 2a \\ 2b < \lambda < 2a \end{array}\right\} \quad \text{或} \quad \left.\begin{array}{l} \lambda/2 < a < \lambda \\ 0 < b < \lambda/2 \end{array}\right\}$$

即取 $b \approx a/2$ 时，可保证单模传播。

习　题

8.1　什么是 TEM 波、TE 波和 TM 波？规则金属波导中为什么不能传输 TEM 波？

8.2　空气填充的矩形波导尺寸为 $a\times b = 60\ \text{mm}\times 40\ \text{mm}$，信号源频率是 3 GHz，试计算对于 TE_{10}、TE_{01}、TE_{11}、TM_{11} 四种波形的截止波长、波导波长、相移常数、群速和波阻抗。

8.3　矩形波导的横截面尺寸为 $a = 22.86$ mm，$b = 10.16$ mm，如果将自由空间波长为 20 mm，40 mm 和 60 mm 的信号接入此波导，那么哪些波能够传输，以及会出现哪些模式？

8.4　证明截止波长 λ_c，波导波长 λ_g 和工作波长 λ 满足表达式：

$$\lambda = \frac{\lambda_g\lambda_c}{\sqrt{\lambda_g^2+\lambda_c^2}}$$

8.5　证明填充相当介电常数为 ε_r 的电介质的矩形波导，其临界频率比空心矩形波导的临界频率低 $\sqrt{\varepsilon_r}$ 倍。

8.6　矩形波导截面尺寸为 $a\times b = 23\ \text{mm}\times 10\ \text{mm}$，波导内充满空气，信号源频率为 10 GHz，试求：

(1) 波导中可以传播的模式；

(2) 该模式的截止波长 λ_c，相移常数 k_z，波导波长 λ_g 及相速 v_p。

8.7　已知空心波导 $a\times b = 46\ \text{mm}\times 20\ \text{mm}$。求：(1)$\text{TE}_{10}$ 波的 k_c；(2) 单模传输的频率范围。

8.8　现用 BJ－32 矩形波导（$a\times b = 72.14\ \text{mm}\times 34.04\ \text{mm}$）做馈线，设波导中传输 TE_{10} 模。测得相邻两波节之间的距离为 10.9 cm，求 λ_g 和 λ。

8.9　在尺寸为 $a\times b = 22.86\ \text{mm}\times 10.16\ \text{mm}$ 的矩形波导中，传输 TE_{10} 型波，工作频率为 10 GHz。

(1) 求 λ_c、λ_g 和 $Z_{\text{TE}_{10}}$；

(2) 若波导宽边尺寸增大一倍，上述各参数将如何变化？还能传输什么模？

(3) 若波导窄边尺寸增大一倍，上述各参数将如何变化？还能传输什么模？

8.10　设矩形波导宽边 $a = 25$ mm，工作频率 $f = 10$ GHz，用 $\lambda_g/4$ 阻抗变换器匹配一段空气波导（$\varepsilon_r = 1$）和一段 $\varepsilon_r = 2.56$ 的波导，求匹配介质的相对介电常数 ε'_r 和变换器的长度。

第 9 章

电磁波的辐射

在第 8 章中讨论了电磁波在波导系统中的传播特性,在第 6 章中讨论了均匀平面波在自由空间中以及不同媒质界面上的传播特性,但都没有提及电磁波的来源,也没有触及导波系统中的电磁波能量如何转换成自由空间中的电磁能量。本章研究的电磁波的辐射将给出这些问题的科学解答。

本章主要研究电基本振子、磁基本振子两种辐射单元产生的辐射电磁场,重点在求出场分量的数学表示式。研究应用这些辐射单元构成基本的工程天线的方法,分析对称振子天线及线性直线阵的辐射特性。同时,介绍电磁场仿真工具在天线设计中的应用,分析 HFSS 和 CST 软件应用实例。有关电磁辐射的进一步知识,将在天线课程中介绍。

9.1 电磁波的辐射条件

受波源电路或导波系统约束的电磁能,在一定条件下可部分或几乎全部转换成自由空间传播的电磁能,这种现象称为**电磁波的辐射**(Radiation)。

电磁辐射是一种客观存在的物理现象,对于无线电通信、导航和雷达而言,电磁辐射是极其重要的,需要充分地加以利用;另一方面,由于某一电子设备的辐射或无线电泄漏,影响其他电子设备或系统的正常工作,则是一种有害的电磁干扰,需要尽力避免和消除。受控的电磁辐射可以用于医疗和生物工程,而一般情况下的电磁辐射对人体和生物可能有害。综上所述,对辐射的研究是十分有意义的。

静电荷在其周围只能建立感应电场,其大小与距离平方成反比,且幅值下降速度很快,它不可能产生辐射场,辐射只能在时变电磁场的条件下发生。为了有效地产生电磁辐射,时变电磁场的频率还应足够高,频率越高(即波长越短),辐射越强。而低频电磁场变化缓慢,辐射就很微弱。更确切地说,辐射系统的尺寸大小能和电磁波波长比拟时,才有可能产生明显的辐射效应。这还不够,波源电路的结构方式对辐射强弱也有极大关系,封闭的电路结构即使其尺寸可和波长相比拟,也不一定就能辐射,如图 9.1 所示电路中,电场主要集中在电容器中,磁场主要集中在线圈中,这只是一种振荡电路,不能构成高效电磁辐射器。设想将电容器的极板逐渐张开,变成图 9.2 所示电路结构,显然,这是一种开放电路结构,在这种结构中电场和磁场分布亦同一空间,电场和磁场间可以直接相互转换,形成向远处传播的电磁波动。

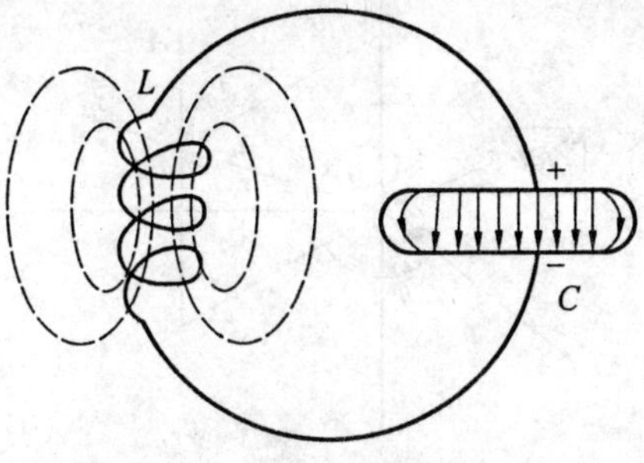

图9.1 L-C震荡回路

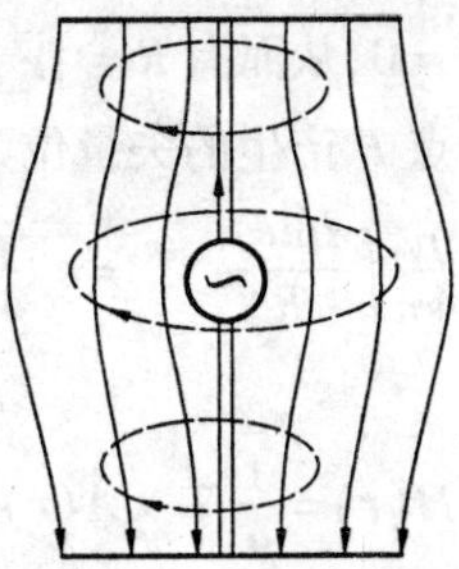

图9.2 开放式结构

几乎所有的电磁辐射器,即**天线**(Antenna),都是开放式结构。天线是实现导波和自由空间电磁波之间过渡和匹配的一种电磁结构,也就是说天线是一种能量转换器和匹配装置。

9.2 电基本振子的辐射

电基本振子(Electric Element Antenna)是基本辐射单元中使用最广的一种。一段通有高频电流的直导线,当导线长度l与波长之比$l/\lambda \leqslant 1$,且导线直径与导线长度之比远小于1时,那么可近似的认为导线上电流的幅值相同,相位相同。这样的一段通电直导线称为电基本振子或**电偶极子**(Electric Dipole),也称**电流元**(Current Element),它是构成复杂天线的基础。

设电流元上通有的高频电流为$i(t)$,根据电流连续性原理,电流元的两端必积聚等量异号的时谐电荷$q(t)$。这时,电流与电荷的关系为

$$i(t) = \frac{\partial q(t)}{\partial t}$$

若I表示电流的复数形式,Q表示电荷的复数形式,则电流和电荷复数形式的关系为

$$I = \mathrm{j}\omega Q \tag{9.1}$$

孤立的电流元实际是不存在的,但任何一个线天线都可看成由大量的首尾相连的电流元所组成。实际天线的辐射场是电流振幅和相位不同的大量电偶极子辐射场的叠加。

9.2.1 电基本振子的电磁场

设电偶极子沿z轴放置,且位于坐标原点,如图9.3所示。计算电基本振子在空间任一点P处的电磁场的步骤如下。

(1) 计算空间任一点P处的矢量磁位$\boldsymbol{A}(\boldsymbol{r})$

取短导线的长度为$\mathrm{d}l$,横截面积为ΔS,因为短导线仅占有一个很小的体积$\mathrm{d}V = \mathrm{d}l \cdot \Delta S$,故有

$$\boldsymbol{J}(\boldsymbol{r}')\mathrm{d}V' = \frac{I}{S}S\mathrm{d}l\boldsymbol{e}_z = I\mathrm{d}l\boldsymbol{e}_z \tag{9.2}$$

又由于短导线放置在坐标原点,dl 很小,因此可取 $\boldsymbol{r}'=0$,从而有 $R=|\boldsymbol{r}-\boldsymbol{r}'|\approx r$。电偶极子在场点 P 产生的矢量位为

$$\boldsymbol{A}(\boldsymbol{r})=\frac{\mu}{4\pi}\int_l \frac{I\mathrm{d}l\boldsymbol{e}_z}{R}\mathrm{e}^{-\mathrm{j}kR}=\boldsymbol{e}_z\frac{\mu}{4\pi}\frac{I\mathrm{d}l}{r}\mathrm{e}^{-\mathrm{j}kr} \tag{9.3}$$

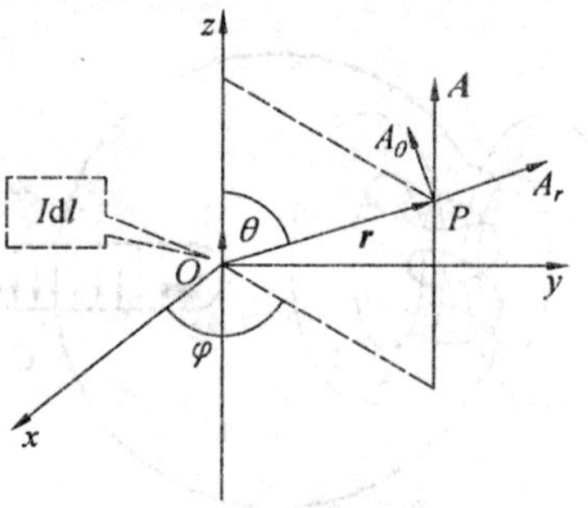

图 9.3 电基本振子

(2) 由 $\boldsymbol{H}(\boldsymbol{r})=\frac{1}{\mu}\nabla\times\boldsymbol{A}(\boldsymbol{r})$,确定磁场强度

由于采用球坐标系,将上式进行坐标变换,得

$$\boldsymbol{A}=\boldsymbol{e}_rA_r+\boldsymbol{e}_\theta A_\theta+\boldsymbol{e}_\varphi A_\varphi=\boldsymbol{e}_rA_z\cos\theta-\boldsymbol{e}_\theta A_z\sin\theta \tag{9.4}$$

可求出电基本振子在 P 点处产生的磁场

$$\boldsymbol{H}(\boldsymbol{r})=\frac{1}{\mu}\nabla\times\boldsymbol{A}(\boldsymbol{r})=\frac{1}{\mu r^2\sin\theta}\begin{vmatrix}\boldsymbol{e}_r & r\boldsymbol{e}_\theta & r\sin\theta\boldsymbol{e}_\varphi\\ \frac{\partial}{\partial r} & \frac{\partial}{\partial\theta} & \frac{\partial}{\partial\varphi}\\ A_z\cos\theta & -rA_z\sin\theta & 0\end{vmatrix}$$

由此解得

$$\left.\begin{aligned}&H_r=0\\&H_\theta=0\\&H_\varphi=\frac{k^2I\mathrm{d}l\sin\theta}{4\pi}\left[\frac{\mathrm{j}}{kr}+\frac{1}{(kr)^2}\right]\mathrm{e}^{-\mathrm{j}kr}\end{aligned}\right\} \tag{9.5}$$

(3) 由无源区中的麦克斯韦方程 $\nabla\times\boldsymbol{H}=-\mathrm{j}\omega\varepsilon\boldsymbol{E}$,确定电场强度

经过计算,电场强度的三个分量为

$$\left.\begin{aligned}&E_r=\frac{I\mathrm{d}lk^3\cos\theta}{2\pi\omega\varepsilon}\left[\frac{1}{(kr)^2}-\frac{\mathrm{j}}{(kr)^3}\right]\mathrm{e}^{-\mathrm{j}kr}\\&E_\theta=\frac{I\mathrm{d}lk^3\sin\theta}{4\pi\omega\varepsilon}\left[\frac{\mathrm{j}}{kr}+\frac{1}{(kr)^2}-\frac{\mathrm{j}}{(kr)^3}\right]\mathrm{e}^{-\mathrm{j}kr}\\&E_\varphi=0\end{aligned}\right\} \tag{9.6}$$

由式(9.5)、(9.6)可见,电场有 $\boldsymbol{e}_r$ 及 $\boldsymbol{e}_\theta$ 两个方向的分量,而磁场只有 $\boldsymbol{e}_\varphi$ 一个方向的分量。电力线在经线平面上,磁力线在纬线平面上,电场与磁场方向相互垂直。另外,各不为零的场分量都由若干项构成,且各项随距离的变化,其相对大小也不同。因此,可以根据距离的远近,将空间划分为不同的区域,从而得到场分量的近似表示式。

9.2.2 电基本振子的近区电磁场

当 $kr\ll1$ 时,$r\ll\frac{\lambda}{2\pi}$,即场点 P 与源点的距离 r 远小于波长 λ 的区域称为近区。在近区中

$$\frac{1}{kr} \ll \frac{1}{(kr)^2} \ll \frac{1}{(kr)^3}，且 e^{-jkr} \approx 1$$

故在式(9.5)和式(9.6)中，起主要作用的是$\frac{1}{(kr)^3}$，保留该项得到电基本振子近区场(Near-zone fields)的近似表达式

$$\left.\begin{aligned} E_r &\approx -j\frac{Idl}{2\pi\omega\varepsilon r^3}\cos\theta \\ E_\theta &\approx -j\frac{Idl}{4\pi\omega\varepsilon r^3}\sin\theta \\ H_\varphi &\approx \frac{Idl}{4\pi r^2}\sin\theta \end{aligned}\right\} \tag{9.7}$$

由式(9.7)可见：

(1) 在近区，磁场 H_φ 与恒定磁场中电流元的磁场相似；电场 E_r 和 E_θ 中，如将式 $I = j\omega Q$ 代入可得

$$E_r \approx \frac{Qdl}{2\pi\varepsilon r^3}\cos\theta \approx \frac{2p}{4\pi\varepsilon r^3}\cos\theta \tag{9.8a}$$

$$E_\theta \approx \frac{Qdl}{4\pi\varepsilon r^3}\sin\theta \approx \frac{p}{4\pi\varepsilon r^3}\sin\theta \tag{9.8b}$$

式中，$p = Qdl$ 是电偶极距的复振幅。此结果与静电场中的电偶极子的电场相似，因此，近区场称为似稳场。虽然场和源都随时间变化，但两者的相位相同，无滞后现象。

(2) 由于各场分量与$\frac{1}{r}$的高次方成正比，所以近区场随距离增大而快速减小。

(3) 电场滞后于磁场90°，所以没有平均功率向外辐射，电磁能量在场源和场之间来回振荡。在一个周期内，场源供给场的能量等于从场返回场源的能量，近区场又称为感应场(Induction Field)。

9.2.3 电基本振子的远区电磁场

当 $kr \gg 1, r \gg \frac{\lambda}{2\pi}$ 时，即场点与源点距离远大于波长的区域称为远区。在远区中，

$$\frac{1}{kr} \gg \frac{1}{(kr)^2} \gg \frac{1}{(kr)^3}$$

在式(9.5)和式(9.6)中，只需保留场分量中的$\frac{1}{r}$项，$\frac{1}{r^2}$及$\frac{1}{r^3}$项均可忽略，于是可得

$$E_\theta \approx j\frac{Idlk^2}{4\pi\varepsilon\omega r}\sin\theta e^{-jkr} \tag{9.9a}$$

$$H_\varphi \approx j\frac{Idlk}{4\pi r}\sin\theta e^{-jkr} \tag{9.9b}$$

将 $k = \frac{2\pi}{\lambda}, \omega = 2\pi f = 2\pi\frac{1}{\lambda\sqrt{\mu\varepsilon}}$ 代入上式，得

$$E_\theta \approx j\frac{\eta Idl}{2\lambda r}\sin\theta e^{-jkr} \tag{9.10a}$$

$$H_{\varphi} \approx \mathrm{j}\frac{Idl}{2\lambda r}\sin\theta \mathrm{e}^{-\mathrm{j}kr} \tag{9.10b}$$

由以上结果可见：

(1) 场的方向。电场只有 E_θ 分量，磁场只有 H_φ 分量。其复坡印廷矢量为

$$\boldsymbol{S}_c = \boldsymbol{E} \times \boldsymbol{H}^* = \boldsymbol{e}_r \frac{\eta}{4}I^2\left(\frac{\mathrm{d}l}{\lambda}\right)^2 \frac{1}{r^2}\sin^2\theta$$

这表明有电磁能量向外辐射，辐射方向是半径方向，故远区场也称为**辐射场**(Radiation Field)。同时，$\boldsymbol{E}$、$\boldsymbol{H}$ 互相垂直，并都与传播方向 $\boldsymbol{e}_r$ 相垂直，因此电基本振子的辐射场是横电磁波(TEM 波)。

(2) 场的相位。无论 E_θ 或 H_φ，其空间相位因子都是 $-kr$，即其空间相位随离源点的距离 r 增大而滞后，等相位面是 r 为常数的球面，所以远区场是**球面波**(Spherical Wave)。由于等相位面上任意点的 $\boldsymbol{E}$、$\boldsymbol{H}$ 振幅不同，所以又是非均匀平面波。$E_\theta/H_\varphi = \eta$ 是一常数，等于媒质的波阻抗。

(3) 场的振幅。远区场的振幅与 r 成反比，与 I、$\mathrm{d}l/\lambda$ 成正比。值得注意，场的振幅与 $\mathrm{d}l/\lambda$ 有关，而不是仅与几何尺寸 $\mathrm{d}l$ 有关。

(4) 场的方向性。远区场的振幅还正比于 $\sin\theta$，在垂直于天线轴的方向($\theta = 90°$)，辐射场最大；沿着天线轴的方向($\theta = 0°$)，辐射场为零。这说明电基本振子的辐射具有方向性，这种方向性也是天线的一个主要特性。

(5) 场的能量。如果以电偶极子天线为球心，用一个半径为 r 的球面把它包围起来，那么从电偶极子天线辐射出来的电磁能量必然全部通过这个球面，故平均坡印廷矢量在此球面上的积分值就是电偶极子天线辐射出来的功率 P_r。因为电偶极子天线在远区任一点的平均坡印廷矢量为

$$\boldsymbol{S}_{av} = \mathrm{Re}[\boldsymbol{E} \times \boldsymbol{H}^*] = \boldsymbol{e}_r \frac{\eta}{4}I^2\left(\frac{\mathrm{d}l}{\lambda}\right)^2 \frac{1}{r^2}\sin^2\theta \tag{9.11}$$

所以**辐射功率**(Radiation Power) 为

$$P_r = \oint_S \boldsymbol{S}_{av}\cdot \mathrm{d}\boldsymbol{S} = \int_0^{2\pi}\int_0^{\pi}\eta\left(\frac{Idl}{2\lambda r}\sin\theta\right)^2 r^2\sin\theta\mathrm{d}\theta\mathrm{d}\varphi =$$
$$\eta\left(\frac{Idl}{2\lambda}\right)^2 2\pi\int_0^{\pi}\sin^3\theta\mathrm{d}\theta = \eta\left(\frac{Idl}{2\lambda}\right)^2 2\pi\cdot\frac{4}{3} = \frac{2}{3}\pi\eta I^2\left(\frac{\mathrm{d}l}{\lambda}\right)^2 \tag{9.12}$$

将空气中的波阻抗

$$\eta = \eta_0 = \sqrt{\frac{\mu_0}{\varepsilon_0}} = 120\pi$$

代入式(9.12)，可得

$$P_r = 80\pi^2 I^2\left(\frac{\mathrm{d}l}{\lambda_0}\right)^2 \tag{9.13}$$

式中，I 的单位为安培(A)，且是振幅有效值；辐射功率 P_r 的单位为瓦(W)；空气中的波长 λ_0 的单位为米(m)。

辐射功率决定于电偶极子天线中的电流 I 和$\dfrac{\mathrm{d}l}{\lambda_0}$。长度不变，频率越高或波长越短，辐射功率越大，但必须满足 $l \ll \lambda$ 的假设条件。

电偶极子天线辐射出去的电磁能量既然不能返回波源，因此对波源而言也是一种损耗。利用电路理论的概念，引入一个等效电阻。设此电阻消耗的功率等于辐射功率，则有

$$P_r = I^2 R_r$$

式中，R_r 称为**辐射电阻**（Radiation Resistance），从而电偶极子的辐射电阻为

$$R_r = \frac{P_r}{I^2} = 80\pi^2\left(\frac{\mathrm{d}l}{\lambda_0}\right)^2 \tag{9.14}$$

辐射电阻可以衡量天线的辐射能力，它仅仅取决于天线的结构和工作波长，是天线的一个重要参数。

以上讨论中称近区场为感应场，远区场为辐射场，这都是在不同距离时就场分量的主要成分而言的。实际上，在近区不仅有感应场而且也存在相对较弱的辐射场；在远区不仅有辐射场，而且也存在着微乎其微的感应场。而在近区与远区之间的区域，称为**中间区**（Intermediate Zone），其内的感应场与辐射场相差不大，哪个都不能忽略不计。

例9.1　已知在电流元最大辐射方向上远区 1 km 处电场强度振幅为 $|\boldsymbol{E}_0| =$ 1 mV/m。试求：

(1) 最大辐射方向上 2 km 处电场强度 $|\boldsymbol{E}_1|$；

(2) $\boldsymbol{E}$ 面上偏离最大方向 60°，2 km 处的磁场强度振幅 $|\boldsymbol{H}_2|$。

解　(1) $|\boldsymbol{E}_1|/(\mathrm{mV}\cdot\mathrm{m}^{-1}) = |\boldsymbol{E}_0|\dfrac{r_0}{r_1} = 1\times\dfrac{1}{2} = 0.5$

(2) $|\boldsymbol{E}_2|/(\mathrm{mV}\cdot\mathrm{m}^{-1}) = |\boldsymbol{E}_1|\cos 60° = 0.5\times\dfrac{1}{2} = 0.25$

$$|\boldsymbol{H}_2|/(\mu\mathrm{A}\cdot\mathrm{m}^{-1}) = \frac{|\boldsymbol{E}_2|}{\eta_0} = \frac{0.25}{377} = 0.663$$

9.3　磁基本振子的辐射

磁偶极子（Magnetic Dipole）是一个半径为 $a(a\ll\lambda)$ 的小圆环电流，圆环的周长远小于波长 λ，圆环上时谐电流的振幅和相位处处相同。磁偶极子也是一种基本辐射单元，故称为**磁基本振子**（Magnetic Element Antenna）。

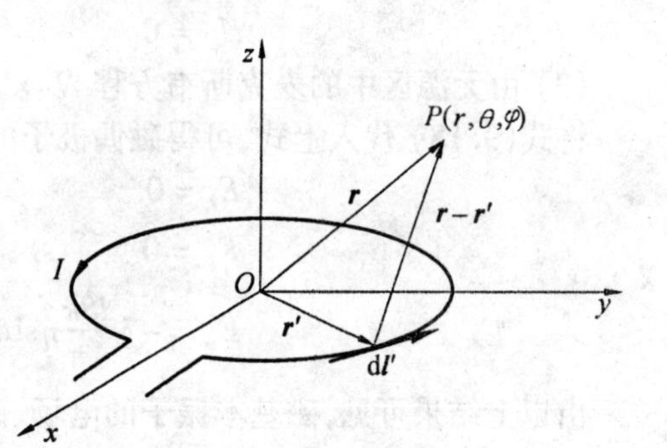

图9.4　磁基本振子

设磁偶极子位于 xOy 平面上，且小圆环中心位于坐标原点 O。小环上的电流复量为 I。r 为坐标原点至场点 P 的距离，为线电流元至场点的距离，如图9.4所示。计算磁基本振子在空间任一点处的电磁场步骤如下。

(1) 计算空间任一点 P 处的矢量磁位 $\boldsymbol{A}(\boldsymbol{r})$

由式 $\boldsymbol{A}(\boldsymbol{r}) = \dfrac{\mu}{4\pi}\displaystyle\int_{V'}\dfrac{\boldsymbol{J}(\boldsymbol{r}')}{R}\mathrm{e}^{-\mathrm{j}kR}\mathrm{d}V'$，将其中的 $\boldsymbol{J}(\boldsymbol{r}')\mathrm{d}V'$ 改为 $I\mathrm{d}\boldsymbol{l}'$，有

$$A(r)=\frac{\mu I}{4\pi}\oint_{l'}\frac{e^{-jkR}}{R}dl'=\frac{\mu I}{4\pi}\oint_{l}\frac{e^{-jk|r-r'|}}{|r-r'|}dl' \tag{9.15}$$

上式的积分严格计算比较困难,但因 $r'=a\ll\lambda$,所以其中的指数因子可以近似为

$$e^{-jk|r-r'|}=e^{-jkR}=e^{-jk(R-r+r)}=e^{-jkr}\cdot e^{-jk(R-r)}\approx e^{-jkr}[1-jk(R-r)]$$

其中,$e^{-jk(R-r)}=1-jk(R-r)-\frac{1}{2}k^2(R-r)^2+\cdots$

因为高次项远远小于1,因此忽略了高次幂项,保留前两项,将近似结果代入式(9.15),可得矢量位的近似式为

$$A(r)=\frac{\mu I}{4\pi}\oint_{l'}\frac{1}{R}(1+jkr-jkR)e^{-jkr}dl'$$

由于对源点进行积分,因此场点坐标可看成常数,可得

$$A(r)=(1+jkr)e^{-jkr}\left[\frac{\mu I}{4\pi}\oint_{l'}\frac{dl'}{|r-r'|}\right]-\frac{jk\mu I}{4\pi}e^{-jkr}\oint_{l'}dl' \tag{9.16}$$

上式右端第二项的矢量积分等于0,第一项方括号中的因子与恒定电流环的矢量位表达式相同,其结果为

$$\frac{\mu I}{4\pi}\oint_{l'}\frac{dl'}{|r-r'|}\approx e_\varphi\frac{\mu SI}{4\pi r^2}\sin\theta=\frac{\mu m\times r}{4\pi r^3}$$

该式中的 $S=\pi a^2$ 为圆环面积,$m=e_z\pi a^2 I=e_z SI$ 是复矢量,于是有

$$A(r)=e_\varphi\frac{\mu IS}{4\pi r^2}(1+jkr)\sin\theta\cdot e^{-jkr} \tag{9.17}$$

(2) 由 $H(r)=\frac{1}{\mu}\nabla\times A(r)$,确定磁场强度

将式(9.17)代入上式,可得磁偶极子的磁场分量为

$$\left.\begin{aligned}H_r&=\frac{IS}{2\pi}\cos\theta\left(\frac{1}{r^3}+\frac{jk}{r^2}\right)e^{-jkr}\\H_\theta&=\frac{IS}{4\pi}\sin\theta\left(\frac{1}{r^3}+\frac{jk}{r^2}-\frac{k^2}{r}\right)e^{-jkr}\\H_\varphi&=0\end{aligned}\right\} \tag{9.18}$$

(3) 由无源区中的麦克斯韦方程 $\nabla\times H=-j\omega\varepsilon E$,确定电场强度

将式(9.18)代入上式,可得磁偶极子的电场分量为

$$\left.\begin{aligned}E_r&=0\\E_\theta&=0\\E_\varphi&=-j\frac{ISk}{4\pi}\eta\sin\theta\left(\frac{jk}{r}+\frac{1}{r^2}\right)e^{-jkr}\end{aligned}\right\} \tag{9.19}$$

由以上结果可见,磁基本振子的电场、磁场与电偶极子的电场、磁场(指的是远区场)十分相似,所不同的是E和H互换了空间位置。另外,电基本振子场的正负号和磁基本振子场的正负号也不同,这种差别保证了坡印廷矢量都是指向正 r 方向。

仿照电偶极子的讨论方法,磁基本振子的电磁场也可分成近区场和远区场。下面只写出磁基本振子的远区辐射场

$$H_\theta=-\frac{ISk^2}{4\pi r}\sin\theta e^{-jkr}=-\frac{\pi IS}{\lambda^2 r}\sin\theta e^{-jkr} \tag{9.20a}$$

$$E_{\varphi}=\frac{ISk^{2}}{4\pi r}\eta\sin\theta e^{-jkr}=\frac{\pi IS}{\lambda^{2}r}\eta\sin\theta e^{-jkr}=-\eta H_{\theta} \tag{9.20b}$$

磁基本振子的远区辐射场具有以下特点：

(1) 磁基本振子的辐射场也是 TEM，非均匀球面波。

(2) $E_{\varphi}/(-H_{\theta})=\eta$。

(3) 电磁场与 $1/r$ 成正比。

(4) 与电基本振子的远区场比较，只是 $\boldsymbol{E}$、$\boldsymbol{H}$ 的取向互换，远区场的性质相同。

磁基本振子的平均坡印廷矢量可由式(9.20) 得到：

$$S_{av}=\mathrm{Re}[\boldsymbol{E}\times\boldsymbol{H}^{*}]=\boldsymbol{e}_{r}\eta\left(\frac{\pi IS}{\lambda^{2}r}\right)^{2}\sin^{2}\theta$$

(5) 辐射功率为

$$P_{r}=\oint_{S}S_{av}\cdot\mathrm{d}S=\int_{0}^{2\pi}\int_{0}^{2\pi}\eta\left(\frac{\pi IS}{\lambda^{2}r}\right)^{2}\sin^{2}\theta\cdot r^{2}\sin\theta\mathrm{d}\theta\mathrm{d}\varphi=\frac{8}{3}\eta\pi^{6}\left(\frac{a}{\lambda}\right)^{4}I^{2} \tag{9.21a}$$

以空气的波阻抗代入上式，有

$$P_{r}=320\pi^{6}\cdot\left(\frac{a}{\lambda_{0}}\right)^{4}I^{2} \tag{9.21b}$$

其中，I 为电流强度的有效值。

(6) 辐射电阻为

$$R_{r}=\frac{P_{r}}{I^{2}}=320\pi^{6}\left(\frac{a}{\lambda_{0}}\right)^{4} \tag{9.22}$$

例9.2 把长度为0.2 m的导线做成直线状天线及环状天线，试求频率为30 MHz时，这两种天线的辐射电阻。

解 30 MHz 所对应的波长为 10 m，而导线长度仅 0.2 m，因此，可近似的认为导线上的电流是均匀分布的。这样就可以把直的线状天线视为电偶极子，把环状天线视为磁基本振子。电基本振子的辐射电阻为

$$R_{r(e)}/\Omega=80\pi^{2}\left(\frac{\mathrm{d}l}{\lambda_{0}}\right)^{2}=80\pi^{2}\left(\frac{0.2}{10}\right)^{2}=0.316$$

磁偶极子的辐射电阻为

$$R_{r(m)}/\Omega=320\pi^{6}\left(\frac{a}{\lambda_{0}}\right)^{4}=320\pi^{6}\left(\frac{0.2}{2\pi}\times\frac{1}{10}\right)^{4}=0.316\times10^{-4}$$

可见，$R_{r(e)}$、$R_{r(m)}$ 都很小，它们是电磁功率的弱辐射器。

电基本振子与磁基本子的辐射电阻之比为

$$\frac{R_{r(e)}}{R_{r(m)}}=80\pi^{2}\left(\frac{\mathrm{d}l}{\lambda_{0}}\right)^{2}\Big/320\pi^{6}\cdot\left(\frac{a}{\lambda_{0}}\right)^{4}=4\left(\frac{\lambda_{0}}{\mathrm{d}l}\right)^{2}$$

由于电基本振子的尺寸远远小于波长，即$\left(\frac{\lambda_{0}}{\mathrm{d}l}\right)^{2}$ 甚大，电基本振子的辐射电阻要比磁基本振子的辐射电阻大得多。在本例中$\frac{R_{r(e)}}{R_{r(m)}}=10^{4}$，若导线长度仍为 0.2 m，频率由 30 MHz变为3 MHz，则$\frac{R_{r(e)}}{R_{r(m)}}=10^{6}$。可见，在相同电流幅度的条件下，电基本振子的辐射功

率要比磁基本振子的辐射功率大得多。而且,频率越低,波长越长,这种差异越大。

9.4 发射天线的电参数

电基本振子和磁基本振子是最基本的辐射单元。在工程中,实际发射或接收电磁波的装置为天线。在讨论一些实际天线之前,有必要先了解在工程中代表发射天线性能的一些参数,可以根据这些参数来分析天线的性能。除了天线的机械性能参数外,天线主要有3个方面的电性能参数,即天线辐射的方向性、输入阻抗以及工作频率和带宽。

9.4.1 方向性函数和方向图

在上节中知道,电基本振子产生的远区场振幅与 r 成反比,且正比于 $\sin\theta$。同时,功率密度以$\frac{1}{r^2}$形式衰减,并且和方向有关。可见,电基本振子远区场的场强振幅和辐射功率在空间上具有方向性。实际上,任何有限尺寸的天线都具有方向性,不同天线的方向性可能不同。

在离开天线一定距离处,辐射场在空间随角度变化的函数称为天线的**方向性函数**(Directivity Function),或**方向性因子**,用 $f(\theta,\varphi)$ 表示。为了便于对各种天线进行比较,一般用方向性函数除以方向性函数的最大值 f_{max},得到归一化方向函数 $F(\theta,\varphi)$,即

$$F(\theta,\varphi)=\frac{f(\theta,\varphi)}{f_{max}} \tag{9.23}$$

根据方向性函数绘制的图形称为**方向图**(Directional Pattern)。为了研究问题的方便,在工程中,所提及的方向图均指按电场强度振幅归一化方向函数绘制的方向图。其中电场强度振幅归一化方向函数定义为

$$F(\theta,\varphi)=\frac{|E(\theta,\varphi)|}{|E_{max}|} \tag{9.24}$$

式中,$E(\theta,\varphi)$ 是天线远区场电场强度;E_{max} 是 $E(\theta,\varphi)$ 的最大值。(如果未专门说明,所提及的方向图均指按式(9.24)绘制的方向图)

由于天线的辐射场分布在整个空间,所以天线的方向图通常是一个三维的立体图形。如图9.5所示,为电基本振子的方向图。

图9.5(a)是电基本振子的三维方向图。通常工程上,采用两个相互垂直的主平面上的剖面图来描述天线的方向性,即 **E 面方向图**和 **H 面方向图**。E 面是指由传播方向和电场强度矢量所构成的并包含最大辐射方向的平面,H 面是指由传播方向和磁场强度矢量构成的并包含最大辐射方向的平面。

对于电基本振子,$F(\theta,\varphi)=|\sin\theta|$。图9.5(b)是在极坐标中绘制的电基本振子的 E 面方向图,$\theta=90°$ 为最大辐射方向。图中最大值($\theta=90°$ 方向)用1表示,其他方向的矢径按 $\sin\theta$ 绘出,而在轴向($\theta=0°$ 和 $\theta=180°$ 方向)该值为零。在 H 面(最大方向与磁场矢量所形成的平面,垂直轴平面,$\theta=90°$)上,各方向场强是相同的(轴对称),其方向图是一个圆,如图9.5(c)所示。

实际天线的方向图要比图9.5复杂,可以采用极坐标,也可以用直角坐标。图9.6为

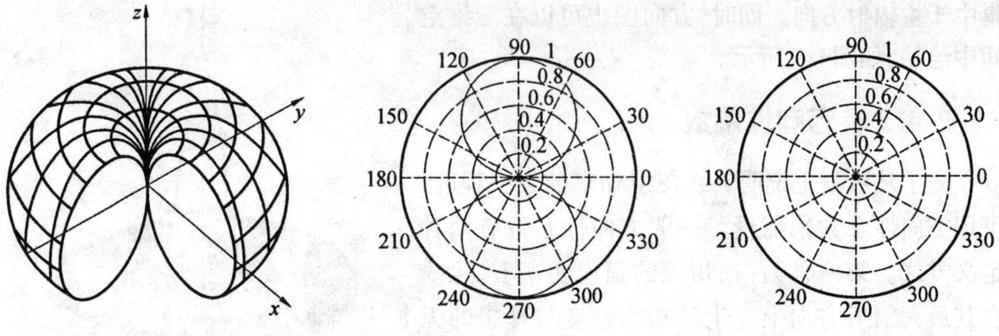

(a)三维方向图　　(b)E 面方向图　　(c)H 面方向图

图9.5　电基本振子的方向图

典型天线的方向图，图9.6(a)为极坐标方向图，图9.6(b)为直角坐标方向图。极坐标方向图一般呈现花瓣形状，所以有时也称**波瓣图**(Lobe Pattern)。其中最大的波瓣称为**主瓣**(Main Lobe)，其他的波瓣统称为**副瓣**或**旁瓣**(Side Lobe)，把位于主瓣正后方的波瓣称为**后瓣**(Back Lobe)。

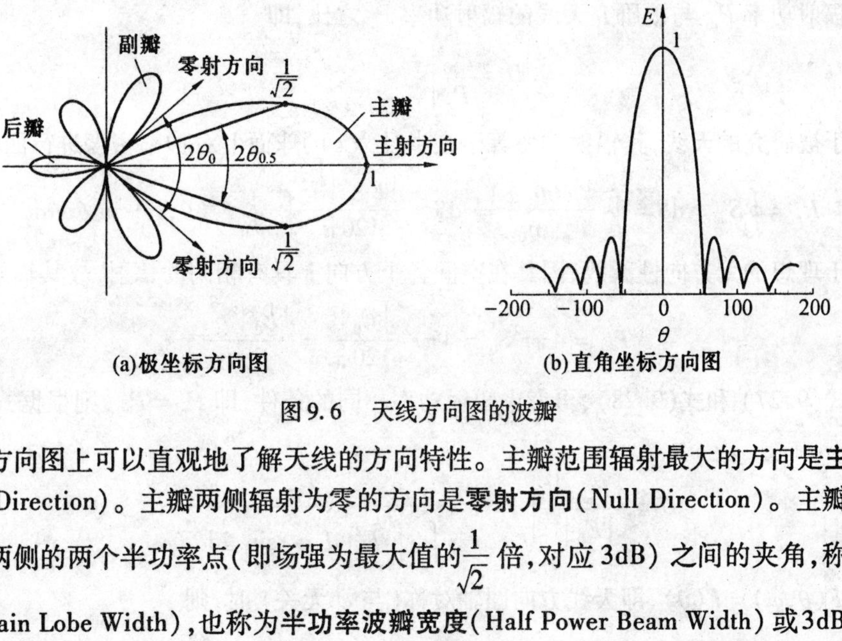

(a)极坐标方向图　　(b)直角坐标方向图

图9.6　天线方向图的波瓣

从方向图上可以直观地了解天线的方向特性。主瓣范围辐射最大的方向是**主射方向**(Major Direction)。主瓣两侧辐射为零的方向是**零射方向**(Null Direction)。主瓣最大辐射方向两侧的两个半功率点(即场强为最大值的$\frac{1}{\sqrt{2}}$倍，对应3dB)之间的夹角，称为**主瓣宽度**(Main Lobe Width)，也称为**半功率波瓣宽度**(Half Power Beam Width)或**3dB波瓣宽度**(3dB Angular Width)，用$2\theta_{0.5}$表示。主瓣宽度越小，天线辐射的电磁能量越集中，定向性越好。主射方向两侧，两个零射方向之间的夹角，称为**零功率波瓣宽度**，用$2\theta_0$表示。由图9.5可见，电基本振子的主瓣宽度$2\theta_{0.5} = 90°$，零功率波瓣宽度$2\theta_0 = 180°$。

副瓣电平(Side Lobe Level)是副瓣最大辐射方向上的功率密度与主瓣最大辐射方向上的功率密度之比，通常用分贝(dB)表示。通常离主瓣近的副瓣电平要比远的高，所以副瓣电平通常是指第一副瓣电平。一般要求副瓣电平尽可能低。

主瓣最大辐射方向上的功率密度与后瓣最大辐射方向上的功率密度之比，称为**前后比**(Front-to-rear Ratio)，通常也用分贝(dB)表示。前后比越大，天线辐射的电磁能量越集中于主辐射方向。同时,方向图也可以在三维空间中绘制,如图9.7所示。

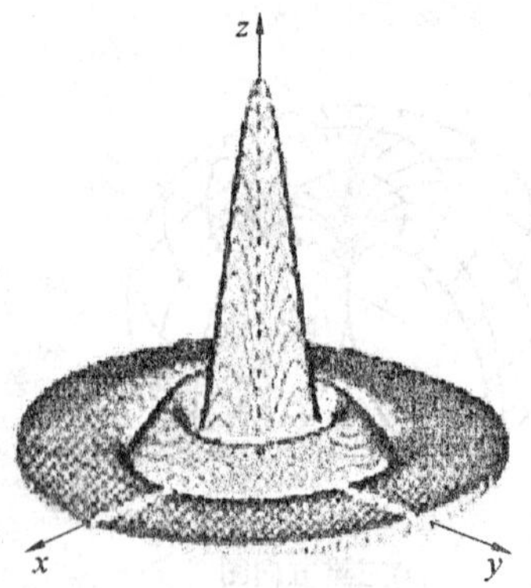

图9.7 三维空间上方向图

9.4.2 方向性系数

为了从数量上说明天线辐射功率的集中程度,可用方向性系数来衡量。一般方向性系数有两种定义方式。第一种为:在相等的辐射功率下,天线在其最大辐射方向上产生的功率密度与理想的无方向性天线在同一点产生的功率密度之比,即

$$D = \left.\frac{S_{\max}}{S_0}\right|_{P_r = P_{r0}} = \left.\frac{|E_{\max}|^2}{|E_0|^2}\right|_{P_r = P_{r0}} \tag{9.25}$$

式中,$S_{\max}$ 和 $E_{\max}$ 分别表示被研究天线最大辐射方向上的功率密度和电场强度有效值;S_0 和 E_0 分别表示理想无方向性天线的辐射功率密度和电场强度有效值。

另一种为:在天线最大辐射方向上产生相等电场强度的条件下,理想的无方向性天线所需的辐射功率 P_{r0} 与被研究天线的辐射功率 P_r 之比,即

$$D = \left.\frac{P_{r0}}{P_r}\right|_{|E_{\max}| = |E_0|} \tag{9.26}$$

对于被研究的天线,其辐射功率等于在半径为 r 的球面上对功率密度进行面积分

$$P_r = \oint_S S_{av} \cdot \mathrm{d}S = \oint_S \frac{|E(\theta,\varphi)|^2}{\eta_0}\mathrm{d}S = \frac{|E_{\max}|^2 r^2}{120\pi}\int_0^{2\pi}\int_0^{\pi} F^2(\theta,\varphi)\sin\theta\,\mathrm{d}\theta\mathrm{d}\varphi \tag{9.27}$$

对于理想的无方向性天线,因其在空间各个方向上具有相同的辐射,故其辐射功率为

$$P_{r0} = 4\pi r^2 S_0 = 4\pi r^2\frac{|E_0|^2}{120\pi} = \frac{|E_0|^2 r^2}{30} \tag{9.28}$$

由式(9.27)和式(9.28),再考虑辐射功率相同的条件,即 $P_r = P_{r0}$,则根据式(9.25)得

$$D = \left.\frac{|E_{\max}|^2}{|E_0|^2}\right|_{P_r = P_{r0}} = \frac{4\pi}{\int_0^{2\pi}\int_0^{\pi} F^2(\theta,\varphi)\sin\theta\,\mathrm{d}\theta\mathrm{d}\varphi} \tag{9.29}$$

若 $F(\theta,\varphi) = F(\theta)$,即天线方向图轴对称(与 φ 无关)时,则

$$D = \frac{2}{\int_0^{\pi} F^2(\theta)\sin\theta\,\mathrm{d}\theta} \tag{9.30}$$

主瓣越窄,分母积分越小,因而 D 越大;反之 D 越小。

例9.3 计算电基本振子的方向性系数。

解 对于电偶极子,其 $F(\theta) = \sin\theta$,用式(9.30)计算得

$$D = \frac{4\pi}{2\pi\int_0^{\pi}\sin^3\theta\,\mathrm{d}\theta} = \frac{2}{\int_0^{\pi}(1-\cos^2\theta)\sin\theta\,\mathrm{d}\theta} = 1.5$$

这就是说,辐射功率为1 W的电基本振子沿最大辐射方向的辐射强度恰好等于辐射功率为1.5 W的理想点源的辐射强度。理想点源是一种假想的理论模型,它向着全空间均匀地辐射。

例9.4 在磁偶极子所在平面上距离 $r = 10$ km(远处)某点测得其电场强度有效值为5 mV/m,问其辐射功率多大?若采用无方向性天线发射,则需多大辐射功率?

解 由式(9.27)知:

$$P_r/\mathrm{W} = \frac{|E_{\max}|^2 r^2}{30D} = \frac{(5\times10^{-3})^2 \times (10\times10^3)^2}{30\times1.5} = 55.6$$

若采用无方向性天线发射,则

$$P_{ro}/\mathrm{W} = DP_r = 1.5\times55.6 = 83.4$$

9.4.3 辐射效率

天线的辐射效率(Radiation Efficiency)表征天线能否有效地转换能量,定义为天线的辐射功率与输入到天线上的功率(输入功率)之比

$$\eta_r = \frac{P_r}{P_{in}} = \frac{P_r}{P_r + P_L}$$

式中,P_L 表示天线的总损耗功率。通常,发射天线的损耗功率包括天线导体中的热损耗、介质材料的损耗、天线附近物体的感应损耗等。

如果把天线向外辐射的功率看做被某个电阻 R_r 所吸收,该电阻称为**辐射电阻**(Radiation Resistance)。与此相似,也把总损耗功率看做被某个损耗电阻 R_L 所吸收,则有

$$P_r = I^2 R_r, P_L = I^2 R_L$$

故天线的辐射效率可表示为

$$\eta_r = \frac{P_r}{P_{in}} = \frac{P_r}{P_r + P_L} = \frac{R_r}{R_r + R_L} \tag{9.31}$$

可见,要提高天线效率,应尽可能地提高辐射电阻和降低损耗电阻。

大多数微波天线的损耗电阻都很小,辐射效率可接近1。但对于频率很低的长、中波天线,除天线本身的损耗外,还有大地中感应电流所引入的等效损耗,使损耗电阻增大;又因波长较长,而天线的 l/λ 较小,使辐射电阻减小,这样导致其辐射效率很低。

9.4.4 增益

天线增益(Gain)定义为天线在最大辐射方向上远区某点的功率密度与输入功率相同的无方向性天线在同一点的功率密度之比,即

$$G = \left.\frac{S_{\max}}{S_0}\right|_{P_{in}\text{相同}} = \left.\frac{|E_{\max}|^2}{|E_0|^2}\right|_{P_{in}\text{相同}} \tag{9.32}$$

增益也可定义为:在天线最大辐射方向上某点产生相等电场强度的条件下,理想的无方向性天线所需要的输入功率 P_{ino} 与某天线所需要的输入功率 P_{in} 之比,即

$$G = \frac{P_{ino}}{P_{in}}\bigg|_{E\text{相同}} \tag{9.33}$$

比较式(9.33)和式(9.26)可见,增益系数和方向性系数的计算式差别在于增益系数用输入功率计算,而方向性系数用辐射功率计算。考虑到辐射效率的定义关系 $P_r = \eta_r P_{in}$ 以及理想无方向性天线的效率 η_{ro} 一般被认为是1,故

$$G = \frac{P_{ino}}{P_{in}}\bigg|_{E\text{相同}} = \frac{P_{ro}/\eta_{ro}}{P_r/\eta_r}\bigg|_{E\text{相同}} = \eta_r D \tag{9.34}$$

由此可见,天线增益是天线方向性系数和辐射效率这两个参数的结合。只有当天线的D值大,辐射效率也高时,天线的增益才较高。对于微波天线,由于辐射效率很高,天线增益和方向性系数差别不大,这两个术语往往是混用的。增益比较全面地表征了天线的性能,通常用分贝来表示增益,即令

$$G/\text{dB} = 10\lg G$$

9.4.5 输入阻抗

天线与馈线相连接,欲使天线能从馈线获得最大功率,就必须使天线和馈线良好匹配,即要使天线的输入阻抗与馈线的特性阻抗相等。天线的**输入阻抗**(Input Impedance)是指天线输入端的高频电压与输入端的高频电流之比,可表示为

$$Z_{in} = \frac{U_{in}}{I_{in}} = R_{in} + jX_{in} \tag{9.35}$$

9.4.6 极化

天线的**极化**(Polarization)特性是以天线辐射的电磁波在最大辐射方向上电场强度矢量的空间取向来定义的,分为**线极化**(Linear Polarization)、**圆极化**(Circular Polarization)和**椭圆极化**(Elliptical Polarization)。线极化又分为**水平极化**(Horizontal Polarization)和**垂直极化**(Vertical Polarization);圆极化又分**左旋圆极化**(Left-hand Circular Polarization)和**右旋圆极化**(Right-hand Circular Polarization)。

9.5 线天线与线天线阵

辐射体由横截面半径远小于波长的金属导体构成的天线,称为**线天线**(Linear Antenna)。线天线的横向尺寸较其纵向尺寸小得多,线天线上沿线纵向分布有电流或磁流。根据其电流或磁流的分布情况,线天线又可分为**振子天线**(Element Antenna)与**行波天线**(Traveling-Wave Antenna)两大类。

9.5.1 对称振子天线

以上讨论的电基本振子和磁基本振子只是组成天线的基本单元,不是实用的天线。这一节我们讨论一种既简单又应用广泛的线天线——**对称振子天线**(Symmetric Element Antenna)。对称线天线由两根长度相等的细导线一字排列,两导线的中间两端点作为输

入馈电端，如图9.8所示。

设对称振子沿 z 轴放置，振子中心位于坐标原点，从振子中心馈电，一臂长度为 l，全长 $2l$，圆柱导体的半径为 a。

对 $a \ll \lambda$ 的振子，若忽略因辐射而引起的电流分布的改变，其沿线电流近似于正弦分布：

$$I(z) = I_m \sin[k(l - |z|)] \quad (9.36)$$

式中，I_m 为电流驻波的波腹电流，即电流最大值；相移常数 $k = 2\pi/\lambda$。

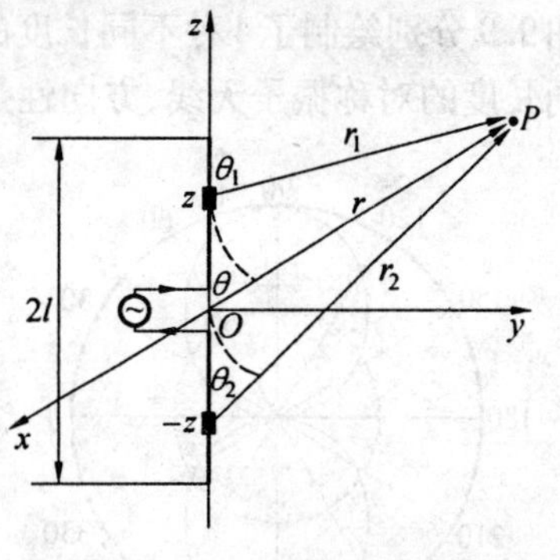

图9.8　臂长为 l 的对称振子天线

有了电流分布，便可以利用叠加原理来求出对称振子的远区场。把对称振子分解成许多小电流元，每个小电流元 $I\mathrm{d}z$ 就是一个电偶极子，其远区辐射电场强度由式(9.10a)得出：

$$\boldsymbol{E} = \boldsymbol{e}_\theta E_\theta = \mathrm{j}\frac{I\mathrm{d}z}{2\lambda r}\eta \sin\theta \boldsymbol{e}_\theta \cdot \mathrm{e}^{-\mathrm{j}kr}$$

式中，r 为小电流元 $I\mathrm{d}z$ 到场点的距离。

为便于计算，我们在振子两臂上点 $+z$ 和 $-z$ 处各取小电流元 $I\mathrm{d}z$，如图9.8所示。在自由空间中，振子上、下臂上的小电流元的远区场分别为

$$\mathrm{d}E_{\theta_1} = \mathrm{j}\frac{I(z)\mathrm{d}z}{2\lambda_0 r_1}\eta \sin\theta_1 \cdot \mathrm{e}^{-\mathrm{j}kr_1}$$

$$\mathrm{d}E_{\theta_2} = \mathrm{j}\frac{I(z)\mathrm{d}z}{2\lambda_0 r_2}\eta \sin\theta_2 \cdot \mathrm{e}^{-\mathrm{j}kr_2}$$

由于考虑远区场，因 $r \gg l$，θ_1、θ_2 可以用 θ 来代替，分母 r_1、r_2 用 r 代替，即可忽略对称振子上各小电流元 $I\mathrm{d}z$ 到场点距离不同对远区场辐射的影响。但是，决定远区场的相位因子中的 r_1、r_2 不能用 r 代替，因为各小电流元 $I\mathrm{d}z$ 到场点的距离差可达若干波长，与波长相比是不能忽略的，它将引起显著的相位场。

$$r_1 \approx r - |z|\cos\theta, r_2 \approx r + |z|\cos\theta$$

于是两个小电流元的远区场之和为

$$\mathrm{d}E_\theta = \mathrm{d}E_{\theta_1} + \mathrm{d}E_{\theta_2} = \mathrm{j}\frac{I(z)\mathrm{d}z}{2\lambda_0 r}\eta \sin\theta \cdot \left[\mathrm{e}^{-\mathrm{j}k(r-|z|\cos\theta)} + \mathrm{e}^{-\mathrm{j}k(r+|z|\cos\theta)}\right]$$

将 $\mathrm{d}E_\theta$ 从0到 l 对 z 积分，得到对称振子的辐射场

$$E_\theta = \mathrm{j}\frac{60I_m}{r}\left[\frac{\cos(kl\cos\theta) - \cos kl}{\sin\theta}\right]\mathrm{e}^{-\mathrm{j}kr} \quad (9.37)$$

其远区磁场与电场的关系仍为

$$H_\varphi = E_\theta / 120\pi \quad (9.38)$$

上式结果表明，对称振子远区场的特点与电基本振子相似。

(1) 场的方向。电场只有 E_θ 分量，磁场只有 H_φ 分量，是横电磁波。

(2) 场的相位。是以振子中心为相位中心的球面波；磁场与电场同相。

(3) 场的振幅。与 r 成反比，与 I_m 成正比，并与场点的方向 θ 有关，即具有方向性。

图9.9分别绘制了4种不同长度的对称振子天线辐射场的E面方向图。可以看出,对于不同长度的对称振子天线,方向性是不同的,方向性随长度的增加变得越来越复杂。

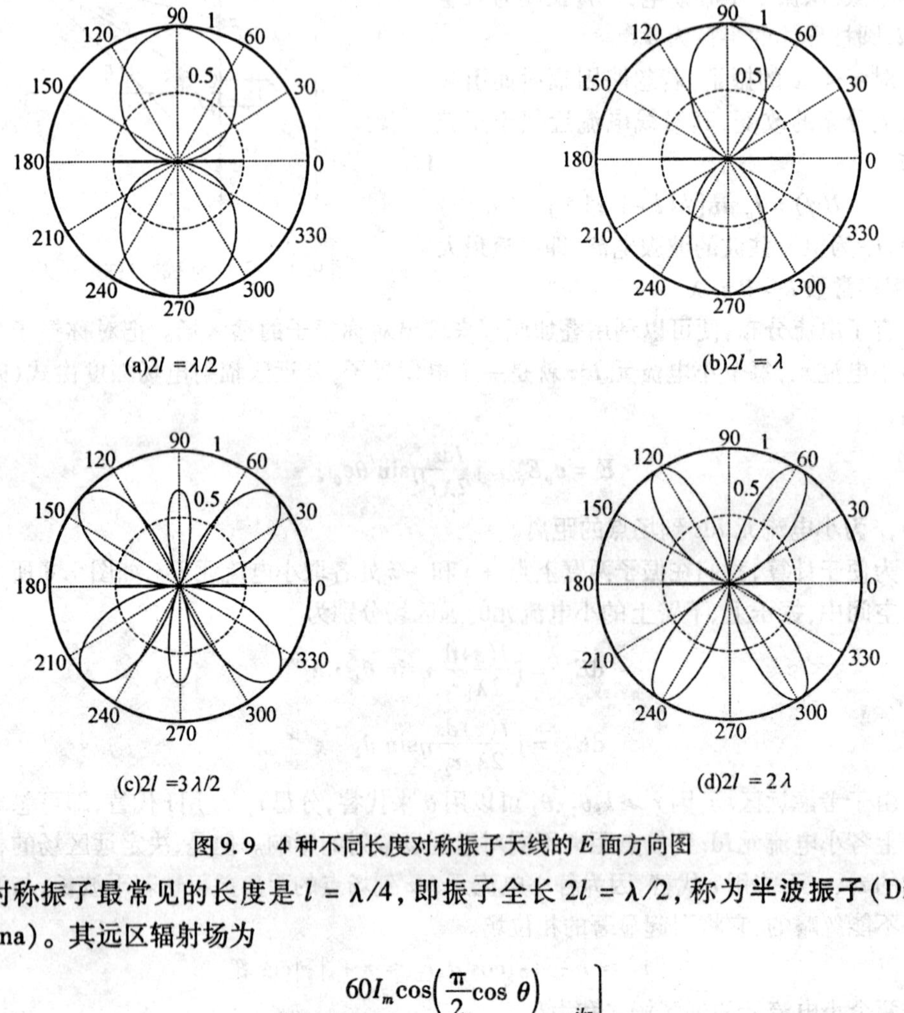

(a)$2l=\lambda/2$ (b)$2l=\lambda$

(c)$2l=3\lambda/2$ (d)$2l=2\lambda$

图9.9 4种不同长度对称振子天线的E面方向图

对称振子最常见的长度是$l=\lambda/4$,即振子全长$2l=\lambda/2$,称为半波振子(Dipole Antenna)。其远区辐射场为

$$\left.\begin{aligned} E_\theta &= \mathrm{j}\,\frac{60I_m\cos\left(\dfrac{\pi}{2}\cos\theta\right)}{r\sin\theta}\mathrm{e}^{-\mathrm{j}kr} \\ H_\varphi &= \frac{E_\theta}{\eta_0} \end{aligned}\right\} \tag{9.39}$$

其归一化方向性函数为

$$F(\theta)=\frac{\cos\left(\dfrac{\pi}{2}\cos\theta\right)}{\sin\theta} \tag{9.40}$$

将式(9.40)代入式(9.29),可以得到半波振子的方向性系数为

$$D=\frac{4\pi}{\int_0^{2\pi}\int_0^{\pi}F^2(\theta,\varphi)\sin\theta\,\mathrm{d}\theta\,\mathrm{d}\varphi}=1.64 \tag{9.41}$$

将式(9.39)代入式(9.27),可以得到半波振子的辐射功率为

$$P_r = \oint_S \boldsymbol{S}_{av} \cdot \mathrm{d}\boldsymbol{S} = \int_0^{2\pi}\int_0^{\pi} \frac{|E_\theta|}{\eta_0} r^2 \sin\theta \mathrm{d}\theta \mathrm{d}\varphi = 60 I_m^2 \int_0^{\pi} \frac{\left[\cos\left(\frac{\pi}{2}\cos\theta\right)\right]^2}{\sin\theta} \mathrm{d}\theta \quad (9.42)$$

辐射电阻为

$$R_r = \frac{2P_r}{I_m^2} = 60\int_0^{\pi} \frac{\cos^2\left(\frac{\pi}{2}\cos\theta\right)}{\sin\theta} \mathrm{d}\theta \approx 73\ \Omega \quad (9.43)$$

9.5.2　线天线阵原理

工程上需要天线具有高增益、高方向性，需要各种形状的方向图，有时需要方向图尖锐，有时需要方向图均匀，而前面介绍的天线很难满足这些要求，人们自然想起将许多天线放在一起构成一个**天线阵**(Antenna Arrays)。构成天线阵的单元天线称为**阵元**(Element)。阵的辐射特性取决于阵元的结构、数目、排列方式以及整个阵的电流振幅和相位分布等因素。

下面以 N 元阵为例，说明线天线阵的基本原理和特性。如果 N 元阵中相邻阵元间的间距相等，各个阵元上的电流振幅也相等，电流相位则按等差级数递增或递减，那么称此天线阵为 **N 元均匀直线阵**(Linear Arrays)，如图 9.10 所示。

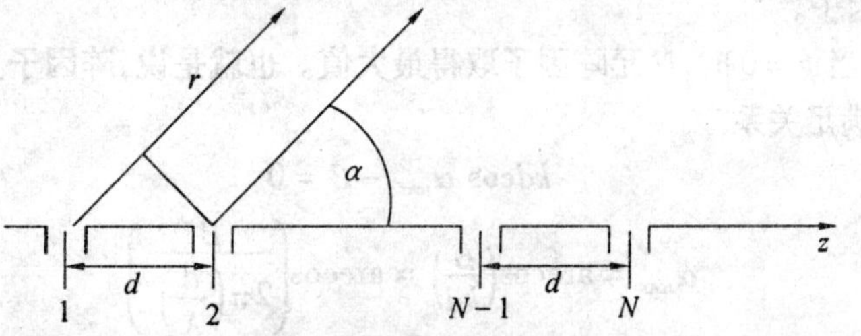

图 9.10　N 元均匀直线阵

设相邻阵元的间距为 d，各阵元上电流的振幅为 1，但相位自第一个阵元起依次超前一个相角 β，即

$$I_i = 1\mathrm{e}^{\mathrm{j}(i-1)\beta} \quad (i = 1, 2, \cdots, N)$$

由图9.10可见，各阵元在场点产生的辐射场存在相位差，阵元2的辐射场比阵元1的辐射场超前相位

$$\psi = kd\cos\alpha + \beta$$

式中，α 是 r 线和阵元中心连线(振轴线)的夹角。

同样，阵元 3 的辐射场比阵元 2 的辐射场超前相位 ψ，而比阵元 1 的辐射场超前相位 2ψ；以此类推。因此，N 元阵在场点产生的总电场强度为

$$\boldsymbol{E} = \boldsymbol{E}_1 + \boldsymbol{E}_2 + \cdots + \boldsymbol{E}_N = \boldsymbol{E}_1[1 + \mathrm{e}^{\mathrm{j}\psi} + \mathrm{e}^{\mathrm{j}2\psi} + \cdots \mathrm{e}^{\mathrm{j}(N-1)\psi}]$$

式中，$\boldsymbol{E}_1, \boldsymbol{E}_2, \cdots, \boldsymbol{E}_N$ 分别为阵元 $1, 2, \cdots, N$ 在场点所产生的远区辐射场。

利用等比级数求和公式，可得

$$|\boldsymbol{E}| = |\boldsymbol{E}_1| \left|\frac{1 - e^{jN\psi}}{1 - e^{j\psi}}\right| = |\boldsymbol{E}_1| \left|\frac{\sin\frac{N\psi}{2}}{\sin\frac{\psi}{2}}\right| = |\boldsymbol{E}_1| f_N(\psi) \tag{9.44}$$

式中,$f_N(\psi)$ 为 N 元均匀直线阵的**阵函数**(Array Pattern Function)或称**阵因子**,它仅与阵元在天线阵中的排列、激励电流的振幅和相位有关,而与阵元的结构尺寸和取向无关。

于是 N 元均匀直线阵的方向性函数为

$$F(\alpha) = f(\alpha) \cdot f_N(\alpha) \tag{9.45}$$

其中,$f(\alpha)$ 是阵元的方向性函数称为**阵元因子**,它取决于阵元本身的结构尺寸和取向,与天线阵的排列方式无关。

从式(9.45)可以看出,天线阵的方向性函数等于阵元天线的方向性函数乘以天线阵的阵函数,这就是天线阵方向性乘积定理。

在应用方向性乘积定理时应注意以下几点:

(1) 对于某一具体的天线元,例如半波对称振子,方向函数为 $f(\theta)$,其 θ 角是振子轴与射线之间的夹角。θ 不一定等于 α,θ 和此处所定义的 α 之间的关系与振子和阵的具体排列取向有关,因此,在应用方向性乘积定理时应将两者的坐标关系取得统一。

(2) 若令 $f(\alpha)=1$,即阵元为无方向性点源时,$F(\alpha)=f_N(\alpha)$,即整个天线阵列的方向函数就等于阵因子。

容易求出,当 $\psi=0$ 时,N 元阵因子取得最大值。也就是说,阵因子主瓣最大方向和阵轴的夹角 α_{max} 满足关系

$$kd\cos\alpha_{max} - \beta = 0 \tag{9.46}$$

即

$$\alpha_{max} = \arccos\left(\frac{\beta}{kd}\right) = \arccos\left(\frac{\beta}{2\pi\left(\frac{d}{\lambda}\right)}\right) \tag{9.47}$$

当 $\beta = 0$ 时,$\alpha_{max} = 90°$,主瓣指向和阵轴垂直的方向,为**侧射阵**;当 $\beta = 2\pi\frac{d}{\lambda}$ 时,$\alpha_{max} = 0$,主瓣指向阵轴方向,为**端射阵**。

图 9.11 分别给出了 $\beta=0$,$d=\frac{\lambda}{2}$,$N=2,4,8$ 三种不同阵元数的阵因子方向图。

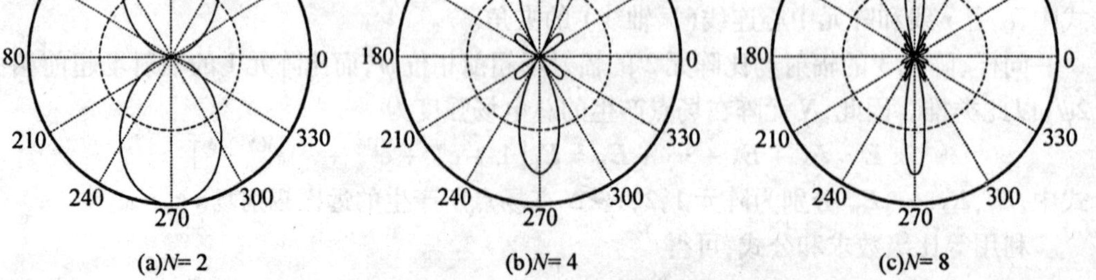

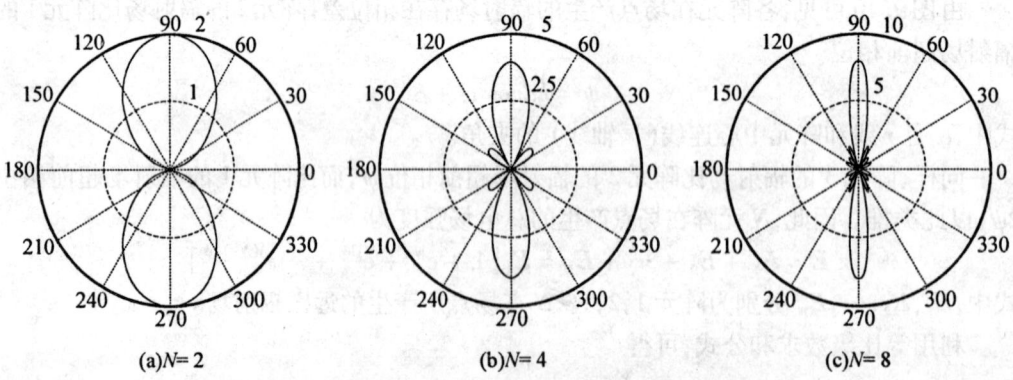

图 9.11 侧射阵 3 种不同阵元数的阵因子方向图

图9.12分别给出了$\beta=2\pi,d=\lambda,N=2,4,8$三种不同阵元数的阵因子方向图。可以看出,阵元数越多,主瓣就越窄,增益越大,副瓣越多。

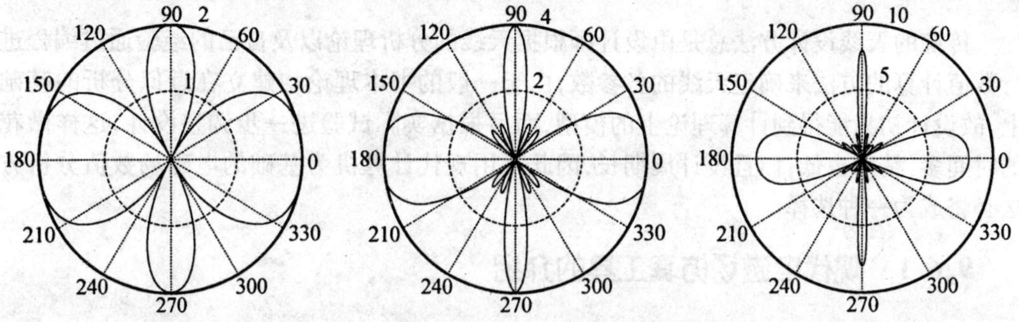

(a)$N=2$　(b)$N=4$　(c)$N=8$

图9.12　端射阵3种不同阵元数的阵因子方向图

如果天线阵的每个阵元都是相同的半波振子,那么由式(9.44)可知

$$|E_1|=\frac{60|I_m|}{r}\frac{\cos\left(\frac{\pi}{2}\cos\theta\right)}{\sin\theta}=\frac{60|I_m|}{r}\frac{\cos\left(\frac{\pi}{2}\cos\alpha\right)}{\sin\alpha}=\frac{60|I_m|}{r}f_1(\alpha)$$

此时,根据式(9.45)均匀直线阵的方向性函数为

$$F(\alpha)=f_1(\alpha)\cdot f_N(\psi)=\frac{\cos\left(\frac{\pi}{2}\cos\alpha\right)}{\sin\alpha}\cdot\left|\frac{\sin\frac{N\psi}{2}}{\sin\frac{\psi}{2}}\right| \tag{9.48}$$

图9.13给出了阵元为半波振子,$\beta=0,d=\frac{\lambda}{2},N=4$及$\beta=2\pi,d=\lambda,N=4$天线阵的$E$面图。

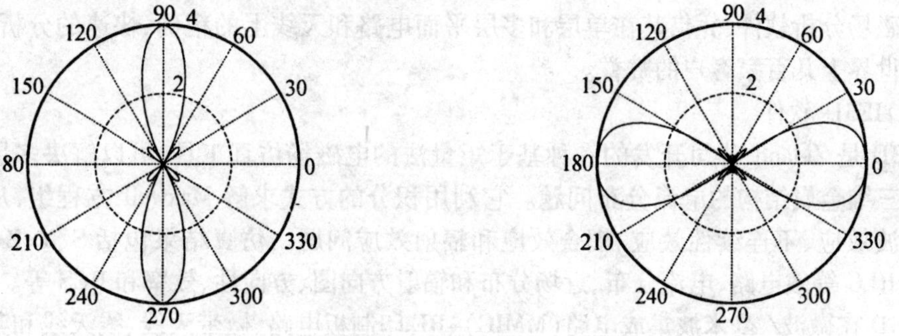

(a) $\beta=0,d=\frac{\lambda}{2},N=4$　(b) $\beta=2\pi,d=\lambda,N=4$

图9.13　阵元是半波振子的侧射阵和端射阵方向图

9.6 电磁场仿真工具在天线设计中的应用

传统的天线设计方法总是由设计师根据天线的分析理论以及自己的经验通过编程进行数值计算的方法来确定天线的各参数,由于一般的书本理论均建立在近似分析的基础上,故设计初只能得到计算理论上的模型,而后根据实际试验进一步调整设计,这样做花的时间多,精度也低,而且设计周期长,因此采用现代计算机为基础的电磁场数值分析方法必将成为一种选择。

9.6.1 现代电磁场仿真工具的介绍

1.基于矩量法的仿真软件

基于矩量法(MM)仿真软件主要包括 ADS(Advanced Design System)、Sonnet 电磁仿真软件、Zeland 公司的 IE3D、Microwave Office 和 Ansys 公司的 FEKO。

(1)ADS 软件

Agilent ADS 是美国安捷伦公司在 HP EESOF 系列软件基础上发展完善起来的大型综合设计软件,为系统和电路设计人员提供可开发各种形式射频设计的有力工具。该软件范围涵盖了小至元器件芯片,大到系统级的设计和分析。尤其可在时域或频域内实现对数字或模拟、线性或非线性电路的综合仿真分析与优化,并可对设计结果进行成品率分析与优化,提高了复杂电路的设计效率。

ADS 仿真软件在国内各大学和研究所已得到广泛的应用,是仿真软件中的佼佼者,可以完成对电路和场结构的仿真。

(2)Sonnet 软件

Sonnet 软件公司是全球领先的以电磁场技术为核心的电子设计自动化专业软件商,其主要业务是开发、推广并在技术上支持它的高端技术软件产品。Sonnet 公司开发的 3D 平面电磁场分析软件,凭借其在单层和多层平面电路和天线上的精确、快速的分析能力,赢得了世界上几百家客户的赞誉。

(3)IE3D 软件

IE3D 是 Zeland 公司开发的一种基于矩量法的电磁场仿真工具,可以解决多层介质环境下三维金属结构的电流分布问题。它利用积分的方式求解 Maxwell 方程组,从而解决电磁波效应、不连续性效应、耦合效应和辐射效应问题。仿真结果包括 S、Y、Z 参数、VSWR、RLC 等效电路、电流分布、近场分布和辐射方向图、方向性、效率和 RCS 等。

IE3D 在微波/毫米波集成电路(MMIC)、RF 印制板电路、微带天线、线天线和其他形式的 RF 天线、HTS 电路及滤波器、IC 的互联和高速数字电路封装方面是一个非常有用的工具。

(4)Microwave Office 软件

Microwave Office 软件是 Applied Wave Research 公司开发的高频电磁仿真软件,是通过“VoltaireXL”和“EMSight”两个模拟器来对微波平面电路进行模拟和仿真。其中,“EMSight”模拟器是一个三维电磁场模拟程序包,可用于平面高频电路和天线结构的分析。

(5)FEKO 软件

FEKO 是 Ansys 公司开发的以矩量法为核心算法的高频电磁仿真软件。由于其基于严格的积分方程方法,因此只要硬件条件许可,就可以求解任意复杂结构的电磁问题。

2. 基于时域有限差分法的仿真软件

基于时域有限差分的仿真软件包括 CST MICROWAVE STUDIO、FIDELITY、IMST Empire 和 CFDRC 仿真软件。

(1)CST MICROWAVE STUDIO 仿真软件

CST MICROWAVE STUDIO 是 Computer Simulation Technology 公司专门开发的高频电磁场问题 EDA 工具,是基于 PC 机 Windows 环境下的仿真软件,主要应用在复杂和更高频的谐振结构。

CST 通过散射参数把电磁场元件结合在一起,把复杂的系统分离成更小的子单元,通过对系统每一个单元行为的 S 参数的描述,可以进行快速的分析,并且降低系统所需的内存。CST 考虑了在子单元之间高阶模式的耦合,由于系统有效分割而没有影响系统的准确性。

CST MICROWAVE STUDIO 可以应用在仿真电磁场领域,分析大多数高频电磁场问题,包括移动通信、天线设计、信号完整性和电磁兼容(EMC)等。

(2)FIDELITY 仿真软件

FIDELITY 是 Zeland 公司开发的基于非均匀网格的时域有限差分方法的三维电磁场仿真软件,可以解决具有复杂填充介质求解域的场分布问题。仿真结果包括 S 、Y 、Z 参数、VSWR、RLC 等效电路、近场分布、坡印廷矢量和辐射方向图等。FIDELITY 可以分析非绝缘和复杂介质结构的问题。它在微波/毫米波集成电路(MMIC)、RF 印制板电路、微带天线、线天线和其他形式的 RF 天线、HTS 电路及滤波器、IC 的内部连接和高速数字电路封装、EMI 及 EMC 方面得到应用。

(3)IMST Empire 仿真软件

IMST Empire 是一种 3D 电磁场仿真软件,是基于 3D 的时域有限差分方法。它的应用范围从分析平面结构、互联、多端口集成到微波波导、天线、EMC 问题。Empire 基本覆盖了 RF 设计 3D 场仿真的整个领域。根据用户定义的频率范围,一次仿真运行就可以得到散射参数、辐射参数和辐射场图。对于结构的定义,3D 编辑器集成到 Empire 软件中。AutoCAD是流行的机械画图工具,可以在 Empire 环境中使用。监视窗口和动画可以给出电磁波现象,并获得准确结果。

(4)CFDRC 仿真软件

CFDRC 是 CFD Research Corporation 开发的一种基于时域有限差分法(FDTD)或基于磁矢量位的全隐式方法的三维仿真软件。此工具可以仿真电磁波传播、交调失真、辐射和电磁干扰,同时,提供重要的电路性能参数,如电容、电感、阻抗、S 参数、Y 参数等。建模工具提供标准的 EDA 输入(CIF,GDSII,DXF),使结构的建立变得非常容易。全波电磁仿真使用非结构的多面体网格可以解出三维任意形状的 Maxwell 方程的解。CFDRC 仿真软件通常使用在高保真电磁分析场合(射频微电子、EMI/ EMC、RF MEMS 器件、封装、天线、高密度互连、光子学),目前还应用于 RFMEMS 器件封装研究。

3. 基于有限元法的仿真软件

基于有限元法的典型仿真软件是 Ansoft HFSS 和 ANSYS Emax。

(1) Ansoft HFSS 软件

Ansoft HFSS 是美国 Ansoft 公司开发的一种三维结构电磁场仿真软件,可分析仿真任意三维无源结构的高频电磁场,并直接得到特征阻抗、传播常数、S 参数及电磁场、辐射场、天线方向图等结果。该软件被广泛应用于无线和有线通信、计算机、卫星、雷达、半导体和微波集成电路、航空航天等领域。

Ansoft HFSS 采用自适应网格剖分、ALPS 快速扫频、切向元等专利技术,集成了工业标准的建模系统,提供了功能强大、使用灵活的宏语言,直观的后处理器及独有的场计算器,可计算分析显示各种复杂的电磁场,并可利用 Optometric 对任意参数进行优化和扫描分析。

由于 Ansoft 公司进入中国市场较早,所以目前国内 HFSS 的使用者众多,特别是在各大通信技术研究单位、公司、高校非常普及。

(2) ANSYS Emax 软件

ANSYS Emax 是 ANSYS 公司的高频电磁场分析产品,应用领域包括射频/微波无源器件、射频/微波电路、电磁干扰与电磁兼容(EMI/EMC)、天线设计和目标识别。

ANSYS/Emax 支持有限元计算区域所有结果的静态和动画显示,包含电磁场强度、品质因素、S 参数、电压、特征阻抗、雷达截面积(RCS)、模型区域的远场和近场、天线方向图、焦耳热损耗等。

9.6.2 天线仿真实例

1. Agilent HFSS 软件仿真微带天线

天线模型:天线为微带贴片天线,馈电方式为 50 Ω 同轴线底馈,中心频率 3 GHz,基片采用 Duroid 材料 $\varepsilon_r=2.33$,尺寸 56 mm×52 mm×3.175 mm,贴片尺寸 30 mm×30 mm,馈电点距贴片中心 7 mm 处,如图 9.14 所示。

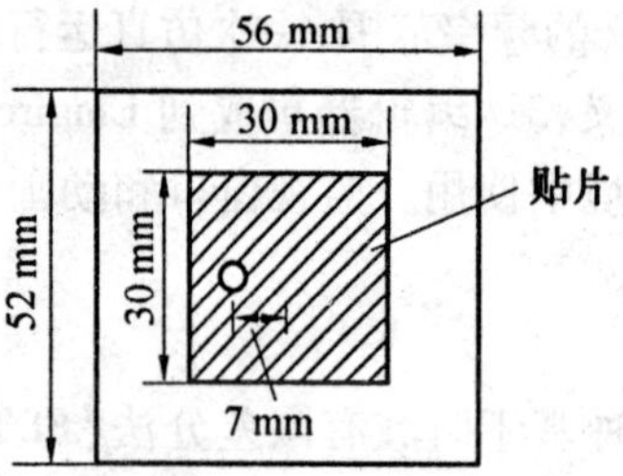

(a) 顶视图

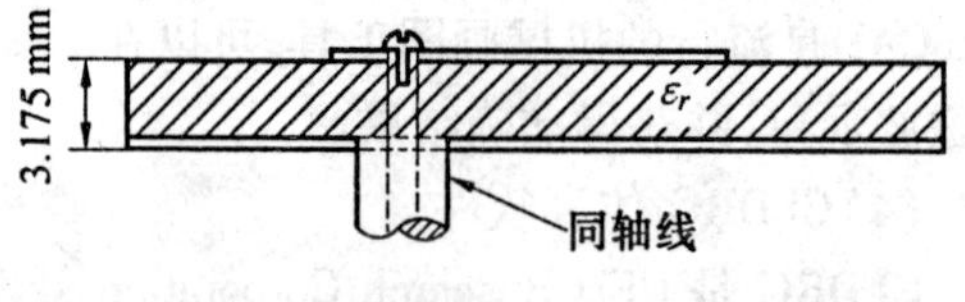

(b) 侧视图

图 9.14 微带天线模型

用 HFSS 模拟天线,主要分 Draw Model、Assign Material、Define Boundary、Solve、Post Process 五个步骤。

(1) Draw Model

HFSS采用的是相当流行的AUTOCAD的ENGINE，因此绘制方法与AUTOCAD大同小异，这里不在赘述。可以分Air Box、Substrate Box、Coax Line、Patch几个部分画好模型，其中Coax Line包括内导体（圆柱）及外层介质及外导体（环柱）；Patch为一平面矩形；Air Box、Substrate Box为长方体。

同时，由于基板，同轴线之间会有重叠，所以应用3D OBJECTS菜单中的Subtract命令将重叠部分减去。

(2) Assign Material

由于在Draw Model时并没有指定各组成部分的材质，因在此予以统一说明，详见图9.15。

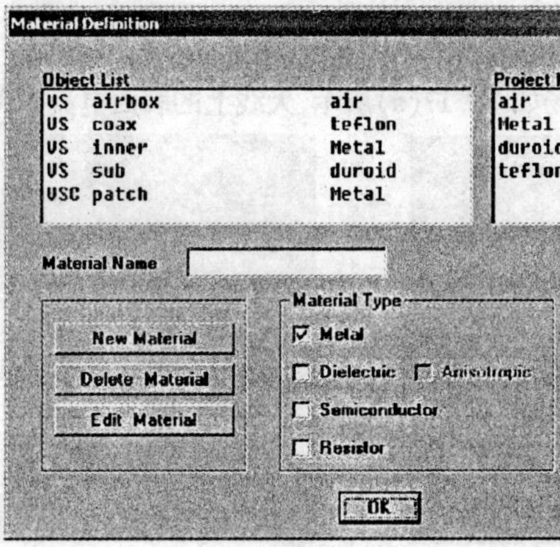

图9.15　模型各部分材料标注图

(3) Define Boundary

HFSS中需要定义Port、Perfect E、Perfect H、Ground Plane以及重要的RADIATION边界（即电磁能量的辐射面）。按照天线设计要求，定义各边界如下：

Air Box的各个界面为RADIATION边界；基板底面为GROUND PLANE（接地面）；Port位于同轴线下端。同时，由于HFSS要求接地面与OUTER SPACE完全接触，否则无法模拟，所以应将Sub与Coax的相交面定义为DEFAULT界面（相当于将这一块平面从接地面上挖去）。其中Brick为RADIATION，Honey Comb为METEL。至此，天线建模部分已经全部完成，以下进入Solve阶段。

(4) Solve

HFSS中可以设置Fast Freq Sweep（速度较快）及Discrete Freq Sweep（精度较高），这里选用后者，从0.1～5 GHz，以0.1 GHz为步长进行扫描。

(5) Post Process

在Post Process中，可以对解出的结果进行绘图，以获得直观的可视效果。HFSS有3D作图功能，可以直观的绘制出场分布以及远区场的立体图。

S11参数图如图9.16所示，中心频率恰好在3.0 GHz处，与设计要求完全相符。频带较窄，这是普通微带天线的通病。

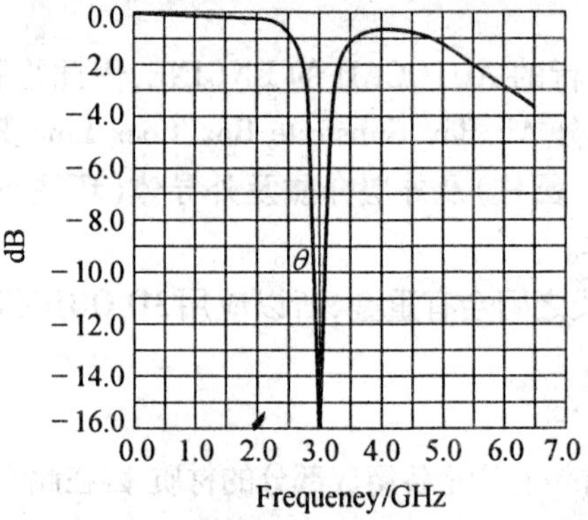

图 9.16 S11 参数图

中心频率 3.0 GHz 时的远区场如图9.17(a)所示,天线上的表面电流如图 9.17(b)所示。

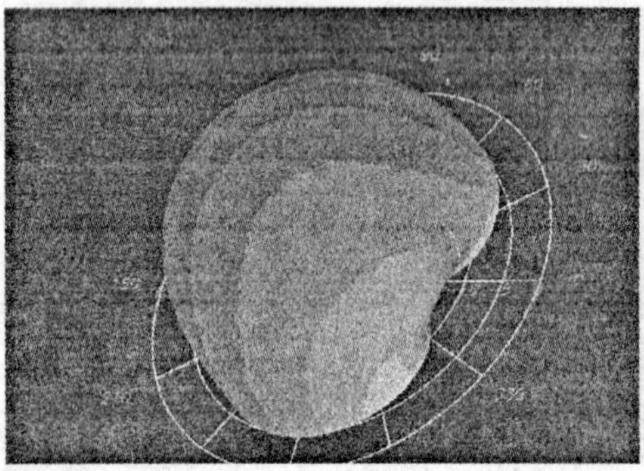

(a) 3D 远区场图

(b)表面电流图

图 9.17 仿真结果图

该天线其他参数如图 9.18 所示。增益、方向性均在可以接受的范围内,其他频率点的参数均以计算出,限于篇幅,不在此列出。

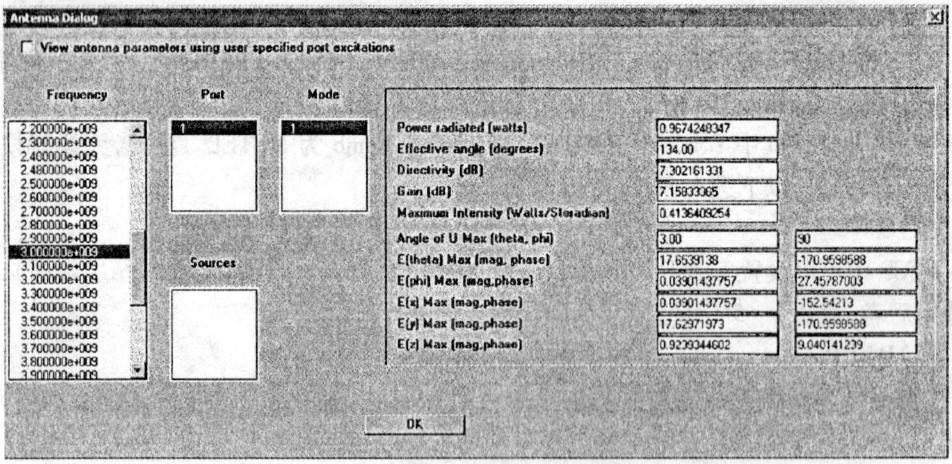

图 9.18 天线其他参数图

2. CST2006 软件仿真半波振子天线阵

天线阵模型：天线阵的工作频率为30 GHz，天线阵元为半波振子，阵元数为5，阵元间隔为1/4工作波长。每个阵元输入幅值相同，相差分别为0°和90°，如图9.19所示。

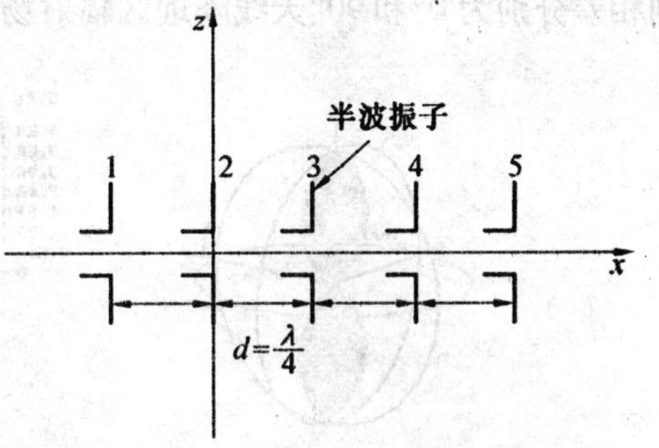

图9.19 天线阵模型

用CST模拟仿真该天线阵，主要分为Structure Generation、Mesh Settings、Solver Setup、Post Processing四个步骤。

（1）Structure Generation

天线阵的每个阵元都是半波振子，首先利用CST中的绘制圆柱形的命令绘制单个阵元，材料选取PEC，然后利用平行移动命令得到天线阵结构，如图9.20所示。

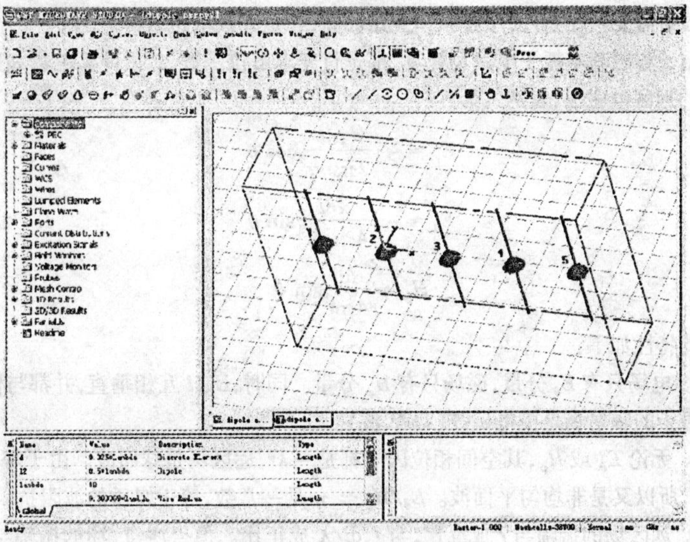

图9.20 CST天线阵模型

（2）Mesh Settings

天线的工作波长为10 mm，尺寸较小。为了获得更加精确的结果，增加单位波长的网格数，本例中设置为30。同时在Specials中，Refinement选项卡中设置PEC边界系数为6，这个系数越大在PEC的边界上网格划分越细。

（3）Solver Setup

天线的仿真一般利用时域仿真器。在仿真之前，在远区场监视器中设置监视频率，理论上该值应该设定为30 GHz，但在实际的仿真中在27.18 GHz时，辐射性能最好。所以，在实际中监视器中设置的频率为27.18 GHz。同时，为了得到最后天线阵的远区场，仿真中对4个端口都进行仿真。

（4）Post Processing

仿真结束后，得到每个阵元在27.18 GHz的远区场。为了得到整个阵的远区场，在

CST Results 选项卡中进行 Combine Results 计算。在这里可以设置阵元的幅度和相位，得到相差分别为 0°和 90°天线阵远区辐射场三维图，如图 9.21 所示。

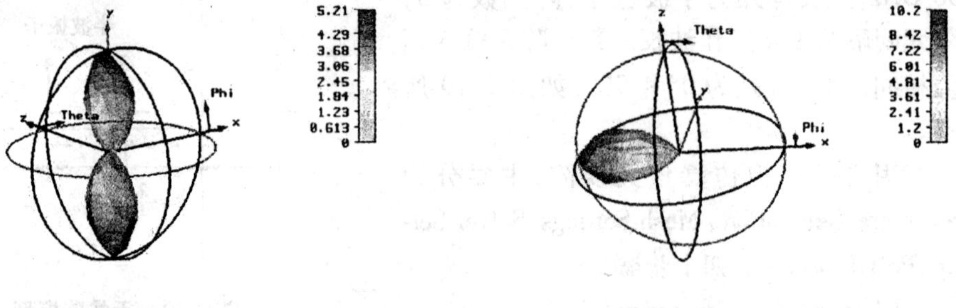

(a)相差 0°　　(b)相差 90°

图 9.21　天线阵远区辐射场三维图

本章小结

（1）电磁波辐射需要两个条件，一是频率要足够高，二是开放电路结构。

（2）电基本振子和磁基本振子电磁场计算，都是首先求解位函数，然后计算电场和磁场。

电基本振子的远区电磁场，表达式为

$$E_r \approx -\mathrm{j}\frac{Idl}{2\pi\omega\varepsilon r^3}\cos\theta$$

$$E_\theta \approx -\mathrm{j}\frac{Idl}{4\pi\omega\varepsilon r^3}\sin\theta$$

$$H_\varphi \approx \frac{Idl}{4\pi r^2}\sin\theta$$

电基本振子的特性如下：

① 场的方向。电场只有 E_θ 分量，磁场只有 H_φ 分量。同时，$\boldsymbol{E}$、$\boldsymbol{H}$ 互相垂直，并都与传播方向 $\boldsymbol{e}_r$ 相垂直。因此电基本振子的辐射场是横电磁波（TEM 波）。

② 场的相位。无论 E_θ 或 H_φ，其空间相位因子都是 $-kr$，远区场是球面波。由于等相位面上任意点的 $\boldsymbol{E}$、$\boldsymbol{H}$ 振幅不同，所以又是非均匀平面波。$E_\theta/H_\varphi=\eta$ 是一常数，等于媒质的波阻抗。

③ 场的振幅。远区场的振幅与 r 成反比，与 I、dl/λ 成正比。值得注意，场的振幅与电长度 dl/λ 有关，而不是仅与几何尺寸 dl 有关。

④ 场的方向性。远区场的振幅还正比于 $\sin\theta$，在垂直于天线轴的方向（$\theta=90°$），辐射场最大；沿着天线轴的方向（$\theta=0°$），辐射场零。这说明电基本振子的辐射具有方向性，这种方向性是天线的一个主要特性。

磁基本振子的远区辐射场：

$$H_\theta=-\frac{ISk^2}{4\pi r}\sin\theta\cdot e^{-jkr}=-\frac{\pi IS}{\lambda^2 r}\sin\theta\cdot e^{-jkr}$$

$$E_\varphi=\frac{ISk^2}{4\pi r}\eta\sin\theta\cdot e^{-jkr}=\frac{\pi IS}{\lambda^2 r}\eta\sin\theta\cdot e^{-jkr}=-\eta H_\theta$$

磁基本振子的远区辐射场具有以下特点：

① 磁基本振子的辐射场也是 TEM 非均匀球面波。

② $E_\varphi/(-H_\theta)=\eta$。

③ 电磁场与 $1/r$ 成正比。

④ 与电基本振子的远区场比较，只是 $\boldsymbol{E}$、$\boldsymbol{H}$ 的取向互换，远区场的性质相同。

(3) 辐射和接收电磁能量的装置称为天线。天线的方向性函数、方向性系数、辐射效率、增益系数和极化形式等参数，可以衡量天线的辐射和接收性能。

(4) 辐射体由横截面半径远小于波长的金属导体构成的天线，称为线天线。对称振子天线是线天线的典型实例。

(5) 将许多天线放在一起构成一个天线阵。天线阵的方向图与每个天线的类型、馈电电流的大小和相位有关。线天线阵方向图满足乘积原理。

(6) 目前，RF 和微波 EDA 仿真软件已从单一的仿真工具向多重仿真工具发展，即 EDA 仿真软件将集电磁仿真、集成电路仿真、电路板的制作为一体。

习　题

9.1　已知某电流元的 $\Delta z = 10$ m，$I_0 = 35$ A，$f = 10^6$ Hz，求它的辐射功率和辐射电阻。

9.2　一个半波天线辐射 1 kW 的功率，计算它在赤道上 1 km 远处的电场强度，设 $\lambda \leqslant 1$ km。

9.3　若振荡频率为 50 Hz 和 50 MHz，问在距电基本振子一个波长远处，辐射场与感应场振幅之比为多少？

9.4　一天线位于原点，周围媒质为空气，已知远区场

$$E_\theta = \frac{100}{r}\sin\theta \mathrm{e}^{-\mathrm{j}2\pi r/\lambda}\ \mathrm{V/m}$$

求辐射功率 P_{r0}。

9.5　已知天线中心处的电流是 100 A，试求水平面上（$\theta = 90^\circ$）离天线 1 km 处的电场强度。设频率为 $f = 10$ MHz，而电线是：

(1) $\mathrm{d}l = 0.5$ m 的电基本振子天线；

(2) 对称半波天线。

9.6　（2001 年哈尔滨工业大学硕士研究生入学考试《电磁场与电磁波》试题）

电基本振子天线的辐射场为

$$\boldsymbol{H} = \boldsymbol{e}_\theta \frac{\pi IS}{\lambda^2 r}\sin\theta \mathrm{e}^{-\mathrm{j}kr}$$

求(1) 辐射功率 p_r；(2) 方向性系数 D；(3) 增益 G。

9.7　（2002 年哈尔滨工业大学硕士研究生入学考试《电磁场与电磁波》试题）

已知自由空间半波天线的辐射场为：

$$E_\theta = \mathrm{j}\frac{60I_m}{r}\left[\frac{\cos(\frac{\pi}{2}\cos\theta)}{\sin\theta}\right]\mathrm{e}^{-\mathrm{j}kr}$$

试求：(1) 方向性函数，并说明最大辐射方向；(2) 辐射功率；(3) 辐射电阻。

（已知 $\int_0^\pi \dfrac{\cos^2\left(\dfrac{\pi}{2}\cos\theta\right)}{\sin\theta}\mathrm{d}\theta = 1.218$）

附录

APPENDIX

附录 I　三维正交曲线坐标系

1. 坐标的变换

若曲线坐标系 u_i 与直角坐标系 x_i 之间的关系是三个可微的连续单值函数，即

$$u_i = u_i(x_1, x_2, x_3) \quad (i = 1,2,3)$$

上式确定了自 x_i 坐标系到 u_i 坐标系的变换。u_i 的全微分可写为

$$\mathrm{d}u_i = \sum_{s=1}^{3} \frac{\partial u_i}{\partial x_s} \mathrm{d}x_s$$

上式可用矩阵表示为

$$\begin{bmatrix} \mathrm{d}u_1 \\ \mathrm{d}u_2 \\ \mathrm{d}u_3 \end{bmatrix} = \begin{bmatrix} \frac{\partial u_1}{\partial x_1} & \frac{\partial u_1}{\partial x_2} & \frac{\partial u_1}{\partial x_3} \\ \frac{\partial u_2}{\partial x_1} & \frac{\partial u_2}{\partial x_2} & \frac{\partial u_2}{\partial x_3} \\ \frac{\partial u_3}{\partial x_1} & \frac{\partial u_3}{\partial x_2} & \frac{\partial u_3}{\partial x_3} \end{bmatrix} \begin{bmatrix} \mathrm{d}x_1 \\ \mathrm{d}x_2 \\ \mathrm{d}x_3 \end{bmatrix} = [T] \begin{bmatrix} \mathrm{d}x_1 \\ \mathrm{d}x_2 \\ \mathrm{d}x_3 \end{bmatrix}$$

式中，$[T]$ 为变换矩阵。矩阵 $[T]$ 的行列式称为雅可比式，记为

$$J = |T| = \frac{\partial(u_1, u_2, u_3)}{\partial(x_1, x_3, x_3)} = \nabla u_1 \cdot \nabla u_2 \cdot \nabla u_3$$

当 $J \neq 0$ 时，有

$$\begin{bmatrix} \mathrm{d}x_1 \\ \mathrm{d}x_2 \\ \mathrm{d}x_3 \end{bmatrix} = \begin{bmatrix} \frac{\partial x_1}{\partial u_1} & \frac{\partial x_1}{\partial u_2} & \frac{\partial x_1}{\partial u_3} \\ \frac{\partial x_2}{\partial u_1} & \frac{\partial x_2}{\partial u_2} & \frac{\partial x_2}{\partial u_3} \\ \frac{\partial x_3}{\partial u_1} & \frac{\partial x_3}{\partial u_2} & \frac{\partial x_3}{\partial u_3} \end{bmatrix} \begin{bmatrix} \mathrm{d}u_1 \\ \mathrm{d}u_2 \\ \mathrm{d}u_3 \end{bmatrix} = [T]^{-1} \begin{bmatrix} \mathrm{d}u_1 \\ \mathrm{d}u_2 \\ \mathrm{d}u_3 \end{bmatrix}$$

式中，$[T]^{-1}$ 是 $[T]$ 的逆矩阵，即 $[T][T]^{-1} = I$，故

$$[T][\mathrm{d}x_i] = [\mathrm{d}u_i] = [T][T]^{-1}[\mathrm{d}u_i]$$

即

$$\sum_{s=1}^{3} \frac{\partial u_i}{\partial x_s} \frac{\partial x_s}{\partial u_r} = \delta_{ir}$$

或

$$\sum_{s=1}^{3} \frac{\partial x_i}{\partial u_s} \frac{\partial u_s}{\partial x_r} = \delta_{ir}$$

式中，δ_{ir} 是 δ 符号，即

$$\delta_{ir} = \begin{matrix} 1 & i = r \\ 0 & i \neq r \end{matrix}$$

u_1 = 常数，u_2 = 常数和 u_3 = 常数为三族曲线，三族曲线相交于三条曲线，称为坐标曲线。沿任一曲线只有一个 u_i 可以改变，例如沿 u_2 = 常数与 u_3 = 常数的相交曲线的变量是 u_1。

在三条坐标曲线的交点上，可用三个单位矢量 $\boldsymbol{e}_i$ 构成一个子直角坐标系，$\boldsymbol{e}_i$ 沿增值方向同三条坐标曲线相切，则当这三条坐标曲线处处相交为直角时就形成一个正交曲线坐标系。

2. 拉梅系数

一般说来，微分 $\mathrm{d}u_i$ 并不一定是沿着坐标曲线的弧长 $\mathrm{d}l_i$，只有用适当的系数 h_i 乘以 $\mathrm{d}u_i$ 后才得到弧长，即

$$\mathrm{d}l = \sum_{i=1}^{3} \boldsymbol{e}_i h_i \mathrm{d}u_i = \sum_{i=1}^{3} \boldsymbol{a}_i \mathrm{d}x_i$$

且

$$\mathrm{d}l^2 = \sum_{i=1}^{3} h_i^2 \mathrm{d}u_i^2 = \sum_{i=1}^{3} \mathrm{d}x_i^2$$

式中，$\boldsymbol{a}_i$ 是坐标系 x_i 的单位矢量；$\boldsymbol{e}_i$ 是正交曲线坐标系 u_i 的单位矢量。

u_i 沿弧长 l_i 的方向导数与梯度 ∇u_i 之间有

$$\frac{\mathrm{d}u_i}{\mathrm{d}l_i} = \nabla u_i \cdot \boldsymbol{e}_i$$

而 u_i 是正交曲线坐标系，故各坐标面相互垂直，即 ∇u_i 与 $\boldsymbol{e}_i$ 平行，故

$$\mathrm{d}l_i = \frac{\mathrm{d}u_i}{|\nabla u_i|} = h_i \mathrm{d}u_i$$

所以拉梅系数 h_i 为

$$h_i = |\nabla u_i|^{-1} = \left| \sum_{i=1}^{3} \left(\frac{\partial u_i}{\partial x_s} \right)^2 \right|^{-\frac{1}{2}}$$

而体积元为

$$\mathrm{d}v = h_1 h_2 h_3 \mathrm{d}u_1 \mathrm{d}u_2 \mathrm{d}u_3 = \frac{\mathrm{d}u_1 \mathrm{d}u_2 \mathrm{d}u_3}{|\nabla u_1||\nabla u_2||\nabla u_3|} = \frac{\mathrm{d}u_1 \mathrm{d}u_2 \mathrm{d}u_3}{J}$$

当已知 $x_j(u_1, u_2, u_3)$ 时，也可表示为

$$h_j^2 = \sum_{s=1}^{3} \left(\frac{\partial x_s}{\partial u_i} \right)^2$$

利用以上的关系,可求得最常用的几种正交曲线坐标系与直角坐标系之间的拉梅系数为圆柱坐标系

$$x=\rho\cos\varphi,\quad y=\rho\sin\varphi,\quad z=z$$
$$h_1=1,\quad h_2=P,\quad h_3=1$$

球坐标系

$$x=r\sin\theta\cos\varphi,\quad y=r\sin\theta\sin\varphi,\quad z=r\cos\theta$$
$$h_1=1,\quad h_2=r,\quad h_3=r\sin\theta$$

3. 曲线坐标中的梯度、散度和旋度

(1) 梯度

标量函数 $\phi(u_1,u_2,u_3)$ 的梯度为

$$\nabla\phi=\sum_{i=1}^{3}\frac{1}{h_i}\frac{\partial\phi}{\partial u_j}\boldsymbol{e}_i$$

圆柱坐标系 $\phi(\rho,\varphi,z)$

$$\nabla\phi=\boldsymbol{e}_P\frac{\partial\phi}{\partial\rho}+\boldsymbol{e}_\varphi\frac{1}{\rho}\frac{\partial\phi}{\partial\varphi}+\boldsymbol{e}_z\frac{\partial\phi}{\partial z}$$

球坐标系 $\phi(r,\theta,\varphi)$

$$\nabla\phi=\boldsymbol{e}_r\frac{\partial\phi}{\partial r}+\frac{1}{r}\boldsymbol{e}_\theta\frac{\partial\phi}{\partial\theta}+\frac{1}{r\sin\theta}\boldsymbol{e}_z\frac{\partial\phi}{\partial z}$$

曲线坐标系 u_i

$$\boldsymbol{A}=Au_1\boldsymbol{e}_1+Au_2\boldsymbol{e}_2+Au_3\boldsymbol{e}_3=\sum_{i=1}^{3}Au_i\boldsymbol{e}_i=$$
$$\sum_{i=1}^{3}\left(A_1h_i\frac{\partial u_i}{\partial x_1}+A_2h_i\frac{\partial u_i}{\partial x_2}+A_3h_i\frac{\partial u_j}{\partial x_3}\right)\boldsymbol{e}_i$$

(2) 散度

矢量 $\boldsymbol{A}$ 在曲线坐标系 u_i 中的散度可表示为

$$\nabla\cdot\boldsymbol{A}=\lim_{\Delta v\to 0}\frac{\oint\!\!\oint_s\boldsymbol{A}\cdot\mathrm{d}s}{\Delta v}=\frac{1}{h_1h_2h_3}\left[\frac{\partial}{\partial u_1}(h_2h_3Au_1)+\frac{\partial}{\partial u_2}(h_1h_3Au_2)+\frac{\partial}{\partial u_3}(h_2h_1Au_3)\right]$$

圆柱坐标系

$$\boldsymbol{A}=\boldsymbol{e}_\rho A_\rho+\boldsymbol{e}_\varphi A_\varphi+\boldsymbol{e}_zA_z$$
$$\nabla\cdot\boldsymbol{A}=\frac{1}{\rho}\left[\frac{\partial}{\partial\rho}(\rho A_\rho)+\frac{\partial}{\partial\varphi}(A_\varphi)+\frac{\partial}{\partial z}(\rho A_Z)\right]=$$
$$\frac{1}{\rho}\frac{\partial}{\partial\rho}(\rho A_\rho)+\frac{1}{\rho}\frac{\partial A_\varphi}{\partial\varphi}+\frac{\partial A_z}{\partial z}$$

球坐标系

$$\boldsymbol{A}=\boldsymbol{e}_rA_r+\boldsymbol{e}_\theta A_\theta+\boldsymbol{e}_\varphi A_\varphi$$
$$\nabla\cdot\boldsymbol{A}=\frac{1}{r^2\sin\theta}\left[\frac{\partial}{\partial r}(r^2\sin\theta A_r)+\frac{\partial}{\partial\theta}(r\sin\theta A_\theta)+\frac{\partial}{\partial\varphi}(rA_\varphi)\right]=$$

$$\frac{1}{r^2}\frac{\partial}{\partial r}(r^2 A_r)+\frac{1}{r\sin\theta}\frac{\partial}{\partial\theta}(\sin\theta A_\theta)+\frac{1}{r\sin\theta}\frac{\partial A_\varphi}{\partial\varphi}$$

(3) 旋度

矢量 $\boldsymbol{A}$ 在曲线坐标系 u_i 中的旋度可以表示为

$$\nabla\times\boldsymbol{A}=\frac{1}{h_1h_2h_3}\begin{vmatrix} h_1\boldsymbol{e}_1 & h_2\boldsymbol{e}_2 & h_3\boldsymbol{e}_3 \\ \dfrac{\partial}{\partial u_1} & \dfrac{\partial}{\partial u_2} & \dfrac{\partial}{\partial u_3} \\ h_1Au_1 & h_2Au_2 & h_3Au_3 \end{vmatrix}$$

圆柱坐标系

$$\nabla\times\boldsymbol{A}=\frac{1}{\rho}\begin{vmatrix} \boldsymbol{e}_\rho & \rho\boldsymbol{e}_\varphi & \boldsymbol{e}_z \\ \dfrac{\partial}{\partial\rho} & \dfrac{\partial}{\partial\varphi} & \dfrac{\partial}{\partial z} \\ A_\rho & PA_\varphi & A_z \end{vmatrix}$$

球坐标系

$$\nabla\times\boldsymbol{A}=\frac{1}{r^2\sin\theta}\begin{vmatrix} \boldsymbol{e}_r & r\boldsymbol{e}_\theta & r\sin\theta\boldsymbol{e}_\varphi \\ \dfrac{\partial}{\partial r} & \dfrac{\partial}{\partial\theta} & \dfrac{\partial}{\partial\varphi} \\ A_r & rA_\theta & r\sin\theta A_\varphi \end{vmatrix}$$

因为一个函数 ϕ 的拉普拉斯算符就是它的梯度的散度,故

$$\nabla^2\phi=\nabla\cdot\nabla\varphi=\frac{1}{h_1h_2h_3}\left[\frac{\partial}{\partial u_1}\left(\frac{h_2h_3}{h_1}\frac{\partial\phi}{\partial u_1}\right)+\frac{\partial}{\partial u_2}\left(\frac{h_3h_1}{h_2}\frac{\partial\phi}{\partial u_2}\right)+\frac{\partial}{\partial u_3}\left(\frac{h_1h_2}{h_3}\frac{\partial\phi}{\partial u_3}\right)\right]$$

圆柱坐标系

$$\nabla^2\phi=\frac{1}{\rho}\left[\frac{\partial}{\partial\rho}\left(\rho\frac{\partial\phi}{\partial\rho}\right)+\frac{\partial}{\partial\varphi}\left(\frac{1}{\rho}\frac{\partial\phi}{\partial\varphi}\right)+\frac{\partial}{\partial z}\left(\rho\frac{\partial\phi}{\partial z}\right)\right]=$$
$$\frac{1}{\rho}\frac{\partial}{\partial\rho}\left(\rho\frac{\partial\phi}{\partial\rho}\right)+\frac{1}{\rho^2}\frac{\partial^2\phi}{\partial\varphi^2}+\frac{\partial^2\phi}{\partial z^2}$$

球坐标系

$$\nabla^2\phi=\frac{1}{r^2\sin\theta}\left[\frac{\partial}{\partial r}\left(r^2\sin\theta\frac{\partial\phi}{\partial r}\right)+\frac{\partial}{\partial\theta}\left(\sin\theta\frac{\partial\phi}{\partial\theta}\right)+\frac{\partial}{\partial\varphi}\left(\frac{1}{\sin\theta}\frac{\partial\phi}{\partial\theta}\right)\right]=$$
$$\frac{1}{r^2}\frac{\partial}{\partial r}\left(r^2\frac{\partial\phi}{\partial r}\right)+\frac{1}{r^2\sin\theta}\frac{\partial}{\partial\theta}\left(\sin\theta\frac{\partial\phi}{\partial\theta}\right)+\frac{1}{r^2\sin^2\theta}\frac{\partial^2\phi}{\partial\varphi^2}$$

附录 Ⅱ 重要矢量分析公式

1. 梯度、散度、旋度和拉普拉斯公式

(1) 直角坐标系

$$\boldsymbol{A} = \boldsymbol{e}_x A_x + \boldsymbol{e}_y A_y + \boldsymbol{e}_z A_z$$

$$\nabla u = \boldsymbol{e}_x \frac{\partial u}{\partial x} + \boldsymbol{e}_y \frac{\partial u}{\partial y} + \boldsymbol{e}_z \frac{\partial u}{\partial z}$$

$$\nabla \cdot \boldsymbol{A} = \frac{\partial A_x}{\partial x} + \frac{\partial A_y}{\partial y} + \frac{\partial A_z}{\partial z}$$

$$\nabla \times \boldsymbol{A} = \begin{vmatrix} \boldsymbol{e}_x & \boldsymbol{e}_y & \boldsymbol{e}_z \\ \frac{\partial}{\partial x} & \frac{\partial}{\partial y} & \frac{\partial}{\partial z} \\ A_x & A_y & A_z \end{vmatrix}$$

$$\nabla^2 u = \frac{\partial^2 u}{\partial x^2} + \frac{\partial^2 u}{\partial y^2} + \frac{\partial^2 u}{\partial z^2}$$

(2) 圆柱坐标系

$$\boldsymbol{A} = \boldsymbol{e}_\rho A_r + \boldsymbol{e}_\varphi A_\varphi + \boldsymbol{e}_z A_z$$

$$\nabla u = \boldsymbol{e}_\rho \frac{\partial u}{\partial r} + \boldsymbol{e}_\varphi \frac{1}{\rho} \frac{\partial u}{\partial \varphi} + \boldsymbol{e}_z \frac{\partial u}{\partial z}$$

$$\nabla \cdot \boldsymbol{A} = \frac{1}{\rho} \frac{\partial}{\partial \rho}(\rho A_r) + \frac{1}{\rho} \frac{\partial A_\varphi}{\partial \varphi} + \frac{\partial A_z}{\partial z}$$

$$\nabla \times \boldsymbol{A} = \frac{1}{\rho} \begin{vmatrix} \boldsymbol{e}_\rho & \boldsymbol{e}_\varphi & \boldsymbol{e}_z \\ \frac{\partial}{\partial \rho} & \frac{\partial}{\partial \varphi} & \frac{\partial}{\partial z} \\ A_r & \rho A_\varphi & A_z \end{vmatrix}$$

$$\nabla^2 u = \frac{1}{\rho} \frac{\partial}{\partial \rho}\left(\rho \frac{\partial u}{\partial \rho}\right) + \frac{1}{\rho^2} \frac{\partial^2 u}{\partial \varphi^2} + \frac{\partial^2 u}{\partial z^2}$$

(3) 球坐标系

$$\boldsymbol{A} = \boldsymbol{e}_r A_r + \boldsymbol{e}_\theta A_\theta + \boldsymbol{e}_\varphi A_\varphi$$

$$\nabla u = \boldsymbol{e}_r \frac{\partial u}{\partial r} + \boldsymbol{e}_\theta \frac{1}{r} \frac{\partial u}{\partial \theta} + \boldsymbol{e}_\varphi \frac{1}{r\sin\theta} \frac{\partial u}{\partial \varphi}$$

$$\nabla \cdot \boldsymbol{A} = \frac{1}{r^2} \frac{\partial}{\partial r}(r^2 A_r) + \frac{1}{r\sin\theta} \frac{\partial}{\partial \theta}(\sin\theta A_\theta) + \frac{1}{r\sin\theta} \frac{\partial A_\varphi}{\partial \varphi}$$

$$\nabla \times \boldsymbol{A} = \frac{1}{r^2 \sin\theta} \begin{vmatrix} \boldsymbol{e}_r & r\boldsymbol{e}_\theta & r\sin\theta \boldsymbol{e}_\varphi \\ \frac{\partial}{\partial r} & \frac{\partial}{\partial \theta} & \frac{\partial}{\partial \varphi} \\ A_r & rA_\theta & r\sin\theta A_\varphi \end{vmatrix}$$

$$\nabla^2 u = \frac{1}{r^2}\frac{\partial}{\partial r}\left(r^2\frac{\partial u}{\partial r}\right) + \frac{1}{r^2\sin\theta}\frac{\partial}{\partial\theta}\left(\sin\theta\frac{\partial u}{\partial\theta}\right) + \frac{1}{r^2\sin^2\theta}\frac{\partial^2 u}{\partial\varphi^2}$$

2. 重要的矢量恒等式

$$\boldsymbol{A}\cdot(\boldsymbol{B}\times\boldsymbol{C}) = \boldsymbol{B}\cdot(\boldsymbol{C}\times\boldsymbol{A}) = \boldsymbol{C}\cdot(\boldsymbol{A}\times\boldsymbol{B})$$

$$\boldsymbol{A}\times(\boldsymbol{B}\times\boldsymbol{C}) = (\boldsymbol{A}\cdot\boldsymbol{C})\boldsymbol{B} - (\boldsymbol{A}\cdot\boldsymbol{B})\boldsymbol{C}$$

$$\nabla(u+v) = \nabla u + \nabla v$$

$$\nabla\cdot(\boldsymbol{A}+\boldsymbol{B}) = \nabla\cdot\boldsymbol{A} + \nabla\cdot\boldsymbol{B}$$

$$\nabla\times(\boldsymbol{A}+\boldsymbol{B}) = \nabla\times\boldsymbol{A} + \nabla\times\boldsymbol{B}$$

$$\nabla(uv) = u\nabla v + v\nabla u$$

$$\nabla\cdot(u\boldsymbol{A}) = u\nabla\cdot\boldsymbol{A} + \boldsymbol{A}\cdot\nabla u$$

$$\nabla\times(u\boldsymbol{A}) = u\nabla\times\boldsymbol{A} - \boldsymbol{A}\times\nabla u$$

$$\nabla(\boldsymbol{A}\cdot\boldsymbol{B}) = \boldsymbol{A}\times(\nabla\times\boldsymbol{B}) + (\boldsymbol{A}\cdot\nabla)\boldsymbol{B} + \boldsymbol{B}\times(\nabla\times\boldsymbol{A}) + (\boldsymbol{B}\cdot\nabla)\boldsymbol{A}$$

$$\nabla\cdot(\boldsymbol{A}\times\boldsymbol{B}) = \boldsymbol{B}\cdot(\nabla\times\boldsymbol{A}) - \boldsymbol{A}\cdot(\nabla\times\boldsymbol{B})$$

$$\nabla\times(\boldsymbol{A}\times\boldsymbol{B}) = (\boldsymbol{B}\cdot\nabla)\boldsymbol{A} - (\boldsymbol{A}\cdot\nabla)\boldsymbol{B} - \boldsymbol{B}(\nabla\cdot\boldsymbol{A}) + \boldsymbol{A}(\nabla\cdot\boldsymbol{B})$$

$$\nabla\cdot\nabla u = \nabla^2 u$$

$$\nabla\times\nabla u = 0$$

$$\nabla\cdot\nabla\times\boldsymbol{A} = 0$$

$$\nabla\times\nabla\times\boldsymbol{A} = \nabla(\nabla\cdot\boldsymbol{A}) - \nabla^2\boldsymbol{A}$$

$$\nabla\cdot(\nabla^2\boldsymbol{A}) = \nabla^2(\nabla\cdot\boldsymbol{A})$$

附录Ⅲ 第3章例题 MATLAB 程序

1. 例 3.4

```
%example 3-4 program
clc;clear;
epxl = 1/(36 * pi) *(1e-9);                                     %dielectric constant
Nmax = 100;                                                      %N = 100
h2 = input( 'The length of the line 2h(m) = ');
h = h2/2;                                                        %length of the line =h
Pl = input( 'The electric charge density pl(C/m) = '); %electric charge density=PI
fid=fopen('D:\YZXJF.doc','w+');                                  %open a doc file
fprintf(fid,'%-12s\t%-12s\t%-12s\t%-12s\t\n','Circular cylindrical coordinates of the
field points',' ','Number solution to |E|','Analytic solution to |E|');
fprintf(fid,'%-12s\t%-12s\t%-12s\t%-12s\t\n','p(m)','z(m)','(V/m)','(V/m)');
while (1)
    p = input('Coordinate p = ');                               %input the cylindrical coordinates
                                                                 of the field points
    if p <=0
        disp('p>=0!')
        break;
    end
    z = input('Coordinate z(m) = ');
    if (abs(z)<=h && p == 0)
        disp('The field point is not at the line!');
        break;
    end
%according to the numerical methods of integration to compile program
dz = h2/Nmax;
E = zeros (1, 2);
for n = 1: Nmax
      Zn = -h + (n-0.5) * dz;
      R2 = p^2 + (z - Zn)^2;
      R3 = R2 ^1.5;
      E(1,1) = E(1,1) + p/R3;
      E(1,2) = E(1,2) + (z - Zn) / R3;
end
c = 1/(4 * pi * epxl) * Pl * dz;
```

```
E = c * E;
c = sqrt(E(1,1)^2 + E(1,2)^2);
disp('Number solution to |E|:');
disp(c);
fprintf(fid, '%-12.5f\t%-12.5f\t %-12.8f\t',p,z,c);
%analytic solution program as follow
if p>0
    a = atan2(p, z + h);
    b = atan2(p, z - h);
    E(1,1) = cos(a) - cos(b);
    E(1,2) = sin(b) - sin(a);
    E = 1/(4*pi* epxl) * Pl * E /p;
else
    E(1,1) = 0;
    E(1,2) = 2 * h/(z*z - h*h);
    E = 1/(4*pi* epxl) * Pl *E;
    end
    c = sqrt(E(1,1)^2 + E(1,2)^2);
    disp('Analytic solution to |E|:');
    disp(c);
    fprintf(fid,'%-12.8f \n',c);
end
fclose(fid);
```

2. 例 3.5

```
%example 3-5 program
clear;clc;
dp = input('Input dp= ');
if dp <=0
    disp('dp must be positive number, the program finish');
    break;
end
Nmax = input('Input N = ');
Mmax = input('Input M = ');
if (Nmax<=0 || Mmax<=0)
    disp('Nmax,Mmax must be positive numbers,the program finish');
    break;
end
```

```
dq = 2 * pi/Mmax;
s1 =0;
s2 =0;
for n = 1:Nmax
      p = (n-0.5) * dp;
      for m = 1:Mmax
            q = (m-0.5) * dq;
            s1 = s1 + f1(p,q) * p;
            s2 = s2 + f2(p,q) * p;
      end
end
s1 = dp * dq * s1/2/pi;
s2 = dp * dq * s2 * 2/pi;
disp('The first formula:'); disp(s1);
disp('The second formula:');disp(s2);
```

3. 例 3.6

```
clc;
clear;
tic;                              %calculate the running time
NL=11;                            %y mesh number is 10
NM=15;                            % x mesh number is 14
u=zeros(11,15);
e=u;
t=(cos(pi/NL)+cos(pi/NM))/2;
opt=2/(1+sqrt(1-t*t));            %calculate the relaxation factor
u(:,:)=0;                         % initial electric potential value
u(11,:)=100;
k=0;
while 1
   emax=0;
   %over relaxation iteration method
   for i=2:NL-1
      for j=2:NM-1
         t=(u(i,j+1)+u(i,j-1)+u(i-1,j)+u(i+1,j))/4;
         e(i,j)=t-u(i,j);
         d=e*opt;
         u(i,j)=u(i,j)+d(i,j);
```

```
        end
      end
    emax=max(max(abs(e)));                  %maximum absolute error
    k=k+1;                                  %the numbers to iteration
    if(emax<0.001)
        break;
    end
end
[C,h] =contour(u,15);                       %drawing contour line
clabel(C,h,'manual');
fid=fopen('D:\wangzi.doc','w+');            %input the result to a doc file
j=0;
for i=1:NL
    if (i>j)&(j ~ =0)
        fprintf(fid,'\n');
    end
    fprintf(fid,'The electric potential value at the number %d line is:',i);
    fprintf(fid,'\n');
    fprintf(fid,'%.1f \t',u(i,:));
    j=j+1;
end
statues=fclose(fid);
toc
```

4. 例3.7

```
clc;
clear;
tic;                                        %calculate the running time
NL=11;                                      % y mesh number is 10
NM=15;                                      % x mesh number is 14
u=zeros(11,9);
e=u;
t=(cos(pi/NL)+cos(pi/NM))/2;
opt=1.575;%2/(1+sqrt(1-t * t));             %calculate the relaxation factor
u(:,:)=0;                                   % initial electric potential value
u(11,:)= 100;
k=0;
while 1
```

```
    emax=0;
    % overrelaxation iteration method
    for i=2:NL-1
      for j=2:(NM-1)/2+1
        x=u(i,j-1);
        if j ~= (NM-1)/2+1
        x=u(i,j+1);
        end
        t=(x+u(i,j-1)+u(i-1,j)+u(i+1,j))/4;
        e(i,j)=t-u(i,j);
        d=e * opt;
        u(i,j)=u(i,j)+d(i,j);
        end
      end
    emax=max(max(abs(e)));               % maximum absolute error
    k=k+1;                               % the numbers to iteration
    if(emax<0.001)
        break;
    end
end
[C,h] =contour(u,15);                    % drawing contour line
clabel(C,h,'manual');
fid=fopen('D:\wangzi.doc','w+'); % input the result to a doc file
j=0;
for i=1:NL
    if (i>j)&(j~=0)
        fprintf(fid,'\n');
    end
    fprintf(fid,'The electric potential value at the number %d line is:',i);
    fprintf(fid,'\n');
    fprintf(fid,'%.2f \t',u(i,:));
    j=j+1;
end
statues=fclose(fid);
toc
```

附录Ⅳ　电磁场理论的物理量及单位

物理量	符号	国际制单位		
		名　称	代　号	
			中　文	国　际
长度	L	米	米	m
质量	m	千克	千克	kg
时间	t	秒	秒	s
电流	I	安培	安	A
力	F	牛顿	牛	N
功能	W	焦耳	焦	J
能量密度	w	焦耳每立方米	焦/米^3	J/m^3
功率	P	瓦特	瓦	W
电荷	q	库仑	库	C
电荷面密度	ρ_S	库仑每平方米	库仑/米^2	C/m^2
电荷体密度	ρ	库仑每平方米	库仑/米^3	C/m^3
电荷线密度	ρ_l	库仑每米	库仑/米^2	C/m
电位	φ	伏特	伏	V
电场强度	E	伏特每米	伏/米	V/m
电位移矢量	D	库仑每平方米	伏/米^2	V/m^2
电偶极矩	P	库仑·米	库仑·米	C·m
电导率	σ	西门子每米	西门子/米	S/m
电阻	R	欧姆	欧	Ω
电容	C	法拉	法	F
电流体密度	J	安培每平方米	安培/米^2	A/m^2
电流面密度	J_S	安培每米	安培/米	A/m
磁通量	Φ_m	韦伯	韦	Wb
磁感应强度	B	特斯拉	特	T
磁场强度	H	安培每米	安培/米	A/m
磁化强度	M	安培每米	安培/米	A/m
极化强度	P	库仑每平方米	库仑/米^2	C/m^2
电感	L	亨利	亨利	H
介电常数	ε	法拉每米	法拉/米	F/m
磁导率	μ	亨利每米	亨利/米	H/m
磁偶极矩	m	安培每平方米	安培/米^2	A/m^2
矢量位	A	韦伯每米	韦伯/米	Wb/m
平面角	θ、φ	弧度	弧度	rad
立体角	Ω	球面度	球面度	Sr
衰减常数	α	奈培每米	奈培/米	Nb/m
相移常数	β	弧度每米	弧度/米	rad/m

习题参考答案

第1章

1.1 (1)$A=\sqrt{14}$ (2)$\boldsymbol{B}^{\circ}=\frac{\boldsymbol{B}}{B}=\frac{1}{\sqrt{6}}(\boldsymbol{e}_x+\boldsymbol{e}_y-2\boldsymbol{e}_z)$ (3)$\boldsymbol{A}\cdot\boldsymbol{B}=7$ (4)$\boldsymbol{B}\times\boldsymbol{C}=-\boldsymbol{e}_x-7\boldsymbol{e}_y-4\boldsymbol{e}_z$ (5)$(\boldsymbol{A}\times\boldsymbol{B})\times\boldsymbol{C}=2\boldsymbol{e}_x+2\boldsymbol{e}_y-4\boldsymbol{e}_z$ (6)$(\boldsymbol{A}\times\boldsymbol{B})\cdot\boldsymbol{C}=-19$

1.2 (1)$A=\sqrt{5+\pi^2}$ (2)$\boldsymbol{B}^{\circ}=\frac{1}{\sqrt{14}}(-\boldsymbol{e}_\rho+3\boldsymbol{e}_\varphi-2\boldsymbol{e}_z)$ (3)$\boldsymbol{A}\cdot\boldsymbol{B}=3\pi-4$

(4)$\boldsymbol{B}\times\boldsymbol{A}=(3+2\pi)\boldsymbol{e}_\rho-3\boldsymbol{e}_\varphi-(\pi+6)\boldsymbol{e}_z$ (5)$\boldsymbol{A}+\boldsymbol{B}=\boldsymbol{e}_\rho+(\pi+3)\boldsymbol{e}_\varphi-\boldsymbol{e}_z$

1.3 当$\boldsymbol{A}\perp\boldsymbol{B}$时,$\boldsymbol{A}\cdot\boldsymbol{B}=0$,由此得$\alpha=-5$

1.4 (1) 圆柱坐标系

$\boldsymbol{F}_1=\boldsymbol{e}_x=\boldsymbol{e}_\rho\cos\varphi-\boldsymbol{e}_\varphi\sin\varphi$;$\boldsymbol{F}_2=\boldsymbol{e}_y=\boldsymbol{e}_\rho\sin\varphi+\boldsymbol{e}_\varphi\cos\varphi$

(2) 圆球坐标系

$\boldsymbol{F}_1=\boldsymbol{e}_x=\boldsymbol{e}_r\sin\theta\cos\varphi+\boldsymbol{e}_\theta\cos\theta\cos\varphi-\boldsymbol{e}_\varphi\sin\varphi$

$\boldsymbol{F}_2=\boldsymbol{e}_y=\boldsymbol{e}_r\sin\theta\sin\varphi+\boldsymbol{e}_\theta\cos\theta\sin\varphi+\boldsymbol{e}_\varphi\cos\varphi$

1.5 $\boldsymbol{F}_1=2\boldsymbol{e}_\rho=2\cos\varphi\boldsymbol{e}_x+2\sin\varphi\boldsymbol{e}_y=\frac{2}{\sqrt{x^2+y^2}}(x\boldsymbol{e}_x+y\boldsymbol{e}_y)$

$\boldsymbol{F}_2=3\boldsymbol{e}_\varphi=-3\sin\varphi\boldsymbol{e}_x+3\cos\varphi\boldsymbol{e}_y=\frac{3}{\sqrt{x^2+y^2}}(-y\boldsymbol{e}_x+x\boldsymbol{e}_y)$

1.6 $\boldsymbol{F}_1=5(\sin\theta\cos\varphi\boldsymbol{e}_x+\sin\theta\sin\varphi\boldsymbol{e}_y+\cos\theta\boldsymbol{e}_z)=\frac{5}{\sqrt{x^2+y^2+z^2}}(x\boldsymbol{e}_x+y\boldsymbol{e}_y+z\boldsymbol{e}_z)$

$\boldsymbol{F}_2=(\cos\theta\cos\varphi\boldsymbol{e}_x+\cos\theta\sin\varphi\boldsymbol{e}_y-\sin\theta\boldsymbol{e}_z)=\boldsymbol{e}_\varphi\times\boldsymbol{e}_r=\frac{-y\boldsymbol{e}_x+x\boldsymbol{e}_y}{\sqrt{x^2+y^2}}\times\frac{x\boldsymbol{e}_x+y\boldsymbol{e}_y+z\boldsymbol{e}_z}{\sqrt{x^2+y^2+z^2}}=$
$\frac{1}{\sqrt{x^2+y^2+z^2}}\frac{1}{\sqrt{x^2+y^2}}\{xz\boldsymbol{e}_x+yz\boldsymbol{e}_y-(x^2+y^2)\boldsymbol{e}_z\}$

1.7 由于$\left.\frac{\partial\varphi}{\partial x}\right|_M=y-yz|_M=-1$

$$\left.\frac{\partial\varphi}{\partial y}\right|_M=2xy-xz|_{(1,1,2)}=0$$

$$\left.\frac{\partial\varphi}{\partial z}\right|_M=2z-xy|_{(1,1,2)}=3$$

$$\cos\alpha=\frac{1}{2},\cos\beta=\frac{\sqrt{2}}{2},\cos\gamma=\frac{1}{2}$$

所以

$$\left.\frac{\partial\varphi}{\partial l}\right|_M=\frac{\partial\varphi}{\partial x}\cos\alpha+\frac{\partial\varphi}{\partial y}\cos\beta+\frac{\partial\varphi}{\partial z}\cos\gamma=1$$

1.8 指定方向$\boldsymbol{l}$的方向矢量为

$$\boldsymbol{l} = (9-5)\boldsymbol{e}_x + (4-1)\boldsymbol{e}_y + (19-2)\boldsymbol{e}_z = 4\boldsymbol{e}_x + 3\boldsymbol{e}_y + 17\boldsymbol{e}_z$$

其单位矢量

$$\boldsymbol{l}^\circ = \cos\alpha\boldsymbol{e}_x + \cos\beta\boldsymbol{e}_y + \cos\gamma\boldsymbol{e}_z = \frac{4}{\sqrt{314}}\boldsymbol{e}_x + \frac{3}{\sqrt{314}}\boldsymbol{e}_y + \frac{7}{\sqrt{314}}\boldsymbol{e}_z$$

$$\left.\frac{\partial\varphi}{\partial x}\right|_M = yz\Big|_{(5,1,2)} = 2,\left.\frac{\partial\varphi}{\partial y}\right|_M = xz\Big|_M = 10,\left.\frac{\partial\varphi}{\partial z}\right|_M = xy\Big|_M = 5$$

所求方向导数

$$\left.\frac{\partial\varphi}{\partial l}\right|_M = \frac{\partial\varphi}{\partial x}\cos\alpha + \frac{\partial\varphi}{\partial y}\cos\beta + \frac{\partial\varphi}{\partial z}\cos\gamma = \nabla\varphi\cdot\boldsymbol{l} = \frac{123}{\sqrt{314}}$$

1.9 由于 $\nabla\varphi = (2x+y+3)\boldsymbol{e}_x + (4y+x-2)\boldsymbol{e}_y + (6z-6)\boldsymbol{e}_z$

所以

$$\nabla\varphi\Big|_{(0,0,0)} = 3\boldsymbol{e}_x - 2\boldsymbol{e}_y - 6\boldsymbol{e}_z$$

$$\nabla\varphi\Big|_{(1,1,1)} = 6\boldsymbol{e}_x + 3\boldsymbol{e}_y$$

1.10 (1) $\nabla f = (5+10y-z)\boldsymbol{e}_x + 10x\boldsymbol{e}_y - x\boldsymbol{e}_z$

(2) $\nabla f = -z\boldsymbol{e}_\rho + \dfrac{2\cos\varphi}{\rho}\boldsymbol{e}_\varphi - \rho\boldsymbol{e}_z$

(3) $\nabla f = 2\cos\theta\boldsymbol{e}_r - 2\sin\theta\boldsymbol{e}_\theta - \dfrac{5}{r\sin\theta}\boldsymbol{e}_\varphi$

1.11 略

1.12 略

1.13 (1) $\nabla\cdot\boldsymbol{A} = x + z$

(2) $\nabla\cdot\boldsymbol{A} = 2 + \dfrac{z}{\rho}\cos\varphi$

(3) $\nabla\cdot\boldsymbol{A} = \dfrac{4}{r} + \dfrac{\cos^2\theta}{\sin\theta} - \sin\theta$

1.14 根据高斯定理,矢量场 $\boldsymbol{A} = \rho\boldsymbol{e}_\rho + \boldsymbol{e}_\varphi + z\boldsymbol{e}_z$ 穿过由 $\rho\leqslant 1, 0\leqslant\varphi\leqslant\pi, 0\leqslant z\leqslant l$ 确定的区域的封闭面的通量

$$\psi = \int_S \boldsymbol{A}\cdot d\boldsymbol{S} = \int_V \nabla\cdot\boldsymbol{A}dV$$

因为

$$\nabla\cdot\boldsymbol{A} = \frac{1}{\rho}\frac{\partial}{\partial\rho}(\rho A_\rho) + \frac{1}{\rho}\frac{\partial A_\varphi}{\partial\varphi} + \frac{\partial A_z}{\partial z} = 3$$

所以

$$\psi = \int_V \nabla\cdot\boldsymbol{A}dV = 3V = \frac{3\pi^2 l}{2}$$

1.15 设

$$\boldsymbol{A} = xz^2\boldsymbol{e}_x + (x^2y - z^3)\boldsymbol{e}_y + (2xy + y^2z)\boldsymbol{e}_z$$

则由散度定理

$$\int_S \boldsymbol{A}\cdot d\boldsymbol{S} = \int_V \nabla\cdot\boldsymbol{A}dV$$

可得

$$I = \int_V \nabla\cdot\boldsymbol{A}dV = \int_V (z^2 + x^2 + y^2)dV = \int_V r^2 dV =$$

$$\int_0^{2\pi}\int_0^{\frac{\pi}{2}}\int_0^a r^4\sin\theta drd\theta d\varphi = \int_0^{2\pi}d\varphi\int_0^{\frac{\pi}{2}}\sin\theta d\theta\int_0^a r^4 dr = \frac{2}{5}\pi a^5$$

1.16 (1) $\nabla\times\boldsymbol{A}=-2y\boldsymbol{e}_x-x\boldsymbol{e}_z$

(2) $\nabla\times\boldsymbol{A}=\dfrac{\sin\varphi}{\rho}\boldsymbol{e}_z$

(3) $\nabla\times\boldsymbol{A}=\dfrac{1}{r}(2\cos\theta\boldsymbol{e}_r-\sin\theta\boldsymbol{e}_\theta+\boldsymbol{e}_\varphi)$

1.17 $\nabla\times\boldsymbol{A}=-2\boldsymbol{e}_z;\boldsymbol{A}\cdot(\nabla\times\boldsymbol{A})=0$

1.18 (1) $\nabla\cdot\boldsymbol{A}=y^2z^3$

$$\nabla\times\boldsymbol{A}=\begin{vmatrix}\boldsymbol{e}_x & \boldsymbol{e}_y & \boldsymbol{e}_z\\ \dfrac{\partial}{\partial x} & \dfrac{\partial}{\partial y} & \dfrac{\partial}{\partial z}\\ xy^2z^3 & x^3z & x^2y^2\end{vmatrix}=(2x^2y-x^3)\boldsymbol{e}_x-(2xy^2-3xy^3z^2)\boldsymbol{e}_y$$

(2) $$\nabla\cdot\boldsymbol{A}=\frac{1}{\rho}\left[\frac{\partial}{\partial\rho}(\rho A_\rho)+\frac{\partial A_\varphi}{\partial\varphi}+\frac{\partial(\rho A_z)}{\partial z}\right]=$$

$$\frac{1}{\rho}\left[\frac{\partial}{\partial\rho}(\rho^3\cos\varphi)+\frac{\partial}{\partial\varphi}(\rho^3\sin\varphi)\right]=3\rho\cos\varphi=$$

$$\nabla\times\boldsymbol{A}=\frac{1}{\rho}\begin{vmatrix}\boldsymbol{e}_\rho & \rho\boldsymbol{e}_\varphi & \boldsymbol{e}_z\\ \dfrac{\partial}{\partial\rho} & \dfrac{\partial}{\partial\varphi} & \dfrac{\partial}{\partial z}\\ A_\rho & \rho A_\varphi & A_z\end{vmatrix}=\frac{1}{\rho}\begin{vmatrix}\boldsymbol{e}_\rho & \rho\boldsymbol{e}_\varphi & \boldsymbol{e}_z\\ \dfrac{\partial}{\partial\rho} & \dfrac{\partial}{\partial\varphi} & \dfrac{\partial}{\partial z}\\ \rho^2\cos\varphi & 0 & \rho^2\sin\varphi\end{vmatrix}=$$

$$\rho\cos\varphi\boldsymbol{e}_\rho-2\rho\sin\varphi\boldsymbol{e}_\varphi+\rho\sin\varphi\boldsymbol{e}_z$$

(3) $$\nabla\cdot\boldsymbol{A}=\frac{1}{r^2\sin\theta}\left[\sin\theta\frac{\partial(r^2A_r)}{\partial r}+r\frac{\partial(\sin\theta A_\theta)}{\partial\theta}+r\frac{\partial A_\varphi}{\partial\varphi}\right]=$$

$$\frac{1}{r^2\sin\theta}\left[\sin\theta\frac{\partial(r^3\sin\theta)}{\partial r}+r\frac{\partial\left(\frac{\sin^2\theta}{r}\right)}{\partial\theta}+r\frac{\partial\left(\frac{\cos\theta}{r^2}\right)}{\partial\varphi}\right]=$$

$$\frac{1}{r^2\sin\theta}[3r^2\sin^2\theta+2\sin\theta\cos\theta]=3\sin\theta+\frac{2}{r^2}\cos\theta$$

$$\nabla\times\boldsymbol{A}=\frac{1}{r^2\sin\theta}\begin{vmatrix}\boldsymbol{e}_r & r\boldsymbol{e}_\theta & r\sin\theta\boldsymbol{e}_\varphi\\ \dfrac{\partial}{\partial r} & \dfrac{\partial}{\partial\theta} & \dfrac{\partial}{\partial\varphi}\\ A_r & rA_\theta & r\sin\theta A_\varphi\end{vmatrix}=\frac{1}{r^2\sin\theta}\begin{vmatrix}\boldsymbol{e}_r & r\boldsymbol{e}_\theta & r\sin\boldsymbol{e}_\varphi\\ \dfrac{\partial}{\partial r} & \dfrac{\partial}{\partial\theta} & \dfrac{\partial}{\partial\varphi}\\ r\sin\theta & \sin\theta & \dfrac{1}{r}\sin\theta\cos\theta\end{vmatrix}=$$

$$\frac{\cos2\theta}{r^3\sin\theta}\boldsymbol{e}_r+\frac{\cos\theta}{r^3}\boldsymbol{e}_\theta-\cos\theta\boldsymbol{e}_\varphi$$

1.19 由斯托克斯定理，$\oint_l\boldsymbol{F}\cdot d\boldsymbol{l}=\int_S\nabla\times\boldsymbol{F}\cdot d\boldsymbol{S}$

因为 $$\nabla\times\boldsymbol{F}=\nabla\times\left(\frac{k}{r^2}\boldsymbol{e}_r\right)=\mathbf{0}$$

所以 $$\oint_l\boldsymbol{F}\cdot d\boldsymbol{l}=0$$

1.20 $\nabla \cdot \boldsymbol{A} = 0$,则

$$\frac{\partial A_x}{\partial x} + \frac{\partial A_y}{\partial y} + \frac{\partial A_z}{\partial z} = 0$$

$$az + 2x + b + 2xy + 1 - 2z + cx - 2xy = 0$$

$$c = -2, \quad a = 2, \quad b = -1$$

1.21 (1) 由于 $\mathrm{d}\boldsymbol{l} = \boldsymbol{e}_x \mathrm{d}x + \boldsymbol{e}_y \mathrm{d}y + \boldsymbol{e}_z \mathrm{d}z$,则

$$\int_{p_1}^{p_2} \boldsymbol{E} \cdot \mathrm{d}\boldsymbol{l} = \int_{p_1}^{p_2} (\boldsymbol{e}_x y + \boldsymbol{e}_y x) \cdot (\boldsymbol{e}_x \mathrm{d}x + \boldsymbol{e}_y \mathrm{d}y + \boldsymbol{e}_z \mathrm{d}z) =$$

$$\int_{p_1}^{p_2} y\mathrm{d}x + x\mathrm{d}y =$$

$$\int_{p_1}^{p_2} 4y^2 \mathrm{d}y + 2y^2 \mathrm{d}y = \int_1^2 6y^2 \mathrm{d}y = 2y^3 \int_1^2 = 14$$

(2) 连接两点的直线为

$$\frac{x-2}{-6} = \frac{y-1}{-1} = \frac{z+1}{0}$$

化为参数方程得

$$x = -6t + 2, y = -t + 1, z = -1$$

t 从 0 变化到 -1,所以

$$\int_c \boldsymbol{E} \cdot \mathrm{d}\boldsymbol{l} = \int_\Gamma (\boldsymbol{e}_x y + \boldsymbol{e}_y x) \cdot (\boldsymbol{e}_x \mathrm{d}x + \boldsymbol{e}_y \mathrm{d}y + \boldsymbol{e}_z \mathrm{d}z) =$$

$$\int_0^{-1} y\mathrm{d}x + x\mathrm{d}y =$$

$$\int_0^{-1} (-t+1) \cdot (-6)\mathrm{d}t + \int_0^{-1} (-6t + z) \cdot (-\mathrm{d}t) = 14$$

由于沿抛物线积分与沿直线积分结果一致,说明该电场 $\boldsymbol{E}$ 的线积分结果与积分路径无关,该场为保守场。

第2章

2.1 $\boldsymbol{E} = (\boldsymbol{e}_x + \boldsymbol{e}_y + 2\boldsymbol{e}_z) \dfrac{1}{32\sqrt{2}\varepsilon_0 \pi}$ V/m

2.2 $\boldsymbol{E} = -\nabla \varphi$,则

$$\boldsymbol{E} = -\left(\frac{\partial \varphi}{\partial x}\boldsymbol{e}_x + \frac{\partial \varphi}{\partial y}\boldsymbol{e}_y + \frac{\partial \varphi}{\partial z}\boldsymbol{e}_z\right)$$

则

$$\boldsymbol{E} = -(2ax\boldsymbol{e}_x) = -2ax\boldsymbol{e}_x$$

由于

$$\nabla^2 \varphi = -\frac{\rho}{\varepsilon_0}$$

则

$$\rho = -\varepsilon_0 \nabla^2 \varphi = -\varepsilon_0\left(\frac{\partial^2 \varphi}{\partial x^2} + \frac{\partial^2 \varphi}{\partial y^2} + \frac{\partial^2 \varphi}{\partial z^2}\right)$$

从而

$$\rho = -\varepsilon_0 \cdot 2a = -2a\varepsilon_0$$

2.3 由于

$$U_{AB} = \varphi_A - \varphi_B = \int_A^B \mathrm{d}\varphi = \int_A^B E \cdot \mathrm{d}l$$

$$\mathrm{d}l = \mathrm{e}_x \mathrm{d}x + \mathrm{e}_y \mathrm{d}y + \mathrm{e}_z \mathrm{d}z$$

从而

$$\int_A^B (3\mathrm{e}_x + 4\mathrm{e}_y - 5\mathrm{e}_z) \cdot (\mathrm{e}_x \mathrm{d}x + \mathrm{e}_y \mathrm{d}y + \mathrm{e}_z \mathrm{d}z)$$

$$U_{AB} = \int_A^B 3\mathrm{d}x + 4\mathrm{d}y - 5\mathrm{d}z$$

过 $A(0,0,0)$ 及 $B(1,1,2)$ 直线为$\frac{x}{-1} = \frac{y}{-1} = \frac{z}{-2}$。

代入参数方程得

$$x = -t, y = -t, z = -2t$$

t 从 0 变化到 -1,则

$$U_{AB} = \int_0^{-1} 3(-\mathrm{d}t) + 4(-\mathrm{d}t) - 5 \cdot (-2\mathrm{d}t) = \int_0^{-1} 3\mathrm{d}t = -3$$

2.4 (1)$E = E_z = \frac{\rho_S}{2\varepsilon}\left(1 - \frac{z}{\sqrt{a^2 + z^2}}\right)$

(2)ρ_S 不变,$a \to 0, E \to 0; a \to +\infty, E \to \frac{\rho_S}{2\varepsilon_0}$

(3)q 不变,$a \to 0, E \to \frac{q}{4\pi\varepsilon_0 z^2}; a \to +\infty, \rho_S \to 0, E \to 0$

2.5 略

2.6 (1)$E_1 = \frac{qr}{4\pi\varepsilon a^3}\ (r < a), E_2 = \frac{qr}{4\pi\varepsilon_0 a^3}\ (r > a)$

$\rho_p = (\frac{\varepsilon_0}{\varepsilon} - 1)\frac{3q}{4\pi a^3}\ (r < a), \rho_p = 0\ (r > a)$

$\rho_{Sp} = (1 - \frac{\varepsilon_0}{\varepsilon})\frac{q}{4\pi a^2}(r = a), q_{p总} = 0$

(2)$E_1 = \frac{q}{4\pi\varepsilon r^2}(r < a), E_2 = \frac{q}{4\pi\varepsilon_0 r^2}(r > a)$

$\rho_{Sp} = \left(1 - \frac{\varepsilon_0}{\varepsilon}\right)\frac{q}{4\pi a^2}, \rho_p = 0(r = a)$

$q_{p总} = q_{p球心} + \oint_S \rho_{Sp}\mathrm{d}S = 0$,其中 $q_{p球心} = (\frac{\varepsilon_0}{\varepsilon} - 1)q$

2.7 (1)$E_1 = \frac{qr}{4\pi\varepsilon a^2}(r < a), E_2 = \frac{q}{4\pi\varepsilon_0 r}(r > a)$

$\rho_p=\left(\frac{\varepsilon_0}{\varepsilon}-1\right)\frac{q}{\pi a^2}(r<a),\rho_p=0(r>a)$

$\rho_{Sp}=\left(1-\frac{\varepsilon_0}{\varepsilon}\right)\frac{q}{2\pi a^2}(r=a),q_{p总}=0$

(2)$E_1=\frac{q}{2\pi\varepsilon r}(r<a),E_2=\frac{q}{4\pi\varepsilon_0 r}(r>a)$

$\rho_{Sp}=(1-\frac{\varepsilon_0}{\varepsilon})\frac{q}{2\pi a};\rho_p=0$

$q_{p总}=q_{p轴线}+\oint_S\rho_{Sp}\mathrm{d}S=0$，其中 $q_{p轴线}=(\frac{\varepsilon_0}{\varepsilon}-1)q$

2.8 (1) $\frac{q}{4\pi\varepsilon_1 r^2}\boldsymbol{e}_r(a<r<r_1);\frac{q}{4\pi\varepsilon_2 r^2}\boldsymbol{e}_r(r_1<r<r_2);\frac{q}{4\pi\varepsilon_0 r^2}\boldsymbol{e}_r(r>r_2);0(r<a)$

(2)$\rho_{Sp1}=-\frac{q}{4\pi a^2}\left(\frac{\varepsilon-\varepsilon_0}{\varepsilon_1}\right)(r=a)$

$\rho_{Sp2}=-\frac{q}{4\pi r_1^{\ 2}}\left(\frac{\varepsilon_0(\varepsilon_1-\varepsilon_0)}{\varepsilon_1\varepsilon_2}\right)(r=r_1)$

$\rho_{Sp3}=-\frac{q}{4\pi r_2^{\ 2}}\left(\frac{\varepsilon_2-\varepsilon_0}{\varepsilon_2}\right)(r=r_2)$

(3)$\rho_{p1}=\rho_{p2}=0$

(4)$q_{总}=0$

2.9 $\theta_1=30°$

2.10 $\theta_2=\tan^{-1}\left[\left(\frac{\varepsilon_1}{q_2}-\frac{\rho_S}{\varepsilon_2 E_1\cos\theta_1}\right)^{-1}\tan\theta_1\right]\approx 52°$

2.11 (1) $\frac{aU_0}{b-a}\left(\frac{b}{r}-1\right);\boldsymbol{e}_r\frac{abU_0}{b-a}\frac{1}{r^2}$

(2) $\frac{2\pi ab(\varepsilon_2+\varepsilon_1)}{(b-a)}$

2.12 $\frac{S(\varepsilon_2-\varepsilon_1)}{d\ln\left(\frac{\varepsilon_2}{\varepsilon_1}\right)}$

2.13 (1)$E_1=\frac{\sigma_2 U_0}{\sigma_2 d_1+\sigma_1 d_2},E_2=\frac{\sigma_1 U_0}{\sigma_2 d_1+\sigma_1 d_2}$

(2)$\rho_{Sf}=\frac{\sigma_1\varepsilon_2-\varepsilon_1\sigma_2}{\sigma_2 d_1+\sigma_1 d_2}U_0$

$\rho_{Sp}=\frac{U_0}{\sigma_2 d_1+\sigma_1 d_2}(\sigma_2\varepsilon_1-\sigma_2\varepsilon_0-\sigma_1\varepsilon_2+\sigma_1\varepsilon_0)$

2.14 (1)$\rho_{Sp}=\frac{L}{2}P_0,\rho_P=-3P_0$;(2)$Q_{Sp}=3P_0L^3,Q_P=-3P_0L^3$

2.15 $\sigma_p=\frac{3\varepsilon_0(\varepsilon-\varepsilon_0)}{\varepsilon+2\varepsilon_0}\cos\theta E_0$

2.16 (1) $\boldsymbol{E}_2 = \boldsymbol{e}_r\left(-1-\frac{a^2}{r^2}\right)A\cos\varphi + \boldsymbol{e}_\varphi\left(1-\frac{a^2}{r^2}\right)A\sin\varphi\,(r \geqslant a)$；$\boldsymbol{E}_1 = 0$

(2) 导体；$\sigma = -2\varepsilon_0 A\cos\varphi$

2.17 $W_e = \frac{4\pi\rho_0{}^2 R^5}{15\varepsilon_0}$（可用两种方法求解）

第3章

3.1 $\varphi_1 = \frac{a\rho_S}{\varepsilon_0 d}(d-x)\ \mathrm{V} \quad (a \leqslant x \leqslant d)$

$\varphi_2 = \frac{(d-a)\rho_S}{\varepsilon_0 d}x\ \mathrm{V} \quad (0 \leqslant x \leqslant a)$

3.2 (1) $x = \sqrt{\frac{q}{16\pi\varepsilon_0 E_0}}$ (2) $v_0 \geqslant \frac{1}{2}\left[\frac{E_0 q^3}{\pi\varepsilon_0 m^2}\right]^{1/4}$

3.3 如图所示

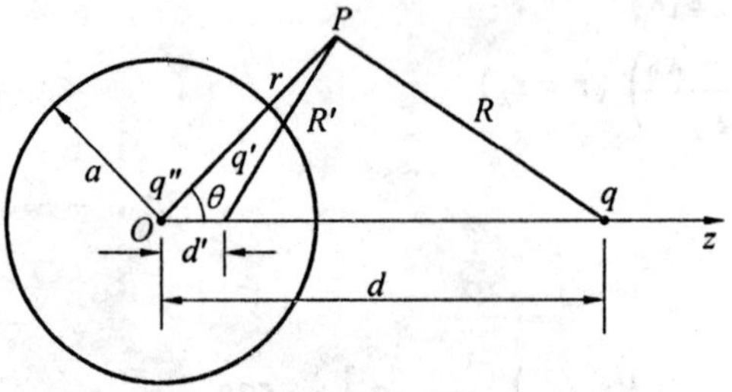

(1) 当 $x = a, \theta = \pi$ 时，$E_{\max} = 2.4 \times 10^6\ \mathrm{V/m}$

(2) 球面上的电场强度最大值仍在 $\theta = 0$ 处，其值为 $E_{\max} = 3.6 \times 10^6\,\mathrm{V/m}$

3.4 $\varphi(x,y) = \frac{\varphi_m}{\mathrm{sh}\left(\frac{\pi}{a}b\right)}\mathrm{sh}\left(\frac{\pi}{a}y\right)\sin\left(\frac{\pi}{a}x\right)$

$$E(x,y) = -\frac{\pi\varphi_m}{a\,\mathrm{sh}\left(\frac{\pi}{a}b\right)}\left[\boldsymbol{e}_x\mathrm{sh}\left(\frac{\pi}{a}y\right)\cos\left(\frac{\pi}{a}x\right) + \boldsymbol{e}_y\mathrm{ch}\left(\frac{\pi}{a}y\right)\sin\left(\frac{\pi}{a}x\right)\right]$$

3.5 $\varphi(x,y) = U_0\left(1-\frac{x}{a}\right)$

第4章

4.1 在直角坐标系中，若

$$\nabla\cdot\boldsymbol{B} = \frac{\partial B_x}{\partial x} + \frac{\partial B_y}{\partial y} + \frac{\partial B_z}{\partial z} = -\frac{\partial A_y}{\partial x} + \frac{\partial A_x}{\partial y} = 0$$

则 $\boldsymbol{B}$ 为磁感应强度

$$J = \nabla \times H = \frac{1}{\mu_0}\nabla \times B = \frac{1}{\mu_0}\begin{vmatrix} e_x & e_y & e_z \\ \frac{\partial}{\partial x} & \frac{\partial}{\partial y} & \frac{\partial}{\partial z} \\ -A_y & A_x & 0 \end{vmatrix} =$$

$$\frac{1}{\mu_0}e_x\left(-\frac{\partial A_x}{\partial z}\right) + e_y\left(-\frac{\partial A_y}{\partial z}\right) + e_z\left(\frac{\partial A_x}{\partial x} + \frac{\partial A_y}{\partial y}\right)$$

4.2 $B = \frac{\mu_0 I}{4\pi}\int_{-\frac{r}{2}}^{\frac{r}{2}} \frac{\mathrm{d}x}{x^2 + r^2}\sin\theta = \frac{\mu_0 I}{2\pi r}\frac{L}{\sqrt{L^2 + 4r^2}}$

4.3 根据对称性和安培环路定理得

$$\oint_L B \cdot \mathrm{d}l = B \cdot 2\pi r = \begin{cases} \mu_1 I \frac{r^2}{a^2} & (0 < r \leqslant a) \\ \mu_2 I & (r > a) \end{cases}$$

从而

$$B = \begin{cases} \frac{\mu_1 I r}{2\pi a^2}e_r & (0 < r \leqslant a) \\ \frac{\mu_2 I}{2\pi r}e_r & (r > a) \end{cases}$$

4.4 球内的电流密度为

$$J = e_\varphi \frac{3Q\omega}{4\pi a^3} r\sin\theta$$

球内分布电流的总和为

$$I = \frac{Q\omega}{2\pi}$$

4.5 (1) 两种介质中的电流密度和电场强度分别为

$$J = e_r \frac{\sigma_1\sigma_2 U_0}{r\left(\sigma_2 \ln\frac{b}{a} + \sigma_1 \ln\frac{c}{b}\right)} \quad (a < r < c)$$

$$E_1 = e_r \frac{\sigma_2 U_0}{r\left(\sigma_2 \ln\frac{b}{a} + \sigma_1 \ln\frac{c}{b}\right)} \quad (a < r < b)$$

$$E_2 = e_r \frac{\sigma_1 U_0}{r\left(\sigma_2 \ln\frac{b}{a} + \sigma_1 \ln\frac{c}{b}\right)} \quad (b < r < c)$$

(2) 介质分界面上的自由电荷面密度

$$\sigma_{12} = \frac{(\varepsilon_1\sigma_2 - \varepsilon_2\sigma_1) U_0}{b\left(\sigma_2 \ln\frac{b}{a} + \sigma_1 \ln\frac{c}{b}\right)}$$

(3) 同轴线单位长度的漏电阻

$$R = \frac{\sigma_2 \ln\frac{b}{a} + \sigma_1 \ln\frac{c}{b}}{2\pi\sigma_1\sigma_2}$$

同轴线单位长度的电容

$$C=\frac{2\pi\varepsilon_1\varepsilon_2}{\varepsilon_2\ln\frac{b}{a}+\varepsilon_1\ln\frac{c}{b}}$$

4.6 1 区域
$$\boldsymbol{E}=\frac{\varepsilon_2U_0}{\varepsilon_2d_1+\varepsilon_1d_2}\boldsymbol{e}_x$$

2 区域
$$\boldsymbol{E}=\frac{\varepsilon_1U_0}{\varepsilon_2d_1+\varepsilon_1d_2}\boldsymbol{e}_x$$

$$R=\frac{1}{2\pi\sigma}\ln\left(\frac{b}{a}\right)$$

4.7 $R=\frac{1}{4\pi\sigma_0k}\ln\left[\frac{r_2(r_1+k)}{r_1(r_2+k)}\right]$

4.8 $R=\frac{1}{2\pi\sigma_1}\ln\left(\frac{b}{a}\right)-\frac{1}{2\pi\sigma_1}\ln\left(\frac{b}{c}\right)$

4.9 (1) 导电纸中的电位分布为

$$\varphi(x,y)=\frac{\varphi_0}{a}x$$

(2) 导电纸中电流密度

$$\boldsymbol{J}(x,y)=-\frac{\sigma\varphi_0}{a}\boldsymbol{e}_x$$

4.10 $B=B_1+B_2=\frac{(\pi-\alpha)\mu_0I}{2\pi a}+\frac{\mu_0I(1-\cos\alpha)}{2\pi a\sin\alpha}$

4.11 (1) $\boldsymbol{B}=(\boldsymbol{e}_x2\ 500-\boldsymbol{e}_y10)$ mT

(2) $\boldsymbol{B}_0=(\boldsymbol{e}_x0.002-\boldsymbol{e}_y0.5)$ mT

4.12 $B_2=0.13\times10^{-2}\text{T},\theta_2=0.107°$

第5章

5.1 $\boldsymbol{J}_d=-1.24\times10^{-10}\sin(2\pi\times50t)\boldsymbol{e}_z\ \text{A/m}^2$

5.2 $\boldsymbol{J}_d=-307\times10^{-5}r^{-1}\cos(377t)\boldsymbol{e}_r\ \text{A/m}^2$

5.3 $\boldsymbol{H}=\boldsymbol{e}_y\frac{E_0\beta}{\mu_0\omega}\cos(\omega t-\beta z)$

5.4 (1) $\boldsymbol{E}(x,y,z,t)=\text{Re}[\sqrt{2}\boldsymbol{e}_xE_0\text{e}^{\text{j}\varphi_x}\text{e}^{\text{j}\omega t}]=\boldsymbol{e}_x\sqrt{2}E_0\cos(\omega t+\varphi_x)$

(2) $\boldsymbol{E}(x,y,z,t)=\text{Re}[\boldsymbol{e}_x\sqrt{2}E_0\text{e}^{-\text{j}(\frac{\pi}{2}-kz)}\text{e}^{\text{j}\omega t}]=\boldsymbol{e}_x\sqrt{2}E_0\cos(\omega t-kz+\frac{\pi}{2})$

(3) $\dot{\boldsymbol{E}}(x,y,z)=\frac{1}{\sqrt{2}}(\boldsymbol{e}_x+\boldsymbol{e}_y2\text{j})E_0\text{e}^{-\text{j}kz}$

5.5 (1) $\boldsymbol{S}=\boldsymbol{e}_z\varepsilon_0E_0^2\cos^2(\omega t-k_0z)\ \text{W/m}^2$

(2) $\boldsymbol{S}_{av}=\frac{1}{2}\varepsilon_0E_0^2\boldsymbol{e}_z\ \text{W/m}^2$

5.6 $\boldsymbol{S}=\boldsymbol{S}_{av}=\boldsymbol{e}_z\varepsilon_0{}^2E_0{}^2\ \text{W/m}^2$

5.7 $\boldsymbol{H}=\boldsymbol{e}_x2.3\times10^{-4}\sin(10\pi x)\cos(6\pi\times10^9t-54.4z)-$

$\boldsymbol{e}_z1.33\times10^{-4}\cos(10\pi x)\sin(6\pi\times10^9t-54.4z)\ \text{A/m}$

$\beta=\sqrt{300}\pi\ \text{rad/m}$

5.8 略

5.9 略

5.10 在 $x=0$ 处,$E_y=0,H_x=0,H_z=H_0\cos(kz-\omega t)$

在 $x=a$ 处,$E_y=0,H_x=0,H_z=-H_0\cos(kz-\omega t)$

$\boldsymbol{J}_{S0}=-\boldsymbol{e}_y\cos(kz-\omega t)$

5.11 不是电磁波解,证明过程略。

第6章

6.1 (1)$\boldsymbol{E}=-120\pi\boldsymbol{e}_yH_0\mathrm{e}^{-\mathrm{j}2\pi z}$;(2)$\boldsymbol{S}_{av}=\boldsymbol{e}_z120\pi H_0^2$

6.2 (1)3×10^9 Hz;(2)$\boldsymbol{H}=\dfrac{10^{-4}}{120\pi}(\boldsymbol{e}_y+\mathrm{j}\boldsymbol{e}_x)\mathrm{e}^{-\mathrm{j}20\pi z}$;(3)$\boldsymbol{S}_{av}=\dfrac{10^{-8}}{60\pi}\boldsymbol{e}_z$

6.3 (1)$k=2\pi$ rad/m,$v_p=1.5\times10^8$ m/s,$\lambda=1$ m 和 $\eta=60\pi\ \Omega$

(2)$t=0$、$z=0$ 时的电场 $E(0,0)=8.67\times10^{-3}$ V/m

(3) 经过 $t=0.1\ \mu$s 后,电场 $E(0,0)$ 值出现在 $z=15$ m

6.4 (1) 该电磁波的传播方向为 $\boldsymbol{e}_z$ 方向,频率 $f=3$ GHz

(2) 左旋圆极化波

(3)$\boldsymbol{H}=-\boldsymbol{e}_x2.65\times10^{-7}\mathrm{e}^{-\mathrm{j}(20\pi z-\pi/2)}+\boldsymbol{e}_y2.65\times10^{-7}\mathrm{e}^{-\mathrm{j}20\pi z}$

(4) 流过沿传播方向单位面积的平均功率 $P_{av}=2.65\times10^{-11}\ \text{W/m}^2$

6.5 右旋圆极化

6.6 证明:设一个沿 x 方向的线极化平面波为

$$\boldsymbol{E}=\boldsymbol{e}_xE=\boldsymbol{e}_x\left(\frac{1}{2}E+\frac{1}{2}E\right)$$

上式可写成

$$\boldsymbol{E}=\boldsymbol{e}_xE=\boldsymbol{e}_x\left(\frac{1}{2}E+\frac{1}{2}E\right)=\left(\boldsymbol{e}_x\frac{1}{2}E+\mathrm{j}\boldsymbol{e}_y\frac{1}{2}E\right)+\left(\boldsymbol{e}_x\frac{1}{2}E-\mathrm{j}\boldsymbol{e}_y\frac{1}{2}E\right)$$

上式右端两项均为圆极化波,且旋转方向相反。

6.7 (1)$f=3\times10^8$ Hz,$\lambda=1$ m

(2) 左旋圆极化波

(3)$\boldsymbol{H}=\dfrac{5}{6\pi}(\boldsymbol{e}_z-\mathrm{j}\boldsymbol{e}_y)\ \mathrm{e}^{-\mathrm{j}2\pi x}$ A/m

(4) 该平面波的能流密度 $\boldsymbol{S}=\boldsymbol{e}_x\dfrac{1\,000}{6\pi}$ W/m^2

6.8 (1)$\varepsilon_f=\dfrac{1}{36\pi}\times10^{-8}-\mathrm{j}\dfrac{1}{2\pi}\times10^{-9}$

(2) $\alpha = 20\pi$ Np/m, $\beta = 20\pi$ rad/m, $\eta_f = 20\pi(1+\mathrm{j})\ \Omega$

6.9 (1) $\alpha = 0.28$ Np/m, $\beta = 0.28$ rad/m, $\eta_f = 0.14(1+\mathrm{j})\ \Omega$

(2) $v_p = 1.12\times10^3$ m/s, $\lambda = 22.44$ m, $\delta = 3.57$ m

(3) $\boldsymbol{E}_z = \boldsymbol{e}_x 0.014\mathrm{e}^{-\mathrm{j}0.28z}\cos\left(10^2\pi t - 0.28z - \dfrac{\pi}{3} - \dfrac{\pi}{4}\right)$

6.10 (1) $\sigma = 0.99\times10^5$ S/m

(2) 1 GHz 的电磁波在石墨中传播 $z = 1.75\times10^{-4}$ m 距离其振幅衰减 30 dB

6.11 铝的趋肤深度为 $\delta = 12$ mm；铁的趋肤深度为 $\delta = 0.23$ mm，因此铁适合来做电源变压器的屏蔽罩。

6.12 (1) $|\boldsymbol{K}| = |4\pi\boldsymbol{e}_x + 3\pi\boldsymbol{e}_z| = 5\pi$；$\lambda = \dfrac{2\pi}{|\boldsymbol{K}|} = \dfrac{2\pi}{5\pi} = 0.4$ m

$$\boldsymbol{e}_k = \frac{\boldsymbol{K}}{|\boldsymbol{K}|} = \frac{4\pi\boldsymbol{e}_x + 3\pi\boldsymbol{e}_z}{5\pi} = 0.8\boldsymbol{e}_x + 0.6\boldsymbol{e}_z$$

$$\cos v = 0.6 \Rightarrow v = \arccos\frac{3}{5}$$

(3) $A = 3$

第7章

7.1 (1) $\boldsymbol{E}_i = \boldsymbol{e}_y 10\mathrm{e}^{-\mathrm{j}\frac{4}{3}\pi x}$ V/m, $\boldsymbol{H}_i = \boldsymbol{e}_z \dfrac{1}{12\pi}\mathrm{e}^{-\mathrm{j}\frac{4}{3}\pi x}$ A/m

(2) $\boldsymbol{E}_r = -\boldsymbol{e}_y 10\mathrm{e}^{\mathrm{j}\frac{4}{3}\pi x}$ V/m, $\boldsymbol{H}_r = \boldsymbol{e}_z \dfrac{1}{12\pi}\mathrm{e}^{\mathrm{j}\frac{4}{3}\pi x}$ A/m

(3) $\boldsymbol{E}_1 = -\boldsymbol{e}_y \mathrm{j}20\sin\left(\dfrac{4}{3}\pi x\right)$ V/m, $\boldsymbol{H}_1 = \boldsymbol{e}_z \dfrac{1}{6\pi}\cos\left(\dfrac{4}{3}\pi x\right)$ A/m

(4) 距离导体平面最近的合成波电场 $\boldsymbol{E}_1$ 为 0 的位置为 $x = -\dfrac{3}{4}$ m

(5) 距离导体平面最近的合成波磁场 $\boldsymbol{H}_1$ 为 0 的位置为 $x = -\dfrac{3}{8}$ m

7.2 $\Gamma = -\dfrac{1}{3}$, $T = \dfrac{2}{3}$, $\boldsymbol{E}_r = -\boldsymbol{e}_x\dfrac{10\sqrt{2}}{3}\cos(\omega t + 2\pi z)$, $\boldsymbol{E}_t = \boldsymbol{e}_x\dfrac{20\sqrt{2}}{2}\cos(\omega t - 2\pi z)$

7.3 (1) $\Gamma = -\dfrac{1}{3}$, $T = \dfrac{2}{3}$

(2) $\boldsymbol{E}_i = \boldsymbol{e}_x 2\mathrm{e}^{-\mathrm{j}2\pi z}$, $\boldsymbol{H}_i = \boldsymbol{e}_y\dfrac{1}{60\pi}\mathrm{e}^{-\mathrm{j}2\pi z}$, $\boldsymbol{E}_r = -\boldsymbol{e}_x\dfrac{2}{3}\mathrm{e}^{\mathrm{j}2\pi z}$, $\boldsymbol{H}_r = -\boldsymbol{e}_y\dfrac{1}{180\pi}\mathrm{e}^{\mathrm{j}2\pi z}$,

$\boldsymbol{E}_t = \boldsymbol{e}_x\dfrac{4}{3}\mathrm{e}^{-\mathrm{j}4\pi z}$, $\boldsymbol{H}_t = \boldsymbol{e}_y\dfrac{1}{45\pi}\mathrm{e}^{-\mathrm{j}4\pi z}$

(3) $\boldsymbol{S}_{iav} = \boldsymbol{e}_z\dfrac{1}{60\pi}$ W/m^2, $\boldsymbol{S}_{rav} = -\boldsymbol{e}_z\dfrac{1}{540\pi}$ W/m^2, $\boldsymbol{S}_{tav} = \boldsymbol{e}_z\dfrac{2}{135\pi}$ W/m^2

7.4 入射波电场为左旋圆极化波，反射波电场为右旋圆极化波。

7.5 $\varepsilon_{r1} = \sqrt{\varepsilon_{r2}}$

7.6　$\boldsymbol{k}=4\boldsymbol{e}_y+3\boldsymbol{e}_z$，该电磁波电场的振动方向 $\boldsymbol{e}_x$ 方向，波的传播方向为波矢量 $\boldsymbol{k}=4\boldsymbol{e}_y+3\boldsymbol{e}_z$ 的方向。

7.7　(1) 临界角 $\theta_c=30°$

(2) 当垂直极化波以 $\theta_i=60°$ 入射时，在空气中折射波的传播方向为沿分界面 x 方向传播(表面波)，相速 v_p 为 1.73×10^8 m/s

(3) 当圆极化波以 $\theta_i=60°$ 入射时，反射波为椭圆极化波

7.8　(1) $\theta_c=6.38°$

(2) 存在

(3) 当入射角 $\theta_i=20°$ 时，反射系数 $\Gamma_{\perp}=e^{-j38.04°}$ 和透射系数 $T_{\perp}=1.89e^{-j19.02°}$

7.9　(1)

$$\boldsymbol{E}_r=\frac{\sqrt{3}-2}{\sqrt{3}+2}\left(\frac{1}{2}\boldsymbol{e}_x-\frac{\sqrt{3}}{2}\boldsymbol{e}_z\right)E_0\cos[6\pi\times10^9t-10\pi(\sqrt{3}x-z)]+\frac{1-\sqrt{3}}{1+\sqrt{3}}\boldsymbol{e}_yE_0\sin[6\pi\times10^9t-10\pi(\sqrt{3}x-z)]$$

$$\boldsymbol{E}_t=\frac{2\sqrt{2}}{\sqrt{3}+2}\left(\frac{1}{2}\boldsymbol{e}_x-\frac{\sqrt{3}}{2}\boldsymbol{e}_z\right)E_0\cos[6\pi\times10^9t-10\pi(\sqrt{3}x+z)]+\frac{2}{1+\sqrt{3}}\boldsymbol{e}_yE_0\sin[6\pi\times10^9t-10\pi(\sqrt{3}x+z)]$$

(2) 入射波为右旋圆极化；反射波为左旋圆极化；透射波为右旋圆极化

(3) $\theta_B=\arctan(\sqrt{1.5})$

7.10　$\varepsilon_r=3$

7.11　(1) $\theta_i=\theta_B=\arctan\left(\sqrt{\dfrac{\varepsilon_2}{\varepsilon_1}}\right)=63.43°$

(2) $\dfrac{S_{rav}}{S_{iav}}=18\%$

7.12　$\theta_e\leqslant\arcsin\sqrt{\varepsilon_1-\varepsilon_2}$

第8章

8.1　电磁波按照其电场和磁场纵向分量的有无可分为TEM波、TE波、TM波。既无纵向电场又无纵向磁场($E_z=0, H_z=0$)，而只有横向电场和磁场的电磁波称为横电磁波，简称TEM波；只有纵向磁场而无纵向电场($E_z=0, H_z\neq0$)的电磁波称为横电波(电场纯横向波)，简称TE波，又称M波；只有纵向电场而无纵向磁场($E_z\neq0, H_z=0$)的电磁波称为横磁波(磁场纯横向波)，简称TM波，又称E波。

空心金属波导内不能存在TEM波。因为如果规则金属波导内部存在TEM波，则要求磁场应完全在波导的横截面内，而且是闭合曲线。由麦克斯韦方程可知，闭合曲线上磁场的积分应等于与曲线相交链的电流。由于规则金属波导中不存在轴向即传播方向的传导电流，故必然应有传播方向的位移电流。由位移电流的定义式 $\boldsymbol{J}_d=\dfrac{\partial\boldsymbol{D}}{\partial t}$ 可知在传播方向有电场存在，而这与TEM波的定义相互矛盾，所以规则金属波

导内不能传输 TEM 波。

8.2 $\lambda_{cTE_{10}} = 120$ mm, $\lambda_{cTE_{01}} = 80$ mm, $\lambda_{cTE_{11}} = \lambda_{cTM_{11}} = 66.56$ mm；矩形波导中只能传输主模 TE_{10}，其波导波长、相移常数、群速和波阻抗分别为 $\lambda_g = 180.91$ mm, $\beta = 34.71$, $v_g = 1.66 \times 10^8$ m/s, $Z_{TE_{10}} = 681.66\ \Omega$。

8.3 $\lambda = 60$ mm 的信号不能传输；$\lambda = 40$ mm 的信号能传输，工作在主模 TE_{10} 模式下；$\lambda = 20$ mm 的信号能传输，存在 TE_{10}、TE_{20}、TE_{01} 三种模式。

8.4 $\lambda = \dfrac{2\pi}{k} = \dfrac{2\pi}{\sqrt{k_c^2 + \beta^2}} = \dfrac{2\pi}{\sqrt{(2\pi/\lambda_c)^2 + (2\pi/\lambda_g)^2}} = \dfrac{\lambda_c \lambda_g}{\sqrt{\lambda_c^2 + \lambda_g^2}}$

8.5 $\dfrac{f_{c\varepsilon_r}}{f_c} = \dfrac{\dfrac{k_c}{2\pi\sqrt{\mu_0\varepsilon_0\varepsilon_r}}}{\dfrac{k_c}{2\pi\sqrt{\mu_0\varepsilon_0}}} = \dfrac{1}{\sqrt{\varepsilon_r}}$

8.6 (1) 可传输的模式为 TE_{10}

(2) $\lambda_{cTE_{10}} = 46$ mm, $\beta = 158.8$, $\lambda_g = 39.5$ mm, $v_p = 3.95 \times 10^8$ m/s

8.7 (1) $k_c = 68.26$ (2) 3.26 GHz $< f <$ 6.52 GHz

8.8 $\lambda_g = 21.8$ cm, $\lambda = 12$ cm

8.9 (1) $\lambda_{cTE_{10}} = 45.72$ mm, $\lambda_g = 40$ mm, $Z_{TE_{10}} = 499.26\ \Omega$

(2) $\lambda_{cTE_{10}} = 91.44$ mm, $\lambda_g = 32$ mm, $Z_{TE_{10}} = 499.26\ \Omega$，只能传输模

(3) $\lambda_{cTE_{10}} = 45.72$ mm, $\lambda_g = 40$ mm, $Z_{TE_{10}} = 499.26\ \Omega$，只能传输模

8.10 $\varepsilon'_r = 1.6$, $l = 6.725$ mm

第9章

9.1 $P_r = 537.35$ W；$R_r = 0.877\ \Omega$

9.2 0.313 V/m

9.3 39.48 倍

9.4 $P_{r0} = 111.11$ W

9.5 (1) 0.314 V/m；(2) 6 V/m

9.6 (1) $P_r = \dfrac{4}{3}\dfrac{\eta_0\pi^3(IS)^2}{\lambda^4}$ W

(2) $D = 1.5$

(3) $G = \eta_A D = 1.5\eta_A$

9.7 (1) $F(\theta,\varphi) = \dfrac{\cos\left(\dfrac{\pi}{2}\cos\theta\right)}{\sin\theta}$，最大辐射方向为 $\theta = \dfrac{\pi}{2}$

(2) $P_r = 36.54 I_m^2$ W

(3) $R_r = 73.1\ \Omega$

参考文献

REFERENCE

[1] 杨儒贵. 电磁场与电磁波[M]. 北京:高等教育出版社,2003.

[2] 毕德显. 电磁场理论[M]. 北京:电子工业出版社,1985.

[3] 王家礼. 电磁场与电磁波[M]. 西安:西安电子科技大学出版社,2001.

[4] 王增和. 电磁场与电磁波[M]. 北京:电子工业出版社,2001.

[5] KENNETH R DEMAREST. Engineering Electromagnetics[M]. 影印本. 北京:科学出版社,2000.

[6] RAMO S, WHINNERY J R, T VAN DUZER. Field Wave in Communication Electronics (2nd Ed)[M]. New York:John Wiley & Sons,1984.

[7] BHAG SINGH GURU, HÜSEYIN R. Hizirofilu. Electromagnetic Field Therory Fundamentals (2nd Ed)[M]. 影印本. 北京:机械工业出版社,2005.